现代电子信息技术丛书

计算机软件技术（第2版）

——信息化战争的智慧之神

主编　瞿兆荣

国防工业出版社

·北京·

内 容 简 介

本书以比较通俗的语言介绍了计算机软件的基础技术。内容包括可信操作系统、应用程序设计语言、数据库系统、应用可移植性、软件工程、分布式计算与网格计算、Agent技术 、应用系统集成、软件安全等。

读者对象：具有中专以上文化程度，从事电子信息技术有关专业的技术人员和管理干部，大专院校师生；以及广大软件技术爱好者。

图书在版编目(CIP)数据

计算机软件技术 / 瞿兆荣主编. —2 版. —北京：国防工业出版社，2008.1
(现代电子信息技术丛书)
ISBN 978 - 7 - 118 - 05537 - 5

Ⅰ.计...　Ⅱ.瞿...　Ⅲ.软件 - 技术　Ⅳ.TP31

中国版本图书馆 CIP 数据核字(2007)第 202814 号

※

国防工业出版社出版发行
(北京市海淀区紫竹院南路 23 号　邮政编码 100044)
北京宏伟双华印刷有限公司印刷
新华书店经售

*

开本 787 × 1092　1/16　**印张** 21　**字数** 518 千字
2008 年 1 月第 2 版第 1 次印刷　**印数** 1—2500 册　**定价** 108.00 元

国防书店：(010)68428422　　发行邮购：(010)68414474
发行传真：(010)68411535　　发行业务：(010)68472764

《现代电子信息技术丛书》

《计算机软件技术》（第 2 版）

主　　编　瞿兆荣

编著人员　（按姓氏笔画排序）

江　水　陈宇能　陈志兵　施伯乐　瞿兆荣

Preface 序

《现代电子信息技术丛书》(以下简称《丛书》)自1999年首次出版,至今已8年了。《丛书》综合地反映了20世纪90年代电子信息技术的进展,受到广大科技工作者、大专院校师生和部队官兵的欢迎。进入新世纪以来,鉴于国内外电子信息技术的飞速发展,世界与局部形势发生了许多新的变化,电子信息技术循着摩尔定律预计的发展速度得到了持续的增长与进步。我国电子信息技术不论在基础层次还是在系统层次也取得了许多世界先进的成果,例如突破了纳米级的金属氧化物场效应器件(MOSFET)的设计与制造技术,研制成功了数十万亿次运算速度的巨型计算机,实现了计算栅格的研制与试验,成功地开发出世界级的第三代数字蜂窝移动通信系统,研制出空中预警与控制机系统和区域级一体化综合电子信息系统等。国际上,美国等发达国家在电子信息技术发展上处于领先地位,成功地研制出45nm的微处理器并进行批量生产,正向20nm及以下迈进。美国启动了从工业时代到信息时代的军事转型,提出从平台中心战(PCW)向网络中心战(NCW)的转型,并以全球信息栅格(GIG)为基础。GIG是美国所构想的、正在研发的国防信息基础设施,预计在2015年可形成初始作战能力。它以面向服务的结构(SOA)为体系构架,向联网的实体提供成套的、安全的信息服务与电信服务,以加强信息共享、决策优势与异构协同。GIG包括多模态数据的传递媒介,如陆上电路、空间单元和无线电台等,其所组成的互联网络可动态地、透明地将信息从发源处路由至目的地。以GIG为依托,美国军队加速向网络中心化演进,如陆军的未来战斗系统(FCS),海军的兵力网(Forcenet),空军的指挥控制星座(C^2 constellation)等。这里涉及十分巨大(Herculean)的技术挑战,必须通过从基础到系统的多层次创新和突破,才能在未来有限的时间内实现超越前15年Web网发明以来的发展。凡此种种,都是我们在编著《丛书》第1版时只能预测而无法探知的。然而今日,这些高新技术的面貌已逐渐清晰并迅速渗入人们的生活和竞争。这使《丛书》的作者们意识到进行再一次创作的必要性;同时,热心的读者们也期盼我们能及时对第1版进行修改以便与时俱进。

基于以上原因，在各级领导机关的大力支持下，《丛书》各分册的原作者与新分册的新作者们在从事繁重业务工作的同时，废寝忘食、辛勤耕耘，对《丛书》各分册进行了精心修订、编撰，为第2版的问世做出了卓越的贡献。我谨代表《丛书》编审委员会向他们致以衷心的敬意与感谢。

第2版承袭了第1版的编写宗旨、编写特色及服务对象。在维持原结构不变的基础上，对内容进行了大幅度更新，并明显加大了军事科技的比重，增、删了7个分册，总册数由17分册变为18分册，总字数由800万字增加到1400万字。新版《丛书》仍以先进的综合电子信息系统为龙头，分层次、全方位地介绍各项先进信息技术，具体包括以下分册：

系统性技术分册

- 综合电子信息系统（第2版）
- 综合电子战（第2版）
- 侦察与监视
- 军事通信（第2版）
- 雷达与探测（第2版）
- 数据链
- 导航与定位（第2版）
- 计算机技术（第2版）
- 计算机软件技术（第2版）
- 信息安全与保密（第2版）

基础性技术分册

- 微电子技术（第2版）
- 光电子技术（第2版）
- 真空电子技术（第2版）
- 传感器技术
- 微声电子器件
- 化学与物理电源（第2版）
- 现代电子测试技术（第2版）
- 先进电子制造技术（第2版）

这两个系统分别从横向、纵向对众多先进的信息技术形成了有机的集成。

《丛书》的编写出版得到总装备部、中国电子科技集团公司及其有关研究所的领导的大力支持，得到国防工业出版社领导及编辑们的积极推动与努力，谨对他们表示由衷的感谢。

2007年8月26日

Preface 第1版序

信息技术是一个复杂的多层次多专业的技术体系，粗略地可以分为系统和基础两个层次。属于系统层的一般按功能分，如信息获取、通信、处理、控制、对抗（简称为5C技术，即Collection，Communication，Computing，Control，Countermeasure五个词的第一个字母）等；基础层技术一般按专业分，如微电子、光电子、微波真空电子等。

信息技术革命的火炬是由微电子技术革命点燃的，它促进了计算机技术、通信技术及其他电子信息技术的更新换代，迄今，尚未有尽期。信息技术革命推动产业革命，使人类社会经历了农业、工业社会后进入了信息社会。

大规模集成电路的集成度是微电子技术革命的重要标志，它遵循摩尔（Moore）定律，每18个月翻一番，预计可延伸到2010年。届时，每个芯片可包含100亿（10^{10}）个元件，面积可达到$10cm^2$，作为动态存储器的存储量可达64Gb（吉比特），接近理论极限10^{11}个元件和256Gb存储量。微处理器芯片的运算速度每5年提高一个数量级，到本世纪末，每个芯片运算速度可达10～100亿次每秒，有人认为，实现2000亿次的单片微处理器在技术上是可能的。与此相适应，每芯片比特存储量与每MIPS（兆指令每秒）运算量的成本将呈指数式下降，现在一个100兆指令/s专用数字信号处理芯片只售5美元。如果飞机的价格也像微电子那样呈指数式下降的话，70年代初买1块比萨饼的费用在90年代就可以买1架波音747客机。3年内1部电话机将只用1块芯片，5年内1台PC机的全部功能可在1个芯片上实现，6年内1部ATM交换机的核心功能也可用1个单片完成。由于微处理器芯片价格持续不断地下降，构成了它广泛应用的基础。现在，在一般家庭、汽车和办公室中，就有100多个微处理器在工作，不仅是PC机，而且在电话机、移动电话机、电视机、洗衣机、烘干机、立体声音响、家庭影院中也有。1辆高档汽车中包含20多种可编程微处理器，1架波音777客机含有100多万行的计算机程序代码。

通信技术的进步还得力于光子技术的进步。光通信速率（比特每秒）每两年翻一番，现在实验室中已可做到 10^{12} b/s，即可将全世界可能传输的全部通信量于同一时刻内在1根光纤中传送，或相当于1s内传输1000份30卷的百科全书。通信速率的提高和通信容量的增大，使光通信成本也不断降低，与80年代相比，降低了两个数量级。

因特网是全球信息基础设施的雏形，其发展速度惊人。现在每0.4s增加一个用户，每4min增加一个网络。1996年联网数大于10万，联网主机数大于1000万，用户数大于7000万（预计到本世纪末，将大于2亿），PC机总量将达5亿，联网主机达3000万，信息量每5年翻一番。越来越多的公司、团体、机关、个人通过信息网络相互联接，其应用范围从单纯的电子函件通信扩大到远程合作（包括教育、诊断、办公、会议、协作等）、按需点播、多媒体文娱、电子商务、银行、支付等，人类社会生存与发展的另一维空间，即信息空间或称为赛博空间（Cyberspace）正在形成。如果说工业社会是建筑在汽车与高速公路上的话，信息社会则是建筑在信息与信息高速公路上的。政府、军队、经济、金融、电力、交通、电信等关键部门都要依赖于信息基础设施的正常运行。信息技术和信息产业的水平已成为综合国力的重要标志，也是国际竞争力的焦点与热点。

信息技术的飞跃发展及其渗透到各行各业的广泛应用，不仅推动了产业革命，而且也深刻地改变了人们的工作、学习和生活的方式。信息技术不仅扩展了人的视觉、听觉等感知能力，而且还渗透到思维领域，减轻或部分地替代人的脑力劳动，提高思维的效率和质量，实现人的思维能力的延伸，增强人的认知能力。信息作为事物的属性与相互关系的状态的表达是客观存在的，但不是显在的，很多是潜在的，有的是深埋的，有待挖掘与提炼。信息技术大大地丰富了信息采集的内容，提高了信息处理的能力，为人们对客观事物及其规律的认识提供了创新的工具，也为人们正确认识与有效改造主观世界和客观世界提供了源泉，将使社会的物质文明与精神文明建设得到极大的发展。

信息、能源与物质是人类社会赖以生存与发展的三大支柱。在信息社会中，信息是最重要的支柱和最重要的产业，它影响着其他两个支柱的健康发展，包括生产、传输、分配、运行、减少损耗、改善管理、提高效率、降低成本等等；同时，它还能不断地培育与发展新物质和新能源的发明与生产，不断地改善生态环境，从而使人类社会进入可持续发展的健康轨道。

信息革命在带动产业革命的同时也带动军事革命，使得军事技术、武器装备、作战思想、作战方式、战争形态、军事原则、军事条令与部队编成等都将发生深刻的变化。如果农业社会是冷兵器时代，工业社会是热兵器时代，那么信息社会则是信息兵器时代。信息、信息系统与信息化平台、武器与弹药成为战场上的主战兵器。信息优势成为传统的陆地、海洋、空中、空间优势以外的新的争夺领域，并深刻地制约着传统领域的战斗胜负，从而构成信息化战争的新形态。在这种战争中，战争胜负决定于敌对双方掌握信息与信息技术的广度与深度。信息不仅是兵力倍增器，它本身就是武器和目标，是双方必争的制高点。1991年初的海湾战争，被称为硅片战胜钢铁的战争，即源于这样的认识。它开启了赛博空间战、网络战、信息战等簇新的作战方式。

以信息优势为核心的军事革命是建筑在先进的指挥、控制、通信、计算机、情报、监视、侦察及其一体化的信息战能力的基础上的，这个众系之系（系统的系统）我国称为综合电子信息系统，与美军后来提出的 C^4ISR/IW 相当，它由以下6部分组成。

1. 鲁棒的多探测器信息栅格网络。为作战部队提供作战空间感知优势。

2. 先进的指挥控制与作战管理栅格网络。为部队提供作战的先期规划、胜敌一筹的作战部署，执行作战指挥控制与一体化兵力管理能力。

3. 从探测器到射击器的栅格网络。为部队提供精确制导武器的动态目标管理、分配与引导，协同作战，一体化防空，快速战损评估和再打击能力。

4. 联合的通信、导航与定位栅格网络。提供可靠、安全、大容量与高精度的信息，以支持部队的机动行动，确保全面优势。

5. 信息进攻能力。采取侵入、操纵与扰乱等手段，阻碍敌人作战空间感知、认知与有效用兵能力。

6. 信息防护能力。保证我方信息系统的安全，防护敌方对我信息网络的利用、干扰和破坏。

这个系统的系统涉及众多先进的信息技术的横向与纵向的有机集成，它包括雷达和光电的有源与无源探测技术、有线和无线及固定和移动通信技术、计算机硬件和软件技术、精确导航定位技术、航天航空测控技术、信息安全保密技术、电子战技术等横向专业技术的集成；也涉及微电子技术、光子与光电子技术、真空电子技术、压电与传感器技术等先进元器件技术，电子材料技术、电源技术、测试技术、先进制造技术等纵向基础技术的集成。当代军事革命要求在创新的军事思想指引下，发展有层次多专业的纵横集成的信息技术；同时，又要求在先进的信息技术驱动下，培育与发展新的军事思想，并在此基础上推动作战原则、军事条令与部队编成的变革，形成军事革命与信息革命的有机结合。

我们正处于世纪之交，党的第十五次代表大会的胜利召开，启动了有中国特色的社会主义事业在邓小平理论的指引下全面进入21世纪。我国的国防与军队现代化建设的跨世纪历史进程已经开始。为了适应军事革命环境下的高新技术军事斗争的需要，我军必须拥有信息优势，必须拥有以先进的综合电子信息系统为基础结构的性能优良的武器装备，必须提高部队素质，把人才培养推上新的台阶。

江泽民总书记非常重视人才的培养，他多次指示，要用高新技术知识武装全军头脑。在未来的信息化战场上，知识将成为战斗力的主导因素，敌对双方的较量将更突出地表现为高素质人才的较量。本丛书的编写出版就是为贯彻这个伟大号召提供系统基础知识。全书以先进的综合电子信息系统为龙头，多层次、全方位地介绍相关的各项先进信息技术，既包括系统技术，也包括基础技术，共17个方面，荟萃成17个分册。丛书的编写以普及先进信息技术知识为目标，以中专以上文化程度，从事军、民用电子信息技术有关业务的技术人员和管理干部为主要对象，努力做到深入浅出，雅俗共赏，图文并茂，引人入胜，文字简练，语言流畅，学术严谨，论述准确，使其具有可读性、可用性、先进性、系统性与权威性。参加丛书各分册撰写的作者都是长期从事现代信息技术研究与发展的专家，他们在繁重的业务工作的同时，废寝忘食，长期放弃节假日的休息，辛勤耕耘，鞠躬尽瘁，为本丛书做出了卓越的贡献。他们以自己的模范行动，“努力成为先进思想的传播者、科学技术的开拓者、‘四有’公民的培育者和优秀精神产品的生产者”。我谨代表总编委向他们致以衷心的敬意！

本丛书的编写出版得到原国防科工委与原电子工业部领导的大力支持，得到国防工业出版社领导及责任编辑们的积极推动与努力，借此之机，向他们表示由衷的感谢！

中国工程院院士
原电子工业部科技委常务副主任 童志鹏

前言

Preface

本书第1版自2000年出版以来,信息技术又有了飞速的进步和发展,信息化在国民经济的各个领域得到了广泛的应用。为了及时反映计算机软件技术的进步和发展,满足广大读者的需求,并考虑到这几年来计算机技术已得到普及,本版删除了已广为人知的内容;在保证全书的系统性、连贯性的前提下,新增了可信操作系统、数据库安全、软件复用和构件技术、Agent技术、应用集成、软件安全、分布式计算与网格计算等新内容。

全书从系统观点出发,自始至终贯穿着应用可移植性和系统安全性思想。书中的各章既可自成体系,又相互关联构成一个有机的整体。第1章绪论,从计算机系统工程应用角度出发,通过回顾计算机应用经历的三个时期(对应三个计算模式),即单主机计算、分布式客户机/服务器计算、网络与网格计算的主要特征和技术,较概括地介绍各类软件系统的基本概念、体系结构、功能和作用。第2章~第6章是全书的基础,其内容包括:可信操作系统设计、应用程序设计语言以及数据库、数据仓库和数据库安全技术;软件工程的质量保证体系、软件复用和构件技术;应用可移植性的相关概念。第7章~第10章介绍设计和构建一个基于安全的、分布式(或网络)的、集成的应用系统的原则、原理和新技术,其内容包括分布式计算与网格计算、Agent技术、应用系统集成和软件安全。分布式计算和网格计算主要介绍分布式技术的特征、分布式计算的范型、分布式计算环境和网格计算的特征和系统结构等;Agent技术已成为热门的新技术,它的诞生和发展是人工智能技术和网络技术发展的必然结果,书中主要介绍了Agent的特征、多Agent技术、移动Agent和Agent应用;应用系统集成主要介绍解决各个孤立的、分散的系统集成方法,以及设计和构建基于安全的应用集成系统的方法论和体系结构;软件安全主要涉及计算机安全含义、软件安全目标、程序安全性、加密与认证、访问控制模型,以及构建软件安全指导原则和软件稽核。

本书由中国电子科技集团公司第三十二研究所负责编写,瞿兆荣研究员任主编。第1章~第3章、第5章、第8章~第10章由瞿兆荣编写,第4章由瞿兆荣、施伯乐、陈志兵编写,第6章由陈宇能、瞿兆荣编写,第7章由江水、瞿兆荣编写。瞿兆荣负责全书的审阅。在全书的编写过程中,始终得到了国防工业出版社王晓光编审和有关编辑的关心、支持和帮助,在此表示感谢。

虽然在编写本书的过程中,编者尽了很大努力,尽可能做到内容深入浅出,力求概念表达准确。但由于计算机软件技术发展日新月异,涉及范围广泛,加之水平有限,故书中难免有疏漏和不足之处,谨请同行和广大读者批评指正。

作　者

Preface

第1版前言

本书是《现代电子信息技术丛书》的一个分册。它从计算机系统工程应用的角度出发，通过回顾计算机应用经历的三个时期（对应三个计算模式），即单主机计算、分布式客户/服务器计算、网络计算的主要特征和技术，较全面地介绍各类软件系统的基本概念、体系结构、功能和作用。

计算机是一个系统。它是各类作战、指挥、控制系统中信息处理的核心，是构成系统对系统、体系对体系对抗中不可缺少的基础设施。计算机三大基础软件——操作系统、应用程序设计语言和数据库技术，决定了计算机硬件体系、软件体系和应用特征。今天，世界进入了"网络时代"。计算机应用早已突破了"终端用户计算环境"。人们追求的是在开放系统环境的不同平台之间实现应用的可移植性、人员的可移植性、系统的可互操作性和系统的集成性。系统、设备、网络、数据、信息、知识和人员应无缝地统一在应用一体化的框架下。应用可移植性已成为开放系统的一个重要特征。本书的一大特色就是全书始终贯穿着应用可移植性的思想。从系统观点出发，本书的各章既可自成体系，又可相互关联构成一个有机整体。因此，一定要以系统观点来学习计算机，了解计算机。建议读者在学习各章内容的基础上，反复理解第一、五两章内容，这对系统地了解各种软件技术在系统中的作用和地位具有极大的帮助。

本书由原电子工业部华东计算技术研究所负责编写。瞿兆荣研究员任主编。复旦大学施伯乐教授和高传善教授、华东师范大学顾君忠教授、华东计算技术研究所的研究员和高级工程师参加了本书的编写工作。第一、三、五章由瞿兆荣编写，第二章由奚自立、瞿兆荣编写，第四章由瞿兆荣、施伯乐、陈志兵编写，第六章由陈宇能、陈涵生编写，第七章由吴荣泉编写，第八章由高传善编写，第九章由顾君忠、周宇光编写。余性厚、吴荣泉参与本书审校工作，瞿兆荣负责全书的审阅，并对部分章节内容进行了补充。

中国工程院童志鹏院士和原电子工业部电子科学研究院有关领导在本书编写过程中始终给予关怀和指导，并提出了许多有益的建议和意见，在此谨向他们致以衷心的谢意。对华东计算技术研究所科技处和徐昉女士在全书定稿工作中给予的支持，以及电子科学研究院、国防工业出版社给予的支持和指导，编者在此一并表示感谢，并向所有为本书倾注过心血的人员致谢。

我们在编写本书的过程中尽可能做到内容深入浅出，力求概念表达准确。尽管编者尽了很大努力，但由于计算机软件技术发展日新月异，涉及范围广泛，加之我们水平有限，故书中难免有许多疏漏和不足之处，谨请同行和广大读者提出批评和建议。

作　者

目 录

Contents

第1章 绪论

1945 年世界上第一台计算机 ENIAC 诞生至今已经有半个多世纪了,计算机产业一直处于高速发展中。尤其是进入 20 世纪 80 年代以后,半导体芯片技术高速发展,计算机的应用领域不断拓展,其势如火如荼;应用成果层出不穷,琳琅满目,产生了巨大的经济和社会效益。

1965 年 4 月,Intel 公司创始者之一摩尔提出:集成电路上可容纳的零件数量,每隔一年半左右就会增长 1 倍,性能也提升 1 倍。他大胆地预测未来这种增长趋势仍会延续下去。这就是说,你花 1 美元所得到的计算能力大约每 18 个月翻一番。30 多年来,计算机技术的发展证实了摩尔的预言。而且,计算机也已从需要备有空调机房、质量达几十吨、运算能力仅数千次每秒的庞然大物,逐步向轻、小、微方向发展,运算速度已达到数千亿次每秒。进入 20 世纪 90 年代,计算机已经摆满了企事业用户的桌面,计算机已经成为家用电器,融入了我们的日常生活之中。

计算机是由软件和硬件两部分组成。硬件是指计算机系统的各种物理装置的总称,通常由中央处理器(CPU)、主存储器、输入/输出(I/O)设备及其控制器组成;软件是指所有程序和文档及其使用说明的总和。将那些为了使计算机实现所预期的目标(如解某一算题或控制某一过程)所编排的一系列步骤称为程序。程序可用机器语言或高级语言编写。因此,软件和硬件都是计算机系统的资源,它们之间的关系是一种相互依存、互相推动的关系。半个多世纪的计算机发展历程告诉我们:硬件是计算机软件运行的舞台;软件是计算机硬件的"灵魂",没有软件就没有计算机存在的必要,也就没有蓬勃发展的计算机应用。高级语言翻译技术、操作系统技术、数据库技术已经成为计算机系统的三个基础软件技术。这三个基础技术使计算机使用和操作变得简单、方便,使计算机应用迅速地渗透到社会生活的各个领域。

回顾半个多世纪的计算机发展历程,计算机应用大致经历了三个时期(对应三种计算模式),即单主机计算模式、分布式客户机/服务器(C/S)计算模式、网络(网格)计算模式。

1）单主机计算模式

单主机计算模式的主要特征是单台计算机构成一个计算系统。这可以追溯到从1945年第一台计算机ENIAC起到20世纪80年代中期近40年的时间。

这个时代可谓“恐龙“称霸年代，大型机在数据处理领域占据着统治地位。其代表性表现在如下几方面。

（1）高级程序设计语言编译器的诞生。计算机只会执行“加”、“减”、“乘”、“除”、“取数”、“存数”、“比较”等操作。我们把计算机执行的每一个操作称为机器指令（简称指令），而机器所拥有的指令全体称为计算机指令系统。各种不同型号和系列的计算机系统所拥有的指令风格迥异。传统的复杂指令集计算机（CISC），通常有几十种到几百种指令；而采用精简指令集计算机（RISC），常用的计算机指令仅有100多种。RISC技术是20世纪80年代最有影响的技术之一。它使计算机处理器的性能直线上升。

20世纪90年代，RISC技术已成为工作站设计的主流。半导体技术的发展，0.6/μm、0.3μm技术实用化，使处理器工作频率分别达到200MHz和500MHz，运算速度分别为10亿次/s～20亿次/s。

既然计算机仅会执行若干简单的操作，向人们提供的是指令系统，那么它是如何来解决一个复杂问题的呢？其实很简单，用户只要按照求解问题的要求编排一串指令，并送入适当数据，计算机就会按人们规定的顺序来一步一步地做规定的操作，从而达到解决一个预定求解问题的目标。这种按某种目的编写的用以指挥计算机进行工作的指令序列，人们称之为程序。编写程序的过程称为程序设计，按指令系统编写的程序称为机器语言程序。这种程序完全由0和1两种数字组成，用机器语言编写的程序不易读懂且难于维护。20世纪50年代中期，计算机学者和工程师设计了一种汇编程序语言，它把计算机指令用阿拉伯字母、符号和十进制数字表示，即所谓助忆码。这不仅有助于人们记忆，而且程序的编写和阅读也比机器语言方便。但是计算机仅能“理解”机器指令，那么如何使计算机读“懂”这种汇编程序语言编写的程序呢？人们编制了一种充当“翻译”角色的机器语言程序，即把汇编语言编写的程序翻译成计算机能理解的机器语言程序。我们把这种具有翻译功能的机器语言程序称为汇编语言解释程序；翻译前的用汇编语言编写的程序（简称汇编程序）称为源程序，翻译好的可执行的机器语言程序称为目标程序。实际上，汇编语言本质与机器语言差不多，所以人们通称它们是低级语言。

20世纪60年代末，计算机科学家针对科学计算领域设计了FORTRAN、ALGOL60两种科学计算的程序设计语言以及针对数据处理领域的商用COBOL语言，人们把这类语言称为高级语言。借助于高级语言，人们可以用比较接近人类语言习惯方式来编写程序，所编制的程序也容易阅读和理解。但是如何使计算机理解用高级语言编制的程序？首先要经过翻译。当然，把高级语言翻译成机器语言的翻译要比汇编语言的翻译复杂得多。人们把高级语言翻译成机器语言的过程称为编译，而这种特殊的翻译程序称为高级语言编译器。高级语言程序不同于以机器指令为基本单位的机器语言程序，其基本单位是语句，具有高度的独立性，即它的定义与计算机结构、指令系统、字长、速度、I/O设备无关。用高级语言（例如FORTRAN）编写程序可以在不同种类的计算机上运行，只要该类计算机具有这种（例如FORTRAN）语言编译器。当时最有代表性的语言是用于科学计算的FORTRAN。FORTRAN语言及其编译器的诞生，使应用开发者从面向机器转变为面向高级语言的编译—连接—加载—运行的运作方式，摆脱了对机器的依赖性。编译技术也随之日趋成熟，形成了基本的计算作业流程：建立数学模型、选择计算方法、绘制作业流程图、编制源程序、测试和交付运行。

结构化程序设计方法和结构化程序设计语言（典型的是PASCAL），以及用于数据库系统的结构化查询语言(SQL)的问世,使程序的编制和信息处理达到了一个新的阶段,有力地支持“自顶向下、逐步求精”的设计思想,而且使应用开发者认识到“设计重于编码、分析重于设计”,从而把主要精力集中在分析和设计上,保证了程序编制和运行能符合用户需求。SQL 成为数据库系统用户的统一语言。允许 SQL 嵌入到其他应用程序语言(如 C、COBOL)中,为应用的信息处理提供了优良的存储工具,大大提高了数据的处理和应用能力。

(2) 操作系统的诞生。IBM360 分时操作系统的问世、虚拟存储系统和分时轮询以及虚拟机器概念的引入,大大提高了计算机资源的利用率和共享度,形成了一台主机对多个“哑终端”的单主机的计算模式,使多个应用程序员能直接地、分时地共享一台主机,真正地摆脱了应用开发对硬件物理细节的依赖。

高级语言编译器和分时操作系统的问世,虽然使应用开发者从面向机器的编码转变为面向高级语言的编译—连接—加载—运行的作业方式,但是编程仍是手工劳动,应用开发者的大量时间与精力花在编码、调试和排错上,质量难以保证,软件生产存在着危机。

(3) 软件工程时期。软件发展大体上可分为三个阶段,即程序设计时代、软件时代、软件工程时代。软件工程是 1968 年在联邦德国召开的国际会议上提出的。软件工程是生产软件的工程,它以时间短、质量高、成本低作为开发软件的目标。在此之前,软件开发好像一个手工艺艺术家进行艺术创作,一个软件就像一件艺术作品,每一个人所开发的软件风格和技巧均不相同,别人很难读懂它。一个软件如果发生了问题或需要增加功能,往往除了作者之外,别人很难顶替“角色”。随着软件规模越来越大,一个软件开发往往需要很多人的通力合作,花很长时间才能完成,那种手工艺方式生产显然不能适应。例如美国“阿波罗”登月计划耗巨资精心编制的控制软件,仅在“阿波罗”14 号的 10 天飞行中就发现了 13 个软件错误。由于软件错误还曾使 1962 年的“水手”1 号探测器发射失效,这就自然地导致人们试图把传统工程设计的思想和产品生产方式用于软件生产,产生了软件工程的概念。从软件生产管理的角度来讲,软件工程研究大致包括:软件的需求定义和分析技术;软件设计技术和设计审查技术;软件设计表现技术;软件测试技术;软件可靠性理论及其评价方法;软件质量控制和管理;软件扩充和维护;软件成本估算。其中软件设计表现是软件工程区别于其他工程的主要之处。这是因为软件工程产品是由语言信息所构成,它不同于其他产品,所以软件设计表现技术是软件工程所独有的领域。而软件可靠性理论及其评价方法、软件质量控制和管理,则贯穿于软件工程各个阶段,这是软件工程研究中较为关键的部分。

简单地说,软件工程是用于生产软件的理论、方法、技能和工具的总和。它是一门新型学科,涉及计算机科学、系统工程、硬件工程、市场学、统计学、财政、审计、法律等。同时,软件工程又是一个开发过程,即采用系统工程的思想、方法去组织人力、物力资源,按用户需求进行定义、开发、设计、测试和考核,使其在预定的成本下向用户提供程序、文档和有关设计文件、操作程序等。

在这个阶段的典型事件是 1970 年贝姆(Boehm)提出的瀑布模型(即生命周期法),之后产生的螺旋模型等开发方法,以及 20 世纪 80 年代初出现的计算机辅助软件工程(CASE)。

20 世纪 70 年代前,软件工程的成果主要是在程序开发方面确立了结构化方法及其标准化。70 年代之后,不仅有了开发方法学,而且推出了以简化程序编制工作为宗旨的第四代语言。进入 80 年代,软件工程自动化趋势日渐明显,成为一个新的研究热点。

2) 分布式客户机/服务器计算模式

以单主机为中心的计算模式表现为一台体积庞大的中央处理机、集中化的数据、集中化的应用软件、集中化的系统和网络管理,一切均为成百台“哑终端”服务。对最终用户来讲,这不是一种好的方式,因为它们的计算能力和应用软件受控于中央信息部门。

20 世纪 80 年代,由于微处理器的迅猛发展和网络技术的日益完善,构造在局域网(LAN)和广域网(WAN)之上,由几十台到成百台计算机组成的计算机系统成为构成分布式系统的基础。1985 年以后形成了分布式客户机/服务器计算模式。

分布式客户机/服务器计算模式不同于单主机的计算模式,它仅要求客户端的客户机承担简单的计算,大量的计算被放到服务器上;它也不同于一般的文件服务器,如 Novell 的 NetWare、Microsoft 的 LANmanager,在接收多个客户机请求时,不是整块整块文件在网上传送,而只传输当前需要的记录,这样既减少了传送,又减少了多个用户对数据文件的竞争。

在分布式客户机/服务器计算模式应用时期有两件较为重大的事件:一个是面向对象技术的应用;另一个是美国国防部委托美国软件工程研究所(SEI)关于“军用软件承包商软件工程能力评估方法”的研究。

20 世纪 80 年代初出现的以 Smalltalk 为代表的面向对象技术,十几年来得到了较大发展和应用,已经成为面向过程程序设计风格之后最理想的软件结构模型。它与传统的结构化方法有着本质的差别,主要表现在如下几方面:

(1) 面向对象是相对于面向过程而言的。在面向过程的程序设计风格中,过程是构造软件的基本组件;面向对象的基本组件是对象,对象与对象之间的相互作用就构成了软件。

(2) 面向对象技术是以数据和对数据的操作对象的封装及不同对象之间的相互关系为中心,使人们的分析、设计和实现系统的方法同人们认识客观世界的过程尽可能一致;而传统的结构化方法则以系统中数据及对数据进行处理的过程为研究中心,是一种从开发软件角度出发,为提高软件的结构化、模块化和可读性而设计的方法。

(3) 面向对象技术将软件开发中心,由过程转移到包含数据及作用在数据上的操作对象,对象中包含的操作(过程)称为方法。它与传统程序中被动数据不同,面向对象的程序的执行是相互发消息。我们可以把面向对象程序简单地表示为:面向对象程序 = 对象 + 消息。

面向对象技术的核心是对象,它是对信息及其相应处理的描述。对于软件系统而言,目标系统的对象也就是面向对象程序设计中的对象。在面向对象程序中,数据和操作被封装为对象,只留操作界面以接收其他对象发来的消息(message),响应消息是自治对象(即接消息的对象)内部的事。所有数据和操作被封装后,在一个程序中除了大大小小的对象和嵌套对象之外什么也没有,所以程序的执行就是相互发消息。

面向对象的封装、抽象、继承和多态的动态性、持久性和动态联编等特征,能切合软件工程要求的软件局部性、概括性、易维护性、可重用性和易扩充等性能。由于对象实体易与客观实体对应、易设计和易修改,成为继面向过程程序设计风格之后最理想的软件结构模型,所以传统的程序设计语言纷纷向面向对象靠拢。例如,C 语言扩充为 Objective - C、C + + ,Ada83 扩充为 Ada95,COBOL 扩充为 ObjectCOBOL 等。

面向对象的软件构造提出了新的程序设计风格。面向对象又成为集成软件实现互操作(即一个计算过程或事件可由多台异构的计算机来完成)的理想模型,因此,面向对象技术将在分布式计算模式中得到广泛应用。

美国软件工程研究所为美国国防部开展了评估军用软件承包商软件工程能力的评估方法研究。1991 年颁布了能力成熟度模型(CMM)的 SEI CMM 1.0;1993 年发布了 SEI CMM 1.1 版本,同时在 SEI CMM 基础上,吸收了欧洲的 BOOTSTRAP 的某些成果,制定了软件过程评估标准草案(ISO/IECDTR 15504 - 15504 - 9)。此项工作为选定承担大型军事工程软件的开发单位提供了一定的定量评估标准。

分布式客户机/服务器计算模式与人类生产、交流和生活中各类群体协作活动模型浑然一致,所以有着极其广泛的应用。例如:机场调度指挥系统,侦察系统和各类作战训模拟器,

分布式 C^3I、C^4IRW 系统等。

分布式客户机/服务器计算模式使计算机应用从完成某种功能的软件层次上升到系统层次。传统的功能软件仅仅是软件系统的成分。分布式客户机/服务器计算模式以构架和构件组成新系统的成分,成为软件开发的主导技术。随着多媒体技术不断地渗透,基于信息表示和采集(电视、摄像、声音、传真等)、信息的传输(卫星通信、电话、光缆通信网以及电视等)和信息处理(计算机)三位一体的信息系统将成为分布式客户机/服务器计算模式的应用主流。

人们要把单主机计算模式中遗留的大型机模型向分布式客户机/服务器计算模型转换并非易事。这种转换大致要经历以下阶段:

(1) 集中式计算——传统的单主机型系统。

(2) 建立个人计算机和运行工作组应用的局域网。

(3) 在个人计算机上运行应用(也许处理的是关键性业务),但它依赖于遗留系统中的业务逻辑或数据。

(4) 把独立单位使用的应用改造成在分布式客户机/服务器环境中运行,且不再依赖遗留的应用代码。

(5) 把多个单位使用的应用改造为在分布式客户机/服务器中运行,不再依赖遗留的应用代码。

(6) 一个组织的应用实现向分布式客户机/服务器计算模型转换的彻底改造。

在转化过程中,第三步和第四步仅仅在于规模,第三步是有限范围内的实验,第四步是把实验推广到整个组织或企业。

转换中,新老应用之间数目变换不定的接口(界面)是最头痛的问题。单主机计算模式的遗留应用有许多起始于20世纪80年代之前,并且历经完善,期望在短短的几年内使遗留应用转换为分布式计算,这是不可想象的。事实上,多数组织实现遗留应用转向新的分布式计算的过程受阻于开始迁移的第二步、第三步。实现第三步方法是首先建立一个接口(界面)体系结构。

虽然在20世纪90年代,不少单位采用了分布式客户机/服务器结构,但是,它也不是唯一的计算模式。分布式客户机/服务器的可扩展性也不是无限的,随着客户机增加,系统的复杂程度也增大,就会产生管理困难、投资增大等多种问题。事实上分布式客户机/服务器模型也不是计算的全盛期,它是下一个时代——网络计算模式的前站。

3) 网络(网格)计算模式

在分布式客户机/服务器时代,计算对于通信的依赖相当大,客户端的客户机完成仅仅是小的子任务,其中大部分计算是在各种服务器上完成的,只是把结果传回给该客户。人们也已经发现跨平台、异构数据交换的复杂性。这复杂性的直接原因就是软件、硬件产品之间的兼容性和通信协议、网络模型和计算模式的不同,所以分布式计算还有许多问题有待研究,应用的网络也不再是局域网,而是广域网。由于不同局域网的通信协议不同,广域网需要加装路由器或网关(gateway)实现转换,信息发送也是通过路由器到达指定地址的计算机上。这样,若干广域网可连成地区网(省、市),由地区网再接业务系统连成主干网,主干网又可连在Internet(译为因特网,本书采用原文)网上,形成全球性网。1995年已有100多个国家和地区连上Internet。人们称1995年是Internet年,这标志着计算机应用进入网络计算时代。网络计算初露端倪。

Internet的前身是ARPANET。它是1969年由美国高级研究计划局(ARPA)资助的一个实验性网络的建设,起初只用于个别大学和军事机构的内部通信。20世纪70年代ARPANET正式登场,1975年已在承担美国国防部网络通信中占有举足轻重的地位。为此,ARPANET控制权由 ARPA 移交给美国国防部并直接置于美国国防通信局管辖之下，ARPANET 技术及其服务部成为美国国防通信局的国防数字数据网（DDN）计划的基础，以满足美国国防部对计算机通信的要求。1984 年，ARPANET 分成两个不同网络：一个是用于军事通信，称为 MILTNET；另一个用于民用通信，仍称为 ARPANET，这就是 Internet 的前身，主要采用 TCP/IP 协议。此后 Internet 也从一个科研应用的计算机联网系统逐渐演变为全球商业化的信息网，发展速度十分惊人。

Internet 的诞生标志着网络计算时代即将到来。目前，主干网的传输速率已经从原来的 56Kbit/s 发展到 10Mbit/s 及至 1Gbit/s、10Gbit/s，网络速度的提高为跨地域的资源共享提供了基础和前提。但是，Internet 并不等于就是网络计算。当前网络计算模式是以 WWW（万维网，也称环球信息网、全球浏览系统，它是基于超文本的、用户能方便地在 Internet 上搜索和浏览信息的信息服务系统）、主页文档标准化和 Java 语言等三大技术的成熟为标志。网络计算的到来深刻地改变计算机应用的状况，每个客户都成了资源无限大的世界计算机终端，几乎所有软件工具、应用软件均可在网上找到，下载到本机直接使用，或作二次开发。下载的程序用完以后，除非你有意保存，写入主页进入数据库，否则用后即消失。大量复杂的计算，看似在自己客户机上执行，实际上均是在服务器上完成。以往是客户端一边对话、一边执行处理任务；而如今是在以 WWW 服务器为中心的客户机/服务器系统里，全部处理任务由服务器完成，客户端的 WWW 浏览程序只是显示处理的结果，彻底地消除了客户负载过量的弊端。同时，我们必须清晰地认识到，以 WWW 服务器为中心的处理机制和以 WWW 为基础的企业内的互联网（Intranet）是不相同的。以文档为主要目的的狭义 Internet，只不过是显示预先准备的文件的主机—终端工作方式；而以 WWW 服务器为中心的客户机/服务器系统则强调同数据库联合，可按照用户需求提出所需信息。网络计算所要求的统一运行平台和统一开发平台与 Internet 上各平台开发系统的不兼容性之间的矛盾引发了 Java 语言的诞生。Java 语言是一个面向对象的跨平台的分布式语言，是 Internet 上的一个通用语言。它提供了一个界面，使程序员在开发 Internet 上的应用时，只需编写一次代码，这个应用就可在支持 Java 的任何一个平台上运行。自 1995 年 Sun 公司推出 Java 和浏览器 Hot Java 以来，有关 Java 的方方面面发展非常迅猛。Java 已经成为超越 Windows 的最流行的平台。这里所说的平台是指操作系统。一般操作系统都同特定的硬件紧密联系在一起，而 Java 是一个通过软件实现的平台，即 Java 虚拟机（JVC），它可在任何机器上运行。

网络计算的最终目的是处理分布式交互操作，以便最终用户获得更多的互操作性，并尽量减少日益紧张的带宽。目前，Web 交互应用技术已成为 Web 的关键。它要求 Web 交互式应用融合 Web 技术、分布式对象技术和客户机/服务器技术的优点，逐步向网络计算过渡。

从上述讨论可知，网络计算可以简单地定义为一种环境。在这种环境中，用户看到的是一系列服务。服务可以是基于数据、网络或客户的应用、功能、批处理、动态搜索引擎、智能处理、文件系统、远程访问或许多其他内容，网络的动态功能（NDF）只能通过一个极其复杂的网络来实现，网络服务器将完全转变为联网服务引擎。作为网络计算基础设施的网络，将随着时间推延逐渐具备自我意识，成为新的商用功能性的推动者而非抑制者。所有开发出来的新的应用将是网络自觉型的，加上智能卡技术，各种网络将在任何时候均能感知用户的定位，并提供特殊站点服务。

与网络计算相关的是网格（grid，也称赛格）计算。什么是网格计算呢？简单地说，基于网格问题的求解就是网格计算。网格是指一个集成的计算与资源环境，或者说是一个计算资源池，这里的计算资源，除了各类型的计算机，还包括网络通信能力、数据资料、仪器设备甚至是人等各种相关的资源。狭义的网格定义中的网格资源主要是指分布的计算机资源，而网格计算就是指将分布的计算机组织起来协同解决复杂的科学与工程计算问题。狭义的网格一般被称为计算网格,即主要用于解决科学与工程计算问题的网格。

根据求解问题的特点,人们提出了多种名称的网格,例如以数据密集型问题的处理为核心的数据网格,以解决科学问题为核心的科学网格,以全球地理系统模型问题求解为主要目的的地球系统网格等,此外还有地震网格、军事网格、NASA 的 IPG 等专业性网格。

网格作为新出现的重要基础性设施,和其他的系统相比,有以下特点:

① 分布与共享。即网格上的任何资源都可以提供给网格上的任何使用者。分布是网格硬件在物理上的特征,而共享是在网格软件支持下实现的逻辑上的特征,共享是网格的目的和核心内容。

② 自相似性。即网格的局部和整体之间存在着一定的相似性,局部往往在许多地方具有全局的某些特征,而全局的特征在局部也有一定的体现。

③ 动态性和多样性。网格的动态性包括网格资源和功能的动态增加和动态减少。网格资源的动态增加,需要解决网格的扩展性,而扩展性又体现在规模、能力、兼容性等方面;对于动态减少或者出现故障的情况,要求实现任务的自动迁移,做到对高层用户透明或者尽可能减少用户的损失。多样性是必须解决不同体系结构的计算机系统、不同类别资源之间的通信和互操作。

④ 自治性与管理的多重性。这就是允许网格资源的拥有者对网格资源具有自主性的管理,又要求网格资源必须接受网格的统一管理。

从上述特点来看,网格是建造分布式科学计算环境的一种一体化的集成方式,是一种无缝的、集成的计算与协作环境。尽管网格概念说法众多,分歧和争议仍然存在。但是,网格概念的提出将从根本上改变人们对计算的理解。网格概念的核心就是突破了以往强加在计算资源之上的种种限制,使人们可以以一种全新的、更自由、更方便的方式使用计算资源,解决更复杂的问题。网格计算是网络计算时代的重要标志性技术,两者是密不可分的。

以三种计算模式为代表的计算机应用发展的三个时间,它们一脉相承,一个替代一个,成为计算机工业中的主导计算模式,决定了计算机硬件体系、软件体系及应用特征。

计算机应用的领域大致也经历了三个阶段。计算机应用和使用计算机两者有着不同含义。使用计算机是一种行为,而计算机应用技术的特点是计算机技术与各应用领域的技术和知识的紧密结合,它是一门边缘学科;计算机应用的广度与深度,是衡量一个国家现代化水平和综合国力的重要标志。这三个阶段分别如下:

第一阶段,数值计算(1945 年—20 世纪 70 年代初)。

这阶段主要是以科学计算、工程设计等数值应用为主,主要对象是为国防尖端武器的研制、生产和使用服务,产生了有相当科技水平的计算软件包,大大地促进数值计算进展。

第二阶段,电子数据处理(20 世纪 60 年代初—80 年代初)。

除了科学计算以外,计算机主要用于数据处理、商业性事务处理、企业信息管理,应用实际上是属于电子数据处理。

在这个阶段,由于计算机系列的形成,各种接口和外围设备相继进入市场,计算机用于生产过程的实时控制拓宽了计算机应用范围。同时,在这个阶段还出现了许多电子数据处理(EDP)软件包。

第三阶段,计算机应用技术与其他高新技术融合(20 世纪 80 年代中至今)。

个人计算机(PC)和网络技术的普及,使计算机应用深入到各个领域,如办公自动化(OA),计算机辅助设计(CAD),远程医疗诊断,专家系统,用于产品及制造的计算机集成制造系统(CIMS),军事上 C^3I 系统、C^4I 系统,以及各类武器防御系统、后勤保障系统等,产生了许多成熟的商用性应用软件和工具。计算机在实际应用中所要处理的信息已不再是单纯的数值,它包括了文字、符号、声音、图形、图像等多种形式的信息媒体。由于信息的多元化,在应用计算机时需要运用一系列的原理、技术和方法,进行数据的采集、管理,建立计算机内部模型,并对其进行处理,再以适当的形式表示处理的结果,最终再对生产过程进行指导或辅助性的工作。这就是计算机应用技术所涉及的内容,虽然范围十分广泛,但其核心技术是对信息的处理和管理。

计算机应用从最初的数值计算开始已逐渐渗透到人类的各个领域,其服务对象从面向专业人员扩展到面向大众、面向社会。计算机应用系统也由最初的单机系统向集成化、网络化、智能化的方向发展,并可以处理各种形式的信息。目前,以信息处理和管理技术为基础的计算机应用技术的主要应用领域可以分为以下几类:

(1) 计算机信息系统。它主要任务是对数据进行采集和处理,对大量数据进行管理,向用户提供有效的信息服务。计算机信息系统是目前计算机应用最广泛的一个领域,在政府、金融、医院、运输、制造、后勤保障等各个部门的应用尤为突出。目前,计算机信息系统正向着系统集成化、结构分布化、信息多元化、功能智能化的方向发展。

(2) 计算机辅助系统。它可以借助计算机在设计、生产、教学等过程中进行有效的辅助性工作,以充分发挥人的创造力,提高效率,降低成本。运用计算机辅助技术,可以使计算机成为一个有效的辅助工具,形成一个以人为主导的人机结合系统。目前,计算机辅助技术已应用于产品设计(CAD)、制造(CAM)、工程(CAE)以及教学(CAI)等领域,形成多种不同类型的计算机辅助系统。虽然计算机辅助技术本身与各种应用领域密切相关,但其主要的辅助功能都是通过以图形为主的人机交互方式来实现的,因此它的发展与计算机图形学有着密切的关系。近年来,计算机辅助技术还针对工程数据的管理、交换、规范化以及与其他信息系统联系等方面进行了研究,使这门技术向着系统化、集成化的方向发展。

(3) 计算机控制与仿真系统。计算机控制系统是通过不断采集被控对象的各种状态信息,由计算机按照被控对象的模型和一定的控制策略实时地计算和控制信息,推动执行机构,使被控对象自动地、精确地按照规定的规律运行,以减少操作人力,提高生产质量。对于大型的、复杂的系统,还可以借助计算机网络的支持,实施既有分散又有集中的计算机分层控制。计算机仿真技术则是在建立模型(数学模型、过程模型等)的基础上,对所要模拟的客观或理论系统,进行定量的研究、试验和分析,以便为系统的实际运作提供充分的理论和实验数据。例如,美国国防部下属的国防高级研究计划局(DARPA)资助的综合军力表示(SF Express)项目,它基于网格模拟了多达10万个战斗单位的作战场面,创造了该领域的世界记录。SF Express的模拟基于分布式交互仿真(DIS)平台。DIS是一个网络化的模拟环境,它支持对复杂地形、高保真独立建模实体(如坦克、舰船、导弹等)的模拟,还支持“人在回路”(真实的人作为模拟的一部分加入到虚拟的环境中),模拟的战争场面可以用可视化工作站展现出来。

随着计算机应用的普及,出现了不少的烟囱式结构的信息(管理)系统。这些系统阻碍了各类应用系统间的互连、互通和互操作,使信息的共享、交流遇到了困难,甚至是不可能的,这也阻碍了现有的应用系统的升级改造、集成和扩展。为了保护现有投资,力争在激烈竞争的国际环境中取胜,许多企业、组织提出了开发新功能的应用系统,并要求把分散在不同地点的应用系统用专网或公共网络连接起来,组成一个新的LAN或WAN的应用。这样就遇到了一个困难,即如何把新的应用与(分散在各地的)原有的应用能无缝地、松耦合地集成在一起,组成企业、组织的一个新应用系统,以及确保集成后的新应用系统与原有各应用的安全性。于是便产生了各种各样的企业应用集成的规范、标准和方法,以及有关应用软件的安全性和可靠性的问题。典型的集成技术有智能Agent技术、企业应用集成(EAI)、SOA等方法。一个无缝的、松耦合的、安全可靠的、应用集成的研究也成为人们关注的问题。

随着分布式客户机/服务器计算技术的不断改进和网络基础设施的不断完善，人们深信网络计算将在21世纪进入一个崭新局面，计算机应用将进入一个前所未有的鼎盛时期。1996年美国《未来学家》(双月刊)1月—2月一期发表了一篇题为《信息技术未来》的文章，从92个方向性的问题展望信息技术对人类社会发展的影响。虽然这篇文章有些观点未必使人信服，例如，“随着环球文化的发展，地方文化将萎缩，几百种语言将消失”，但是，我们可以肯定，随着全球性网络互连、互通、互操作的实现，将大大地改变人类生活、交流和工作方式，例如，远程医疗、远程教育和学习、虚拟实验室和现场“旅行”、远程购物和贸易活动、智能创造(虚拟设计和制造)等。在军事上表现为，决定战争胜负不再是仅仅依赖庞大的兵力，而是以情报截获、电子对抗、准确制导和快速打击为目的的现代高技术的指挥控制和各类 C^4I 系统，以及系统对系统、体系对体系对抗中的关键子系统和神经中枢。计算机技术的进步和应用将推动一个国家综合国防力量的增长，对军队装备、作战方式起着无法预计的作用。我们深信21世纪将是一个计算无处不在的时代。计算机硬件是现代战争的神经中枢，其软件技术将是现代战争的智慧之神。

本书将在接下来的章节中从计算机应用的系统整体观念出发，以较通俗语言介绍计算机的三大基础软件、软件工程、分布式计算与网格计算，以及 Agent 技术、应用可移植性、应用集成和软件安全等方面的知识。目的是让读者通过本书的阅读，能比较全面地了解和掌握计算机软件的系统技术，指导、参与和管理计算机应用项目的开发。书中的各章内容都是独立的，读者可以根据自己的需求挑选相关章节阅读。

MEITS

第2章 可信操作系统

计算机是一台高速运行的机器。如果人们要想使它能依照自己意图有效、高速地运行，就必须首先把所要求解的问题编制成程序，然后把所设计的程序交给操作员上机操作，机器就会自动地按照程序中所指定的操作一条条地执行指令，直至运行结束。这就好比一条生产标准件螺钉的生产线，为了生产一种螺钉，工人需要设计、制图和配料等。问题是，如果在生产线上仅仅生产一种规格的螺钉，从设计、配料、加工到包装是串行进行的，工人容易进行操作，但人们更希望在一条生产线上同时能生产多种规格的螺钉，即在生产完一种规格批量的螺钉后，机器能自动地切换到另一种规格的模具上，并接着生产新规格的螺钉，同时保持生产线投料、加工、成品输出和包装的不间断性，从而大大提高生产线的利用率，提高劳动生产力。同样道理，计算机系统也包括输入、处理、输出三大功能。中央处理器(CPU)是系统核心。在单个作业情况下，输入、处理、输出是串行进行的。CPU 在进行运算时，输入、输出均处于空闲；反之，当进行输入或输出时，CPU 处于空闲。因此，为了增强系统利用率和处理能力，人们试图设计一种能控制和管理计算机软件和硬件的资源，以及方便用户使用的软件系统，即操作系统，从而合理地组织计算机工作流程，协调计算机各部分的关系和人机关系。

2.1 操作系统的形成背景

操作系统是现代计算机系统不可缺少的部分。计算机系统配置操作系统后，不仅可以极大地提高整个系统的效率，而且使用起来更加方便、灵活。

20 世纪 50 年代的计算机还没有配置操作系统。60 年代初期出现的管理程序是操作系统的雏型，它仅具有控制 I/O 设备、执行操作命令等简单功能。它的工作方式是，若干个作业排成一个作业队列，当一个作业完成之后，系统才把下一个作业调入主存并启动运行。按照这种方式处理用户递交的作业，各作业间转换以及作业运行完全由管理程序自动控制，从而减少了大部分的人工干预，有效地提高了计算机处理的利用率。60年代中期出现的多道程序设计系统和分时系统是操作系统的第二阶段。多道程序设计系统的工作方式是内存中存放多个作业程序。从宏观上看，系统同时运行多道程序；而微观上，CPU 仅能执行一道程序。多道程序设计思想是，充分利用 CPU，尽量不让 CPU 空闲，即当某一道程序在使用 I/O 设备时，调度另一道程序使用 CPU 资源，只要系统保持足够多的作业程序，再加上合理的调度，便可使 CPU 和 I/O 设备获得高度的并行。

为了防止多道程序设计系统中，由于某一道作业程序持续长期占用 CPU 时间，造成其他作业程序处于等待状态而延误完成的时间，设计了分时处理的操作系统，即分时操作系统。分时系统是指把时间分成若干时间片，对每一个作业分配一个时间片，这样各个作业按分配到的时间片大小轮流地占用 CPU。典型的是 IBM360 分时操作系统。分时系统提高了系统的吞吐率，改善了系统的性能。20 世纪 70 年代中期以来，操作系统又有了进一步发展，除了集多道程序设计、分时处理和实时处理等在内的通用操作系统（典型有 UNIX、VAX/VMS）以外，研制了网络操作系统和分布式操作系统。这就是操作系统第三阶段。现今，新一代操作系统诸如面向对象操作系统、智能操作系统等已越来越受到人们的重视。

2.2 操作系统的分类

操作系统可以分为以下几种类型。

1）单用户操作系统

在这种操作系统控制下，计算机串行地执行用户程序，即在执行完一个作业程序后才可以接受另一个作业。目前，个人计算机上配置的操作系统大多属于这种类型，例如 PC－DOS、Windows。

2）批处理操作系统（BOS）

在这种操作系统的控制下，计算机系统可以同时接受多个作业程序，一批批地进行处理。批处理操作系统都具有多道程序设计功能，它允许多个用户的作业程序同时装入内存并执行。许多中、大型机器上均有此类操作系统。

3）分时操作系统（TOS）

在这种操作系统的控制下，多个用户可以通过各自的终端同时使用一台计算机，而每个用户都感到好像自己各有一台独立的计算机。系统 CPU 的调度策略采用时间片轮转。分时操作系统有三个特点：多路性、交互性和独占性。多路性是指在这种操作系统控制下，多个联机用户可以同时使用一台计算机；交互性是指可以同时同该计算机“对话”；独占性是指这些用户彼此之间均感觉不到他人也正在使用该计算机。分时操作系统又称为多用户操作系统，典型的是 UNIX 系统。

4）实时操作系统（ROS）

这是为实时计算机系统配置的一种操作系统，如 pSOS、VxWorks。在它的控制下，计算机系统能及时响应外部事件的请求，在规定的时间内完成对外部事件的处理，并有效地控制所有实时设备和实时任务的协调运行。

实时控制任务的驱动方式有时间驱动、事件驱动、数据驱动、中断和命令驱动等。最重要因素是实时性和可靠性，其次才是效率。

实际上，BOS、TOS 和 ROS 均是建立在多道程序设计技术的基础之上，仅仅在 CPU 和进程、作业的调度策略上有所差异。

5）网络操作系统（NOS）

这是为计算机网络配置的操作系统，如 UNIX、WindowsNT、NetWare 等。在网络操作系统支持下，网络中各台计算机之间可以进行通信和共享资源。除此之外，还提供一些特殊的功能，例如：它具备网络管理功能，包括：①高效可靠的网络通信能力；②多种网络服务功能，例如远程作业登录，将一个计算任务送到它机去执行，并将执行结果送回本机；③文件传输，将一个文件从一台计算机经网络传送至另一台计算机；④远程分时系统服务等。

6）分布式操作系统（DOS）

它是为分布式计算机系统配置的操作系统。DOS 和集中式操作系统相比，其主要区别表现在资源管理、进程通信和系统结构三个方面。

（1）DOS 采用一类资源多个管理者的分布式管理方式。多个管理者相互协调，共同完成对资源的管理，以提高管理效率。

（2）分布式操作系统的进程通信有两种主要形式：消息传递和远程过程调用（RPC）。消息传递以进程间直接相互发送或接收消息实现，RPC 则通过调用远程进程的过程实现消息的交换。

（3）在系统结构方面，两者一样，也是由内核及提供系统各种功能的模块组成。但在 DOS 中，每台计算机上都有一个内核，它实现对该计算机系统进行基本的控制，系统的其他模块则不均匀地分布在各台计算机上。这种分布可以是静态的，也可以是动态的，它不仅可节省系统开销，而且可以保证系统的稳定性。DOS 提供高度的并行性和有效的同步算法及通信机制，自动地实行全系统范围的任务分配并自动调节各处理机的工作负载，为用户提供一个方便、友好、透明的用机环境。分布式操作系统实现机制可以分为两类：面向进程模式和面向对象模式。面向进程模式是通过一组进程来提供上述服务。进程间同步及对用户的控制都是通过消息传递来实现的。面向对象的 DOS 是由一组对象组成，它们提供对系统的操作，每个对象负责在自己的局部环境中执行少量的操作。

DOS 不同于 NOS。NOS 主要提供网络中各台计算间的通信并实现网络资源共享；DOS 是具有模块性、自治性、并行性等特点的一种多指令（流）多数据流（MIMD）的计算机系统网络。所以，可以认为网络是分布式计算机系统的物质基础，而分布是网络的高级发展形式。

采用面向对象的方法、线程机制和微内核结构及客户—服务器工作模式是当前分布式操作系统研究和设计的主要方向。

7）新一代操作系统

新一代操作系统尚处在理论研究和实验阶段，如智能化操作系统、多媒体操作系统、面向对象操作系统等，这些均是软件新技术人工智能、多媒体、面向对象等技术在操作系统中的运用和结合。

2.3 操作系统的基本功能

计算机操作系统主要提供存储管理、处理器管理、信息管理和作业管理等功能。

2.3.1 存储管理

存储管理主要是指内存管理，其主要功能是用于分配和回收存储单元。一道程序在启动执行前必须装入存储器，操作系统根据程序的大小或用户的请求，为它分配所需要的存储空间。程序执行完后，操作系统把该程序占用的全部空间收回，以作别用。存储空间的分配和回收工作都是由操作系统进行的。对于具有多道程序的系统，还必须采取适当策略，即给各用户程序分配所需的存储空间，并加以适当保护，以提高整个系统效率。

常用的存储管理技术有单一连续分配、分区分配、覆盖和页面交换技术、分页式、分段式、段页式以及虚拟存储器管理技术等。采用分页式存储管理或虚拟存储器技术的系统中，操作系统还要完成页面调度工作，即把所需的页面调入内存，把暂不用的页面调到外存以腾出存储空间（当然，这需要硬件的支持）。

运行一个程序，需要把其装入到内存。但是当程序规模较大时，往往内存不能满足要求，这样就导致程序无法运行。为了解决内存不足的矛盾，人们引入虚拟存储器概念。其基本思想是把内存与外存（磁盘）的二级存储体系变成一级存储体系管理，把当前要运行的程序放入内（主）存、暂不运行的程序放在外存（磁盘）上，当所访问的信息不在主存时，则由操作系统而不是由程序员把信息从磁盘调入主存。因此，从效果来看，这样的计算机资源，好像为用户提供了一个其存储量比实际主存大得多的存储器，这种管理方式就是虚拟存储管理。当代计算机系统几乎都采用虚拟存储器。

在虚拟系统中，逻辑空间的容量由系统提供的有效地址长度决定。若地址长度为32bit，则逻辑空间大小为232B（字节）；而主存可能要小得多，如只有212B大小。缺口部分由外存储器（磁盘）代替，用户所看到的仍是32bit空间。内存与外存的信息交换由系统自动实现，用户无须关心。

2.3.2 进程及处理机管理

2.3.2.1 进程

1）程序的特性

一个复杂程序通常可分为若干段，并且按照某种先后次序执行。最简单的一种先后次序是严格的顺序，每次仅执行一个操作，且只有在前一操作执行完后，才能进行其后操作。例如，在进行计算时，总是先输入用户程序和数据，然后进行计算，最后才将结果打印出来，这就是程序执行的顺序性（图2.1）。程序的顺序性决定了程序拥有以下的特点：

（1）程序的封闭性。指程序一旦开始运行，其计算结果不受外界因素（例如处理机执行速度）的影响。

（2）程序的再现性。若程序执行时的初始条件相同，则该程序重复执行时，必将取得相同的结果。

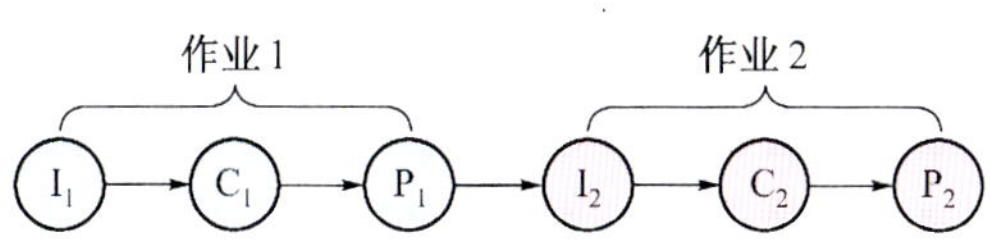

图2.1 程序执行的顺序性

I_n—第n个程序的输入操作；C_n—第n个程序的运算操作；P_n—第n个程序的输出操作。

现代计算机广泛采用并行操作技术，使多种硬件设备能并行工作。例如，外围处理机和通道技术的引入，使CPU和I/O设备均能并行工作；又如，当系统中具有多CPU时，便可同时执行不同的程序段。这样，现代计算机仅要求操作间部分有序，即某些程序段必须先于其他程序段，另外很多程序段可以并行执行，即程序段的执行在时间上是重叠的，从而大大地增强了系统的处理能力和利用率。

利用并行思想，则图 2.1 所示的程序执行的顺序性变为图 2.2（符号含义同图 2.1）所示的并行执行。

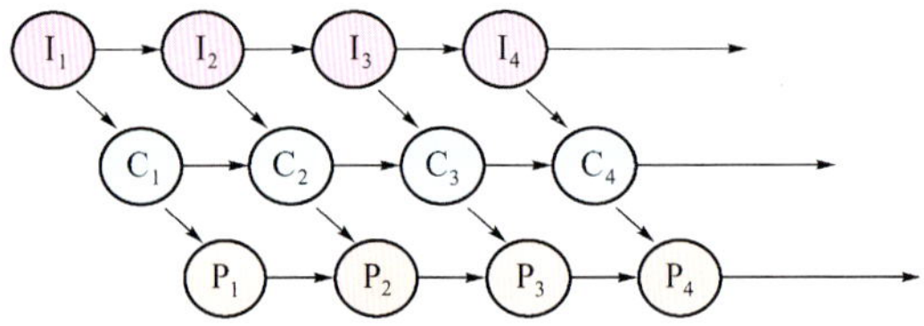

图 2.2　程序的并行执行

图 2.2 中，在系统启动第一个程序的输入操作 I_1 后，计算机持续对第一个程序的运算操作 C_1 进行计算，同时启动第二个程序的输入操作 I_2，这使得 I_2 和 C_1 并行执行；依次类推，第三个程序的输入操作 I_3、第二个程序的运算操作 C_2 和第一个程序的输出操作 P_1 并行执行。这种并行执行特性，在操作系统中称为并发执行。

由于现代计算机技术提供的并行操作技术，人们可以把单个程序分成若干个能并发执行的程序段，这样带来了许多好处：首先是简化了程序设计；其次是在多处理机系统中，可以加快程序完成计算的速度，在多道程序环境中，可有效地利用计算机系统资源。

程序的并发性也带来新问题。程序与“计算”不再是简单的一一对应，而是两个不同概念，从而使程序失去了原有的封闭性。程序是指令的有序集合，是静态的概念；“计算”是指指令序列在 CPU 上的执行过程，或处理机按照程序规定执行的操作过程，是动态的概念。程序在顺序执行时，程序与“计算”间有着一一对应的关系；而在并发执行时，就失去了一一对应的关系。例如，在分时系统中，一个编译程序的副本同时为几个用户作业进行编译时，该编译程序便对应了几个“计算”。

程序的并发执行打破了程序的封闭性，但它必须保证程序的再现性。一个由具有并发执行程序段组成的程序，其执行结果应该与该程序顺序执行的结果完全相同，仅仅是前者程序执行结束的时间快于后者。也就是说，当一个顺序程序变换为具有并发执行程序段的程序时，其变换应该是恒等变换，是等价的。这种等价变换体现了程序的再现性，从中也看出了程序并发执行时的相互制约性。换言之，程序并发执行时的制约性，将导致并发程序具有“执行—暂停—执行”的活动规律。为了准确地描述并发程序的执行过程，人们引入进程的概念。

2）进程概念和定义

所谓进程，是指在指定的活动空间和初始环境下一个具有独立功能的程序在处理机上的执行过程。它是一个用户程序的动态体现，是程序的一次执行过程。

从上述讨论可知，进程和程序既有联系又有区别。

（1）一个程序可以对应多个进程。进程是一个独立的运行单位，能与其他进程并发地执行，是动态的。

（2）程序是指令的有序集合，自身无运行含义，因此是静态的。

一个进程如同一个人的一生，从他一生下来，就被记录在案。人的一生，从幼年、少年、青年、壮年、老年直至死亡。进程也有进程创建前的初始状态、运行前的就绪状态、运行状态、睡眠状态、终止前的暂时状态直至消亡即撤销。同样，进程的所有活动过程均被记录在案。人一生下来，就开始消耗自然资源；进程一创建，就开始消耗计算机资源。因而人们对进程的控制、管理和调度能正确地反映人们对计算机系统资源的控制、管理和调度。

3）进程的状态及转换

（1）进程状态包括如下部分：

① 进程创建前的初始状态。所有的程序在进入计算之前，都需要请求分配系统资源，包括进程控制块、内存资源等，系统必须为其登记出生证等各种初始化值。

② 就绪状态。等待使用处理机的进程处于就绪状态。就绪状态下的进程，其程序代码可能在内存，也可以在外存。运行进程若发现程序或数据不在内存，硬件机构即发出"请求调页"，等待其程序或数据调入内存后继续运行。

③ 运行状态。指当一个进程已获得必要的资源，并且其程序正处于在处理机上执行时的状态。一个进程在运行时，系统将记录其所使用资源的状况。

④ 睡眠等待状态。指进程在其运行过程中因等待某一事件的出现而暂时不能运行的状态。该状态通常有以下几种情况：父进程等待子进程；实现进程间的同步；请求使用资源而未得到满足；系统为了保护程序运行的临界区，强迫运行程序进入睡眠状态和等待 I/O 操作结束。

⑤ 终止前的暂时状态。指进程结束运行、退出系统之前的状态。此时系统必须为该进程的退出作必要的记录工作，通知其父进程，并释放其所占用的资源等。

（2）进程状态的转换。进程活动中至少有三个基本状态，即就绪状态、运行状态和睡眠等待状态。这三个基本状态转换条件和关系如图 2.3 所示。

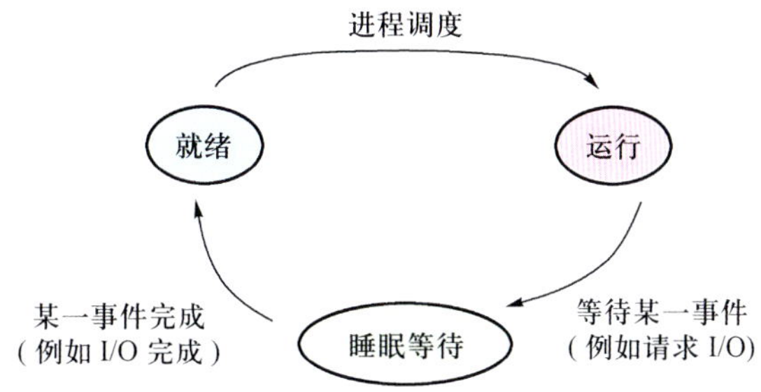

图 2.3 进程基本状态转换图

4）进程的特性

从上述讨论可知，进程是一个具有独立功能的、可在指定的活动空间和初始环境下执行的过程。它具有顺序性、动态性、并发性、独立性和异步性等特征。

（1）顺序性。是指每个进程在处理机执行时是严格按顺序进行的，即只有当其中一个操作结束后，才能开始其后面的操作。

（2）动态性。它是程序的一次执行过程，由创建而产生，由进程调度的持续调度而执行，因等待某一个事件而睡眠，最后由撤销而消亡。可见，进程有一定生命期，是动态产生和消亡的。

（3）并发性。是指进程的第一个操作可在另一进程的最后一个操作完成之前开始。也就是多个进程可以同时在一个系统中并发执行。

（4）独立性。进程可作为系统进行资源分配和调度的独立单位。

（5）异步性。是指系统中的活跃进程总是按照各自独立的、不可预测的速度向前推进。

现代操作系统大多数用基于进程的方法设计。例如，一个简单的批处理操作系统可以看做是三个进程的有机结合：Read 进程、Execute 进程和 Printer 进程。Read 进程从输入设备上读取数据并把它们存入缓冲区；Execute 进程从输入缓冲区读取信息，执行指定的运算，并把执行结果存入输出缓冲区；Printer 进程从输出缓冲区取出信息，并将其写到打印机上。

从上述讨论可知，处理机管理与进程管理密切相关，它们均是操作系统关键功能之一。

2.3.2.2 进程和处理机管理

处理机管理是对进程和处理机的使用进行调度。在具有多道程序设计功能的操作系统中，处理机在操作系统控制下交替地被各道程序所占用，操作系统根据一定的调度算法对进程调度，并对处理机进行分配。常用的调度算法如下：

(1) 先来先服务(FCFS)。先向系统提出申请的进程先分配 CPU。用以实现 FCFS 算法的数据结构是先进先出(FIFO)队列。当进程进入就绪队列，调度先进入队列的进程，让其运行，然后从就绪队列中去掉该进程。

(2) 最短作业优先。当 CPU 可使用时，调度将 CPU 分配给下一个使用 CPU 时间段最短的就绪作业。当两个作业的 CPU 使用时间段相同时，则按 FCFS 算法调度。

(3) 优先数调度法。最短作业优先调度算法是一般优先数调度算法中的一种特殊情形。每道作业均有一个优先数，CPU 按作业的优先数从高至低的顺序进行分配，优先数相同的作业按 FCFS 进行调度。优先数 p 是下一个 CPU 时间段 t(预测值)长度的倒数，即 $p=1/t$。也就是说，CPU 时间段长度越小，优先数越大。

(4) 非抢占和抢占算法。非抢占算法是进程一经得到 CPU 就一直运行下去，直到其主动放弃 CPU 为止，即或者进程本身执行终止，或者进程进入 I/O 等待。抢占算法则可根据系统中各进程的状态剥夺正在运行的进程的运行权，让另一进程抢占 CPU。通常是高优先级任务抢占低优先级任务而在 CPU 上的执行。

(5) 轮转算法(RR)。轮转调度是为分时系统专门设计的一种算法。此算法调度的时间单位称为时间片(time slice)。时间片的长度一般为 10ms ~ 100ms。就绪队列看成一个环结构，调度程序遍历就绪队列，并以一定的时间片轮流调度每个进程。

(6) 多队列调度。作业一般可以划分成几种不同类型，并按类型把就绪进程分成不同队列，各队列具有各自不同的调度算法。

(7) 多级反馈队列。它允许一个作业从某一队列转移到另外的队列。这种算法的着眼点在于，根据不同 CPU 使用时间段的特性来划分作业，并可动态转换。

2.3.3 设备管理

设备管理主要控制外围设备的操作、分配和回收。当一道程序在执行中要使用外围设备时，就向操作系统提出使用请求，操作系统根据请求启动相应的外部设备并控制其操作。从分配角度来看，外围设备可以分为共享设备和独占设备。对共享设备诸如磁盘，必须有相应的策略决定谁可占用、占用的空间大小、占用多久；对于独占设备诸如打印机，可以按一定策略予以实际分配，也可以将它们设置成虚拟设备而暂不实际分配。例如将行式打印机设置成虚拟设备后，则打印输出就由操作系统转换成写入磁盘操作，即把要打印输出的信息先存入磁盘，等到程序执行完后或到适当时间，再由操作系统控制到行式打印机上输出。这就是所谓的“假脱机输入/输出”或 Spooling 方法。采用这种方法可以增大系统的吞吐量，提高系统的效率。

2.3.4 文件管理

人类社会所使用的信息以各种方式存在。这些信息包括文字、照片、图画、声音等，最终都以文(件)档形式加以编号保存和复用。计算机使用二进制数把所有这些信息(文字、照片、图画、声音等)存放在磁介质上，同样以文档形式加以编号保存和复用。

因此，文件就是创造者所定义的相关信息的集合。

文件管理提供存取信息的各种服务机制，主要包括从一个指定文件读出信息、更新指定文件、建立和废除一个文件等。操作系统提供文件服务功能的这一部分称为文件系统。

用户通过文件系统使用文件时，不需要知道信息存放的物理位置以及信息是如何存放在物理介质上的，用户只需知道文件的使用权限，例如，谁拥有阅读某文件的权限，谁拥有修改文件的权限等。因此，在文件系统的管理下，各种文件不仅使用方便，而且安全可靠。常用文件存储的方式有顺序、直接及索引存储等。

2.3.5 操作系统的功能

从上述讨论可知，操作系统可能是人们设计的最复杂的软件组件。操作系统管理（虚拟）内存、磁盘缓存和磁盘空间，调度、执行和切换进程，控制进程间通信，捕捉并处理中断和异常，响应呈现的系统调用，管理 I/O 设备、文件系统、网络连接等。这些基本功能可以概括为图 2.4 所示。图 2.4 阐明了一个操作系统是如何与用户交互、提供服务以及分配资源的。

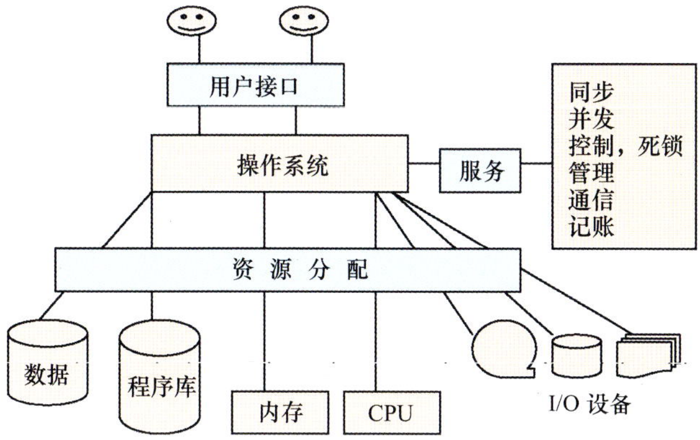

图 2.4 操作系统功能概括

除了上述介绍的基本功能外，一个操作系统还完成与安全性相关的几种特殊功能：

（1）用户鉴别。操作系统必须识别每一个请求访问的用户，并查明该用户是否与其声称的相符。最常见的鉴别机制是口令比较。

（2）内存保护。每个用户程序都运行在一个受保护的内存区域中以防止未授权访问。保护除了要防止外界访问，它也许还控制着用户自己对程序空间受限制部分的访问。不同的安全，例如读、写和执行，只能被应用于内存的默写区域。内存保护通常依靠硬件机制实现，例如分页和分段。

（3）文件和 I/O 设备访问控制。操作系统（OS）必须保护用户和系统文件以防止非法授权用户的访问。类似地，还必须保护 I/O 设备的使用。通常依靠查找表和一个访问矩阵达到保护的目的。

（4）对一般对象的分配和访问控制。用户需要一般对象，如允许并行和同步的机制。然而，对于这些对象的访问必须严加控制，这样就会避免一个用户对其他用户产生消极影响。在此，查找表仍然是提供保护的一般方式。

（5）共享的实施。共享需要保证完整性和一致性。通常将查找表和完整性控制（例如监视器或者事务处理器）结合起来，提供可控共享。

（6）保证公平服务。所有用户都期望使用 CPU 和其他服务，这样用户就不会产生“饥饿”现象。硬件时钟结合调度规则便提供了公平性；硬件设备和数据表结合起来便提供了控制性。

（7）进程间通信和同步。正在运行的进程有时需要和其他进程进行通信，或者需要对共享资源的访问进行同步。OS 通过充当进程间的桥梁提供这些服务，并响应异步通信或者同步通信请求。进程间通信是依靠访问控制表进行仲裁的。

(8) 对操作系统保护数据的保护。OS 必须维护那些用于实施安全的数据。如果不能保护这些数据以防止未授权访问(读、修改和删除),那么 OS 就不能实施安全。保护的技术有加密、硬件控制和隔离。

从上述讨论可知,一个操作系统完成与安全性相关的保护表现在以下方面:

(1) 防止互相访问地址空间的内存技术。

(2) 防止程序同时对一个外设进行写操作的 I/O 控制器。

(3) 用于确保(通过中断和优先级)任何一个不会独占所有系统资源的调度表。

(4) 同步原语(例如互斥和信号灯),用于管理对重要资源的访问,这些资源是由两个或多个进程共享的。

2.4 操作系统结构

操作系统是分层构建的,从底层的电路、寄存器、总线等硬件到高层的操作系统功能(例如多线程、分布式进程管理、对称多处理)。在内核中,操作系统是应用、程序或用户使用的资源管理器。图 2.5 显示了 UNIX 操作系统层次结构。

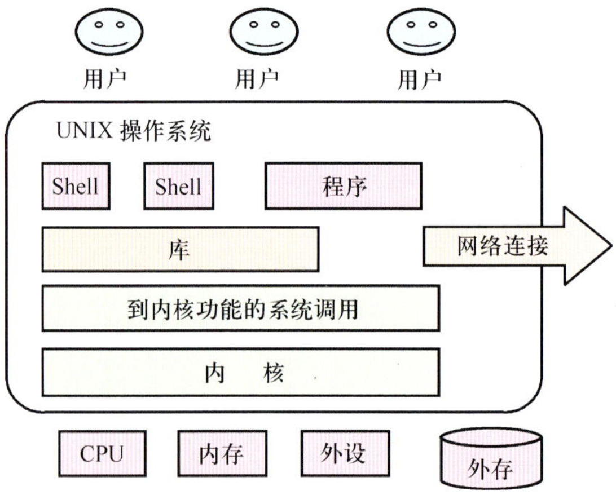

图 2.5 UNIX 操作系统层次结构

一个内核化的操作系统至少由四层组成:硬件、内核、操作系统和用户。其中每一层都可以包含一些子层。例如,在用户一级,通常有一些自身就构成了分离的安全层次的准系统程序,如数据库管理系统或用户接口外壳。

2.5 UNIX 操作系统

UNIX 操作系统,自 1969 年问世以来已经变得相当流行。它运行在从微处理机到大型机的具有不同处理能力的机器上,并在这些机器上提供公共的执行环境。UNIX 操作系统可分为两部分:第一部分由一些程序和服务组成,其中包括 Shell 程序、邮件程序、正文处理程序以及源代码控制系统等;第二部分由支持这些程序和服务的操作系统组成。

2.5.1 UNIX 操作系统的体系结构

UNIX 操作系统的体系结构如图 2.6 所示,整个体系是一个层次集合。操作系统通常称为系统核心,用以强调它和用户程序的区别。因为用户程序不应依赖机器硬件,而只依赖操作系统,这样用户程序就容易在不同硬件平台上移植,只要其平台能运行 UNIX 操作系统即可,从而保护了用户的投资资源。位于核心之外的外层程序,如 Shell 及编辑程序(ed 与 vi),是通过引用一组明确定义的系统调用而与核心发生交互的。这些系统调用通知核心为调用程序做各种操作,并在核心与调用程序之间交换数据。各个应用程序均位于最外层,例如 C 编译程序(cc)。图中应用程序分成两层,实际上用户可以设计成若干层。

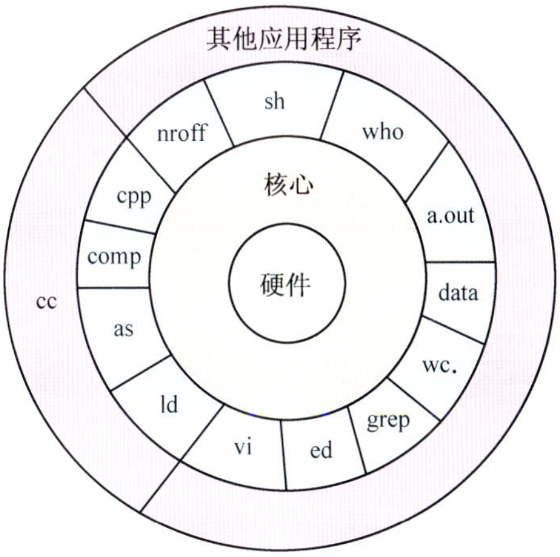

图 2.6 UNIX 操作系统体系结构

UNIX 操作系统使人感到文件系统有“位置”而进程有“生命”。文件和进程是 UNIX 操作系统模型中的两个中心概念。图 2.7 给出了 UNIX 系统的核心框图,它显示出了各个模块及它们之间的相互关系。从逻辑上看,UNIX 操作系统有三个层次:用户、核心和硬件。从图 2.7 可以看出,用户是通过 UNIX 的系统调用去申请操作系统的服务,操作系统的服务可分成与文

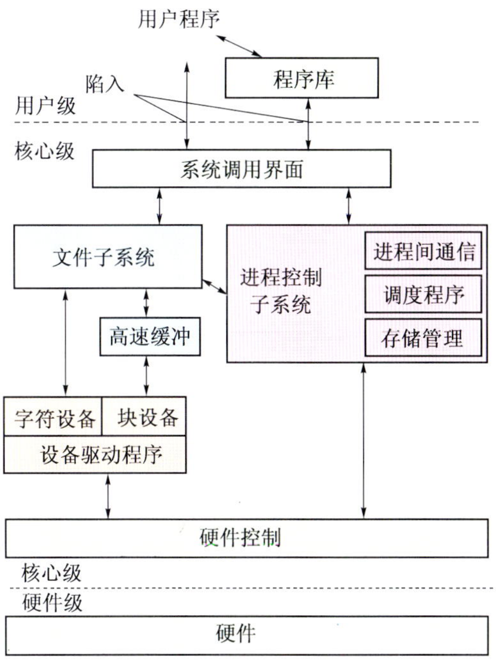

图 2.7 UNIX 操作系统核心框图

件子系统相关的服务和与进程子系统相关的服务两部分。

文件子系统管理文件，包括分配文件空间，管理空闲空间，控制对文件的存取，以及为用户检索数据。文件子系统使用缓冲机制存取文件数据，以调节核心与二级存储器之间的数据流。缓冲机制同块 I/O 设备驱动程序的交换作用是启动往核心去的数据传送及从核心来的数据传送。设备驱动程序是用来控制外围设备操作的核心模块。

进程控制子系统负责进程的同步、进程间的通信、存储管理及进程调度。当要执行一个文件而把文件装入存储器时，文件子系统与进程子系统发生交互，进程子系统在执行可执行文件之前把它们读入主存。

2.5.2 UNIX 文件系统

UNIX 文件系统具有以下三个特点：

(1) UNIX 文件系统的目录组织是一个树形结构，文件由其路径名唯一确定，文件系统顶部是根目录，在根目录中有许多子目录和文件。这些根的分支也可以有子目录和文件，其余类推。

(2) UNIX 文件系统中的文件都是无结构的字符流。

(3) UNIX 文件系统把外设、普通文件和目录都统一在文件的概念之下，对于普通文件的访问、共享和保护，都可适用于外设和目录。UNIX 文件系统把外设当做文件，这是 UNIX 文件系统一个具有革命性的功能特性。

基于 UNIX 文件系统的上述特点，系统支持下述四种类型的文件。

(1) 普通文件(regularfile)。

(2) 目录文件(directoryfile)。

(3) 先进先出文件(FIFOfile)，即管道文件。

(4) 特殊文件(specialfile)，包括块设备特殊文件和字符设备特殊文件。

由若干个文件组成了 UNIX 文件系统。一套系统装置可以有若干个物理磁盘器，每个磁盘器包括一个或多个文件系统。核心在逻辑上只涉及文件系统，而不涉及磁盘。每个文件系统都被当成由一个逻辑设备号标识的逻辑设备，通过磁盘驱动程序实现逻辑设备(文件系统)地址到物理设备地址之间的转换。

一个 UNIX 文件系统由一个逻辑块序列组成，每个块都包含定长的字节(512B、1024B、2048B、4096B 等)。每个文件系统的逻辑块大小是完全一致的，但一个系统配置中不同文件系统间逻辑块的大小可以不同。

考虑到网络，UNIX 文件系统引进了虚拟文件系统和网络文件系统的概念，把传统的根文件系统和用户文件系统以及网络文件系统统一在虚拟文件系统的概念之下，这便于对各种文件系统进行统一的管理。UNIX 还为用户提供了跨盘文件系统，使用户文件可以驻留到多个物理设备上，以提高文件存取的并行度。

UNIX 文件系统除了打开或关闭文件以外，还提供了三级文件访问权限：读、写、执行。文件访问权限的类型介绍如下：

(1) 读(r)。如果用户有读访问权限，则可以打开文件并读取其内容。对于目录而言，读访问允许用户列出其内容。

(2) 写(w)。如果用户有写访问权限，就能打开文件，覆盖它或添加内容。对于目录而言，写访问允许用户在该目录建立和删除文件。

(3) 执行(x)。如果用户有执行权限，就能将该文件作为程序运行。当然，只有当文件是执行程序或外壳脚本时才有意义。对于目录而言，执行权限允许用户使用 cd 命令进入一个目录。

另有一些 UNIX 系统也使用“粘位”(stickybit)控制目录中的写访问权限。如果“粘位”对任意可写的目录开启,任何人就可以在该目录中建立文件,但只有拥有者(或根)可以删除文件。这种功能通常用于系统的临时目录。

2.5.3 UNIX 操作系统的进程管理

一个进程是一个程序的一次执行。它由一系列格式字节组成,这些格式字节被解释成机器指令、数据和栈。UNIX 操作系统上的进程是被系统调用 fork 所创建的实体。除零进程外,每个进程都是被另一进程执行系统调用 fork 时创建的。援引系统调用 fork 的进程是父进程,而新创建的进程是子进程。

2.5.3.1 进程管理的核心数据结构

为管理使用系统的每个用户和每个进程,UNIX 设置了三个重要数据结构:进程控制数据结构 proc、用户控制数据结构 user 和线程控制数据结构 thread。

thread 又称为并发控制块,是为将单机 UNIX 操作系统发展为多机并行 UNIX 操作系统而设置的一个数据结构。在多机并行系统中,对一个进程,可以由硬件和软件(fork,spawn 指令)一起动态地产生多个简单指令流作为并行颗粒。每一简单指令流相应有一个 thread 结构。这些简单指令流可以同时分别在不同的处理机上运行,运行的动态信息存放在各自的 thread 中。thread 和相应的 proc 结构以指针的形式相互联系,所以 proc 及所有所属的 thread 结构中的内容组成了进程的动态信息。在单机系统中,一个进程只有一个 thread 结构。操作系统对用户程序的管理及控制是通过对进程控制块 proc 及并发控制块 thread 的管理实现的,它提供的多进程运行环境以及基于优先级的调度策略保证了系统的分时性。

2.5.3.2 进程的内存管理

进程作为用户程序在执行系统中活动的实体,可以定义为图像的执行。存储器图像包括进程的 proc 结构、thread 结构、user 结构、页表、正文段和数据段,还有硬件寄存器的内容,如程序计数器 pc、处理机状态寄存器 psw 以及各种寄存器等。

UNIX 操作系统把用户的虚拟空间分为系统空间和用户空间。UNIX 的核心和系统页表、进程的 proc 结构、thread 结构和 user 结构、进程页表项,都存放在系统空间。栈段、数据段、用户正文段,存放在用户空间,其内容是非常驻内存的。

每一个进程的虚空间是由一组称之为“区表结构”(或称为段表)定义的。对应于每一个区表,有一组页表项用以进行虚实地址转换。

一般情况下,一个进程的用户空间有如下几个区段:

(1) 用户异常处理程序段;

(2) 正文段;

(3) 数据段;

(4) 程序工作区(BSS 段);

(5) 用户栈段。

2.5.3.3 进程的状态及转换

(1) 运行态。正占有 CPU 的进程处于运行态。它可以在两种情况下运行:一是在用户态下执行用户程序;二是在核心态下执行系统的核心程序。系统在内存专门设有两个指针,分别指向当前进程,即占用 CPU 进程的 user 结构和 proc 结构。

(2) 就绪态。等待使用处理机的进程处于就绪态。就绪态下的进程,其图像可能在内存,也可以在外存。运行进程一旦在用户态下发生内存无图像的情况,硬件机构即发出缺页中断请求,并使进程转入核心态,进行缺页处理,等图像调入内存后继续运行。同样,当调度程序调度一图像在外存的就绪进程运行时,首先将图像调入内存中并建立进程的二级页表,然后该进程运行。

(3) 睡眠态。进程处于运行态,即它的 proc 结构占用 CPU。当进程因某些事件不能继续运行而处于睡眠状态时,首先根据其睡眠优先数在 proc 结构中置高优先级睡眠标志位或低优先级睡眠标志位。当等待的事件完成,系统即调用唤醒程序将该进程从睡眠队列中调出,并使相应的进程转入就绪状态。

一个进程由运行态转入睡眠态,有以下几种情况产生:

① 跟踪机构中的父进程等待子进程;

② 实现进程间的同步;

③ 请求使用资源而未得到满足;

④ 系统为了保护程序运行的临界区,强迫运行进程进入睡眠态;

⑤ 用户进行系统调用 sigpause、wait 等进程时被挂起;

⑥ 等待 I/O 操作结束。

(4) 暂停状态。这是一种特殊的睡眠状态,用于跟踪机构,表明子进程已获取信号,等待父进程对其进行跟踪处理。

(5) 进程终止前的暂时状态。当进程使用 exit 终止自身后,并不立即释放内存中的 proc 和 user 结构,而是进入终止前的暂时状态。唤醒 1#进程,将退出进程的子进程过继给 1#进程,并向父进程发出"子进程死"的信号,唤醒父进程及控制进程对其进行善后处理。

(6) 进程创建前的初始状态。所有 proc 结构在系统初启时用 pqinit 初始化后连入空闲队列链 freeproc 中,并置初始状态 p_stat:SINIT。

(7) 进程创建时的暂时状态。该状态表现在一新进程创建过程中。fork 在对一个新的 proc 结构的许多参数置值前,先置新进程为创建时的暂时状态。在置值后,把新进程放入运行队列前,把新进程置为运行状态。

UNIX 进程状态转换关系如图 2.8 所示。

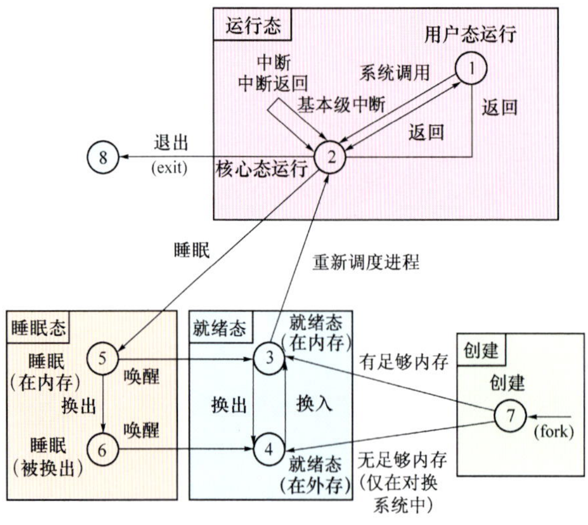

图 2.8 UNIX 进程状态转换关系图

(1) 运行态。状态1:进程在用户态下运行;状态2:进程在核心态下运行。通过系统调用或进入中断,进程由用户态转为核心态。返回时,一是直接返回到用户态下运行;另一是有调度请求,先进行优先数调度,进程放弃处理机,以后再被调度转入用户态运行。

(2) 就绪态。状态3:图像在内存的就绪态。一旦调度程序选中它,就立即投入运行。状态4:图像不在内存。被调度程序选中后,首先将进程在外存的图像换入内存后,才可令其投入运行。

(3) 睡眠态。状态5:由 sleep 和 pend 将进程由运行态转入睡眠态。一旦唤醒,转为状态3。状态6:进程转入睡眠态且图像已换出内存。被唤醒后转入状态4。

(4) 创建。状态7:通过 newproc 或 fork 创建一进程后,如有足够的内存,则转入状态3;否则转入状态4。

(5) 退出。状态8:当进程结束运行时,系统调用 exit 终止运行,该进程不再存在,进入善后处理状态,释放它的资源,撤除进程上下文,但保留它的表项,留下的记录由父进程收集。

2.5.3.4 进程的调度及对换

基于有效和公平的 CPU 资源共享,UNIX 操作系统在核心中设置了进程运行队列。系统可根据系统的大小定义 n 个运行队列(一般为32、64)。运行队列号为0~n。队列号越小,占用 CPU 的优先权越大。处于就绪状态的进程根据进程优先数挂入相应的队列。

除运行队列外,还有其他如睡眠队列、空闲队列等,其数据结构和运行队列相仿。

分时系统的调度分成两部分,即处理机调度和进程对换。涉及到处理机调度的程序主要有 swtch 和 schedcpu。

UNIX 操作系统的调度程序采用常规的多级反馈循环调度。核心给进程分配一段 CPU 时间,这段时间称为时间片。当进程用完了所分配到的时间片时,系统核心就进入调度另一个进程,并把原进程反馈到若干优先队列中的某一个队列。一个进程在它结束之前,可能需要多次通过反馈循环。当核心作上下文切换和恢复一个进程的上下文时,该进程从它原来被挂起的地方继续执行。

进程和处理机调度是密切关联的。从图2.8可知,处理机调度条件是:当前进程从就绪态进入运行态时申请资源未能满足,主动放弃处理机;进程调用 exit 退出时主动放弃处理机;跟踪机构中,父进程等待子进程而调用 wait 处于睡眠态;子进程等待父进程的干预、调用时,转入 STOP 状态而放弃处理机;基本级中断结束之前,如有异步挂起标志,则调用 trap 自陷;trap 结束前,如重调度标志已设置,则调用 swtch 强迫对处理机进行进程调度等。

从上述讨论可知,UNIX 操作系统的广泛流行,不仅在于它的结构简洁、严密、易懂、易用,而且在于它是一个较为安全的系统,安全等级达到了 C1 和 C2。UNIX 操作系统具有鲜明特点:UNIX 操作系统不仅适用单机多用户,而且也适用网络用户、多处理机和分布处理;UNIX 操作系统不但提供了一个简单的用户界面,而且还提供用户所希望的服务的能力,能用简单的程序构造出复杂程序的原语;UNIX 操作系统使用了在维护上最容易的、在实现上是高效的层次式文件系统,文件采用字节流的格式,使应用程序易于书写和应用;UNIX 操作系统为外围设备提供了简单的一致接口和虚设备的概念,这样不仅方便了用户的使用,也方便了系统的维护、更新和扩充;尤其是 UNIX 操作系统向用户隐蔽了机器的具体结构和以高级语言 C 编写系统,大大增强了系统可移植性,这是 Windows 等系统无法与之匹敌之处,同时也是 UNIX 操作系统以及基于 UNIX 操作系统Ⅴ的类 UNIX 操作系统(例 Xenix、SCO - UNIX)广泛存在于从微处理机到大型机的最重要因素。

2.6 实时操作系统

2.6.1 基本概念

实时系统能对外部事件立即进行响应,并在该事件发生后的一个指定时间内,调度指定的进程完成该事件所赋予的功能。例如一个用于监控医院病人的生命支持系统,在病人的状态发生某种变化时要立即采取行动。

实时系统包括实时操作系统和实时应用软件两大部分。实时操作系统是实时系统的核心;实时应用软件是基于实时操作系统之上的应用执行程序。

实时系统可分为通用的(例如订票系统)和专用的两大类。专用的实时系统通常用于工业和武器系统中,因为嵌入在“宿主系统”中,这种系统被称为嵌入式实时系统。

1) 硬实时与软实时

实时系统概念广泛地存在于人们日常生活中。不妨举两个例子来说明它。

(1) 一条由机器人操作的自动生产流水线。一个机器人要从传送带上取零件来装备产品,零件放在不断运行的传送带上。这时,如果机器人动作慢于零件达到指定地点,零件已经传走,尽管机器人定位正确,任务仍旧不能完成。如果机器人动作快于零件达到指定地点,而零件尚未达到,则此时机器人取不到指定的零件。机器人只有在规定时间、规定地点取到指定的零件,生产流水线才能生产出合格的产品。

(2) 在飞机订票系统中请求订票的客户。订票系统必须能在客户可接受时间内作出正确答复。如果计算机出了故障,那么就意味着会损失业务,或带来不良影响。

上述两个例子的一个共同点是:有一个计算机操作的时限要求,对外部处理的请求、数据获取、计算以及响应均必须及时到位。这里决定因素不是处理速度越快越好,而是在规定的时间里作出响应的时限。因此实时系统的特征是,其正确性不但取决于处理结果,而且取决于提供结果的时间。正确的时限要求(即规定时间)不完全取决于计算机速度,而更主要的是取决于环境。

在上述两个例子中,“机器人操作的自动生产流水线”的运行环境与“飞机订票系统”运行环境相比是不相同的。前者的运行环境是刚性的,它要求必须及时作出响应,机器人动作的延迟或超前均会造成系统操作的彻底失败;而后者只要求计算机在平均意义下作出快速响应就行了,偶尔出现的时间延迟是可以接受的,即使发生故障,如系统暂时性停顿,只要记录的数据已保存在数据中,这也是可以容忍的。我们把前者称为硬实时条件,后者称为软实时条件。

在飞机订票系统中,数据的完整性比时限性要求更为重要。软实时系统与硬实时系统的区别主要表现在违反时限要求所带来的危害程度不同。

软实时环境,是指响应时间仅仅是外面指定大致时间的那些系统。响应时间的滞后,其危害程度只是增加代价而不会带来灾难性的后果。

硬实时环境,是指该系统中每一个任务被激活后,必须在指定的响应时间内完成。响应时间的滞后,其结果可危及人的安全或生产过程,在经济上往往要付出相当大的代价。

2) 实时系统的特征

不管是嵌入式实时系统还是通用实时系统(如飞机订票系统),实时系统与其他数据处理系统的根本区别是它的实时性要求处于系统主导地位。实时系统应具有以下特征:

(1) 时限。指要求系统在规定的时间内完成所指定的程序段。

(2) 同时性。指在同一时间区间内对多个输入源作相关处理。例如,飞机控制系统要根据飞机的位置与速度的相关数据控制旅客机舱内的湿度和温度。在此,相关数据的并发处理是由问题自身特点所决定的,这与飞机订票系统中多个用户的事务的重叠处理有本质区别。飞机订票系统的同时性是由时限策略而定的,并非问题自身需求带来的。

(3) 预测性。指在硬实时条件环境下,计算机要作出的反应必须是精确的、可计划的,因而是可预测的。只有在实现系统的行为是完全可确定的前提下,才有可能对系统安全的关键性应用达到实时系统的时限要求。

(4) 可依赖性。从实时系统定义中可以看出,即使在系统出现故障或不适当操作情况下,系统还能提供相应服务。对具体嵌入式计算机而言,一般应具有以下特点:

① 处理的实时性。是指从接收传感器的输入信号开始,对信号进行处理,直到产生输出信号,全部所用时间要在允许的时限范围内,绝不能延迟和超时。

② 应用目标的专用性。这是实时操作系统与通用操作系统的主要不同点之一。因为对各个实时系统响应时间的要求不同,以及外围的配置和接口的不同,所以实时操作系统的设计风格、适用性也不同,从而决定了应用目标的专用性。

③ 特定的操作系统。这是由应用目标的专用性和嵌入式计算机资源的限制所决定的。通常是根据用户需求,由实时操作系统经过剪裁获得,或在裸机上重新编制,以实现支持应用程序与语言编译的运行系统。

④ 接口的多样性。嵌入式计算机系统输入端要连接多种传感器,以获得各种实时信息,经过处理以后产生的输出信息用于驱动和控制各种执行机构或送往显示器,以供辅助决策。

⑤ 体积、形状、质量与功耗的受制约性。

总之,嵌入式的操作系统应该有较好的可靠性、容错性和安全性,其代码必须精练,运行效率高,便于固化,有完善的处理实时、多任务、多中断的能力,对多种专用外设有方便的接口。

2.6.2 与通用操作系统比较

实时操作系统与通用的和面向事务的操作系统在应用上有很大差别。这种差别主要是由硬件环境和对操作系统服务与对功能的不同需求引起的。实时操作系统最主要的特征是它必须在限定的时间内对内部或外部事件作出响应。

我们从资源特点与资源管理机制观点出发,看一看实时操作系统和通用操作系统的共同点和不同点。

1) 处理机管理

通用操作系统的主要目标是实现多用户任务间的系统资源共享。其共享策略是提供公平的调度策略,提高系统性能,使系统达到高吞吐量,其响应速度往往无法估计,而且偶尔延迟也无妨。

实时操作系统的要求则不同。系统资源分配策略,尤其是调度策略,必须考虑任务紧迫程度。系统提供优先级调度和抢占式调度策略,以满足时间限制为目标,牺牲平均吞吐量。而且任务的同步和通信机制是主要的,从而使设计者能完全控制任务的执行顺序。在许多情况下,计算机往往被一个应用所独占,系统并不考虑其他用户的存在。

2) 内存管理

虚拟存储技术是为了扩大用户使用空间,因此常常被通用操作系统所采用。但是从某一任务角度来看,由于采用虚拟存储技术往往会增加内存、外存交换的额外开销,从而降低系统响应时间和造成任务响应时间不可预测性,这在硬实时系统中是绝对不允许的。

实时系统中,内存分配是静态的,运行系统常驻内存。也有些实时系统对任务提供显式的请求覆盖机制。最典型的是无盘的嵌入式实时控制系统,执行程序往往存放在只读存储器(ROM)中,数据静态地分配在内存中,从而使内存管理更加简单。

3）设备管理

实时控制系统中,最重要的辅助设备是过程处理的接口设备。它通常被某一特定的任务所使用,并通过应用例程直接服务。

通用系统是用标准方法对标准通用设备诸如键盘、显示器提供服务,但不需要为某一任务保留分配设备的特定机制。许多嵌入式系统几乎不使用标准的通用设备,例如机载航空电子系统。

4）文件管理

磁盘实时操作系统的文件管理机制与通用系统中文件管理机制基本相同,但是实时系统要求文件在磁盘或内存中应连续存放,并且提供存取盘的优化方法。

从上述讨论可知,一个实时 OS 应具备以下条件:

(1）异步事件响应。实时系统能在系统要求的时间内响应异步的外部事件,要求有异步 I/O 和中断处理能力。

(2）切换时间。当紧急事件发生时,实时系统必须在一特定时间范围内立即对紧急任务服务。

(3）中断等待时间。这也许是最重要的实时系统度量。然而,中断等待时间是一个非确定的度量,由于各种原因,在大多数情况下,系统不能保证在相同的时间内中断被响应。因此,在处理一个中断以前,应该充分注意影响时间延迟的一些因素,如处理机速度、总线速度,选择适当的中断服务例程的开销、中断装载和保存状态的开销等。

(4）优先级中断和调度。应允许用户定义被调度的任务和中断的优先级,从而保证比较重要的任务能在允许的时间内被调度到。

(5）抢占式调度。系统允许高优先级任务可以抢占低优先级任务在 CPU 上的执行。

(6）内存封锁。实时系统必须允许定义封锁内存中一个程序或部分程序,以减少为了获取程序或数据而访问盘的时间,保证有快速响应时间。

(7）连续存放文件。系统应提供存取盘上数据的优化方法,使得存取数据时查找时间最少。

(8）同步。系统提供同步和协调共享数据的使用和执行时间的手段。

2.6.3 流行的实时操作系统

1）pSOSystem 实时操作系统

pSOSystem 实时操作系统是一个运用嵌入式应用的可裁剪的实时操作系统。它支持以下技术:单处理器(pSOS +)、多处理器(pSOS + m)、文件管理器(pHILE)、TCP/IP 通信(pNA +)、流通信(OpEN)、图形、Java、HTTP 等。系统的每种功能都是自包容的,开发人员可根据应用的实际需要对操作系统功能和存储器大小进行裁剪。

pSOSystem 实时操作系统在时间和内存空间上都进行了优化,因此其应用实时性能非常好。pSOSystem 实时操作系统现主要应用于通信、数据传输、多媒体、自动化、空间科学以及医疗设备等诸多领域。其集成式开发环境 pRISM + 提供了包括 C/C + + 浏览器、区分内核(kernel awareness)的源码级调试器、编译器以及应用运行情况图形化分析工具等一整套开发工具。

2）Vxworks 实时操作系统

Vxworks 实时操作系统支持一系列的工业标准，包括 POSIX 1003. 1b 实时标准、ANSIC(包括浮点运算支持)标准和 TCP/IP 网络标准。这些标准增强了多种商业产品环境下的互操作性和可移植性。Vxworks 实时操作系统的核心为高性能的 wind 微内核。该微内核支持典型实时特性如多任务的快速执行、中断支持、强占式及时间片轮换调度等。微内核减少了 Vxworks 实时操作系统的系统过载，内核操作速度很快(如在 68000 处理器中上下文切换仅需 3. 8ms)，能对外部事件作出迅速反应。此外，Vxworks 实时操作系统的设计符合可配置性，用户可以依据自身应用的需要分配内存资源，开发人员可以从近 80 种选择中构造出百余种配置方案。该实时操作系统在最近的火星探测器上得到成功的应用。

3）QNX 实时操作系统

QNX 实时操作系统独特的微内核和信息传输结构对应用运行及开发提供了强有力的支持。QNX 实时操作系统是符合实时 POSIX 标准的操作系统(支持 POSIX 1003. 1、POSIX1003. 1b、POSIX1003. 1c、POSIX1003. 1d、POSIX1003. 2)。作为一个真正的微内核系统，QNX 实时操作系统是完全可配置的。因此从电子消费品到工厂级的控制系统都可采用同一操作系统，只需进行相应的配置。由于 QNX 实时操作系统提供的嵌入式视窗系统——PhotonmicroGUI 也是基于微内核结构，因此要建立一个应用的大小和功能都平衡的图形用户界面，开发过程十分简单。QNX 实时操作系统各个进程都是在各自的 MMU 保护下的地址空间运行。QNX 实时操作系统的技术性能指标为：上下文切换时间为 1. 1ms；中断响应时间为 4. 4ms(基于 Pentium 100 以上处理器)。

2.7 可信操作系统

2.7.1 基本概念

可信操作系统是指这个系统不但达到了设计时的安全要求，质量很高，而且能证明用户对系统质量的信任是正确的。也就是说，信任是由系统的接收者或使用者体会的，而不是由系统的生产者、设计者或者制造商决定的。作为用户，你或许不能直接评价一个系统是否值得信任。你可能会相信设计方案，可能会相信专家的评估，也可能相信同行的意见。但最终还得由你自己来确定需要的信任度。

信任与安全不同，安全是一个互斥的概念，信任不是一个互斥的概念。信任通常随着时间的推移而增加，其程度与证据和经历有关。表 2. 1 显示了安全和可信的性质之间的差异。

表 2. 1 安全和可信的性质

安　全	可　信
一个事物要么安全，要么不安全	分等级，即可信赖程度
提供者的特性	接收者的特性
基于产品特征的断言	基于证据和分析的判断
绝对的，不受如何使用、在何处使用、什么时候使用以及谁来使用等因素限制	相对的，视应用环境而定
一个目标	一个特征

可信操作系统的内容包括四个方面：

(1) 策略。为了保证需求是清楚的、一致的和有效的，可信操作系统通常都会遵循一个预先规定好的安全策略，即一个规则集，这个集合展示了将要保护什么，以及为什么要保护。

(2) 模型。为了创建一个可信操作系统，设计者通常首先需要为需要保护的环境构建一个模型，这个模型实际上体现了系统将要实施的策略。设计者将模型和系统需求进行比较，以保证整个系统性能不会因为安全需求的引入而降低。

(3) 设计。在确定了一个安全模型之后，设计者开始选择实现模型的方法。因此，设计包含两方面的内容：什么是可信操作系统，即可信操作系统要实现的功能，以及怎样构造它(实现)。

(4) 信任。开发人员和用户要寻找根据来证明所实现的系统是能够满足预先的需求的。对一个系统的信任基于两个方面：特征(操作系统包含了实施安全策略所必须的所有功能)和保证(操作系统的实现方式使我们确信它能够正确且有效地实施安全策略)。

下面将对上述四个方面的内容作一一介绍。

2.7.2 安全策略

一个安全策略是对一个系统应该具有的安全性的描述。只有当一个操作系统(或一个可信系统的任意部分)能够满足对它的安全要求，这个操作系统才是可信的。

1) 军事安全策略

军事安全策略是基于保护机密信息的策略。每条信息被标识为一个特定的敏感等级，如不保密的、受限制的、秘密的、机密的和绝密的。这些等级构成了一个层次结构，并且反映了信息敏感性的递增顺序。

我们使用须知原则限制访问：只有那些在工作中需要知道敏感数据的主体才允许访问相应的敏感数据。每条机密信息都与一个或更多的项目相关，这些项目被称为分隔项(compartment)，它描述了信息的相关内容。比如甲项目要用到机密信息，而乙项目也要用到机密信息，但是甲项目中的员工并不需要访问乙项目的信息。换句话说，两个项目都会使用机密信息，但每个项目只能访问与它相关的机密信息。分隔项以这种方式帮助实施须知限制，使人们只能访问那些与他们工作相关的信息。一个分隔项的信息可以只属于一个敏感等级，也可以属于不同的敏感等级。图 2.9 显示了分隔项和敏感等级之间的关系，其中的敏感等级由低到高。

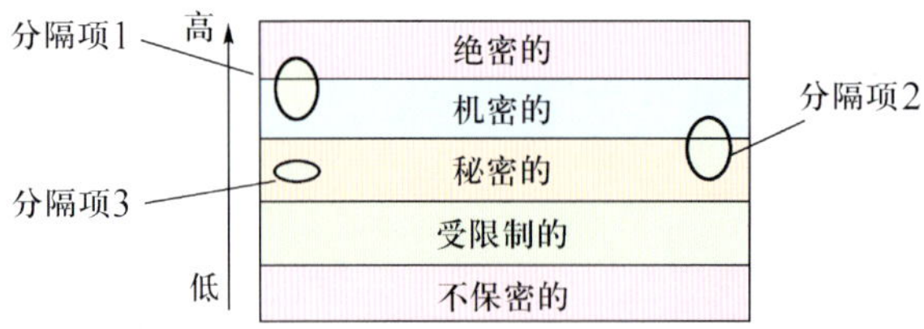

图 2.9　分隔项和敏感等级的关系

一个用户必须得到许可(clearance)才能访问敏感信息。许可表明可以信赖某人访问某个级别以下的敏感信息，以及该人需要知道某些类的敏感信息。我们可以用组合〈等级；分隔项〉来表示对主体的许可。

现在我们引入一种建立在敏感对象和主体集合上的、称为支配的关系“≤”来解释许可。对于一个主体 s 和一个对象 o，有 $s \leq o$，当且仅当

$$rank_s \leqslant rank_O, compartment\ S_s \subseteq compartment\ S_o$$

式中,符号 rank i 表示对象 i 的敏感度。

如果 s≤o,我们就说 o 支配 s(或者是 s 被 o 支配),支配的关系控制用于限制一个主体可访问信息的敏感度和内容。一个主体可以读一个对象,如果存在以下条件:

(1) 主体的许可等级至少和所访问信息的敏感等级一样高;

(2) 主体需要知道该信息分类时所涉及的所有分隔项。

这两个条件等价于主体支配对象。

军事安全同时实施了敏感度要求和须知要求。我们必须指出,敏感度要求是层次化的要求,因为它们反映了敏感等级的层次结构;而须知限制是非层次化的,因为分隔项不需要表现为一个层次结构。许可和分类应该由专门的安全人员控制,而不是个人能够随便可以更改的。

2) 中国墙安全策略

中国墙(Chinese Wall)安全策略建立在三个抽象等级上。

(1) 对象(object)。位于最低等级,比如文件。每个文件只包含一个公司的信息。

(2) 公司群体(company group)。位于第二等级,由与一家特定公司相关的所有对象组成。

(3) 冲突类(conflict class)。位于最高等级,相互竞争的公司的所有对象集合。

在这个模型中,每个对象都属于唯一的一个公司群体,而每一个公司群体又被包含在一个唯一的冲突类中。假设某广告公司,有三个分属于不同领域的客户:食品、保险和文具公司。食品有 S1、S2 两家公司;保险有 B1、B2、B3 三家公司;文具有 W1 一家公司。此时,运用中国墙的等级结构,会形成 6 个公司群体(每个公司一个):{S1}、{S2}、{S3}、{B1}、[B2]和{W1}。3 个冲突类:{S1,S2}、{B1,B2,B3}和{W1}。

中国墙安全策略的层次结构引出了一个简单的访问控制策略:只要一个人至多访问过一个冲突类中的一个公司信息,那么他就不能访问同类中的其他信息,但可以访问该冲突类中的其他类的任何信息。也就是说,如果被访问的对象所属的公司群体中的某个对象已被访问过,或者这个对象所属的冲突类从未被访问过,那么就允许访问该对象。

我们用上例说明此安全策略。在上例中,最初可以访问任何对象。假设读了 S1 上的一个文件,接下来的访问请求如果是针对保险{B1,B2,B3}和文具{W1},则此访问就会被允许;但是如果请求访问 S2 就会被拒绝,接下来对 W1 的访问是被允许的;但是如果接下来访问了 B2 上的文件,将来就不能访问 B1 或 B3。图 2.10 表明了这个访问过程,其中阴影部分(即 S2,B1,B3)表示拒绝访问。

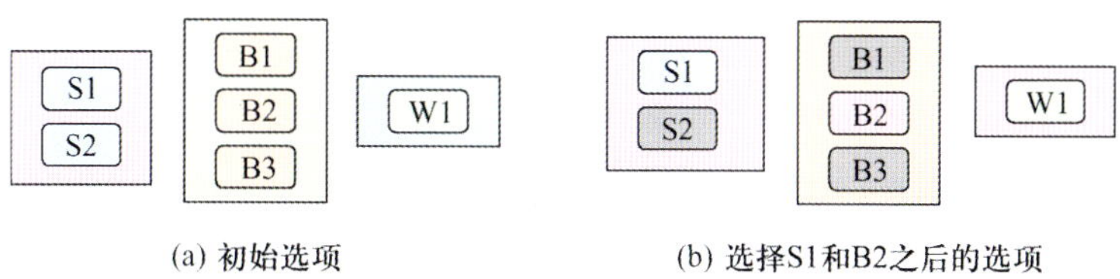

图 2.10 中国墙安全策略

中国墙安全策略是非常有名的商业安全策略。和其他的商业策略(例如,Clark - Wilson 商业安全策略)不同,中国墙安全策略注重完整性。有趣的是,它的访问许可动态地变化:当一个主体访问某些对象后,它就不能够访问先前可以访问的这一类中的其他对象了。

从上述两个典型的安全策略可知:军事信息安全与商业信息安全有着很显著的区别。除军事信息安全以外,商业信息安全策略通常没有要求正式的"许可"概念,也就是不存在一个支配函数，所以允许访问的规则不太规范。

2.7.3 安全模型

安全模型通常用于：

(1) 检测一个特定策略的完善性和一致性；

(2) 对策略进行验证；

(3) 有助于构思和设计一个实现；

(4) 检测一个实现是否满足需求。

我们已经知道，某个用户能否访问某个对象，是由策略决定的，而模型仅仅是实施策略的一种机制。因此，从用户所使用的一种简单的访问控制方式开始，就要对模型进行研究。

在理想的情况下，我们希望建立的模型能够表示一系列的敏感度，同时能反映这样一个需求，即将主体同它们不能访问的对象严格地隔离开来。针对军事安全策略，Bell－La Padula 首次运用数学符号来描述军事模型的特性。下面我们介绍 Bell－La Padula(BLP)机密模型。

1) Bell－La Padula 机密模型

它是安全系统中允许的信息流路径的一个形式化描述。该模型的目标是识别出对维持保密性至关重要的允许的通信。该模型已经被用来定义那些并发处理不同敏感等级数据的系统的安全需要。

设系统包含主体集 S 和对象集 O，S 中的每一个主体 s 和 O 中的每一个 o 都有一个固定的安全类 C(s) 和 C(o)(表示许可和分类等级)。安全类按照关系“≤”来排序。如果这个系统是安全的，则必须满足下列的安全信息特性：

(1) 简单安全特性。仅当 $C(o) \leqslant C(s)$，主体 s 才可以对对象 o 有“读”访问权。

在军事模型中，这个特性表明信息接收者的安全等级(许可)不得低于信息的安全等级。

(2) *－特性。仅当 $C(o) \leqslant C(p)$，对对象 o 有读访问权的主体才可以对对象 p 有“写”访问权。

在军事模型中，这个特性意味着，将一个敏感对象的内容写入另一个敏感对象，要求后者的敏感等级至少不低于前者。从而对 *－特性的解释是；得到某个等级信息的人只能将这条信息传递给那些等级不低于这条信息等级的人。*－特性是用来防止“下写”，它用来防止一个能够访问高级别数据的主体，通过“写”将其数据传递给低级别对象。

2) Biba 完整性模型

Bell－La Padula 模型只适用于信息安全，它识别那些可能导致信息被不适当泄露的路径。Biba 构造一个防止数据被不适当修改的模型，以确保信息的数据的完整性。

Biba 模型的原理如下：

对象和主体依据一个完整性分类方案排序，分别以 I(s) 和 I(o) 表示。其特性表现为如下两方面：

(1) 简单完整性特性。主体 s 能够修改(有权“写”)对象 o，仅当 $I(s) \geqslant I(o)$ 时。

(2) 完整性 *－特性。如果主体 s 有权“读”具有完整性等级 I(o) 的对象 o，那么仅当 $I(o) \geqslant I(p)$ 时，s 有权“写”对象 p。

这两条规则包含了对不可信任信息的处理情况。假定 chen 是不可信的。如果 chen 可以创建或修改一个文档，那么其他人就不应该相信该文档内容的真实性。因此，一个不可信主体对对象访问拥有写访问权会降低对象的完整性。

从上可知：Bell－La Padual 模型与 Biba 模型是一对对偶。Bell－La Padual 模型解决保密性，却忽略了完整性；而 Biba 模型解决完整性，却忽略了保密性。因此两者结合起来运用到安全系统中是一个较理想的解决方案。

安全模型的建立和分析对于设计可信操作系统非常重要。我们利用保护系统的模型来建立我们的安全策略，并确定什么是可信的和合意的。下面将研究可信操作系统的设计。

2.7.4 可信操作系统的设计

操作系统本身（不考虑它们的安全限制）是很难设计的。它们处理很多事务，如中断和上下文转换，并且必须使开销最小化，以免影响用户的计算和交互。将安全的职能加入到操作系统中，大大地增加了操作系统设计的难度。

安全因素渗透于操作系统的设计和结构中，这隐含着两方面的事情。首先，一个操作系统控制着主体和对象间的合作，因此，设计必须考虑安全性，即哪些对象将以什么样的方式被保护，什么样的主体具有访问权，以及这些访问权具有什么等级等。其次，由于安全性体现在操作系统的每一个部分中，因此，安全在可信操作系统的最初设计中至关重要。

1）可信系统设计元素

安全因素渗透于操作系统的设计和结构中，这意味着：

首先，一个操作系统控制着主体和对象的合作，因此，操作系统的设计必须考虑安全性，即操作系统设计必须包括这样一些定义，如哪些对象将以什么样的方式被保护，什么样的主体具有访问权，以及这些访问权所具有的等级等。从安全需求到设计必须有一个清晰的映射，使得所有的开发者可以看出两者间的关联。一旦操作系统的某个部分被设计出来，就必须组织测试和验收，并修改已发现的错误。再测试，直到正确为止。

其次，由于安全是体现在操作系统的每一个部分中，因此不能到了系统的其余部分开始工作和测试时，安全的设计还模糊不清。我们一定要清楚地认识到，对一个安全不够完善的操作系统中的安全特性进行改进是极其困难的。

Saltzer 和 Schroeder 把创建一个可信系统的原则归结为以下几点：

（1）最小特权。每一个用户和程序都应该通过使用尽可能少的特权进行操作。这样，无意者或者带有恶意的攻击所造成的危害就最小。

（2）开放设计。保护机制一定不能依赖于潜在攻击者的无知；机制应该是公开的，且依赖于相对很少的关键项的保密，如一个口令表。开放设计还应该接受广泛的公开审查，这样就能够对设计安全性提供独立的验证。

（3）机制的经济性。保护系统的设计应该小而简单，且直截了当。这样的保护系统能够被详细分析和穷举测试，或者能够被验证，因而是值得信赖的。

（4）完全检查。每次访问企图（请求）都必须被检查。直接访问企图和绕过访问检查机制的企图都应该被考虑，应正确地设置检查机制以避免被绕过。

（5）基于许可。默认情况下应该是拒绝访问。一个稳健的设计者要识别那些“将被”访问的项，而不是不能被访问的那些项。

（6）特权分离。理想情况下，对对象的访问应依赖于多个条件，比如用户鉴别再加上密钥。这样，能攻破一个保护系统的人就不会获得完全的访问权。

（7）最少公用机制。共享对象为信息流提供了潜在通道。采用物理或者逻辑隔离的系统减少了共享的风险。

（8）易用性。如果一个保护系统用起来很简单，那么人们就会使用它。

2）可信操作系统的安全特性

可信操作系统不同于传统的操作系统，它集成了一些技术用来实现其可信特征和安全证。图 2.11 给出了一个可信操作系统的安全功能。它与图 2.4 对比就可以看出两者的区别。

【注意】 在图2.11中,对象是如何被访问控制机制包围起来的。相对于传统的操作系统,该机制提供了更多的保护和分离。此外,内存也按用户划分,且数据和程序库有可控的共享和分离。

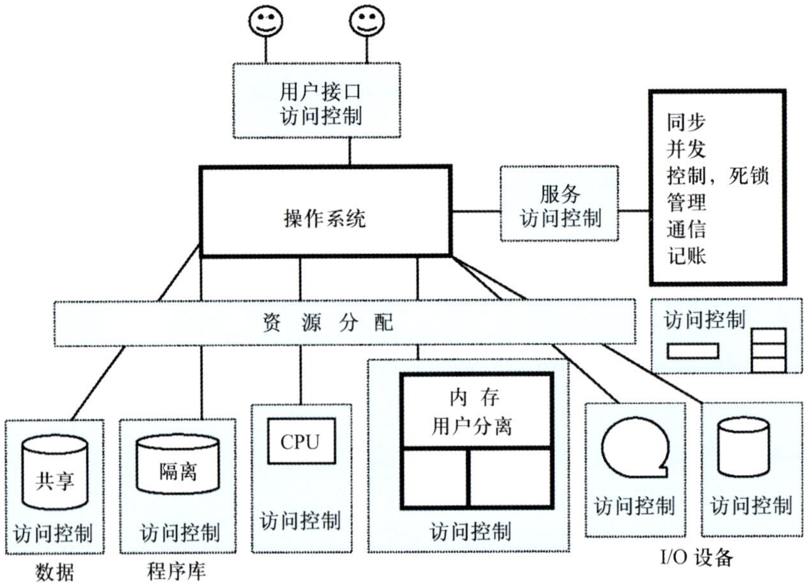

图2.11 可信操作系统的安全功能

一个可信操作系统的主要特性如下:

(1) 用户识别和鉴别。识别是计算机安全的基础。系统必须能辨别谁在请求访问一个对象,且必须能够证实这个主体的身份。

(2) 强制访问控制和自主访问控制。强制访问控制(MAC)是访问控制策略的判决不受一个对象的单个拥有者的控制。中央授权系统觉得哪些信息可被哪些用户访问,而用户自己不能改变访问权。强制访问的例子出现在军事系统的安全中,其中,数据单个拥有者不能决定谁拥有绝密许可,也不能将对象分类从绝密改为秘密。

自主访问控制(DAC)是访问控制让对象的拥有者自主决定,或者给那些已被授权控制对象访问的人。拥有者能够决定谁应该拥有对其对象的访问权及其内容。

MAC和DAC可同时应用于同一个对象。MAC的优先权要高于DAC,即在具有MAC访问许可的人中,只有通过DAC的人才能真正被允许访问这个对象。例如,一个文件的分类为机密,意味着只有具有机密访问许可的人才有可能访问它。但是,在军队授权能够访问机密的成千上万的人里,只有那些在特定项目中或特定位置下的人才允许访问它。

(3) 对象重用保护。计算机保持效率的一种方法是对象重用。计算机系统控制着资源分配,当一个资源被释放,OS将会允许下一个用户或者程序访问这个资源。但是,必须小心控制可重用的对象,以免它们产生缺陷。因为资源被释放时,该资源占有的存储空间也被释放,如果该存储空间仍然包含先前用户的数据。但由于大部分用户在试图读文件之前都会先写文件,新用户数据会覆盖先前用户的数据,这样,也就不存在对先前用户信息的非法泄露。然而,恶意的用户会申请大量的磁盘空间,企图从中获取敏感信息。这种攻击称为对象重用。这个问题不局限于磁盘,它能发生在主存、处理器的寄存器和存储器、其他磁介质(例如磁带)或其他可重用的存储媒体。因此,为了防止对象重用泄露,OS必须在允许下一个用户访问之前会清除所有将要重新分配的空间。

(4) 完全检查。为了让强制或者自主访问控制有效,所有的访问必须受到控制。如果攻击者通过内存、外部端口、网络或者隐蔽通道请求访问,那么仅对文件访问控制是不够的。高可信操作系统执行的完全检查,意思就是对所有的访问路径必须经过检查。

(5) 可信路径。恶意用户获得非法访问的一种途径就是"欺骗"用户。例如,恶意欺骗者可在用户和合法系统之间安置一个假冒的用户 ID 和密码系统。当非法系统要求用户输入识别信息的时候,欺骗者就获取了真正的用户 ID 和密码,然后它就能够使用这些真实的登录数据访问系统。因此,关于关键的操作,如设置密码或者更改访问许可,用户希望能进行无误的通信(称为可信路径),以确保他们只向合法的接收者提供这些重要的、受保护的信息。可信路径的确定方法很多,如在一些 OS 中,用户通过输入一个唯一的键序列来请求一条可信路径。这个唯一键序列在设计上直接被安全实施软件截获。又如在其他可信系统中,规定与安全相关的改变只能在系统启动的时候进行,也就是说,改变只能在除安全实施代码外的其他任何进程之前进行。

(6) 可审计性和审计日志的精简。可审计性通常涉及到维护与安全相关的、已发生的事件日志,即列出每一个事件和所有执行过添加、删除或改变操作的用户。显然,需要保护审计日志不被外界访问,并且记录所有与安全相关的事件。

审计需要记录哪些内容,必须进行预先的研究和评估。例如,在 20 世纪 80 年代,美国国务院就开始加强其大使馆之间外交通信的自动系统的安全性。对 OS 安全性要求之一是记录与秘密文档相关的所有事务的审计日志。这些要求还包括一个条件,即系统管理员可以每天检查审计日志,寻找恶意行为的迹象。从理论上讲,这些要求是明智的,但是不现实。美国国务院做了一个测试:测试系统有 5 个用户,这些用户每 5min 打印一次审计日志。在测试结束后,打印审计日志的纸堆已超过了 1 英尺[①]高!而实际的系统用户大大超过 5 个,所以试验证明,系统管理员不可能检查完所有的日志。

在大多数可信系统中,只需在打开或者关闭文件(或类似对象)的时候进行审计,这就可以大大简化工作。现在在一些可信系统中执行审计精简(audit reduction),用分离工具来精简审计数据的数量。在这种方式中,对审计数据进行分析提取,只保留那些对判断事件有意义的数据,通过直接查阅这些数据,就能知道是否有安全事件发生了。对于大多数分析来说,精简的审计日志就足够了。

(7) 入侵检测。与审计精简紧密联系的是检测安全漏洞的能力,理想的情况是在它们发生的时候就被检测出来。入侵检测软件构造了正常系统使用的模式,一旦使用出现异常就发出警告。可信操作系统包含了一个基本的入侵检测软件。

入侵检测具有监视分析用户和系统的行为,审计系统配置及检查漏洞,评估敏感系统和数据的完整性,识别攻击行为,对异常行为进行统计,自动地收集与系统相关的补丁,审计、跟踪、识别违反安全法规的行为,使用诱骗服务器记录黑客行为等功能,使系统管理员比较有效地监视、审计、评估自己的系统。

按照检测类型可以将入侵检测系统分为以下几种:

① 异常检测(anomaly detection)。检测与可接受行为之间的偏差。如果可以定义每项可接受的行为,那么每项不可接受的行为就应该是入侵。首先总结正常操作应该具有的特征(用户轮廓),当用户活动与正常行为有重大偏离时即被认为是入侵。先定义一组系统正常情况的阈值,如 CPU 利用率、内存利用率、文件校验和等,然后将系统运行时的数值与所定义的正常情况相比较,得出是否有被攻击的迹象。这种检测模型漏报率低,误报率高。因为不需

① 1 英尺 = 0.3048m。

要对每种入侵行为进行定义,所以能有效检测未知的入侵。

② 误用检测(misuse detection)。这种检测方法假设入侵者活动可以用一种模式来表示,系统的目标是检测主体活动是否符合这些模式。其难点在于,如何设计一种模式使其既能够表达"入侵"现象,又不会将正常的活动包含进来。如果可以定义所有的不可接受行为,那么每种能够与之匹配的行为都会引起告警。收集非正常操作的行为特征,建立相关的特征库,当监测的用户或系统行为与库中的记录相匹配时,系统就认为这种行为是入侵。这种检测模型误报率低、漏报率高。对于已知的攻击,它可以详细、准确地报告出攻击类型,但是对未知攻击却效果有限,而且特征库必须不断更新。

入侵检测的软件和硬件的组合就是入侵检测系统(IDS)。目前,市场上的 IDS 由四个组件组成:事件产生器、事件分析器、响应单元及事件数据库。事件产生器的目的是从整个计算环境中获得事件,并向系统的其他部分提供此事件。事件分析器分析得到的数据,并产生分析结果。响应单元则是对分析结果作出反应的功能单元,它可以作出切断连接、改变文件属性等强烈反应,也可以只是简单的报警。事件数据库是存放各种中间和最终数据的地方的统称,它可以是复杂的数据库,也可以是简单的文本文件。

按照检测对象可以将 IDS 分为基于主机的入侵检测系统(HIDS)、基于网络的入侵检测系统(NIDS)、分布式入侵检测系统(DIDS)和基于应用的入侵检测系统(AIDS)等。

3) 内核化设计

内核(kernel)也称为核心(core)或核(nucleus)。它是 OS 的一部分,它执行 OS 的最底层功能。在标准的操作系统设计中,内核实现这样一些操作,如同步、进程间通信、消息传递以及中断处理。内核化设计实际上是体现最小特权机制和经济性机制的结果。

一个安全内核负责实施整个操作系统的安全机制。安全内核负责在硬件、操作系统、计算机系统的其他部分之间提供安全接口。一般来说,安全内核被包含在操作系统核中。将安全内核隔离在安全内核中,有下列好处:

(1) 覆盖。对受保护对象的每次访问必须通过安全内核,这样才能确保每次访问都被检查。

(2) 隔离。把安全机制从操作系统的其余部分和用户空间中隔离出来,可以使保护安全机制免遭操作系统或用户侵入。

(3) 统一。由于所有的功能都由单一的代码集合来执行,这样,追踪由这些功能所引起的任何问题的原因会容易些。

(4) 可修改性。易于对安全机制作出修改,并对此修改进行测试。

(5) 紧凑性。由于安全内核只是执行安全功能,所以它相对较小。

(6) 可验证性。由于相对较小,安全内核能够被严格地分析。例如,我们可以利用形式化的方法来确保设计覆盖了所有的安全状况(如状态和状态变化)。

但是,实现安全内核也会降低系统的性能,因为内核在用户程序和操作系统资源之间又添加了另外一层接口。同时,内核的存在并不能够保证它包含了所有的安全功能或者它的实现是正确的,并且在某些情况下,安全内核可能很大。

(1) 引用监视器。引用监视器是安全内核的重要组成部分之一。它控制着对对象的访问。一个引用监视器是对文件、设备、内存、进程间通信以及其他种类的对象的访问控制的集合。一个引用监视器的功能就像 OS 或者可信软件周围的砖墙一样。它必须是:①抗干扰的;②当出现对任何对象的访问请求时,它总能被激活;③由于它足够小,经过测试和分析,能够确保其完整性。

一个引用监视器只有当它不能够被修改或者被一个恶意进程绕过的时候,才能有效地控制访问。引用监视器是所有访问请求的必由之路。当然,引用监视器不是可信操作系统中唯一的安全机制。其他的安全组件包括审计、识别、鉴别过程和设置执行参数,如允许访问主体是谁以及允许他们访问哪些对象。这些安全组件与引用监视器交互,从引用监视器那里接收数据或者为它提供操作系统。

(2) 可信计算基(TCB)。TCB 是可信 OS 中用于实施安全策略的所有事物的总称。人们将 OS 划分为 TCB 和非 TCB 两部分。因此,为了理解如何设计一个好的 TCB,必须分清操作系统中 TCB 和非 TCB 元素的界限,并且努力确保 TCB 的正确性。图 2.12 显示了 TCB 和非 TCB 之间的界限。

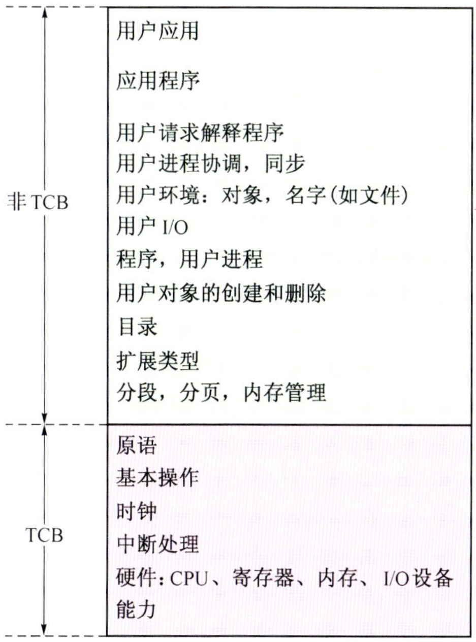

图 2.12　TCB 和非 TCB 代码

TCB 必须维护每一个域的保密性和完整性,它监视如下四个基本的交互。

(1) 进程激活。在多道程序的环境下,进程的激活和钝化是经常发生的。从一个进程切换到另外一个进程需要一个完整的改变,内容包括寄存器、重定位映射表、文件访问表、进程状态信息以及其他指针,它们中的大部分是安全敏感信息。

(2) 执行域切换。在一个域中运行的进程会激活其他域的进程以获得更多的敏感数据和服务。

(3) 内存保护。因为每个域包含的代码和数据都存储在内存中,因此 TCB 必须监视内存引用以确保每个域的保密性和完整性。

(4) I/O 操作。在一些 OS 中,软件涉及 I/O 操作中的每一个字符。这种软件将最外层域的用户程序和最内层(硬件)域的 I/O 设备连接起来。因此 I/O 操作能够贯穿所有的域。

将 OS 划分为 TCB 和非 TCB,这意味着所有和安全相关的代码都被放置在某个(逻辑的)部分。为了确保非 TCB 代码不会影响安全实施,TCB 代码必须运行在一些可以将其区分开的受保护状态下。因此,应该有意识地创建 TCB 和非 TCB 的结构。这种结构一旦创建以后,TCB 之外的代码就能够任意被修改,且不会影响 TCB 实施安全的能力。

如果将所有的安全功能都包含在 TCB 中会破坏现有操作系统的模块性,并且集各种安全功能于一体的 TCB 也会太大而不易分析。因此,一个最为合理的方法是,先创建一个安全内核，然后，围绕这个安全内核设计操作系统。图 2.13 显示了单独的安全内核结构。

在基于安全的设计中，安全内核在系统硬件之上形成一个接口层。安全内核监视着所有的操作系统的硬件访问，并执行所有的保护功能。安全内核依靠硬件的支持，允许操作系统处理与安全无关的大部分功能。这样，安全内核就小而有效。从图 2.13 可知，计算机系统至少具有三个执行域：安全内核、操作系统和用户。

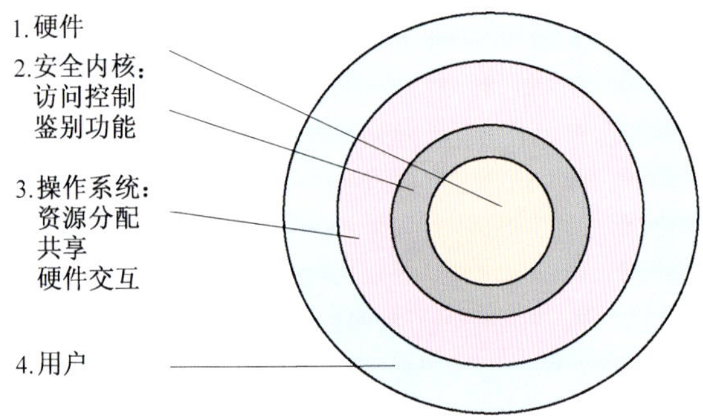

图 2.13　单独的安全内核结构

4）分离/隔离

操作系统最基本保护方法就是分离控制，即保持一个用户的对象独立于其他用户。操作系统中分离控制主要有四种方式：物理分离、时间分离、逻辑分离和密码分离。物理分离是不同的进程使用不同的物理对象。例如，不同安全级别的输出需要不同的打印机。硬件分离可提供的支持包括：独立的执行线程，内存保护，输入、输出的协调以及至少三个不同等级的执行特权。时间分离是有着不同要求的进程，在不同的时间段上执行。例如，某些军事系统规定 8:00—12:00 运行非敏感任务，敏感任务仅在 13:00—17:00 运行。加密用于密码分离，所以两个不同进程能在同一时间运行，是因为未授权用户不能以可读的形式访问敏感数据。逻辑分离也称为隔离，用于一个进程（如引用监视器）将一个用户对象和其他用户对象分割开来，这样使用户感觉好像是在没有其他进程的情况下执行自己的进程。隔离实际上是最小公共机制的逻辑扩展。安全计算机系统应使用分离/隔离。

多道程序操作系统应该将每个用户和所有其他用户隔离开，只允许用户在受到严格控制的情况下进行交互。大多数情况是将操作系统的一个拷贝提供给很多用户使用，并以这种方式为所有用户提供单一的环境，如图 2.14 所示。通常将 OS 划分为两块，分别位于内存的最高和最低地址。

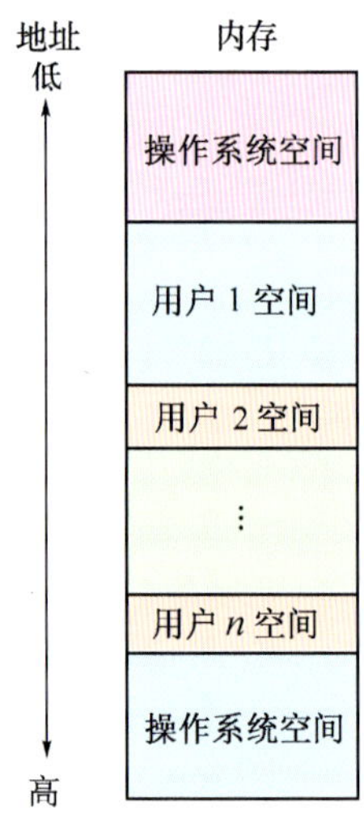

图 2.14　传统多用户操作系统内存

5）虚拟化

虚拟化为可信系统设计者提供了强有力的支持，它允许用户通过可控方式来访问复杂的对象。通过虚拟化，操作系统可以模拟一个计算机的资源集合。一个虚拟机（VM）是真实的或模拟的硬件设施的集合：一个运行指令集的（中心）处理、一定数量的直接编址存储器和一些 I/O 设备，通过这些设施来执行程序。

显然，虚拟资源必须依靠真正的硬件和软件资源的支持，但是真实的资源不一定要与模拟资源完全一致。实际上，此类型的模拟案例不胜枚举。例如：在多用户环境下，经常在直接访问设备上模拟打印机的共享；运用分页技术，可以使一些不相邻的内存能够提供一个很大的虚拟内存空间;在 PC 机上经常用快速内存来模拟慢速磁盘等。

虚拟化应用最广泛的例子就是多个虚拟内存空间。目前,广泛使用的计算机系统中,操作系统都运用虚拟化技术提供逻辑分离,给用户造成一个物理分离的印象。通过页面映射机制,每个用户的逻辑地址空间都和其他用户分开,而且每个用户的虚拟地址空间可以与总的可寻址的内存空间一样大。由于每个用户地址空间中都包含有 OS,所以,用户好像运行在一个完整的独立的计算机系统上。

从上述讨论可知:虚拟机(图 2.15)就是一个计算环境,它的一套资源(通过软件)建立在其他一些计算环境之上。

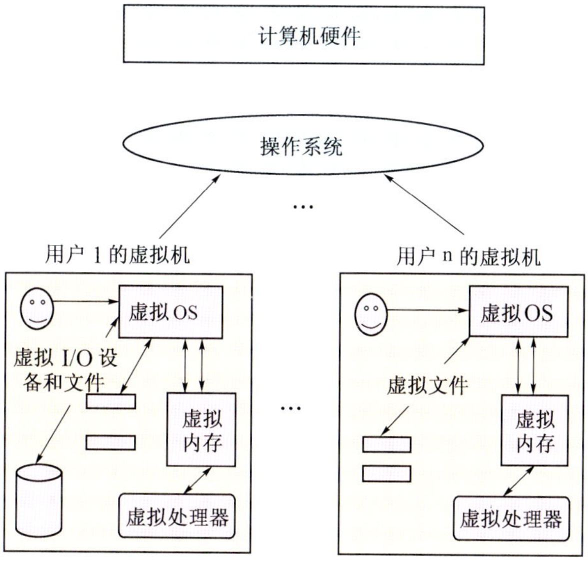

图 2.15 虚拟机示意图

当前典型虚拟机有四种:系统管理虚拟机、托管虚拟机、应用程序级虚拟机和并行虚拟机。

(1) 系统管理虚拟机。诸如 VMware 的 ESX Server 和开放源代码的 Xen 虚拟机监控程序中,这两种产品给服务器提供了同时运行几个基于 x86 的 OS 的能力。这些方法只是稍有些不同的变种而已,分别被叫做硬件级虚拟机或系统管理虚拟机。中间软件层(叫做虚拟机监控程序或管理程序)处于 OS 和硬件之间。此管理程序给所有的 OS 一种幻觉,认为它是硬件上运行的唯一的操作系统。在一个服务器平台上运行几个 OS。一方面为过时的老程序提供向后兼容性,使不同的应用程序能在不同的 OS 上运行;另一方面能更加充分利用功能强大的服务器的资源。

(2) 托管虚拟机。微软的虚拟 PC 和 VMware 的 GSX 服务器和工作站被称为托管虚拟机,它是作为应用程序运行的。其中,虚拟机很像运行在 OS 上任何一个其他的应用程序。虚拟机应用程序分为中间软件层、OS 和运行在 OS 之上的应用程序。此方法与系统管理服务器的方法相比,其效率低一些,能力也差一些。但是,它能让用户使用过时的旧程序和将应用程序与系统的其他部分分隔开。例如,当用户想访问危险的网站时,通过虚拟机进行网上冲浪可以增加一层保护。

(3) 应用程序级虚拟机。应用程序级虚拟机,如 Java 虚拟机,与托管模式类似,是作为应用程序运行的,这类虚拟机将中间层与 OS 合并了。Java 虚拟机像应用程序那样在原有 OS 上运行,Java 应用程序在虚拟机上运行。Java 的这种编程方式的好处之一,就是 Java 程序无须再编译就能在任何一台 Java 虚拟机上运行，而把再编译留给了 Java 虚拟机，虚拟机必须使之在不同的原有操作系统上运行。

(4) 并行虚拟机。在此方法中，中间软件层作为一个守护程序或者服务器存在，加上一组库调用，它们必须编译成将在并行虚拟机上允许的程序。库调用与服务器程序交互，使得计算机网看上去像一台有很多并行处理器的计算机。

通过虚拟化可以提高计算机系统的安全性、扩充系统的功能。虽然效率和速度可能是问题，但只要有软件中间层，虚拟化就能成为现实。

6) 分层设计

一个内核化的操作系统至少由四层组成(图 2.13)：硬件、安全内核、操作系统和用户。在分层设计，可信任性和访问权是分层的基础。换句话说，可以通过操作在不同层中的一组模块来执行单一功能，如图 2.16 所示。每层的模块执行一个某种敏感等级的操作。

下面列举一个安全操作系统的层次结构来说明分层设计。

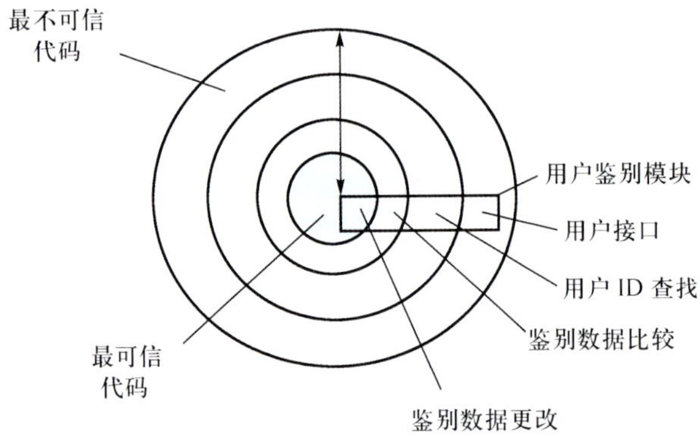

图 2.16 操作在不同层中的模块

Nessett 在 Factors Affecting Distributed System Security 论文中描述了用于 Provably 安全操作系统(psos)的层次结构。如表 2.2 所列，一些等级较低的层向等级较高的层提供部分或者全部的功能，但每一层适当地封装一些仅属于自己的内容。

表 2.2 psos 设计层次

层	功 能	通过哪一层隐藏	用户是否可见	层	功 能	通过哪一层隐藏	用户是否可见
16	用户请求解释程序		可见	7	分页	8	不可见
15	用户环境和名字空间		可见	6	系统程序和 I/O	12	不可见
14	用户 I/O		可见	5	原语 I/O	6	不可见
13	程序记录		可见	4	算术和其他基本操作		可见
12	用户进程和可见 I/O		可见	3	时钟	6	不可见
11	创建和删除用户对象		可见	2	中断	6	不可见
10	目录	11	部分可见	1	寄存器和可寻找存储器	7	部分可见
9	扩展类型	11	部分可见	0	性能		可见
8	段	11	部分可见				

分层结构与传统(非层次)设计的系统比较发现：非层次结构的所有等级都存在灾难性的风险；而层次结构采用了把非关键功能与关键和最关键功能隔离开来，这样将问题的影响限制在问题发生层及其该层的上层，从而限制大多数问题的影响。

上述设计可信操作系统的原则——内核、分离和层次结构，一直以来都是很多可信系统模型的基础。作为最佳的设计和实现，它们已经历了时间考验。

2.7.5 可信操作系统的保证

本节主要介绍如何评估一个操作系统是可信的，以及如何划分操作系统的信任等级。

1）操作系统的典型缺陷

下面列举 OS 常见的几种潜在的漏洞。

（1）I/O 处理是操作系统最大的薄弱点。这是由于：

① 由于 I/O 是通过独立的、智能的硬件系统来完成的。这些自主部件通常位于 OS 的安全内核和安全限制之外。

② 执行 I/O 的代码比计算机系统其他部件的代码复杂得多，并且更依赖于特定的硬件设备。因此，检查 I/O 设备的驱动程序、访问代码以及服务程序的正确性就比较困难，更不用说是形式化验证它们。

③ 为了快速传播数据，I/O 活动有时会绕过操作系统的其他功能，如页面地址和段地址的转换。因此，有可能避开与这些功能相关的保护特性。

④ I/O 操作通常是面向字符的。同样，为了快速传递数据，OS 设计者在数据传输期间限制系统执行的指令数目。有时被省略的指令正是在传输字符的过程中实施安全策略的指令。

（2）OS 突出的弱点是实施策略的二义性。这主要是隔离和共享之间的区别并不是很明确。一方面，对各个用户进行隔离保护他们各自的资源；另一方面，用户需要共享库文件、实用程序、公共数据以及系统表格。这样，在实施的过程中，也就不能严格地区分。

（3）不完全检查是 OS 受攻击的潜在的问题。我们要求操作系统在每一次的访问请求都要经过权限检查。但是，不少系统对每次 I/O 操作、进程执行、机器周期间隔只做一次访问权限检查。这种机制可用来实现完全保护，但关于何时调用该机制的决策并不完善。因此，在没有明确要求的情况下，系统设计者采用了"最有效"机制，即使用最少的机器资源。例如，在分页的系统中，I/O 操作开始时用户数据就占用了一个页面。然而，在操作执行过程中，系统有可能不通知 I/O 子系统就将页面分配给另一个用户。完全检查就能够阻止这类攻击。

（4）通用性是 OS 的公开弱点。尤其在大型计算机系统的操作系统中，操作系统实现者允许用户自定义操作系统的安装，并且允许安装其他公司编写的软件包。这样，作为 OS 一个部分，一些软件包必须拥有和 OS 一样的访问权限才能被执行。例如，与现有 OS 的标准控制相比，有的软件包提供更加严格的访问控制。他们通过"钩"（hook）来安装软件包，然而，这些"钩"也成为任何想要入侵 OS 的用户的陷门。

2）保证的方法

一旦了解系统中潜在的漏洞，就可以应用保证技术来找出漏洞，从而消除其影响。通常有三种保证技术：测试、验证和证实。

（1）测试。它是被广泛应用的保证技术。测试结果基于正被评估的现实产品，而不是产品的某些抽象。现实性具有安全优势。然而，有必要对基于测试的结论进行限制，这是因为：

① 测试能证明问题的存在性，但粗略的测试并不能证明不存在某些问题。

② 在有限的时间和精力下，测试很难达到全面覆盖的要求，因为大量的输入和内部状态使测试变得非常复杂。

③ 测试仅仅是基于可观察到的结果，而不是基于产品的内部结果，因此，不能保证其程度完善。

④ 基于产品内部的测试涉及通过增加代码来修改产品，以提取和展示内部状态。但这

样会影响产品的性能,而且可能会引入新的漏洞或掩盖其他漏洞。

⑤ 在实时系统的测试中,很难记录所有的状态和事件。因此,很难重建和分析测试人员在测试过程中报告的问题。

测试通常有功能测试、系统测试、接收测试、回归测试和渗透测试等。从开发者的角度考虑测试:先测试单个模块,然后在进行总体测试,以确保模块功能组合正确。功能测试是为了确定一个给定功能的各方面是否正确,系统测试是为了将硬件和软件结合起来。同样,回归测试是确定系统中某个部分的改变会不会降低其他部分的性能。

接收测试的目的是验证客户收到的和预定的需求是否一致。尤其是对应用和安全等级是否能满足客户的需求。渗透测试是常用的一种计算机安全性测试策略。在该测试中,测试者熟知操作系统和计算机系统的典型漏洞方面的知识。因此,测试者利用真实环境和知识来发现其他测试所忽略的缺陷。

有关测试的内容很多,有兴趣的读者可以参考本书第6章和有关软件工程方面的书籍。

(2) 验证。是确保系统正确性的通用方法,有许多方法可以说明某系统中每一项功能都能正确地运行。而形式化验证是验证的一个特例。也是分析安全性最精确的方法。

形式化验证是运用数学逻辑规则来证明一个系统具有某种安全特性。在形式化验证中操作系统被模型化,其原理被描述为一些断言。模型和断言的集合被归结为一个"定理",然后证明它。该定理断言此操作系统是正确的,即形式化验证确认该操作系统仅仅提供了它应具有的安全特性。

形式化验证方法有两个主要困难:

① 花时间。形式化验证对每一步给出的断言以及验证断言的逻辑都是需要花费大量时间的。

② 复杂性。形式化验证是一个复杂的过程。对于某些大的系统没有办法建立和验证断言,对于那些在设计时没有考虑用形式化验证方法的系统尤其如此。由于这两个困难限制了形式化验证的使用范围,因此证明整个操作系统的正确性是一项艰巨的任务。在此不予以多说,有兴趣的读者可以参考相关文献和书籍。

(3) 证实。证实(validation)和验证相互对应,确保系统开发者实现所有的需求。因此,证实保证了开发者开发的是正确的产品(根据规格说明书),然后由验证检查实现的质量。对操作系统进行证实有以下几种方法。

① 需求检查。根据系统的源代码或系统执行时的行为对操作系统的每项需求进行交叉检查。目标是证实系统完成了功能需求中所列出的每一件事。但是,很难保证"不做"它不应该做的事。

② 设计和代码审查。重点放在系统正确性上。审查者仔细检查设计和代码,以确保从每一个需求到设计和代码部分都可被追踪,并记录此过程中出现的问题(包括缺陷、不正确的假设、不完整的或者不一致的行为、错误的逻辑)。这个过程的成功取决于严格的审查。

③ 系统测试。测试者选择数据来检查系统的正确性。数据可以像接收测试那样来组织。用数据在系统中的实际运行来证实系统的行为和期望得到的数据。通过仔细地检查可确保系统的完善性。

实际上,保证技术和方法是排除系统设计和实现中的潜在漏洞和错误,使系统的设计和实现能正确无误地反映用户对操作系统安全的需求,使系统成为用户心目中的可信系统。

3) 评估

评估通常是由独立的第三方对操作系统的安全性进行评估。评估专家对系统的需求分析、设计、实现以及可信证据进行审查。评估就应该有一个客观的标准和方法。因此在各国都有相应的安全评估准则。例如,美国国防部的可信计算机系统评估准则(TCSEC)发表在所谓的"橘皮书"上,为独立评估提供了准则。又如,欧洲一些国家制定了信息技术安全评估准则(ITSEC)。下面简单地介绍两个评估准则。

(1) 美国 TCSEC 评估(又称"橘皮书"评估)。20 世纪 70 年代末,美国国防部为操作系统定义了一系列信任等级,作为美国安全机构——美国国家计算机安全中心(NCSC)——指导并认可实际评估。

TCSEC 将信任等级划分为 A、B、C、D 四类,其中 A 的安全级别最高。每类中存在有不同的差异,并用数字来标识,数字越大表明安全要求越高。它把四类划分为七个等级,从低到高排列为:D、C1、C2、B1、B2、B3 和 A1。表 2.3 说明了七个评估等级中的每一个等级的需求(由于 D 类是最低保护,所以它没有需求)。

表 2.3 可信计算机系统评估准则

	准则	D	C1	C2	B1	B2	B3	A1
安全策略	自主访问控制	×	•	•	⇒	⇒	•	⇒
	对象重用	×	×	•	⇒	⇒	⇒	⇒
	标记	×	×	×	•	•	⇒	⇒
	标记完整性	×	×	×	•	⇒	⇒	⇒
	标记信息的输出	×	×	×	•	⇒	⇒	⇒
	对人可读输出标记	×	×	×	•	⇒	⇒	⇒
	强制性访问控制	×	×	×	•	•	⇒	⇒
	主体敏感性标记	×	×	×	×	•	⇒	⇒
	设备标记	×	×	×	×	•	⇒	⇒
可审计性	准则	D	C1	C2	B1	B2	B3	A1
	识别和鉴别	×	•	•	•	⇒	⇒	⇒
	审计	×	×	•	•	•	•	⇒
	可信路径	×	×	×	×	•	•	⇒
保证	准则	D	C1	C2	B1	B2	B3	A1
	系统体系结构	×	•	•	•	•	•	⇒
	系统完整性	×	•	⇒	⇒	⇒	⇒	⇒
	安全性测试	×	•	•	•	•	•	•
	设计规格说明和验证	×	×	×	•	•	•	•
	隐蔽信道分析	×	×	×	×	•	•	•
	可信设施管理	×	×	×	×	•	•	⇒
	配置管理	×	×	×	×	•	⇒	•
	可信恢复	×	×	×	×	×	•	⇒
	可信分发	×	×	×	×	×	×	•
文档	准则	D	C1	C2	B1	B2	B3	A1
	关于安全特性的用户导引	×	•	⇒	⇒	⇒	⇒	⇒
	可信设施手册	×	•	•	•	•	•	⇒
	测试文档	×	•	⇒	⇒	•	⇒	•
	设计文档	×	•	⇒	•	•	•	•

注:×——不要求;•——新增加的要求;⇒——与其左边的类同样的要求

下面介绍 TCSEC 中描述的安全类别。

① D 类:最低保护。这一类适用于那些没能评上较高类的系统,D 类不需要安全特征。

② C1 类:自主安全保护。C1 类预期针对的是同一敏感级别上处理数据的协作用户的工作环境。被评估为 C1 类的系统能把用户和数据分开。必须有一些控制足以实现访问限制,以便用户保护自身的数据。C1 类系统不一定要经过严格的评估,评估多半是基于某些特性。要达到 C1 类要求,一个系统必须有一个防止破坏的区域,其中包含安全功能。C1 类的关键字词是"自主",这就意味着"允许"用户决定何时使用或不使用控制,以及允许哪些个人或组进行访问。

③ C2 类:受控访问保护。C2 类系统仍然要实现自主访问控制,只是控制的粒度更细。审计跟踪能够追踪到每个人对每个对象的访问。

④ B1 类:带标号的安全保护。对 B 类中的所有确认都包含非自主访问控制。在 B1 类,每个受控的主体和对象都要指派一个安全级(对 B1 类,保护系统不需要控制每个对象)。

每个受控的对象都必须标以安全级,并且这些标号必须被用做访问控制决策的基础。访问控制必须依据一种模型,该模型既有层次性级别又有非层次性类别。军用模型就是一个具有层次性级别(不保密、秘密、机密、绝密)和非层次性类别(须知类集合)的系统的例子。强制访问策略是 Bell - La Padula 模型。因此,一个 B1 系统必须对所有的访问实现 Bell - La Padula 控制,然后对更有限的访问实现用户自主访问控制。

⑤ B2 类:结构化保护。B2 类主要增加了设计要求:B2 类系统的设计和实现必须经得起更彻底的测试和审查;必须提供一个可验证的顶级设计,并通过测试确信该系统实现了这一设计;必须把系统内部构造成一些明确的和大体独立的模块,在这种设计中将实施最少特权原则;必须对所有的对象和主体(包括设备)实施访问控制策略,还要求对隐蔽信道进行分析。

⑥ B3 类:安全域。B3 类系统的安全功能必须足够小,以利于全面测试。其高级设计必须完善且概念简明,并且有令人信服的依据来说明系统实现了这个设计。设计的实现将综合运用分层、抽象和信息隐蔽。

B3 类要求安全功能必须能够防止破坏;系统必须能够防止入侵;系统审计设施能够识别何时将发生安全入侵。

⑦ A1 类:经验证的设计。A1 类是要求经形式化验证的系统设计。该系统的功能与 B3 类相同。此外,要满足 A1 类还有 5 个重要准则:保护系统的形式化模型及其一致性和充分性的证明;保护系统的顶级技术规格说明;表明该顶级技术规格与该模型相对应的例证;被非正式地证明为与该技术规格相一致的一种实现;对隐蔽信道的形式化分析。

(2) 欧洲共同体 ITSEC 评估。在 1991 年,欧洲共同体执行委员会赞助德国、英国、法国和荷兰等四个国家,建立一个统一版本供所有欧洲共同体成员国使用,其结果产生了 ITSEC 的评估准则。

下面以表 2.4 对 ITSEC 准则与 TCSEC 准则的优缺点进行比较。

表 2.4　ITSEC 准则和 TCSEC 准则的优缺点比较

质　量	ITSEC 超出 TCSEC 的优点	ITSEC 比 TCSEC 的不足
新功能要求类	• 优于 TCSEC 的传统机密性集中点 • 展示了产品所需要的额外领域	• 使用户选项变得复杂
特性和保证的分离	• 允许低保证或高保证产品	• 使用户决定何时需要高保证变得复杂 • 一些功能可能本来就要求高保证,但不保证能得到它

（续）

质　　量	ITSEC 超出 TCSEC 的优点	ITSEC 比 TCSEC 的不足
允许新特性的定义；特定安全策略的独立性	• 允许安全实施产品任何形式的评估 • 允许经销商决定市场需要什么产品	• 使得描述不同但相似的产品的评估对比变得复杂 • 要求经销商阐明需求以强调产品特性 • 不必要分等级就预置特性包
商业评估设施	• 时间、方案和价格受制于市场力量	• 政府不指导评估控制 • 评估费由经销商支付

以上介绍的两个评估准则，其目的是提供一个值得信赖的、独立的安全评估方法。

美国 TCSEC 是以 20 世纪 80 年代左右的主流规定为基础的。它受到 70 年代的结构化编程思想的极大影响。该准则的主要难点在于其说明性的评估方法：它要求所有的制定过程及待评估产品都符合其模型。因此，TCSEC 主要应用于单片机、单机和多用户操作系统，而很少应用于后来出现的基于个人智能工作站的异构环境、分布环境和网络环境。

至今，准则一直受到军方关注，但是这些成果在商业领域并没有得到太多认可。可是研制具有高可信度系统是各国军方和国家机要、金融等部门追求的目标。

2.8　小结

本章介绍了操作系统的基本概念、分类，典型的 UNIX 系统和实时操作系统；重点讨论了可信操作系统的概念、安全特性以及可信操作系统的设计。

可信操作系统的开发包括四个步骤：

首先，必须充分了解受保护的环境。通过策略描述和模型，可以确定系统中各基本组成部分，然后研究各组成部分之间的交互。

其次，了解环境之后，必须设计一个系统提供所期望的保护。可信操作系统中的某些设计原则可帮助我们达到设计目标。诸如，最小特权、设计的开放性和机制的经济性等特性以及第 6 章将要介绍的软件工程设计原则等都是可以借鉴的。

再者，仅有一个好的操作系统设计是不够的，还需要确保该设计及其实现是正确的。在此我们介绍了三种保证方法：形式化验证、证实和渗透测试。

最后，评估可信操作系统。在此介绍了代表评估可信操作系统的现行标准的两个准则，即美国的 TCSEC 准则和欧洲共同体的 ITSEC 准则。

第3章 应用程序设计语言

语言是人类用来表达意思、交流思想的工具，它是一种用于传递信息的表达方法、约定和规则的集合；而计算机语言则是人类向计算机传递信息的表达方法、约定和规则的集合。

计算机是无思维能力的一种被动的机器，必须由人事先告诉它要做什么、如何做，它才能完成人所指定的任务。计算机语言就是人向计算机传达命令，告诉它如何做事情的通信工具。由于计算机只懂得机器语言（即机器指令系统），况且不同类型的计算机，它们的机器语言也彼此不同，为了缩短人和计算机之间的鸿沟，人们试图寻找和设计一种中间语言（相当于世界语），这种语言既能较好地符合人们的表达习惯，具有可读性，又能较方便地转换成机器语言。这个中间语言就称为程序设计语言（也可称为编程语言）。人们通过人工设计的程序设计语言向计算机传达信息，以达到指挥计算机依照人们意图进行工作的目的。

3.1 程序设计语言是什么

程序设计语言具有人可读的表示形式，用它可以构建软件程序。典型的程序设计语言由用来表示计算机操作结构化集合的语义和语法组成。

应用开发是一个过程。通过此过程产生一个可在计算机系统上执行特定的功能或功能集的可运行的软件程序，如图 3.1 所示。我们把翻译前的程序称为源程序，翻译后的可执行程序称为目标程序。语言翻译器是把用编程语言编写的源程序翻译成计算机可执

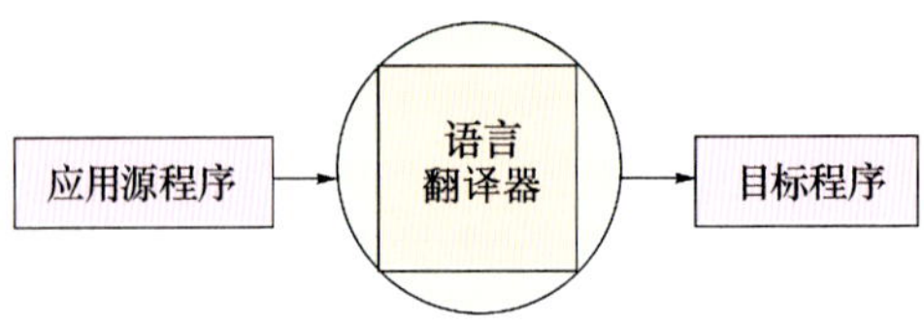

图 3.1　从源码到机器码

行的代码程序。如果源程序是用低级语言编写的,则翻译器称为语言解释器;如果源程序是用高级编程语言编写的,则称为高级语言编译器,简称编译器。

程序设计语言是应用可移植性的一个方面。应用可移植性是指应用可放在不同厂商的不同硬件平台上,其运行均畅通无阻;应用可移植性需要可移植的支撑工具,并有可移植的开发环境和工具的支持。应用可移植性包括程序、人和数据三个方面的可移植性。

3.2 程序设计语言的进化

程序设计语言也可称为编程语言,是描述应用的必要工具。它直接关系到应用可移植性。在此主要介绍不同的语言类别以及对它们的评价。

3.2.1 低级编程语言

低级编程语言是最老的和最基本的编程语言形式。它是数字计算机能直接“理解”的语言。虽然至今仍使用,但并无标准。它主要用于描述与计算机应用密切相关的部分,例如,用于编制设备驱动器的程序,或受存储器容量限制的实时嵌入式控制系统等。

1) 机器语言

在硬件层,计算机仅仅了解二进制代码指令或目标机器指令。早期计算机编程者是面向机器代码编制应用,因此即使是极其简单的任务,也要花费相当长的时间来编程。编程是相当头痛之事。而且同一操作,在不同的计算机系统上的代码也不同(例如:加法在甲机上表示为01,而在乙机上可能是00),这样人们在编程时要花费大量时间寻找指令和它们相应的目标机器代码。

例如,由 IBM - PC 机计算“12 - 5”,则用机器码编制程序如表 3.1 所列。

表 3.1 “12 -5”的机器码编制程序

存储地址	内容	十六进制
2000H	10110000	B0
2001H	00001100	0C
2002H	00101100	2C
2003H	00000101	05
2004H	11110100	F4

机器代码是第一代计算机编程语言,以机器代码编写的应用仅能在具有相同体系结构(包括指令系统及其操作代码和配置)的机器之间进行移植,所以这类编程语言未达到广泛意义上的应用可移植性。

机器代码语言的明显缺陷是记忆极其困难,这导致汇编语言的产生。

2) 汇编语言

汇编语言是用助忆符、符号地址、标号等符号来编写程序的语言,其每一个助忆符与相应的机器代码指令一一对应。例如,由汇编语言编写上例计算“12 - 5”的程序为:

```
MOV AL,12D
SUB AL,5D
HLT
```

这里,第一条语句表示把 12 传递(MOVe)到累加器 AL 中;第二条语句表示把累加器 AL 中的值减去(SUBtract)5,结果保留在累加器 AL 中;第三条语句表示停机(HaLT)。

程序员使用汇编语言以正文格式编写应用,由称为汇编语言程序的翻译程序把以汇编语言书写的应用译成相应目标机的机器代码(即二进制形式)。显然,汇编语言是为特定的计算机或处理器而制定的。

汇编语言是第二代编程语言。与第一代机器代码语言比较,汇编语言易记忆、易读。为了加速应用的开发,人们引入宏汇编概念。所谓宏汇编程序,是指把经常性使用的程序代码段一次写成标准的固定格式,然后用宏名字引用它,在汇编时将其扩展成一串可执行的机器代码。虽然汇编语言比机器代码有较明显的优越性,但是编制程序仍是一件十分复杂的事情。汇编语言程序是为特定目标机的体系结构而编写的,因此用户必须具有目标处理机的详细知识。它同机器代码的编程语言一样,应用也仅能在具有相同体系结构和配置的计算机间进行移植,尤其必须注意外部设备的使用方法,所以试图通过汇编器解决在互不相同的计算机系统间实现应用的可移植性是徒劳的。

3.2.2 第三代编程语言

第三代编程语言(3GL)与第一代、第二代编程语言有着本质的差别。3GL是面向过程的语言。面向过程是指人们在使用计算机解题时,着重算法的逻辑和过程的描述,告诉计算机"怎样做"。它们使用英语单词表示有特殊含义的保留字或常量和变量数据,使用人们习惯的数学符号表示计算公式。例如,程序中写出下列语句:

```
x = (A + B)/(C + D)
```

与之等价的汇编语言程序如下:

```
CLA C
ADD D
ATO Y
CLA A
ADD B
DIV Y
STO X
```

显然3GL比汇编语言简单得多。又如上述计算"12 - 5"用PASCAL语言可编制如下:

```
PROGRAM SUBSTRACT(OUTPUT);
  VAR A:INTEGER;
  BEGIN
    A:=12-5;
    WRITELN(A)
  END
```

这无须说明就可以理解。3GL引入了几乎以类自然语言的形式编制程序的新概念,最后有可能通过计算机平台、设备独立性达到一定程序的应用可移植性。它与以往编程语言相比,大大提高了编码和维护能力。

3GL不再是语言语句与目标机的机器代码之间一一对应;一个语句可以翻译成若干条目标机器指令。3GL进一步消除了程序员对硬件的依赖性,可对不同的硬件平台生成各种编译器和解释器,使应用的可移植性成为可能。但是,在3GL标准出现之前,任何给定应用的实际可移植性程度似乎是相当低的。

3GL品种繁多,其中有不少编程语言的产生是针对某些特定的应用领域。例如商业系统的COBOL、人工智能(AI)的LISP和专家系统Prolog,用于科学和工程计算的FORTRAN以及用于教学的PASCAL等。当然3GL中的许多语言也可广泛适应不同应用需求。

与早期低级编程语言相比,3GL是面向过程的语言。它有如下特点:

(1) 更易编制程序;

(2) 易读、易理解;

(3) 只需极少的基本硬件知识;

(4) 容易维护和开发软件。

这就是说,人们在使用计算机解题时,只需考虑算法的逻辑和过程的描述。而且它在很大程度上独立于计算机硬件,程序员即使没有一点关于机器指令的知识,也可使用3GL编程。

但是3GL与早期低级语言相比也存在着如下不足:

(1) 执行速度慢(因为它有一个编译过程);

(2) 消耗内存多;

(3) 要达到与低级语言同样的性能,则以3GL书写的应用程序执行时所花的代价大。

3GL仅为用户提供生成程序的设施。对计算机系统所提供的环境接口,程序只能经应用程序界面API(图3.2)使用由平台所提供的某些服务,例如操作系统、通信、用户界面、数据库管理等。把源语言编写的程序和所使用的服务集组合在一起,在整体上就构成了一个应用程序。与低级语言相比,3GL开发应用系统的生产率有较大的提高,开发出来的应用相对来说比较容易理解、容易修改和容易维护。但是,不论是第一代语言,还是第二代语言或第三代语言,都属于面向过程性语言的范畴。使用面向过程语言指挥计算机做某件事,不但要说明"做什么",而且必须向计算机详细地说明"怎样做"这件事。3GL并不能满足人们所期待的快速响应业务的需求,这就导致人们开发新的编程语言,从而产生第四代编程语言。

图3.2 应用程序界面(API)

3.2.3 第四代编程语言

第四代编程语言(4GL)是非过程性的程序设计语言。非过程性语言只须告诉计算机应该"做什么",无须详细说明"怎样做"。它是类自然语言结构与数据库集成,为存储、操纵和检索信息提供了更强有力的工具。前三代语言的基础在于着重算法描述,一次仅处理一个记录或一个数据元素,不支持对大量关系数据的处理。4GL以数据为主,以数据集合的处理代替对单个记录或数据元素的处理,有能支持对大型数据库进行高效处理的机制,所以4GL的产生标志着信息时代的开始。设计4GL的一条基本原理是最低技能原理。它有一个非常吸引人的机制,就是使用图形编辑器进行应用系统设计,可以直接从所设计的图形生成程序,因此,用户使用4GL几乎不需硬件基本知识,也不需要了解各类服务的可用细节。

典型的4GL是3GL的某些特征与应用开发环境和数据库的组合。它提供了开发应用的快速、有效方法(图3.3)。总目标是允许软件开发者能比以往的编程语言更加快速和有效地编制应用,且在功能上超过以往任何一种语言。

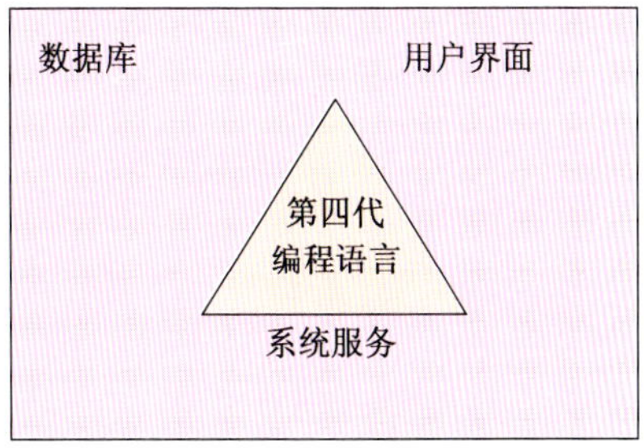

图3.3 第四代编程语言

4GL开发环境提供了一个快速构建应用的方法,通常围绕信息屏幕或格式进行。4GL很少有标准,而且大多数供应商提供的开发环境是专用的,这就导致应用移植的困难。

多数4GL是以4GL—DBMS(第四代语言——数据库管理系统)来实现,所以4GL应用可移植性的主要因素是保证4GL—DBMS界面要符合有效标准。一般来说,4GL—DBMS界面是使用结构化查询语言SQL。

目前常用的4GL并非是一个纯非过程性的程序设计语言,而是以非过程化机制为主,同时兼有一些过程机制。它允许3GL嵌入到4GL程序内形成一个混合程序,既利用3GL结构实现算法和接口,又实现了4GL对数据库检索和操作。

与前三代计算机编程语言比较,4GL有以下优点:

(1) 易编制完整应用;

(2) 易读和易理解由他人编制的应用;

(3) 无须硬件基本知识;

(4) 较易维护和开发完整的应用;

(5) 求解问题所花时间少。

4GL的不足之处有:

(1) 尚缺少标准;

(2) 执行时间可能比3GL慢;

(3) 消耗较多资源;

(4) 受4GL风格支配,迫使一个开发者以一个呆板的方式工作。

用3GL编制的程序是可独立执行的,其书写格式接近自然语言,风格颇合人意。但是,当试图设计和编制完整的求解程序时,3GL显得很贫乏;4GL却能戏剧性地减少求解时间和增强完整应用的可维护性。

目前,已有数百种4GL,因缺乏标准难以支持应用移植。从众多的4GL中选择出适用的、有效的语言,这是求解应用问题的关键之一。J. Martin在“Fourth Generation Languag es”一书中给出的4GL类型有简单查询语言、复杂查询和更新语言、报表生成器、图形语言、决策支持语言、应用生成器、规格说明语言、甚高级程序语言、参数化的应用软件包、应用语言等十类。这类语言的通用性、侧重面各有千秋,有些适用于最终用户,有些是适用于系统分析员或专业程序员。这就是说,没有一个4GL能处理所有的计算机应用问题,人们必须小心地选择4GL产品。下面简述怎样选择符合需要的4GL产品。

(1) 描述开发应用系统的目的、分析应用系统所处的环境,并确定应用需求。

(2) 列出所需要的4GL语言特性以及所选语言适用的用户类型,即是最终用户还是系统分析员,或专业程序员。

(3) 对已选定的4GL产品进行排序比较。在可能条件下,建立一个简单的原型系统试用,以对所选语言有深入一步的了解。

(4) 考察供应商,包括了解供应商经营前景、售后服务、产品发展以及提供的培训与技术支撑等。

常用的4GL产品均与数据库有关,例如,PowerBuilder中提供的Powerscript、FoxPro2.5中的FoxPro－4GL、Informix－4GL以及Oracle 7与Sybase 10中提供的编程语言和开发工具均属于4GL范畴。读者有兴趣可参阅有关资料,在此仅以FoxPro－4GL为例。

FoxPro早期版本是以DOS为基础的,但FoxPro2.5版可在MS－DOS、Windows和Macintosh操作系统环境下运行,并且保持了对各级用户都拥有相同的图形用户界面、工具和语言,所以被视为是所有PC平台的首选数据库产品。

FoxPro是4GL,具有简洁、易学、高效等优点,同时又结合了非过程化与过程化语言的特性,是一个比3GL更易使用、更接近于“自然”语言的编程语言。

(1) FoxPro提供了很多命令和函数(包括用户界面设计的命令和函数),可以直接在程序中使用，如 I/O 命令、图形函数、数据库管理命令、屏幕管理命令、菜单管理命令、窗口管理命令等。这些命令和函数在程序中只需简单引用它们，就可实现由 3GL 编制的大段代码才能完成的任务。FoxPro 的实用工具为 PC 机上用户提供了理想的开发环境。

（2）FoxPro 是一种结构化程序设计语言。它提供了常规的内部运算符，诸如算术、关系、逻辑、字符、日期、赋值等运算符，还提供了数据库运算符。这些运算符与运算对象可以构成各种复杂的计算表达式。FoxPro 提供了多种控制结构，主要有顺序、分支、循环等结构和子程序调用等，从而使 FoxPro 程序结构良好、清晰、灵活和实用。

（3）FoxPro 也包括一些面向对象的功能，例如，复选按钮、单选按钮、可滚动列表等。

3.3 面向对象的程序设计语言

20 世纪 80 年代，对语言的研究已不再停留在单个语言上，而是试图为用户提供有力的和灵活的编写应用的方法。面向对象语言就是当今人们感兴趣的编程语言。

面向对象的语言借鉴了早期程序设计语言的许多成果。最早可追溯到 20 世纪 50 年代的人工智能语言 LISP，其贡献是动态联编和交互式开发环境概念；60 年代的 Simula 语言提供了类和继承的概念；70 年代 MIT（麻省理工学院）开发的学术性语言 CLU，则首先吸收了 Paras 和 Hoare 等信息隐藏和数据抽象的思想。图 3.4 是面向对象语言的进化历程。

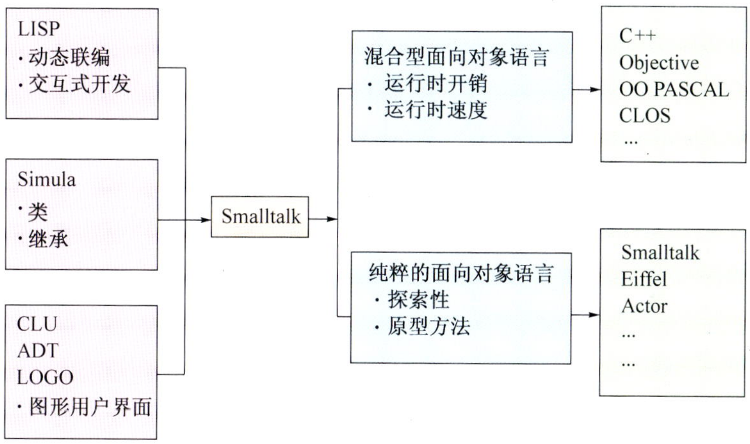

图 3.4　面向对象语言的进化历程

从图 3.4 中可以看出，第一阵营为纯粹的面向对象语言，在此阵营中几乎有关语言的所有东西均是对象；第二阵营是混合型的面向对象语言，这类语言主要是在其他类型语言中增加面向对象的结构。

一般而言，纯粹的面向对象语言着重探索快速原型；混合型面向对象语言着重运行时的速度和为程序员从传统语言过渡到面向对象语言提供方便，例如 C + + 与传统语言向前兼容。目前混合型面向对象语言较为流行。

3.3.1 面向对象的概念和术语

1）对象（object）

在日常生活中，对象通常是可以看到、摸到或感觉到的一种实体，这在一定意义上是指现实世界，而不是针对计算机系统。但我们可以把它应用到计算机领域中，作为考虑问题的出发点。

以计算机电子邮件系统(computer - mail system)的工作方式为例,它的主要工作涉及到发信人写信、收信人看信及电子邮件系统中信的收(receive)、发(send)与储存(store)等方法。假如,你在计算机上写一封信给你的同事黄伟,那么,这封信本身是一个对象,它具有一般信所有的共性,例如,信中有内容和允许你处理的方法或动作(读信、写信、发信等)。信的内容在计算机中成为信息,而要处理的方法或动作,在计算机里则统称为操作,把这些信的共性汇集起来,就形成了“信”对象这一概念。因此,对象作为把信息和对信息的一组操作封装起来的单元,用计算机软件术语描述则可用“对象 = 数据 + 动作”的形式来表达。

在面向对象技术中,对象作为计算机系统的一个基本成分,它有一个唯一的名称——信,有一组状态——信中内容及表示对象行为的一组公共或私有操作——信的处理方式或动作。

公共数据对外界是可见的,可用于对象间信息的传递;私有数据则是对象内部的东西,是对象操作实现过程中的一些局部信息,因而是外界所不可见的。前面提到的操作就是这里的公共操作,而私有操作往往是实现这些公共操作过程中涉及到的一些辅助操作。

概括地说,对象是一个软件包(packet),它包含数据元素和仅仅在该数据元素上执行有效操作的过程集。对象中包含的操作(过程)称为方法。对象一旦被定义后,就可在程序内作为一个基本数据类型。对象包含有状态、呈现的界面和行为。代表一个对象的内部状态的变量称为实例变量(instance variables)。对象所具有的操作集合确定了对象的界面和行为。

2) 类(class)

以上面提到的电子邮件系统为例。设想我们的电子邮件系统只能接收中文信。但是,某一雇员只懂英语,这样,我们还必须有一种创建和处理英文信的设施。为此,我们首先要把这些信分类为中文信和英文信。这种分类在面向对象技术中称为“类”(图 3.5)。

现在,我们有两个类:中文信类和英文信类。类“中文信”允许我们读、写、发送中文信;而类“英文信”允许我们读、写、发送英文信。如果建立平行的两套信处理机构,显然是不经济的。因为,英文信和中文信中有许多功能和结构是相同的,比如,发送信的任务一般与该信是英文的还是中文的无关。为此,我们把它们的公共特征与功能提取出来,构成一个通用类(或抽象类),这种通用类称为超类(superclass)或父类(图 3.5)。我们把创建这种通用类的过程称为泛化(generalization)。有了通用类即父类之后,还要建立反映不同类自身特征的类,这种类称为子类(subclass)(图 3.5 中的中文信、英文信),这就构成了类的层次结构。

从上述例子可以看出,类是指具有相同操作(功能)与相同数据格式(特征)的对象的集合。类可以看做是抽象数据类型的具体实现。抽象数据类型是数据类型抽象的表示形式。数据类型是指数据的集合和作用其上的操作的集合,抽象数据类型则不关心实现的细节。从外部来看,类型的行为可以用新定义的操作加以规定。类为对象集合的抽象,它规定这些对象的公共状态与行为的特征。换言之,对象可看做是类的一个实例(instance),图 3.5 中“给黄伟的英文信”是类“英文信”的一个实例。对象与类的关系相当于一般程序设计语言中变量和变量所具有的类型的关系。

3) 继承(inheritance)

我们可知,为了提取类“英文信”与类“中文信”的公共操作,可以创建一个称为“信”的通用类,它具有一般信件的公共操作:读信、写信、发送信。而类“英文信”与“中文信”则可看做是一般“信”的特例,它们继承了其超类“信”的“读、写、发送”等操作,但同时又加上了它们自己的“英文”和“中文”特定操作,参见图 3.5。

继承是一种连接类的层次模型。层次结构的上层(图3.5中父类或称超类)是最具有通用性的,而下层部分,即后代(子类)则具有自身的特性。类可以从它的祖先那里继承方法和实例变量,并且类可以修改或增加新的方法和新的实例变量使之更符合特殊的需要。我们用图3.6来说明类的继承性,当类Y继承于类X时,我们将认为Y是一个派生类(或称后继类),而X是一个基类。

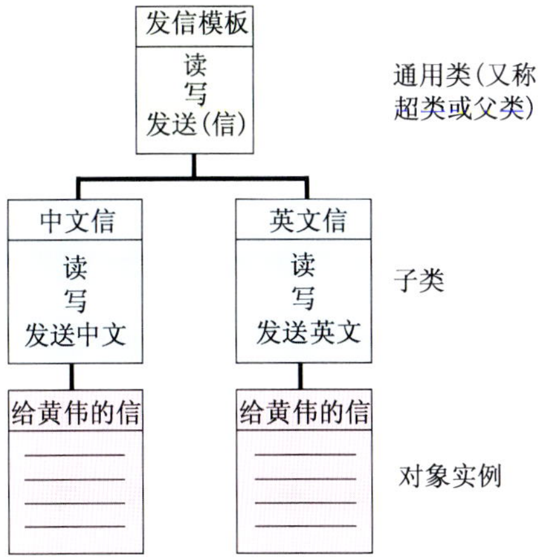

图3.5 超类、子类和对象实例的层次关系

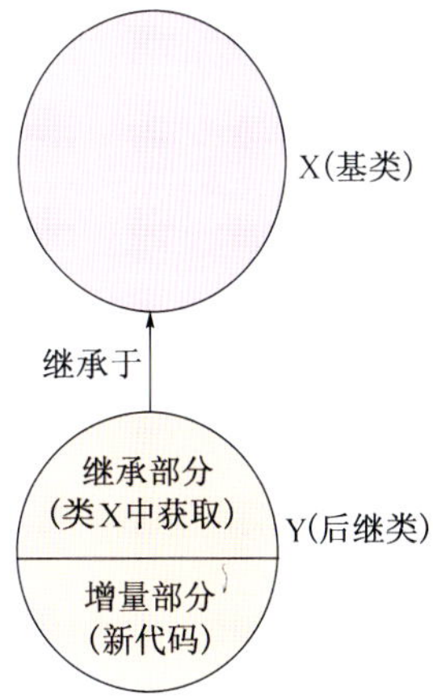

图3.6 类的继承性

在这里,类Y有两个部分:继承部分和增量部分。继承部分从类X中获取,而增量部分则是新的代码,特地为类Y而编写。类X中的特性到类Y的对应关系可以由程序员定义,类X中的特性在类Y中可重命名、重定义、复制、抛弃其可见性等。

继承关系也被称为"is-a"关系。图中类Y继承于类X,则我们说类Y具有X的所有特性,因此Y is-a X。在继承关系中,后继承只有一个父类,称为单继承;在继承关系中,后继承有多个父类,称为多重继承。不是所有面向对象语言都支持多重继承。继承关系经常用来表示应用领域中的抽象和结构。继承机制的真正益处在于它使得程序员能够重用一个和他所需的相似的类,并且在对别的类不引起副作用的情况下,对类进行裁剪,以适应自己的需求。

总之,继承是一个代码共享机制,它允许在新类的定义中重用父类的行为。一个类的子类继承它们的父类(也称超类)的数据结构和操作(过程),并且可以加入新的操作(过程)和新的实例变量。

4) 消息(message)

从图3.5可知,对象是把数据和方法封装在一起,仅有外部操作界面是可见的。这样,当一个对象X想要调用对象Y的方法W执行(它是对象方法之一)时,对象X只能把"调用方法W执行"的"请求"告知对象Y,Y接收到对象X"请求"后,调用方法W执行且把结果返回给对象X。我们把"请求"称为消息。这一个过程类似于结构化程序设计中过程调用,但不同于过程调用。在面向对象程序设计语言(OOPL)中,只有对象的外部操作界面能接受其他对象发出的"消息",响应"消息"是自治对象(即接收消息的对象)内部的事。由于对象是把数据和方法封装在一起,这样一个程序除了有大大小小的对象和嵌套对象之外什么也没有。程序执行即相互发消息。

5) 方法(method)

方法是包含在一个对象内的操作(过程),只能以消息响应方式启动它的执行。对象间通信是通过发送消息来调用方法的执行。

6）封装（encapsulation）

封装是定义信息隐蔽性的一种形式，它使最终用户在改变系统实现方法时所花的代价最小。封装是把数据和对数据上的操作（过程）即方法包装在一起的一种技术。

在对象中的状态数据被认为是来自外部世界的封装，这意味着对一个内部数据仅能通过对象的消息界面（接口）进行访问。这样被访问的内部数据对请求访问者是隐蔽的，因为只有通过消息才能调用方法的执行，对于应用开发者而言无须知道所调用方法的实现细节。

7）多态性（polymorphism）

多态性一词源自希腊语，意思是多种形式。它是指在一个公共界面的后面，允许存在不同的实现方法。关于多态性机制，是指允许不同类的对象对同一消息作出不同的解释的响应。以前面提的电子邮件为例，现有局域网的类对象 LAN 和广域网的类对象 WAN，这两类对象均可对来自对象“信”的同一消息“发送给黄伟”作出响应，即对同一个“发送给黄伟”操作，但可以有不同的实现方法。可以通过 TCP/IP 协议来找到黄伟，也可以通过 X.25 协议来找到黄伟，这是在系统运行时由系统决定的。多态性允许以通用方式来编写方法，因此多态性是实现软件重用的关键。

3.3.2 面向对象语言的概况

这里主要介绍包括 Smalltalk、C++、Eiffel、CLOS 等面向对象的语言。

1）Smalltalk

Smalltalk 是第一个流行的面向对象语言，其起源可追溯到 20 世纪 60 年代后期，并于 1983 年 4 月发布 Smalltalk-80。

Smalltalk 不仅仅是一个语言，而且是一个支持一些操作系统功能的开发环境。它为单用户开发提供了良好的语言与环境特征。Smalltalk 十分优美地表明了其支持可扩充性和可重用性的设计目标。

Smalltalk 语言系统的所有方面都通过一个联机解释器和类浏览器提供。语言的文法非常简单，变量和属性都是不带类型的，包括类在内的任何东西都是对象，可以用人工交互式的方式对类进行增加、扩充、测试和排错。Smalltalk 的一个废料收集器，它可减轻程序员内存管理的负担。

Smalltalk 对于实现者的贡献有如下几个方面：

（1）提供了一个高度交互式的开发环境，Smalltalk 环境支持程序的快速开发。

（2）有丰富的类库，可以通过增加子类的方法来扩充类库以满足应用的特定要求。由于 Smalltalk 是无类型的语言，因而可以组合类库的成员支持应用的快速原型。

（3）Smalltalk 用户界面设计的 Model/View/Controller（MVC）体系结构使开发人员能够将注意力集中在应用模型之上，然后独立地加上用户界面（视图和控制器）。类库提供了所有这些成分的标准范本，可以通过构造子类对它们进行增量的改造和扩充。对于同一个应用模型可以存在多个视图/控制器偶对，因此可以在很少或根本不改变模型的情况下修改视图与控制器。然而，MVC 是个不易学的复杂系统。

2）C++

C++是 AT&T Bell 实验室的 Bjarne Stroustrup 于 20 世纪 80 年代早期发布的，是迄今为止商业上最受欢迎的面向对象语言。C++是一个混合型的面向对象语言，是对 C 语言的扩充，它不仅为 C 语言增加了面向对象的能力，而且弥补了许多原始 C 语言的不足。C++中有许多正统的面向对象成分,如函数的重载和函数的原型。表3.2给出了C++术语与面向对象概念的对照。

表3.2 C++术语与面向对象概念的对照

概念	C++术语
对象	对象
类	类
方法	成员函数
实例变量	成员(member)
消息	函数调用
子类	派生类(derived class)
继承	派生(derivation)

C++是强类型语言。C++起初的实现是以预处理器方式进行,即把C++语言转换成标准的C语言,然后由C编译器完成编译,但是C++预处理器方式给符号排错带来了困难。目前,C++已有真正的编译器,并具有支持继承和动态联编特性对象的符号排错器。自由软件基金会(Free Software Foundation)甚至免费提供带排错器和类库的C++编译器。

虽然AT&T发布的标准包含了I/O、协同例程(coroutine)、任务(tasking)和复杂算术的类库,但必须注意C++并没有标准的类库,也不将其作为环境的一部分。虽然许多开发人员为C++开发了许多类库,例如美国国际健康研究中心(National Institute of Health)开发的类库,以及用于面向对象窗口系统的类库等,但是这些类库可能不兼容。

总之,C++是既复杂又灵活的语言,它着重于在实现的早期发现错误和选择不同的实现策略,通过付出一些灵活性和简单性的代价来换取运行时的高效率。

3) Eiffel

Eiffel是由交互式软件工程公司(Interactive Software Engineering Inc.)开发的强类型的面向对象语言。程序由包含方法的类说明的集合组成。Eiffel支持多重继承、参数化的类(类属)、存储管理和断言。Eiffel还提供了一个类库,包括表、树、栈、队列、文件、字符串、散列表和两叉树。为了实现可移植性,Eiffel的编译器首先将Eiffel源程序转换成C语言。Eiffel有许多优秀的软件工程设施,包括封装、访问控制、重命名和辖域。从技术角度来讲,Eiffel是最好的商品化的面向对象语言。Eiffel术语与面向对象概念的对照如表3.3所列。

4) CLOS

CLOS是Xerox PARC于1986年定义的语言,是对人工智能语言Common Lisp的面向对象的扩展。CLOS是一个混合型的面向对象语言。由于CLOS可以用Common Lisp实现,这使得它具有很好的可扩充性,可以不断地尝试新的概念。

CLOS提供了对类、对象、方法和继承机制的支持,CLOS支持多重继承,并提供了消除同名冲突的原则,表3.4列出了CLOS术语与面向对象概念的对照。

表3.3 Eiffel术语与面向对象概念对照表

概念	Eiffel
对象	对象
类	类
方法	特征(特性)
实例变元	特征(特性)
消息	调用一个特征
子类	后继
继承	继承

表3.4 CLOS术语与面向对象概念的对照

概念	CLOS术语
对象	实例
类	类
方法	方法
实例变量	槽口
消息	类属函数
子类	子类
继承	继承

3.3.3 各类面向对象语言的比较

我们对上述四种语言的特征进行比较,表3.5列出了比较结果。

表3.5 各语言特征的比较

	C++2.0	Smalltalk 80	CLOS	Eiffel
类和原有类型的继承	混合	纯粹	集成	集成
强类型检测	是	否	否	是
限制访问属性的能力:				
对来自客户访问的控制	是	是	否	是
对来自子类访问的控制	是	否	否	是
标准类库	否	是	否	是
参量化的类	否	—	—	是
多重继承	是	否	是	是
类(程序包)名字的辖域	否	否	是	否
消息模型:				
单个目标对象	是	是	否	是
依赖于多个参数的动态联编	否	否	是	否
方法结合特性:				
SUPER 概念	否	是	是	是
方法前后	否	否	是	否
断言和约束	否	否	否	是
运行时元数据	否	是	是	否
无用信息收集	否	是	是	是
效率				
可能时进行的静态联编	是	否	否	是

注:
(1)"是"表明已存在的特征。
(2)"否"表明在当前实现中不存在的特征。
(3)"—"表示不适用

从表3.5可知,虽然面向对象语言风格各异,实现方法不尽相同,但它们有共同之处,即均支持对象、类和继承机制。面向对象语言与传统程序语言使用不同技术。传统程序语言中数据与数据上的操作是分离的,而面向对象语言中数据与数据上的操作是作为一个单一实体,称为对象。对象封装了数据和在数据上的操作,它是支持信息隐蔽的重要手段。面向对象方法与传统的结构化方法本质差别体现在下列三个方面。

(1)面向对象是相对于面向过程的。传统的结构化方法是一种面向过程的程序设计风格,过程是构造软件的基本组件;面向对象的基本组件是对象,对象与对象之间的相互作用构成了软件。

(2)面向对象技术是一种以数据和对数据的操作对象的封装及不同对象之间的相互关系为研究中心,它使人们分析、设计和实现系统的全过程尽可能同人们认识客观世界保持一致;传统的结构化方法是以系统中数据及对数据进行处理的过程为研究中心,它是在软件开发过程中为提高软件的结构化、模块化和可读性为目的而设计的方法。

(3) 面向对象方法将软件开发的中心,由过程转移到包含数据及作用在数据上的操作对象,对象中包含的操作(过程)称为方法。与传统程序中被动数据不同,面向对象的程序执行的是相互发消息。

面向对象技术有如下优点。

(1) 面向对象技术特别适合于复杂用户界面的开发,从而使应用变得更友好和更易使用。这是由于在计算机中对象代表了真实世界中的某些事物,所以设计和操纵对象有点类似于操纵真实世界中的对象。

(2) 面向对象技术有效地减轻了应用维护的工作量,提高了应用可靠性。

(3) 面向对象技术使应用的开发采用快速的原型方法(见第6章)成为可能,大大地提高了应用的开发速度,所开发的应用能较快地达到用户的需求。

(4) 面向对象技术的一个关键概念是对象的封装性所提供的模块低耦合度特性,使用户有可能从现有模块(也称对象构件)来构造应用。只要这些构件经过严格测试过,便可减少应用的维护量。

(5) 面向对象技术中的类和多态性使软件重用技术有可能得以实施,从而大大地提高了软件开发的生产率,增强了软件的可靠性。

总之,对象技术中封装性、抽象性、继承性和多态性等优良性能可切合软件工程要求的软件局部性、概括性、易维护性、可采用性和易扩充性等特征,因此面向对象技术成为面向过程程序设计风格之后最理想的软件结构模型基面。

面向对象语言也存在着一些不足之处:

(1) 对象间的消息传递机制,增加了处理机运行时间的开销;

(2) 必须改变传统的设计方法,以适应面向对象设计的要求;

(3) 面向对象语言缺少标准,缺乏有效的开发工具和环境,产品尚不够成熟,影响了应用可移植性。

但是,这些不足之处将会得到解决。面向对象无疑将成为最流行的语言之一,广泛地用于编写应用软件。尤其是与传统的3GL、4GL一起使用,珠联璧合、各尽所长,成为应用开发者得心应手的工具。

3.4 编译原理

从3.1节可知,用语言编写的源程序必须经过语言翻译器的翻译,生成可执行的应用程序,即目标程序,才能在计算机上执行。如果源语言是高级语言(如FORTRAN,ALGOL),而目标语言是某计算机的汇编语言或机器语言,那么我们就把这个语言翻译器称为编译程序或编译器。

3.4.1 编译程序的组成

编译程序是实现将源程序翻译为目标程序的系统软件,它由若干个程序组成,故又称为编译系统。这样用编译方法执行源程序大体可以分为两个阶段,即编译阶段和运行阶段,如图3.7所示。

编译源程序的过程与人们翻译外文资料的过程非常相似。为此,我们先回忆一下翻译外文资料的大致过程。

(1) 识别单词。按行从左到右逐个字符地扫描外文资料,识别出一个个外文单词。

(2) 语法分析。在识别单词的基础上,检查单词之间关系是否符合语法规则,同时分析

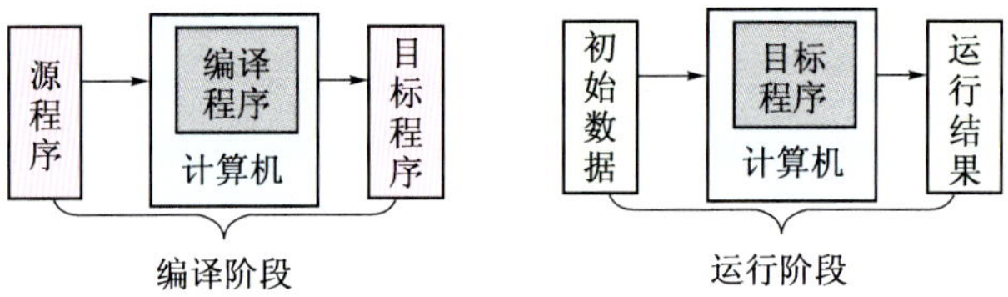

图 3.7 用编译方法执行源程序

句子的语法结构。

(3) 翻译。在前两步的基础上,对资料进行翻译。

(4) 加工。对已经译出的初稿,反复推敲修改,使译文切合原意、语句精练。

对照上述的外文资料翻译的过程。计算机编译源程序的过程可以分为五个阶段,即词法分析、语法分析、中间代码生成、代码优化、目标代码生成,如图 3.8 所示。

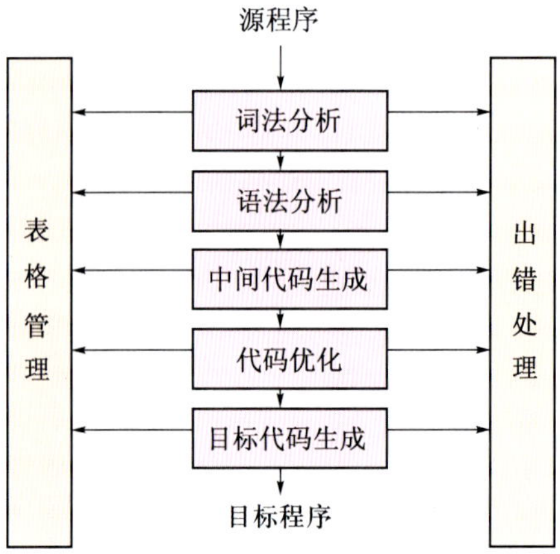

图 3.8 编译程序的组成

1) 词法分析器

词法分析器是编译程序的最简单部分,也称为扫描程序。它从左到右扫描源程序中的各个字符,并构造源程序中的实际符号——整数,标识符,保留字,双字符(如 * * 和//)等(有些文献中,有时也用术语记号或原子表示符号)。然后再将这些符号传送给分析程序。同时删去注解。词法分析器还能把标识符存放到符号表中,也能执行一些无须真正分析源程序就能完成的各种简单任务。对于只允许原原本本进行代入的宏功能来说,词法分析器能做很多这种宏功能的加工工作。

各种符号通常是由词法分析程序按其内部形式传送给分析程序的。每个分界符(保留字、运算符或标点符号)将用一个整数表示。而标识符或常数则用一对整数表示:第一个整数不同于任何一个表示分界符的整数,用以指明标识符或常数;第二个整数给出标识符或常数在相应表中的地址或指标。这样一来,就使编译程序其余各部分都使用定长符号这种有效方式进行工作,而不再使用可变长度的字符串。

词法分析器是如何识别各类单词的呢? 常用的识别方法有状态转换图分析法、状态矩阵分析法和确定有限状态自动机分析法等。下面简单地介绍状态转换图分析法识别单词的基本原理。例如,用图 3.9 所示的状态转换图识别标识符。图中,“0”为初态,“2”为终态(用双圆圈表示),“1”为过渡态。其识别过程如下。

(1) 从 0 状态开始,在 0 状态下,若输入字符是一个字母,则读入该字母,并转入 1 状态;否则,继续停留在 0 状态。

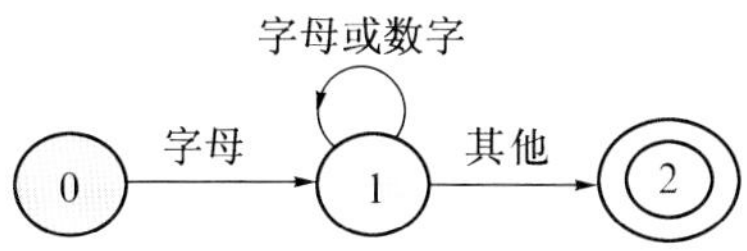

图 3.9　识别标识符的状态转换图

(2) 在 1 状态,若输入字符是字母或数字,则读入该字母或数字,并重新进入 1 状态;重复这一过程,直到 1 状态下输入的字符不是字母或数字,并进入 2 状态,宣告识别结束。

(3) 在进入 2 状态后,因最后读入了一个非字母或数字的字符,故在下一次字符串的识别之前必须退回该字符。为此,在终态 2 上做了一个专门记号 * 。

可见,上述状态转换过程正好与标识符的定义:“以字母开头的字母、数字串”相吻合。这就说明了图 3.9 所示的状态图可以识别输入的字符串是否为标识符。为了识别其他的单词符,可按类似的方法构造不同的状态转换图。例如,设有一个简单的程序设计语言,其单词符号集如表 3.6 所列,并作如下约定。

(1) 将基本字符作为特殊的标识符处理,即在状态转换图中,基本字和标识符两者归为一体。当状态转换识别出一个标识符后,先查保留字表,查到了就是基本字,查不到就是程序所定义的一个标识符。

(2) 语言中所有关键字都是保留字,不可做它用。

(3) 如果基本字、标识符和常数之间没有运算符或界符作间隔,至少要用一个空格隔开。

作上述限定后,表 3.6 所列的单词符号集中各种单词可用图 3.10 所示的状态转换图来识别。

表 3.6　一个简单程序设计语言的单词符号表

单词符号	种别编码
DIM	1
IF	2
STOP	3
END	4
DO	5
标识符	6
整形常数	7
=	8
+	9
*	10
* *	11
,	12
(	13
)	14

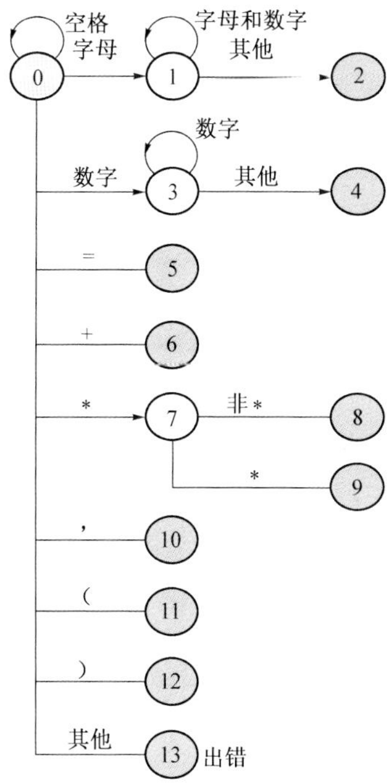

图 3.10　一个简单程序设计语言的状态转换图

按图 3.10 识别源程序的单词时,若某一次的调用结果在终态 4,则表明从输入字符串中识别出一个整型常数;若调用结构在终态 5,则表明识别出一个“ = ”;若调用结果在终态 2,则需要进一步查保留字表,以确定其种别是标识符还是基本字。用程序实现上述状态转换图,便是该简单程序设计语言的词法分析器。

2）语法分析

语法分析的主要任务是:根据程序设计语言的语法规则,将词法分析器所提供的单词符号串分析成各种语法范畴。从单词到短语,从短语到语句,从语句到程序段或程序,分析和确定给出的单词符号串是否组成一个正确的程序。若分析中发现有错,则进行响应的出错处理。

语法分析的方法很多,在此介绍一种算符优先分析法。算符优先分析法基本原理是基于对程序设计语言中的所有运算符号之间的优先级比较,完成对表达式的语法分析的。为此,在计算机中构造一张算符优先分析表,并建立两个工作栈和一个符号寄存器。

表3.7示出了一张包含有“+”、“-”、“*”、“/”、“↑”、“(”、“)”、“#”等运算符号之间优先关系的算符优先分析表。

表3.7　算符优先分析法

算符	+	-	*	/	↑	(	)	#
+	>	>	<	<	<	<	>	>
-	>	>	<	<	<	<	>	>
*	>	>	>	>	<	<	>	>
/	>	>	>	>	<	<	>	>
↑	>	>	>	>	<	<	>	>
(	<	<	<	<	<	<	=	空
)	>	>	>	>	>	空	>	>
#	<	<	<	<	<	<	空	Ω

表中:

a<b,表示a的优先级别低于b;

a=b,表示a的优先级别等于b;

a>b,表示a的优先级别大于b;

空,表示两种运算符之间不存在可比较的优先关系,分析中若出现这种情况,表明输入字符串有错;

Ω,表示#间不存在可比较的优先关系。

下面以一个简单表达式的分析为例,说明算符优先分析法的原理。

假设表达式为

$$28+9-(4*5+8)$$

则根据表3.7,从左到右逐步比较两个相邻的运算符号的优先级决定运算顺序。最后确定计算先后次序为

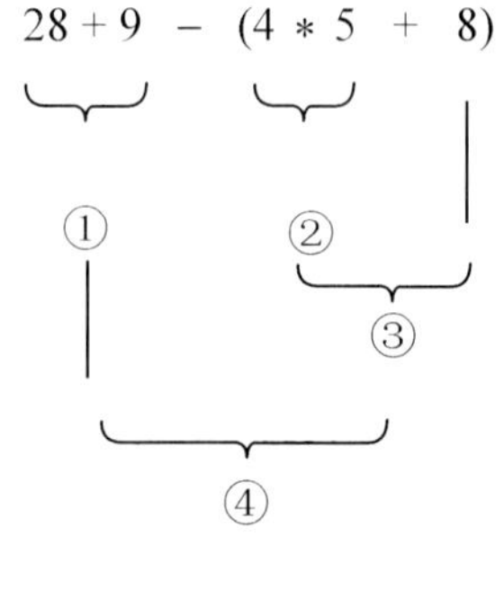

其中：

① 表明“＋”、“－”运算符为同级，按先左后右的顺序计算，故得

$$37-(4*5+8)$$

② 表明“－”运算符碰到“( )”，按先括号内后括号外，且先“＊”、“/”后“＋”“－”的优先次序计算，得

$$37-(20+8)$$

③ 表明括号内在做“＊”后，再做“＋”，得

$$37-(28)$$

④ 表明取消括号，进行“－”，求得最后结果为9。

图3.11示出了上述实例的语法分析的两个工作栈，即操作工作栈和运算符栈，以及一个符号寄存器。通过一个工作程序，从输入的单词串中一个一个地读入单词，先把它放在符号寄存器中进行判别，并根据判别结果做如下操作。

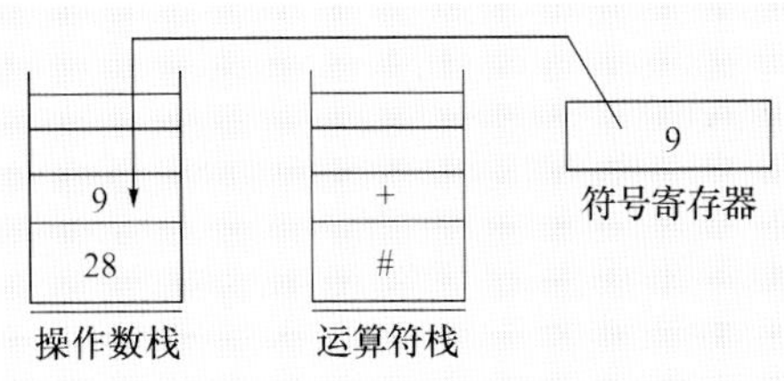

图3.11 运算符优先分析法示意图

(1) 若该单词是操作数(包括带值变量和常数)，则将它压入操作数栈中。

(2) 若该单词是运算符，则将它与运算符栈的栈顶运算符的优先级进行比较。

① 若当前输入的运算符优先级高于栈顶运算符的优先级，则将当前输入的运算符压入运算符栈；

② 若当前输入运算符的优先级低于栈顶运算符的优先级，则弹出栈顶运算符和操作数栈中的相应操作数，完成其运算，并把计算结果重新压入操作数栈中；

③ 若当前输入的运算符的优先级等于栈顶运算符的优先级，则弹出运算符栈的栈顶符号，并读入下一个单词，什么计算也不进行。

(3) 反复执行上述过程，直至读入句末符“#”，操作数栈中仅剩下一个结果值，表明分析正确；否则分析出错，转出错处理。

由上述分析可知，运算符优先分析程序实际上是一个查表程序。分析每一步都是依据分析栈的栈顶运算符和当前的输入符号，通过查表，决定是继续读入下一个字符还是对栈顶运算符执行相应的运算，或者进行出错处理。

3) 中间代码生成

中间代码生成是根据语法分析所指示的语法范畴进一步确定语句的语义，并生成相应的中间代码序列。

中间代码是一种结构简单、含义明确的记号系统，它的表现形式应既有利于后阶段的代码优化，又要逻辑上便于理解并有利于最终机器(目标)指令代码的生成。常用的中间代码形式有三元式、四元式以及逆波兰表示法。

(1) 三元式。三元式表示的一般形式为

(OP ARG1 ARG2)

(运算符 第一运算项 第二运算项)

例如:赋值语句

$$G = (I + J) * G$$

可以被翻译成

① + I J——表示 I + J

② * ① G——表示①运算结果与 G 相乘(*)

③ = G ②——表示 G 的运算结果等于②的结果

(2) 四元式。四元式表示的一般形式为

(OP ARG1 ARG2 RESULT)

(运算符 第一运算项 第二运算项 运算结果)

即在三元式中的例子可以翻译为

① +I J T1——代表 T1 = I + J

② * T1 G T2——代表 T2 = T1 * G

③ = T2 — G——代表 T2 的值赋予变量 G

上述的四元式是引入了临时变量 T1 和 T2。四元式和三元式的排列顺序都和实际计算顺序相同,只是四元式之间的联系是通过临时变量实现的,所以较三元式易于改变,有利于后一阶段的代码优化操作。

(3) 逆波兰表示法。逆波兰表示法是一种把运算符位于运算项之后的表示法,例如:

“a + b”可表示为“ab + ”;

“a * b”可表示为“ab * ”。

对于上述赋值语句 G = (I + J) * G,可翻译成

$$IJ + G * G =$$

其中,“ + ”和“ * ”是二元运算符(或称二目运算符)。逆波兰表示法也称后缀表示法,在计算机中很容易用堆栈操作来实现。例如,计算“IJ + G * G = ”时,只需从左到右逐个扫描该式,并执行下列操作:①把 I 压入堆栈;②把 J 压入堆栈;③弹出栈顶两项,并执行“ + ”,然后将“和”T1 压入栈顶;④把 G 压入堆栈;⑤弹出栈顶两项(T1 和 G),并执行“ * ”,然后将“乘积”T2 压入栈顶;⑥把 G 压入堆栈;⑦弹出栈顶两项(G 和 T2),并将 T2 赋值于 G。

逆波兰表示法的操作过程可以归结为:从左到右扫描逆波兰表示式,当碰到运算项时,就把它压入堆栈;当碰到 N 元(N 目)运算符时,就把它作用于栈顶及其以下的 N 个运算项,并计算出它的值,将该值取代原栈顶的 N 个运算项;如此重复,直到逆波兰表示式中的所有运算项和运算符都扫描完毕。

4) 代码优化

代码优化的目的是对生成的中间代码结果进行等价的代码交换,使交换后的程序能生成更有效的目标代码序列,以减少运行时所消耗的机器时间及所占的空间。代码优化可在编译的任何阶段进行,但是主要有两类:一类是在目标代码生成之前,对语法分析后的中间代码进行优化,这是不依赖于具体机器的纯代码变换;另一类是在生成目标代码过程中,根据机器所提供的设备条件,为充分利用机器指令系统和通用寄存器等而进行的优化,这类优化与具体的机器有关。

下面介绍不依赖于具体机器的纯代码优化,也称逻辑优化。逻辑优化主要完成程序结构上的等价变换,例如,删除多余的运算,合并已知量、代码外提(即把不变操作数运算从循环体内提到循环体外)等,通过这些变换提高程序执行的效率。例如,有代码序列如下:

(1) A = B + C + D

(2) E = B + C + F

⋮

(n) W = B + C + Y

上述 n 个式中 B + C 每次都重复计算,实际上是不需要的。因此,可以把上述序列优化为:

(0) T = B + C

(1) A = T + D

(2) E + T + F

⋮

(n) W = T + Y

又如下列语句序列:

```
IF A > B GOTO   L2
GOTO L3
L3:P = P + Q
⋮
```

可等价变换为:

```
IF A≤B   GOTO   L3
L3:P = P + Q
⋮
```

代码逻辑优化已经有比较成熟的理论和方法,而依赖于机器的代码优化就比较困难。总之,代码优化是一个非常复杂的过程,工作量很大,一个编译程序的优化到何种程度,应该根据实际需要和可能出发进行选择。

5) 目标代码生成

目标代码生成阶段的任务是把语法分析后生成的中间代码或经过代码优化后的中间代码变换成目标代码。目标代码的形式一般有以下三种。

(1) 可立即执行的机器语言代码。代码中所有地址已是真正的机器指令地址。

(2) 待装配的机器语言模块。当需要执行时,由连接装配程序把它们和某些运行程序连接起来,转换成能执行的机器语言代码。

(3) 汇编语言代码,运行时尚需经过汇编程序汇编,转换成可执行的机器语言代码。

为提高目标代码的执行速度,在目标代码生成时应着重解决两个问题:一是如何使生成的目标代码尽量的短;另一个是如何充分利用计算机的寄存器,以减少目标代码中访问内存的次数。

3.4.2 编译程序的遍

图 3.8 表示编译程序的组成和各个部分之间的逻辑联系,仅仅是一个示意,而不是时间联系。图中的五个相继的逻辑过程(既词法分析、语法分析、中间代码生成、代码优化、目标代码生成),可按图 3.8 所示的顺序执行它们,或按并行、互锁方式执行它们。采用何种执行方式的依据之一,就是总共有多少可用的存储空间。一般来说,把编译程序分为若干遍(调进内存)常是有利的,甚至是必要的。

如果编译过程是多遍的则其工作过程中除第一遍外,前一遍的工作结果将作为后一遍的输入信息。每一遍工作开始时,总先从外存中取出前一遍的输出结果,工作完成后又将新的结果记入外存,并将与实现这一遍的编译程序本身一起退出内存。这样轮到下一遍进入工作时,就可以获得几乎是全部的内存空间。

一个编译程序应该分成几遍,如何划分,这与具体机器的内存和外存的容量有关。一般说,遍分得多一些,编译的层次结构就更清晰一些,要求的内存空间可以小一些,编写时分工也相对容易一些,但编译时间也随之增长。此外,由于前一遍的输出要作为后一遍的输入,为了信息的流通,需要两遍之间增设某种形式的中间代码语言,这将为多遍编译带来困难。因此,在内存许可的条件下,尽可能地减少编译的遍数。图 3. 12 中给出了典型的一遍编译结构方式。

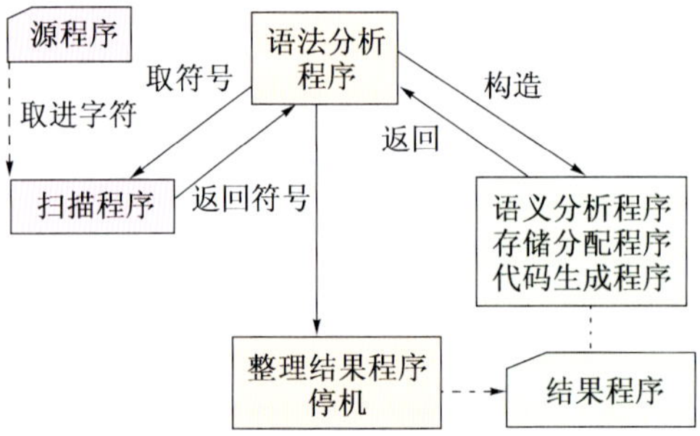

图 3. 12　一遍编译程序

从上述分析可知,整个编译实际上是一个有机的整体。一般以语法为主线,词法分析器多作为语法分析的一个字程序,在语法分析器需要一个单词时,调用词法分析程序工作,完成一个单词的识别输出;当语法分析器识别出某一构造时,则调用相应的语义子程序进入工作,生成相应的中间代码、存储分配等工作。

3.5　程序设计语言的选择

应用软件必须采用开发者易懂的程序设计语言的格式进行编写。最低级的编程语言是目标机直接理解的机器代码;与之相反,高级编程语言是指具有自然结构和数据抽象结构的"类英语语言"。高级编程语言的目的是使编程人员摆脱对计算机硬件知识的依赖性,从面向机器编程的方式转向面向高级语言。当然在最低级和最高级两个极端之间还存在着其他许多种语言可供应用开发者选择。

影响程序设计语言选择的因素很多。主要因素有:

(1) 当前所使用的开发环境;

(2) 采用的目标应用平台;

(3) 所采用的评价性能准则;

(4) 开发的进度和成本;

(5) 需要附加的培训;

(6) 与现有软件的集成。

选择程序设计语言用于编制应用软件,其根本目的是保证应用软件在不同平台间的可移植性,从而达到提高工作效率和减少成本的目的。

对于应用软件在各个不同平台间的真正可移植性,其实质是:

(1) 编程语言在平台上运行的有效性;

(2) 编程语言能以相同方式在不同平台上运行,计算结果相同。

为了达到真正的应用可移植性,一个应用必须用可移植的程序设计语言编写,并使用可移植的服务界面。也就是说,应用可移植性一定要使用符合标准规格的编程语言才能达到。

3.5.1 可移植性的两种形式

从应用可移植性角度来看,一个应用的源程序可能存在两种表示形式,即源码可移植性或二进制码可移植性。

1) 源码可移植性

这意味着一个应用源程序能在具有相同开发环境的不同平台上运行的编译器(或解释器)间移植,而不需修改应用源程序,如图 3.13 所示。

2) 二进制码可移植性

这意味着一个二进制应用能在不同的平台上移动,且无须作任何修改,如图 3.14 所示。

如果一个应用是二进制码可移植的,则不影响应用在其所支撑的平台间的移植。可是,如果一个应用是源码可移植的,则应用开发和运行时间环境包括程序语言必须在其支撑平台间是可移植的;否则,该应用源码是不可移植的。

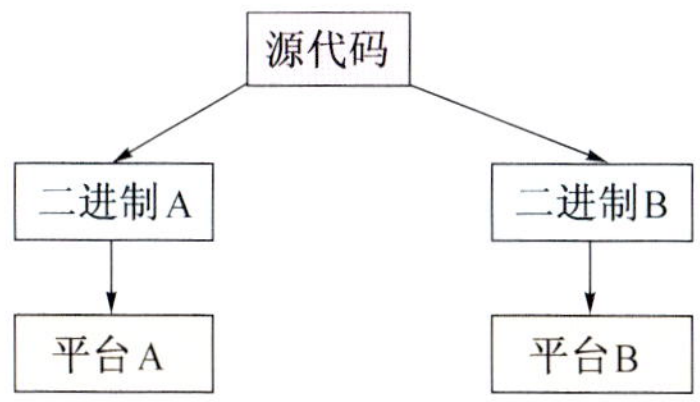

图 3.13 源码可移植性

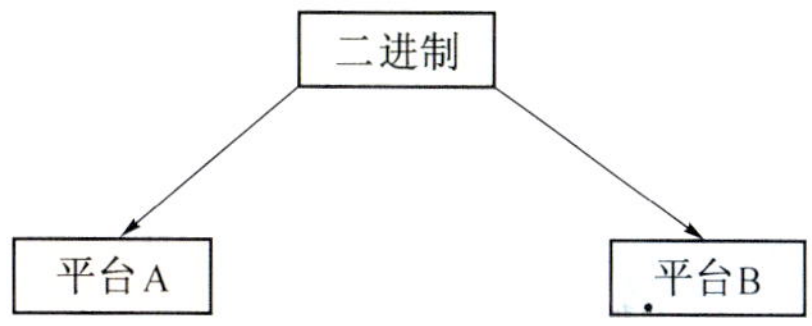

图 3.14 二进制码可移植性

程序有不同类型和级别(例如,功能的、源程序、中间代码、解释代码和二进制码)。从可移植性观点看,在源码级和源码级以上(例如功能级)的程序可以较方便地在最广泛的平台范围内进行移植,花的代价少,可移植性的适应性、重用性和协调安全环境均较好,所以我们应把应用程序可移植放在源码级上。

为了阐明开放程序语言与开放系统环境的相关性,人们一定要充分了解应用平台依赖性以及克服依赖性的方法。

3.5.2 克服应用平台依赖性

1) 应用平台依赖性

利用一个特定的开发环境为一个特定的运行时间环境所产生的一个应用,有时需要作某些改变,使其能适应在支持不同开发和(或)运行时间环境的平台上运行,其原因是由以下的依赖性引起。

(1) 不同的运行时间环境以不同方式运行不同的应用。编写应用过程必须充分考虑进程调度的类型和由基本操作系统所使用的应用资源管理的类型。

(2) 应用可以以不同方式与不同的运行环境服务界面接口。一个应用源程序依赖于操作系统所提供的服务界面,并依赖其所涉及的其他相关应用的服务界面。

(3) 不同开发环境可以要求不同应用源程序产生一个等效的可执行的应用。应用源程序依赖于创建它的开放环境。例如,用第四代语言环境所编制的一个应用,试图移向另一个不同的 4GL 环境时,用户必须按新的环境要求重新编写应用。

显然,应用依赖于创建它的开发环境和操作它的运行时间环境以及基本平台。这些内容的任一变化将迫使应用也作相应的改变,因此,一个应用是依赖于基本的应用平台的。仅当这些平台支持相似的开发和(或)运行时间环境的应用界面时,应用才能在这些平台间移植。

因此,我们在解决应用可移植性时,首先要克服应用对应用平台的依赖性,故选用可移植的标准程序设计语言是成功地实现这个任务的关键点之一。

2) 克服应用平台依赖性

克服应用平台依赖性的常用方法是使用一个可移植的应用开发平台和(或)运行时间环境,它有两种选择。

(1) 构建一个异构的应用环境。这个选择是为满足一组特定的应用需求,根据运行平台的配置去开发一个异构的应用开发和运行时间环境。

(2) 购买一个完整的组装应用环境。这个选择意味着,根据支持平台的要求,购买一个可移植的完整的组装应用开发和运行时间环境(例如一个完全4GL或面向对象环境)。

购买一个商品化的组装应用环境显然比构建一个定制的异构应用环境来得容易,在价格上也比较便宜。但是,即使有一个能适合于特定需求集的组装应用环境,我们也可证明它与定制的异构环境相比较仍存在着一定的局限性。例如,与定制的异构环境相比,组装一个应用环境可能是:

(1) 更加花钱(例如申请开发和运行时间环境的许可证);

(2) 其自身似乎很难向不支持它们的平台移植;

(3) 有较多资源得不到充分利用。

组装的应用环境通常是受制约的,在某些情况下它提供的可选服务数量固定且有限。例如,一个典型的4GL环境提供具有网络任选的数据库和用户界面服务。此时如果用户想添加某些服务,如远程过程调用(RPC)服务,则必须使所添加的软件要能与现存的环境集成,从而构成一个含有组装单元的定制的异构环境。因此,我们仍然必须考虑一些与构建一个异构环境相关的问题,即使用户可能很想使用组装环境。

构建一个定制的异构应用环境的目的是使一个组织机构开发的应用环境能适应它的需求,即在平台和所支持的外部接口的选择上提供比组装应用环境更大的灵活性。但是,相关的开发机构必须承担对环境的维护和支持。

构建一个可移植的应用环境包括:

(1) 选择一个可移植的开发程序设计语言;

(2) 为所有应用提供一个可移植的API;

(3) 开发一个在运行时间环境(例如进程调度模式)间可移植的应用程序设计风格。

标准的使用是这些服务成功实现的关键。可是,标准的采用通常不是直截了当。例如,当利用标准帮助构建一个应用环境时,必须考虑以下因素:

(1) 标准在某些领域是相当成熟,但是在有些领域可能是不存在的;

(2) 各个标准的任选必须是可能的;

(3) 需要将不同标准集成起来。

虽然标准语言和标准服务界面的使用是重要的,但是,单独使用这些标准往往是不充分的。这就要有一个指导使用程序设计设施风格的指南。这样,可移植应用开发可简单地表达为

标准语言 + 标准接口 + 标准编程风格 = 可移植应用

为了避免非可移植的编程风格,一个编程风格指南应包括:

(1) 可移植的编程实践(例如存储器、结构编址标准和进程调度);

(2) 工具用法的规定。

我们也应该清醒地认识到,一个应用移植仅仅有可移植的程序设计语言是不够的,还需要操作系统环境和应用界面标准。有关应用可移植性讨论可参阅本书第5章内容。

程序设计语言经历了四代。前三代语言是过程化的语言，目的是实现各种算法，需要描述“怎样做”；4GL 是非过程化的语言，面向应用，仅须说明“做什么”。但是，当前多数 4GL 是以非过程化机制为主，同时兼有一些过程化机制，以便实现应用系统中需要使用的算法。此外，前三代语言注重算法描述，一次仅处理一个记录或一个数据元素，不支持对大量共享数据的处理；4GL 以数据为主，以对数据集合的处理代替对单个记录或数据元素的处理，而且它与数据库密切相关，具有支持对大型数据库进行高效处理的机制。

传统的程序设计技术忽略了数据和程序之间的内在联系。用这种方法所设计出来的软件系统，其求解空间和问题空间并不一致，令人难于理解。面向对象技术的引入，使传统程序设计技术有了一个很大进展。面向对象的方法与传统的面向过程的方法在本质上的差别是，面向对象的方法是使描述问题空间和描述解空间在结构上尽可能一致。因此面向对象的软件设计方法已经引起人们的广泛注意。

3.6 小结

程序设计语言是用于书写计算机程序的语言，语言的基础是一组记号和一组规则。根据规则，由记号构成的记号串的总体就是语言。在程序设计语言中，这些记号串就是程序。程序设计语言有三个方面，即语法、语义和语用。语法表示程序的结构或形式，即表示构成语言的各个记号之间的组合规律，但不涉及这些记号的特定含义，也不涉及使用者。语义表示程序的含义，即按照各种方法所表示的各个记号的特定含义，但不涉及使用者。语用表示程序与使用者的关系。语言的好坏不仅影响到程序使用是否方便，而且涉及到程序员所写程序的质量。程序设计语言是软件的重要方面。人们使用计算机解决问题时，先用程序设计语言编写计算机程序（通常称为源程序），然后将源程序输入到计算机，再由计算机内的编译程序自动地将源程序翻译成计算机可执行的代码。

程序设计语言的基本成分一般有四种：

（1）数据成分，用以描述程序中所涉及的数据。

（2）运算成分，用以描述程序中所包含的运算。

（3）控制成分，用以表达程序中的控制关系。

（4）传输成分，用以表达程序中数据的传输。

程序设计语言广泛地应用于各种军事应用软件。程序设计语言有低级的机器语言、汇编语言以及高级的编程语言。影响程序设计语言选择的因素很多，主要包括：①当前所使用的开发环境；②采用的目标应用平台；③所采用的评价性能准则；④开发的进度和成本；⑤需要附加的培训；⑥与现有软件的集成。

选择程序设计语言用于编制应用软件，其根本目的是保证应用软件在不同平台间的可移植性，从而达到提高工作效率和减少成本的目的。

第4章 数据库系统

数据是人类社会发展中一种极为重要的资源。人们的一切社会活动都离不开数据。科学工作者需要分析、归纳各种实验数据；军事指挥员需要掌握各种军事情报，如敌我双方的人员、武器装备等。如何科学地保存和管理数据是人们长期以来十分关注的课题，数据库系统就是这个课题的重要研究成果。数据库系统是数据处理的核心机构，它的功能往往决定了整个计算机应用的经济效益。

4.1 概述

4.1.1 实体，信息，数据

计算机既能够进行直接的数据运算，如矩阵运算、方程求解，又能够进行复杂的事务处理，如军事指挥、自动控制等。计算机的这一能力是由于我们可以把反映事务物理状态的信息转化成表示信息的数据。例如一个国家的军事人员有100万。100万是一个数据。它一方面表示了这个国家的军事人员的数量，而从一个侧面也反映了这个国家的军事实力。这种表示信息的数据是自然的。另一种表示信息的数据则是经过人为处理的。例如一个国家的军衔制由上将、中将、少将等组成，在计算机处理时可以分别用1 = 上将，2 = 中将，3 = 少将……来表示。

从上述例子可以看到，从事务的物理状态到表示信息的数据，实际上经历了三个不同的世界：现实世界，信息世界，计算机世界。在现实世界中，那些客观存在并可相互区别的物体叫做实体。实体通常指可以触及的对象，如一个军人、一艘军舰、一枝枪等；也可以指抽象事件，如一次打靶、一次出航等。性质相同的同类实体的集合又叫实体集，如所有军人、所有军舰、所有枪，或者所有的打靶记录、所有的出航日志等。

信息是现实世界中的实体特性在人们头脑中的反映。人们把它用文字或符号记载下来,用于交流、传送或处理。需要注意的是,这种反映和记载并不是现实世界的简单拷贝,而是经过了人为的选择和加工。例如:对于军人这一实体,我们可以把它的姓名、性别、年龄、职务、军衔等实体特性记录下来,形成花名册;对于打靶这样一个抽象实体,我们可以记录打靶人、靶距、击中环数等实体特性。数据是信息的具体表示。在信息世界中,有些信息直接用数字表示,如年龄、靶距、环数等,我们称它为数据值;有些信息则是用符号、文字或其他形式来表示,如姓名、性别、打靶人等,我们称它为字符数据。

为了用计算机来进行信息管理,需要把各种形式的信息统一成计算机的内部表示形式。在计算机世界中,所有的文字、符号都是数字化了的,即数据转化为二进制数表示。因此计算机世界实际上就是数据世界。当然,这种二进制数只是计算机底层的物理存储方式,用户接触到的则是经过计算机软件处理过的抽象化、概念化的人机界面。数据库系统正是其中一种提供数据从物理存储到逻辑表示之间转换的计算机软件。

4.1.2 数据管理的演变

从 4.1.1 节我们可以看出,信息对人类活动是非常重要的,各个企业或组织都要使用信息系统这一工具,实现对信息的收集、组织、存储、加工、抽取和传播。数据是信息的载体,因此计算机化的信息系统是以数据为中心,实现对数据的组织、编目、定位、存储、检索和维护等。从第一台计算机诞生到现在的几十年中,数据管理经历了三个阶段:

(1) 人工管理(20 世纪 50 年代中期以前);

(2) 文件管理(50 年代后期—60 年代后期);

(3) 数据库管理(70 年代初至今)。

在最早的计算机系统中,数据不在计算机中保存,因此也没有专门的软件系统对数据进行管理。软件设计人员在开发程序的同时也需要规划数据,然后与数据同时进入计算机进行处理。在这种情况下,一组数据往往对应于一个程序,数据与程序不具有独立性,因此这一阶段也叫做无管理阶段。

在文件系统阶段,数据以文件的形式长期保存在计算机上,而且有专门的软件对其进行管理,可以实现文件的创建、查询、修改、删除等操作。由于数据长驻外存,因此可以由一个或多个应用程序反复使用,程序与数据之间具有一定的独立性。但文件系统只是部分体现了数据项之间的联系,一些较高层次的数据联系仍要通过应用程序体现,因此文件系统下的用户需要对他的文件的物理存储细节有一定的了解,这增加了用户使用数据的难度。此外,文件数量的增加也会给数据管理带来相当的难度,因为多个文件缺乏统一的管理机构,难以保证其整体的安全性和完整性。

数据库系统解决了文件系统的弊端。它使用一个软件系统来集中管理所有数据,从而实现了数据共享,解决了数据的安全性、完整性等问题。数据库系统下的用户不必了解数据存储的细节,他可以逻辑地、抽象地使用数据,一切烦琐的存储细节都由数据库系统核心来完成,这个核心就是 DBMS。

4.1.3 什么是数据库

数据库就是数据文件以及用户处理这些数据文件的程序的集合。

数据文件是什么呢? 数据文件用于存放所有的数据库数据。如 Oracle 数据库由一个或多个数据文件组成,数据文件结合在一起形成表空间。数据库中所有数据信息都存放在数据文件中,磁盘为数据文件的存储提供了广阔的空间。我们应该注意的是,数据库是自描述的,它除了包含用户的源数据外,还包含关于其本身结构的描述,这个描述称做数据辞典(数据目录、元数据）。从这个意义上讲，数据库与图书馆是相似的。作为自描述的书的集合，在图书馆中除了书籍以外，还包含一个描述这些书籍的卡片目录。同样，数据字典也是数据库的一部分，描述了包含在数据库中的数据结构与特征。数据库的数据文件通常有两种类型的数据：用户数据和系统数据。

（1）用户数据。是用于应用软件的数据，带有应用软件的所有相关的信息。它是用户放在数据库中的信息，表4.1给出了典型用户的数据类型示例。

从表4.1可知，用户数据是特定应用程序的数据（例如客户发货单）。

（2）系统数据。是用来管理用户数据和数据库系统自身管理所需要的数据。例如Sybase利用系统数据可告诉用户，一个表中的社会保险号字段是全数字，不能输入字符；并且，利用系统数据还可记录合法用户的有关特性，如口令、数据文件的数目、位置等。表4.2给出了典型的系统数据示例。

表4.1　典型用户数据类型示例

数据类型	存放的有关信息
顾客信息	名字，电话号码
产品信息	产品名，货源，价格
医疗信息	诊断结果，医生名，护士名，病员名
资产信息	股票数量，期货数量，证券数量
财务信息	股票价格，利率

表4.2　典型的系统数据示例

数据类型	存放的有关信息
表	表的字段和表中数据的类型
空间	数据库对象所占的物理空间数量
用户	名，口令，特权
数据文件	数目，位置，最近使用的时间

4.1.4　实体模型与E－R图

现实世界中的事物是彼此关联的，在信息世界中用实体模型来表示实体与实体之间的联系。我们将E－R图称为实体关系（entity－relationship）图，它是实体模型的直观表示。实体之间的关系有如下三种。

1）1对1关系（1∶1关系）

设E1和E2是两个实体集，如果E1中每个实体只能与E2中一个实体有联系，E2中的每个实体也只能与E1中一个实体有联系，则称E1和E2是一一对应的关系，简写为1∶1。例如：设E1为军队的连队实体集，E2为军队的连长实体集，E1中的每个连队只能有一个连长来管理连队，E2中的每位连长至多只能管理某个连队，所以他们是一对一的关系。

2）1对多的关系（1∶m关系）

设E1和E2是两个实体集，如果E2中每个实体至多与E1中的一个实体有联系；E1中的实体可与E2中的多个实体有联系，则称E1和E2是一对多的关系，简写为1∶m关系。例如：设E1为连队实体集，E2为士兵实体集，E1中的每个连队可由许多士兵组成，但E2中的每个士兵至多只能属于一个连队，因而E1的连队实体集与E2士兵实体集之间关系是一对多关系。

3）多对多关系（n∶m关系）

设E1和E2是两个实体集，如果E1中的实体集可与E2中的多个实体有联系，E2中的实体也可与E1中的多个实体有联系，则称E1和E2是多对多关系，简写为n∶m。例如：设E1为新兵实体集，E2为教员实体集，E1中的每位新兵可以选修E2中的若干位教员上的课，E2中每位教员可以教E1中的若干位新兵，因而他们是多对多关系。

为了用E－R图来直观地表示信息世界中实体之间联系的实体模型，在E－R图中，实体用矩形框表示，实体的属性用卵形框来表示，实体间联系用菱形框表示，并用无向边将菱形框分别与有关的矩形框相连接。

例如，用 E－R 图来描述学校的教学管理的实体模型。学校教学管理中涉及的实体有学生、课程和教师。学生由学号、姓名、性别和年龄四个属性来描述；课程由课程名、课程号和学时三个属性描述，表示学生选某门课程，其学时是多少；教师由工号、姓名、性别、年龄、职称五个属性描述；选课联系由学号、课程号和分数三个属性描述，表示某个学生选某门课程，其得分是多少；任课联系由工号、课程号和工作量三个属性描述，表示某位教师教某课程，其工作量是多少。教学管理实体模型的 E－R 图如图 4.1 所示。

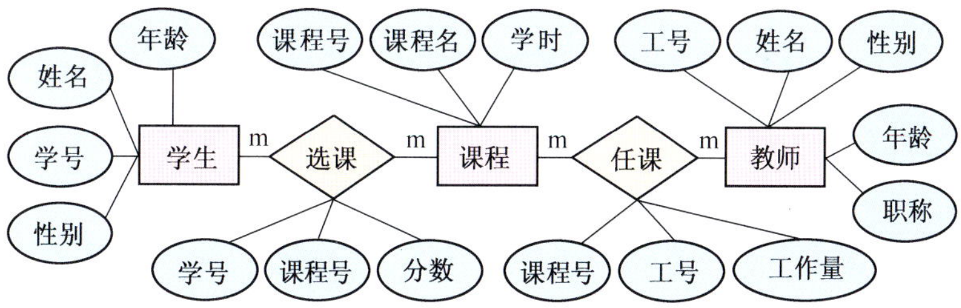

图 4.1　学校教学管理实体模型 E－R 图示例

从图 4.1 可知，学生和课程有多对多的选课联系，即每位学生可以选学多门课程，每门课程可被多个学生选学；教师和课程间也有多对多的任课关系，即每门课程可由多个教师讲授，每个教师可以教授多门课程。

4.1.5　数据模型

在 4.1.2 节中我们提到，数据库系统与文件系统有一个重要区别，前者是体现更高层次的数据联系，也就是实体与实体之间的联系。我们把表示这种联系的模型叫做数据模型。由此可给数据模型下一个定义：数据模型是描述记录与记录之间，即信息世界中实体之间的联系，是数据库的数据结构（全局性的逻辑结构）。数据模型是数据库系统中的一个关键的概念，它的演变也正好反映了三种数据库系统的发展过程。

1）层次模型

用树形结构表示实体之间联系的模型，称为层次模型。

一棵树由节点和连线组成，节点代表实体集，连线代表实体之间的关系。例如，图 4.2 描述的就是学校行政机构的数据模型。

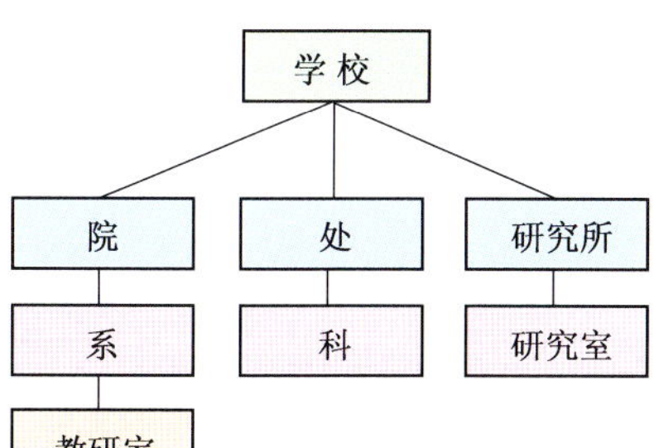

图 4.2　层次模型

层次模型一般只能表示一对多关系，如图 4.2 中的院—系、系—教研室等都是如此。层次模型实际上是一棵倒置的树，树的根（图中的学校），称为父节点，它可以有一个或多个子节点（如图中处、院、研究所），但一个子节点仅能与一个父节点相连。同时与一个或多个子节点相连的节点，又称为中间（子）节点（如图中的系）。没有子节点的节点，称为叶（如图中的教研室、科、研究室)。

层次模型是数据库系统中最早出现的数据模型,具有构造简单、层次清晰等优点,但在表达多对多关系时,需要设法将该关系分解为两个一对多关系,这是它的局限性。层次模型的典型代表是 IBM 公司的 IMS 系统。它在 1968 年问世,是世界上第一个 DBMS,曾一度在美国商用市场上广泛使用。在这以后又出现了许多层次模型的 DBMS,如 SYSTEM 2000 等。

2) 网络模型

用网状结构表示实体与实体之间联系的模型,称为网络模型。

网络模型的表示方法与层次模型是类似的,即以节点代表实体集,连线代表实体之间的联系,但网络模型取消了层次模型中节点之间的层次限制,因此它所表示的实体关系更为一般,更为普遍。我们也可以把层次模型看做是网络模型的一种特例。

图 4.3 所示是一个典型的网络模型。从表面上看,它似乎具有层次的特点,但它并不满足树型结构的约束,因为部门—雇员、技能—雇员都是一对多的关系,这样雇员节点就有多于一个的父节点。此外,让我们来考察一下另外一个更为一般的关系。

工作—雇员是一个多对多的关系,而多对多关系是层次模型所不能直接表达的,因此图 4.4 左侧的结构也不能看做层次模型。如果我们对照一下右侧所示的实体特定值之间的结构,这一点就不难理解了。判断一个数据模型不能单看模型本身,还要从具体值上看,这也是非常重要的“型”与“值”的概念。

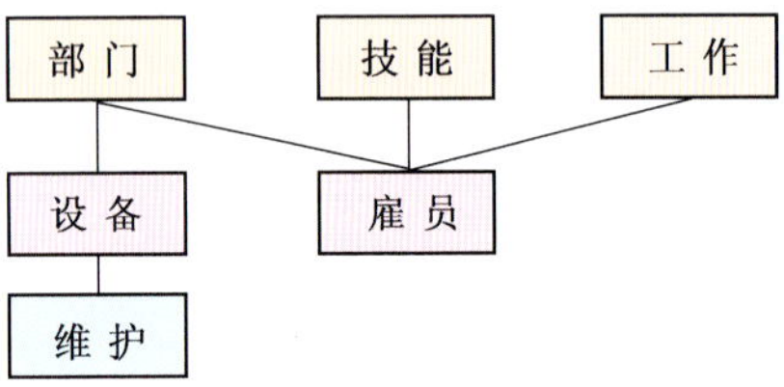

图 4.3　网络模型

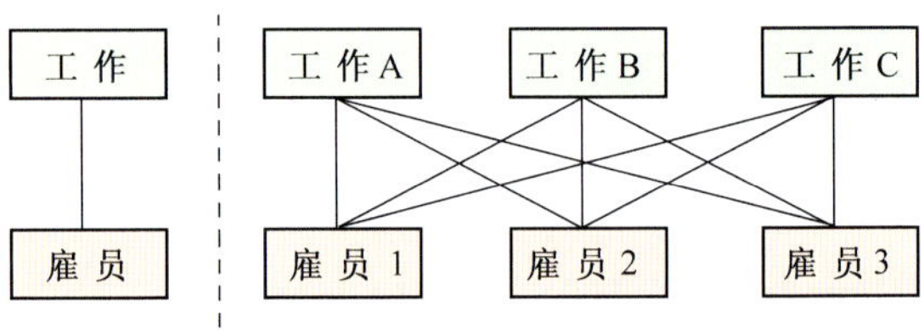

图 4.4　复杂网络

第一个采用网络模型的 DBMS 是 TOTAL,它出现在 1968 年。3 年之后,美国 CODASYL 组织的 DBTG 小组正式公布了 DBTG 报告,其目的是使得网络模型的系统研制规范化。在这个报告的准则指导下,计算机厂商们又研制了许多基于 DBTG 的 DBMS,如 IDMS、IDS 等。

3) 关系模型

用二维表结构来表示实体之间联系的模型,称为关系模型。

关系模型的表示方法与前两者截然不同。在层次、网状模型中,实体间的联系是通过指针来实现的,它类似于环的功能,把有联系的实体一个个链接起来。而关系模型是用表格数据来表示和实现实体间的联系,也就是说,是由数据本身自然地建立起它们之间的联系。

例如,我们可以把图 4.1 所示的 E-R 图转换成五个二维表,如表 4.3-1 ~ 表 4.3-3 和表 4.4-1、表 4.4-2 所列。

表 4.3-1　学生

学号	姓名	性别	年龄

表 4.3-2　课程

课程号	课程名	学时

表 4.3-3　选课

学号	课程号	分数

表 4.4-1　教师

工号	姓名	性别	年龄	职称

表 4.4-2　任课

工号	课程号	工作量

表4.3－1是一张描述实体“学生”的表格，表用四个栏目，即学号、姓名、性别、年龄描述了实体“学生”的属性；表4.3－2表示实体“课程”；表4.3－3表示了实体“学生”和“课程”之间的“选课”关系；表4.4－1与表4.4－2分别表示实体“教师”及“教师”与“课程”之间的“任课”关系。

上述的五个二维表在数据库理论中称为关系，它们构成一个教学管理系统中的数据库。因为它是用关系来组织数据的，所以称它为关系数据库。从学生的姓名或学号可以查到所选课程、任课教师和得到分数，这样的查询过程实际上是一个关系代数操作。关系代数和关系演算的理论正是关系模型相对于前面两种模型的最大长处。

4）三种数据模型的比较

（1）层次和网状数据库系统的设计和研制仅凭设计者的经验和技术，而关系数据库系统的设计和研制已有理论指导，建立在关系代数和规范化的理论基础上。

（2）使用层次和网状模型的数据库时，要求用户既要了解记录类型存取路径，又要了解它们之间的相互关系，这就增加了用户负担；而关系数据库仅是一些表格，结构简单，用户使用方便。

（3）层次和网状模型不能直接处理多对多关系，关系模型可以直接处理多对多关系。

（4）就系统的实现和存取效率而言，层次和网状模型都优于关系模型。但近年来，关系模型的查询和优化技术的研究取得了很大进展，使效率大大提高，有些系统已接近层次和网状数据模型系统。

总之，随着关系理论的逐步完善，许多国家都把重点转移到关系模型DBMS的研制和开发上，比较具代表性的原型系统有美国IBM公司的SYSTEM R、德国斯图加特大学的POREL，著名的商品化数据库有Ingres、Oracle、Sybase等。

我们必须认识到，数据库不是对现实世界建模，而是对用户关于其业务环境的模型建模。判断一个数据模型好坏的合适准则是看它是否与用户模型吻合，争论哪一个模型最符合现实世界是没有意义的。

4.1.6 数据库系统的构成

从4.1.2节中我们已经了解数据库系统在数据管理中的特殊地位，那么它究竟是怎样的一个系统呢？广义地说，一个数据库系统由四个部分组成，即硬件、软件、数据和用户（最终用户、应用程序员、数据库管理员），如图4.5所示。

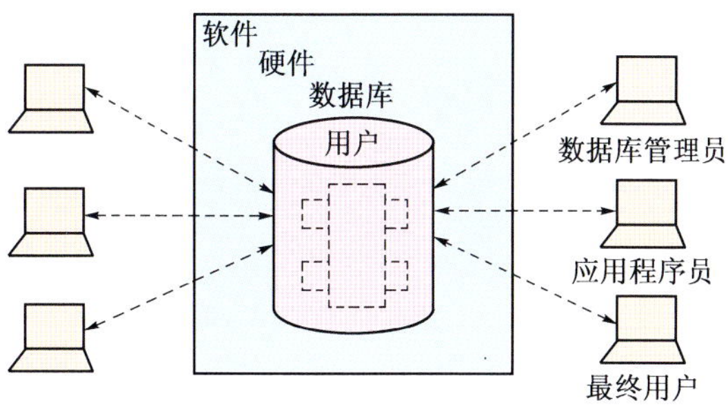

图4.5 数据库系统的构成

数据库系统的硬件资源包括CPU、内存、磁盘、磁带机及其他外部设备。在数据处理中，数据存取的速度除了与计算机本身的运算速度有关外，还有更主要的因素就是I/O所占有的时间。因此，数据库系统不仅依赖于CPU速度，更取决于存取设备（磁盘、磁带机）的配置以及存取方法的优劣。

数据库系统的软件资源包括操作系统、宿主语言、DBMS及应用程序。其中，核心部分是

DBMS,它是用户和数据库之间的接口,是帮助用户建立、维护和使用数据库进行数据处理的一个软件系统。DBMS 为数据库的各种操作提供一种公用的方法,接收并完成用户程序或终端命令提出的访问数据库的各种请求,负责数据库的维护,保护数据库中的数据不受破坏,以及对多个用户的并发操作加以控制和协调。

数据库系统中的数据划分为一个或多个数据库,它们常驻在辅助存储器——磁盘上。每一个数据库都是一系列结构化的相关数据的集合,它们是 DBMS 的管理对象,具有数据冗余小、易于扩充和共享等特点。

数据库系统中的用户由数据库管理员(DBA)、应用程序员及最终用户等组成。其中数据库管理员负责数据库的建立、维护和协调,以及对数据库系统的全面管理和监督工作。

狭义地理解一个数据库系统,则可以指上面所提到的数据、DBMS 及数据库管理员。这三个成分构成了一个数据库系统基本内容。

4.2 关系数据库

在 4.1.5 节已经介绍了数据模型。三种数据模型对应三种数据库结构,即层次型数据库、网状数据库和关系数据库。目前,流行的是关系数据库。

关系数据库是指数据按照关系模型来存放的数据库。那么,关系模型是什么样的呢?或者说有什么样的规律呢?我们先来看看日常生活中所处理的数据。

1)通信录

表 4.5 是我们常见的通信录。它的特点是每一行(或者说每一个人)都有且只有姓名、单位、通信地址、邮编、电话等信息。通信录上每一行的数据格式是一样的,虽然有些人可能没有电话,但通信录上也给他留出了电话这一栏目。

表 4.5 通信录

姓名	单位	通信地址	邮编	电话
朱 瑛	复旦大学计算机系	上海邯郸路 220 号	200433	65487787
王 红	西安交通学院	西安黄河路 278 号	150021	32457980
李 明	新疆大学计算中心	乌鲁木齐胜利路 14 号	830046	8677685

2)成绩单

表 4.6 是一张成绩单。它是表中有表,里面的表和表 4.5 的形式是一样的,即每一行的数据格式是一样的。我们可以这样说:外面的数据栏目填写一次数据,里面的表就可能有多行数据与之对应,如表 4.5 中的朱瑛,里面表中就有四行数据。

表 4.6 一张典型的成绩单

成 绩 单

学号:100234　　姓名:朱 瑛　　班级:9624-102

课程名	成绩	学分	学时数
操作系统	85	3	52
数据结构	90	4	68
C 语言	98	3	52
经济法	75	2	34

我们看到,上述数据的存放规律是不同的。在表4.5中,每一行代表一个人的数据任何两行的数据形式是相同的,它是一个二维表格;表4.6相对比较复杂,其中有一部分是二维表格,另一部分不是。

关系数据模型是指“通信录”这样的二维表(以下简称为表)。表的一行称为元组(或称一条记录),元组(记录)中的每一列的项称为属性(也称为域或字段),相同的属性构成表的一列,每个属性都有一个名称,称为属性名,全部属性名构成表的表头,整个表头又称为关系模式,一张表内的全部数据称为一个关系。图4.6展示了这些概念。

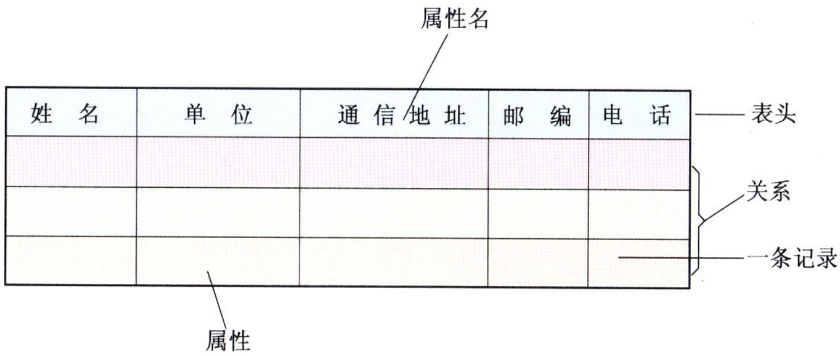

图4.6 关系术语示例图

关系模型对表有一个要求:属性必须是最小数据单位,不可再细分。如表4.7所列的表格不属于关系模型,这是因为“地址”这个属性不是最小数据单位,可以细分为“单位地址”和“家庭地址”两项。

从上述实例讨论中可以知道,一个关系是一个有单值条目的两维表,表中每一列的所有条目都是同一类型的,每一列都有唯一的名字,列在表中的顺序不重要。表中任意两行不相同,行与其在表中的顺序无关,行也称做元组。表、文件和关系是同义词;列、域和属性是同义词;行、记录和元组是同义词。

这些不同称呼,仅仅是角度不同,可以用表4.8来说明关系术语。

表4.7 一张不属于关系模型的表格

姓 名	地 址	
	单位地址	家庭地址

表4.8 关系术语

关系模型	程序员	用户
关系	文件	表
元组(行)	记录	行
属性	域(或字段)	列

关系元组和属性这些术语来自关系数学,关系数学是关系模型的数学基础。

归纳起来,满足下列五个条件的表格称为关系:

(1) 表格中所有的行都具有相同的形式(称为关系模式);

(2) 关系模式中的属性个数是固定的,每个属性都要命名,并且在同一个关系模式中,任何两个属性名都不相同;

(3) 每个属性都是不可分解的最小单位;

(4) 任何两条记录都不相同;

(5) 属性的先后次序和记录的先后次序是无关紧要的。

由于要求任何两条记录都不相同,所以必然可以用某些属性的值(至少可以用所有属性的值)来确定一条记录。比如,给定一个身份证号,就能找出一个人,而绝不会是两个人。我们把具有唯一的且能标识一个(人的)实体的属性就称为候选键(常常简称为键)。一个候选键是一个属性组，它由一个或多个属性组成，可唯一地标识一行；候选键甚至可由全部属性组成。在一个关系模式中，候选键可以有一个或多个。我们要选定一个候选键为主键，这是因为只有主键才能用于建立表之间的联系。

4.3 数据库设计

虽然，DBMS 已经实现了良好的存储技术、索引技术和查询优化技术，使我们能够方便地处理数据，尤其是能够快速地访问数据库中的任意部分数据。但是，现实中的数据包含了许多人为因素，例如，对数据的限制、数据之间的联系等（也正是这样，数据才有意义），这些人为因素是无法预料的，不能事先写成程序让 DBMS 处理。

下面，我们以关系数据库为例，用两个简单的例子来介绍为什么需要数据库设计。

例 1 某厂有 4 000 名职工，有 8 级工资标准，工资额也相应分为 8 个级别，即一个人的工资级别就决定了他的工资额，如表 4.9 所列。

表 4.9 职工工资表

姓名	级别	工资
朱瑛	2	800
王伟	4	900
于佳	6	1200
李伟	4	900
⋮	⋮	⋮

如果数据库中的数据就是以这种形式存放，那么就有如下缺点。

（1）冗余。由于只有 8 个工资级别，所以我们只要存放 8 个工资额数据就够了。而在表 4.9 中，工资栏中有不少数据是冗余的（例如王伟与李伟）。

（2）由于表中的数据冗余，就会导致数据库操作发生异常。

① 修改异常。例如有一个修改要求为“朱瑛加了一级工资”，即从 2 级变为 3 级，则操作员必须修改“级别”和“工资”两个属性值。若操作员仅修改了“级别”而未修改“工资”，那就会出现 3 级工只拿 2 级工资的异常现象；若操作员本人不知道 3 级工的工资，并且数据库中当前也没有一个人是 3 级工，则他就无法完成这一修改。若出现上述情况，则称为修改异常。

② 插入异常。例如要插入“李明，5 级”这样一条记录，而当前库中无 5 级工资的人员记录，就不知道 5 级工的工资额，从而不能完成这一插入要求；另外，当库中某个级别（如 5 级）没有职工时，则“5 级的工资额为 1 000 元”这样的信息就不能插入。若出现上述情况，则称为插入异常。

③ 删除异常。假如当前库中只有朱瑛一人是 2 级工，这时如果要完成删除要求“朱瑛调走了”，就会丢失“2 级 800 元”这一信息。若出现上述情况，则称为删除异常。

解决上述操作异常的方法是用两张表来存放数据（表 4.10－1 和表 4.10－2）。这样，数据冗余较小，日常习惯的操作就都可以正常地进行了，不会出现修改异常、插入异常和删除异常的现象。但是，这种设计在处理涉及两张表的查询时速度就比较慢（要将两张表连接起来）。因此，对于以查询为主（修改、插入和删除都很少）的应用，一张表的设计更为可取。

表 4.10－1 姓名—级别

姓名	级别
朱瑛	2
王伟	4
于佳	6
⋮	⋮

表 4.10－2 级别—工资

级别	工资	级别	工资
1	700	5	1 000
2	800	6	12000
3	850	7	13000
4	900	⋮	⋮

我们已经看到，数据库设计得好坏，不仅与数据之间的联系有关，而且还和应用的内容以及许多人为因素有关。数据库设计的好坏将直接影响整个应用软件的性能，甚至关系到开发的软件是否能用。因此，建立数据库不是简单地将数据以某种格式放入数据库，而是要分析数据之间的联系，考虑应用的内容，设计出合理的表。

例2 对于表4.6所列的成绩单，我们看到它是表中有表，如何将这样的表格转换成关系数据库中的表呢？我们也给出两种设计。

第一种设计如表4.11所列。

表4.11 设计方案一

学号	姓名	班级	课程名	成绩	学分	学时
100234	韦大宝	9624－102	操作系统	85	3	52
100234	韦大宝	9624－102	数据结构	90	4	68
⋮	⋮	⋮	⋮	⋮	⋮	⋮
100235	朱　瑛	9624－102	操作系统	98	3	52
⋮	⋮	⋮	⋮	⋮	⋮	⋮

第二种设计有三张表（表4.12，表4.13，表4.14）。

表4.12 设计方案二
（姓名—班级）

学号	姓名	班级
100234	韦大宝	9624－102
100235	朱　瑛	9624－102
⋮	⋮	⋮

表4.13 设计方案二
（课程名—成绩）

学号	课程名	成绩
100234	操作系统	85
100234	数据结构	90
⋮	⋮	⋮
100235	操作系统	98
⋮	⋮	⋮

表4.14 设计方案二
（课程名—学分—学时）

课程名	学分	学时
操作系统	3	52
数据结构	4	68
⋮	⋮	⋮

对于以查询为主（修改、插入和删除都很少）的应用，第一种设计可能较好；而对于以更新为主（修改、插入和删除相对较多）的应用，第二种设计可能较好。

数据库设计的主要目标是：建立一个冗余少、易维护、便于使用的数据库。易维护包括无各种操作异常现象发生，并且数据库的安全性、一致性、完整性也有保障。

在表4.11中，“学号”就是一个候选键，而且是主键。有了“学号”就能建立表4.12～表4.14三个表之间的联系，因为“学号”是唯一的，没有重号。如果用“姓名”作为候选键，则难保学生中无重名现象，这样就不能唯一地建立三表之间的联系。

4.4 SQL语言

一个数据库系统的用户在存取数据库时必须得到两项支持：一是数据库的存取语言（如SQL语言或更高级的面向特定应用的语言）；一是数据库的视图或模式。有了前者，用户才能访问数据库。当前大多数数据库采用的是SQL语言。而有了后者，则可向用户提供对一个数据库组织结构的完整概念。

SQL语言是1974年由Boyce和Chamberlin提出的用于关系数据库查询的语言。1986年，美国国家标准协会（ANSI）批准将其定为关系数据库语言的美国标准，随后又被国际标准化组织（ISO）采用。SQL成为标准后，各家数据库厂商推出的关系数据库产品都尽可能地对其支持。这样，不管是什么厂家运行在什么机型上的关系数据库产品，只要都用SQL这一相同的关系数据库接口，就能给使用带来很大方便。

SQL 有两种使用方式：一种是联机交互式；另一种是嵌入方式。

(1) 交互式。直接输入 SQL 语句，系统执行后返回查询结果。下面介绍的都是以交互式使用 SQL 的。

(2) 嵌入式。将 SQL 语句嵌入到高级语言(如：C 语言和 PASCAL 语言等)程序中构成一个完整的数据库应用程序。

对于 SQL 来讲，任何的输入、输出都是关系数据，即使只有一项输出，也认为是一个数据表的一行中的一列，这样有利于标准化。SQL 的基础是关系、关系代数，它是一个基于关系代数的封闭系统。

SQL 语言中最主要、最核心的部分是它的查询功能。查询就是从数据库中提取满足条件的数据。查询是由 SELECT 命令实现的。

SQL 的 SELECT 命令的格式为：

SELECT [<属性名列表>]
FROM <表名列表>
[WHERE <条件表达式>]
[GROUP BY <分组属性名>[HAVING <过滤条件>]]
[ORDER BY <排序属性名>[ASC | DESC][, <排序属性名>[ASC | DESC]…]]

SELECT 命令中有三个基本子句：SELECT 子句、FROM 子句和 WHERE 子句。SELECT 子句用于说明“查找什么数据”；FROM 子句用于说明“数据从哪里查找”；WHERE 子句用于说明“查找的条件是什么”，参见例 3。

SELECT 子句的 <属性名列表> 指出要查找的数据。“属性名”可以是要包含在查询结果中的属性、常量和表达式。对于属性，必须是 FROM 子句所包含的表中的属性名。对于常量，查询结果中每一行都出现这个常量值。对于表达式，可以是用户自定义函数名。默认情况下，查询结果将包含所有行，即使用 ALL。

GROUP BY <分组属性名> 子句将结果按“分组属性名”分组，每个组产生查询结果中的一条记录，分组的附加条件用 HAVING 子句给出，只有满足条件的组才允许输出到查询结果表，参见例 5、例 6。

ORDER BY 子句将查询结果表按“排序属性名”升序(ASC)或降序(DESC)排序，参见例 4。

下面用三个表(表 4.15 ~ 表 4.17)来说明 SQL 的 SELECT 命令的用法。

表 4.15 学生名册

学 号	姓 名	性 别	出生日期	班 名

表 4.16 课程

课程号	课程名	学 分	学 时

表 4.17 选课

学 号	课 号	成 绩

表 4.15 ~ 表 4.17 其含义、关系模式、数据类型分别表述如下。

含义：　　学生(学号，姓名，性别，出生日期，班名)

模式：　　STUDENT(s_no,s_name,s_sex,s_birth,cl_name)

数据类型：　　　　字符型，字符型，字符型，日期型，字符型

含义：　　课程（课号，课程名，学分，学时）

模式：　　COURSE（c _ no，c _ name，c _ score，c _ hour）

数据类型：　　　　字符型，字符型，整型，整型

含义：　　选课（学号，课号，成绩）

模式：　　STUDY（s _ no，c _ no，grade）

数据类型：　　　　字符型，字符型，整型

例 3　查询计算机系 941 班学生的学号和姓名，可用下列语句：

```
SELECT s _ no,s _ name;
FROM STUDENT;
WHERE cl _ name ="计 941"
```

通常，我们在使用 SELECT 命令查找数据时，查询的结果是按照记录在表中的顺序显示的。有时我们要求查询的结果按照某种特定的顺序显示，例如，按照年龄由小到大来显示数据。我们可以使用 ORDER BY 子句来改变查询结果的显示顺序。

ORDER BY 子句根据列的数据对查询结果进行排序。每个用于排序的属性都必须对应查询结果中的一列。排序属性必须是 FROM 子句中给出的表的属性。

例 4　查询选修课号为 03 的学生的学号和成绩，要求按成绩由高到低显示。

```
SELECT s _ no,grade;
FROM STUDY;
WHERE c _ no ="03";
ORDER BY grade DESC
```

有时我们可能需要对表中在某一列上具有同一值的数据进行操作，例如计算各班级的人数或平均年龄等，在此我们就要把学生按班级分组。分组查询就是指将记录按某个或某几个列（属性）上相同的值分成组，然后对组进行相应的操作。

分组查询是通过 GROUP BY <分组属性名>［HAVING <过滤条件>］子句实现的。<分组属性名>中的属性一般是表的属性名，也可以是包含属性函数的属性名。HAVING <过滤条件>子句指定包括在查询结果中的组必须满足的过滤条件。

例 5　计算各班级学生的人数和平均年龄。

```
SELECT cl _ name,COUNT( * ), AVG(YEAR(DATE( )) - YEAR(s _ birth)) AS age;
FROM STUDENT;
GROU PBY cl _ name
```

例 6　查询学生人数在 4 人以上的班级的班级名和人数。

```
SELECT cl _ name,COUNT( * );
FROM STUDENT;
GROUP BY cl _ name HAVING COUNT( * ) >4
```

例 3 ~ 例 6 是对单个表进行查询的实例。若查询的数据涉及两张或两张以上的表，则称之为连接查询，在 WHERE 子句的条件中必须包括表与表之间的连接条件（即表与表之间按什么属性建立联系）。如果在查询中包括两个表，又没有指定连接条件，那么第一个表中每一个记录同第二个表中每一记录之间，只要满足筛选条件，就连接起来。这种查询产生的结果记录很多，而且可能毫无意义，参见例 7。

例 7　查询计算机 941 班选修课程的学生的姓名、课程号、课程名和成绩，并按姓名排序。

```
SELECT s _ name,c _ no,c _ name,grade;
```

```
FROM STUDENT,STUDY,COURSE;
WHERE STUDENT.s_no=STUDY.s_no AND cl_name="计941";
ORDER BY s_name
```

当查询涉及多张表时,若属性名在各个表中是唯一的,则可以把属性名前的表名去掉,否则属性名前必须加上“表名”前缀,指出该属性来自哪张表,以免引起混淆。STUDENT.s_no=STUDY.S_no 为 STUDENT 表和 STUDY 表的连接条件,表示 STUDENT 表的学号等于 STUDY 表的学号。在 WHERE 子句的条件中,非表间连接条件的条件往往被称为筛选条件。之所以称之为筛选条件,因为它就像一个筛子把表中不符合条件的记录筛去。

SQL 语言也提供了对数据的修改语句,使用户可以插入新的记录、删除记录或修改数据的值。

例 8 对表 4.17 插入一条记录。

```
INSERT INTO STUDY
VALUES(400,'CN45',85)
```

这表明在表 4.17 的选课表中插入一条学号为 400、课号为 CN45、成绩为 85 的记录。但必须注意,学号为 400 的学生,必须在表 4.15 的学生栏中登记过,否则就造成不一致性错误。

例 9 从表 4.15 的学生名册表中删除学号为 100 的学生记录。

```
DELETE STUDENT
WHERE STUDENT.s_no=100
```

【注意】 如果该学生在选课表中选择了课程,此删除就会造成数据不完整性的问题,因为在选课表中学号为 100 的学生在学生表中没有对应的学生记录。

本节主要是通过实例介绍了 SQL 语言的功能与作用。从上述实例可知,SQL 是一个功能很强的、易学、易懂的交互式查询语言。它允许用户直接查询存储数据,但 SQL 语言不是一个完整的程序设计语言,它没有程序分叉的 GOTO 语句,也没有用户循环的 DO 或 FOR 语句。

SQL 语言已经有国际标准。但是,涉及 SQL 语言的语法和执行,不同的数据库产品中对标准的 SQL 语言的支持存在细微的差别,这主要是因为许多厂商为给其自身的数据库产品添加新的特性和功能而对标准 SQL 进行了修改和扩展。

4.5 数据库系统实例

数据库的数据模型不同,管理该数据库的 DBMS 也不同,因而 DBMS 有层次型 DBMS、网状型 DBMS 和关系型 DBMS 之分。即便是同一种模型的 DBMS,也有各种不同的具体软件实施。例如,dBASEⅢ、FoxPRO、Oracle、Sybase、Informix 等都是广泛使用的关系型数据库管理系统。在此仅对 Sybase、Oracle 作简单介绍。

4.5.1 Oracle 数据库管理系统的体系结构

4.5.1.1 Oracle 数据库的逻辑和物理结构

Oracle 服务器有两个主要的组成部分:数据库和实例。数据库是用于表示存储数据的物理文件。一个实例是由内存结构和(从物理数据库文件中)访问数据的后台进程组成。每一个数据库至少有一个实例与其相关联。对并行服务器配置,可能有多个实例访问单个数据库。

Oracle 数据库用于存储和检索信息,是数据的集合。数据库有逻辑结构和物理结构。逻辑结果代表了在 Oracle 数据库中能看到的组成部分(如表、索引等);物理结构是 Oracle 内部使用的存储方法(如数据文件、控制文件等),用户是看不见的。为了保持 Oracle 的应用程序在平台间的可移植性,逻辑结构的定义是相同的,而不同的硬件和操作系统,其物理结构是各不相同的。

1) Oracle 数据库的逻辑结构

Oracle 的逻辑结构如图 4.7 所示。

(1) 一个数据库由一个或多个表空间组成。一个表空间通常将相关的逻辑结构组织在一起。当数据库被建立时,至少建立一个 SYSTEM 表空间。

(2) 一个表空间由一个或多个同种类型或不同类型的段所组成,但一个段只能与一个表空间相连。

(3) 一个段由一组区组成。段是表、索引、聚簇等逻辑结构分配的一组区(extent)的集合。一个段可以包含一个或多个区,并且至少有一个区。Oracle 有五种段;数据段、索引段、临时段、回退段和系统引导段。

(4) 一个区由一组连续的数据块(逻辑块)组成,区是分配空间的最小单位。数据块又称为逻辑块或者 Oracle 块,是 Oracle 用于读/写操作的最小单位。块是 Oracle 内最小的逻辑存储单元,是 I/O 的最小单位。块的大小是数据库建立时由参数 DB - BLOCK - SIZE 决定的。

(5) 一个数据库块对应一个或多个物理文件块。

数据库存储结构的层次如图 4.8 所示。

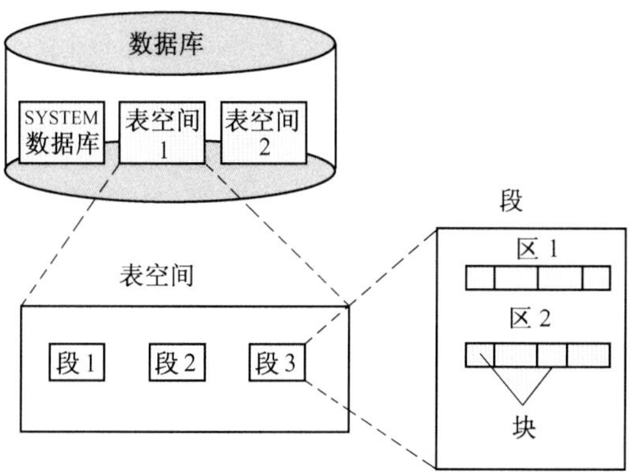

图 4.7 逻辑结构图

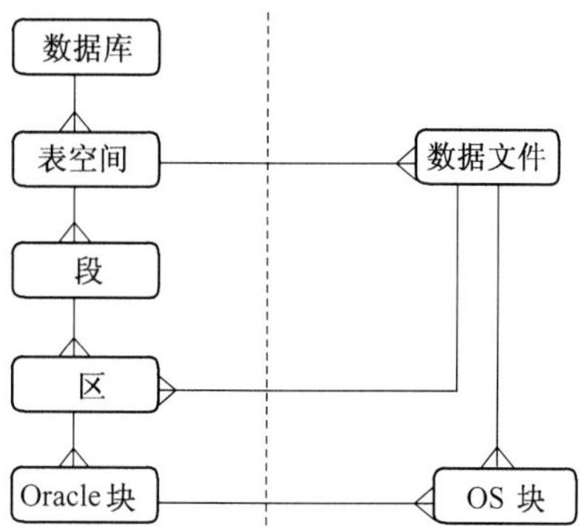

图 4.8 数据库存储结构的层次图

2) Oracle 数据库的物理结构

一个 Oracle 数据库的物理结构由数据文件、控制文件、重做日志文件、参数文件、口令文件和归档重做日志文件等六种文件组成。

(1) 数据文件。它包含所有数据库数据,像表和索引等逻辑结构都物理地存放在数据文件中。逻辑上存放在表空间中的数据,物理上存储在属于该表空间的数据文件上。数据文件的特点如下:

① 每一个数据库应该有一个或多个数据文件。

② 每一个数据文件只与一个表空间、一个数据库相连。

③ 一个表空间可以有多个数据文件组成,属于该表空间的多个数据文件的大小之和就是该表空间的大小。

④ 在数据库中建立的对象(如表、索引等)只能存储在一个表空间中。但是,这些对象的物理存储可以分布在属于该空间的多个数据文件中。

(2) 控制文件。控制文件是一个较小的二进制文件,对数据库来说很重要。每一个数据库至少有一个控制文件,控制文件维护了数据库的物理结构信息。记录控制文件名及路径的参数为 CONTROL－FILES。在打开和存取数据库时都要访问控制文件。控制文件包含信息为:

① 数据库建立日期;

② 数据库名;

③ 数据库中所有数据文件和日志文件的文件名及路径;

④ 恢复数据库时所需的同步信息(序列号)。

通常,对控制文件做成镜像,建议至少使用两个控制文件,并放在不同的盘上。以提高系统可靠性。

(3) 重做日志文件。记录对数据库的所有修改,在恢复数据时使用。如果对重做日志文件可以做成镜像,即重做日志文件有多个备份,并放在不同的盘上,则相同的日志信息同时写入日志文件和它的备份中。日志文件和它的备份称为一个日志文件组,同一个组内的文件有相同的日志序列号。同一个组内的日志文件称为日志文件成员。重做日志文件的特点如下:

① 每一个数据库至少包含两个日志文件组;

② 日志文件以循环方式进行写操作;

③ 每一个日志文件成员对应一个数据文件。

镜像日志文件的结构如图 4.9 所示。

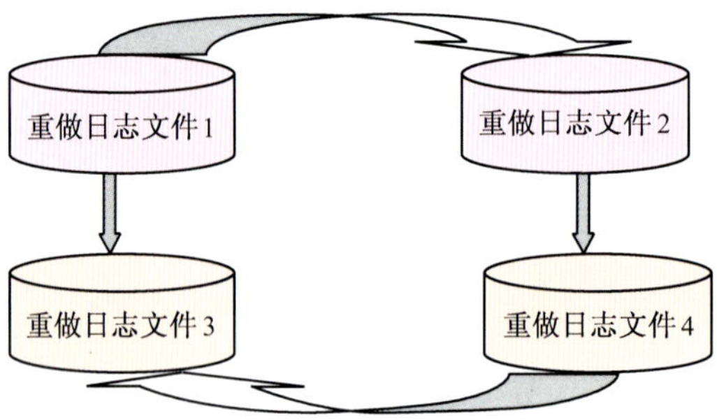

图 4.9 镜像日志文件的结构

当 Oracle 从一个日志文件切换到另一个日志文件时就发生日志切换。下列情况将发生日志切换:

① 当日志写进程(LGWR)填满一个日志文件组时;

② 日志切换时自动产生检验点(check point);

③ 当数据库关闭时;

④ 当需要归档当前日志文件时,以及 DBA 发出命令可以强制进行日志切换时,当前日志文件被赋予一个日志序号,用于标识存储在其中的信息,也用做同步化信息。

镜像日志文件是为了防止日志文件丢失,在不同磁盘上同时维护两个或多个联机日志文件的副本。镜像日志文件的特点是:一个组中的所有日志文件有相同的信息;每个日志文件组至少包含两个日志文件成员;每组的成员数目相同,同组的所有成员同时被修改,且同组的成员大小相同,不同组的成员大小可不同。

以上三类物理文件是数据库组成部分。Oracle 服务器还使用其他物理文件,包括如下几种。

① 参数文件。用于定义数据库实例的特性。

② 口令文件。用于识别授权的数据库用户。

③ 归档重做日志文件。重做日志文件的脱机备份，用于介质失败时的恢复。

我们用图 4.10 表示上述的逻辑结构、物理结构与实例之间的关系。

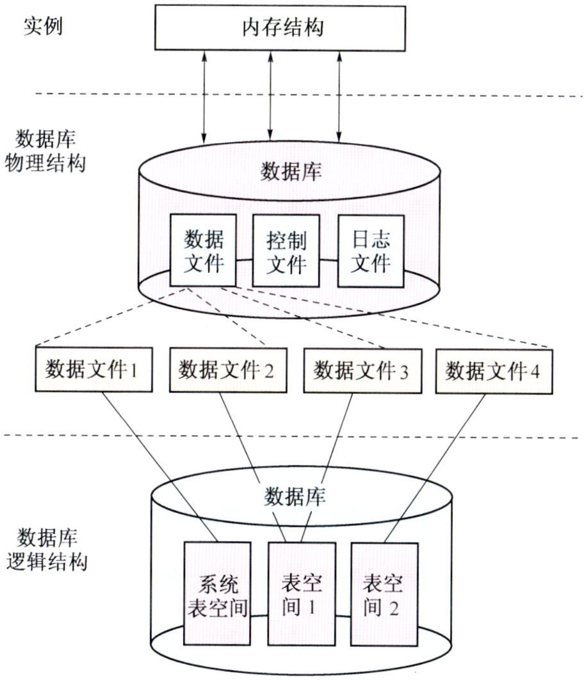

图 4.10 逻辑结构、物理结构与实例之间的关系

Oracle 实例是一种访问 Oracle 数据库的方法，并且在任何时候只能打开和使用一个数据库。一个 Oracle 实例由称为系统全局区（SGA）的内存结构和 Oracle 服务器用于管理数据库的后台进程组成。Oracle 实例是通过在操作系统中设置 Oracle－SID 进行识别的。

实例是存取和控制数据库的软件机制，每次启动 Oracle 时，SGA 将同时启动 Oracle 后台进程。SGA 是由 Oracle 系统为一个实例分配的一组共享内存缓冲区，用于存放数据库数据和服务器的控制信息，以实现数据库数据的管理和操作。后台进程异步地为所有数据库用户执行不同的任务。

4.5.1.2 SQL 语句的处理

SQL 用于操纵和检索 Oracle 数据库中的数据；数据操纵语句（DML）用于查询或操纵数据库中的对象。SELECT、INSERT、DELETE、EXPLAIN、PLAN、LOCK TABLE 都是 DML 语句，这些是数据库中最常用的语句。在此将讨论 Oracle 是如何处理 SELECT 语句和其他 DML 语句的。

1）SQL 语句处理的几个阶段

服务器进程处理来自与其连接的用户进程所发出的 SQL 语句请求，通常经过分析和执行两个阶段。对于 SELECT 语句还要经历返回结果的阶段。下面介绍三个阶段的工作。

（1）分析。这是服务器进程处理任何 SQL 语句所要经过的第一步，主要包括如下工作。

① 检查语句的语法是否正确，通过查询数据字典验证表名和列名的有效性。

② 判断用户是否有执行语句的权限。

③ 决定语句的最佳执行计划。

④ 为该语句在 SGA 区的共享池中找到一个共享的 SQL 区。

⑤ 服务器进程将分析是成功还是失败的状态信息返回给用户进程。

(2) 执行。它是执行已经通过语句分析后的语句。对于 UPDATE 和 DELETE 语句,Oracle 将需要修改(UPDATE 语句)或删除(DELETE 语句)的行上锁锁住,以防止在事务结束之前相同的行被其他的进程修改或删除。Oracle 查找 SGA 区的数据库高速缓冲存储区的数据块,假如没有找到,Oracle 执行读,必须从物理的数据文件中将读数据块放到 SGA 区的数据库高速缓冲区中。假如找到了所要的数据块,执行逻辑读,执行的速度会比前者快。假如语句是 SELECT 或 INSERT,因为没有修改数据,所以不要对行上锁锁住。

(3) 返回结果。语句 SELECT 执行之后,要把在执行过程中被标识的行返回给用户进程。假如查询需要排序,返回的行将是有序的。结果总是以列表格式显示。根据使用的内存大小不同,可以一次返回一行,也可以一次返回一个组。

2) SQL 语句处理的步骤

(1) SELECT 语句的处理步骤。SELECT 语句是 Oracle 数据库中的常用的命令。下面列出该语句的处理步骤(图 4.11)。

① 建立一个游标。游标可以是显式的游标,也可以是隐式的游标。

② 分析语句的语法。

③ 定义输出。

④ 捆绑变量。假如查询正在使用变量,Oracle 需要知道变量的值。

⑤ 看是否能以并行方式运行。即是否可以有多个服务器进程一起完成查询。

⑥ 执行查询。

⑦ 返回结果。

⑧ 关闭游标。

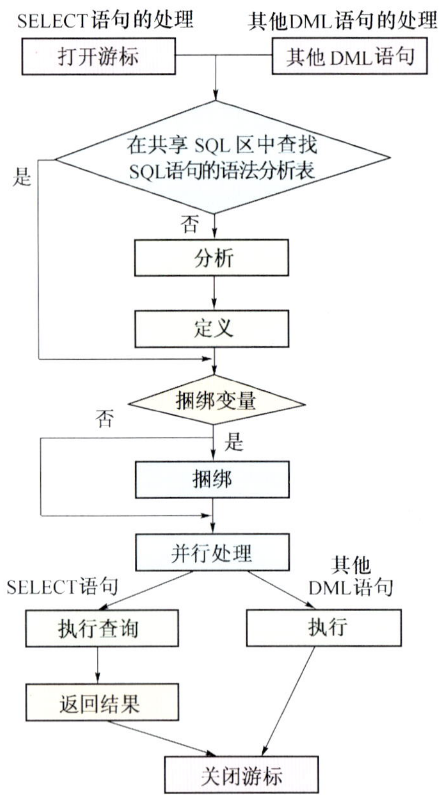

图 4.11　SELECT 语句和其他 DML 语句的处理步骤

(2) 其他 DML 语句的处理步骤。其他的 DML 语句,如 INSERT、DELETE、UPDATE 语句的处理步骤比 SELECT 语句少(图 4.11)。下面列出处理这些语句的步骤。

① 建立一个游标。Oracle 建立一个隐式游标。

② 分析语句的语法。

③ 捆绑变量。假如语句正在使用变量,Oracle 需要知道变量的值。

④ 看语句是否能以并行方式运行,即是否可以有多个服务器进程一起完成工作。

⑤ 执行语句。

⑥ 通知用户语句已经执行完毕。

⑦ 关闭游标。

4.5.1.3 Oracle 的内存结构

内存结构用于存储应用数据、数据字典、SQL 命令、PL/SQL 和 Java 单元、事务信息、执行单个数据库请求所需要的数据以及其他控制信息。

当实例启动时,Oracle 实例分配内存结构。两个主要的内存结构是系统全局区(SGA,也称共享全局区)、程序全局区(PGA,也称私有全局区或进程全局区)。

Oracle 内存结构如图 4.12 所示。

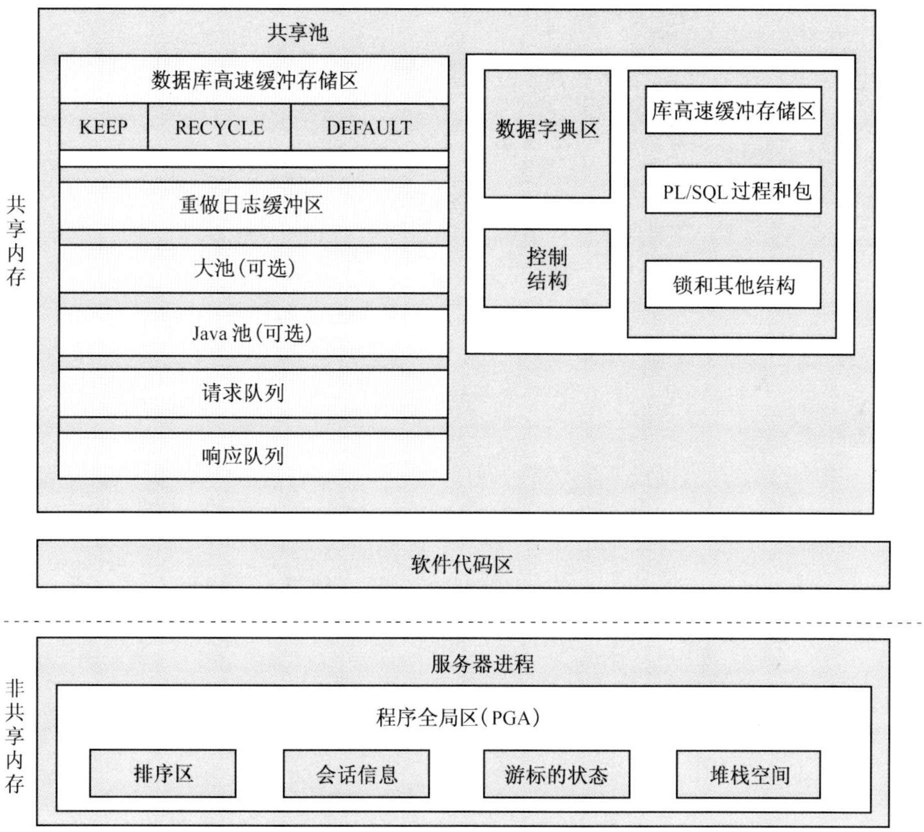

图 4.12 Oracle 内存结构

SGA 区是一块共享的内存区域。数据库中所有用户共享保存在此区域中的信息。当实例启动时,Oracle 为 SGA 分配内存;当实例关闭时,回收此内存空间。SGA 区被分配在服务器所在的计算机的物理内存中,可以划分成多个内存结构。SGAJava 区包括共享池、数据库高速缓冲存储区、大池(可选)、Java 池(可选)、请求队列(在多线程服务器配置时有),以及响应队列(在多线程服务器配置时有)等。

1) 共享池

共享池是在语法分析过程中使用的区域。它存储下列信息,如最近执行的 SQL 命令、PL/SQL 过程和包、最近使用的数据字典、锁、字符集信息、安全特性等信息。它的大小由参数文件中的参数 shared - pool - size 决定,由库高速缓冲存储区、数据字典区组成。

(1) 库高速缓冲存储区。该区包含共享的 SQL 区、私有的 SQL 区、共享的 PL/SQL 区以及如锁、库高速缓冲存储区等控制结构区。控制结构区由实例内部使用。各种锁、寄存器的其他控制结构等驻留在内存中,这些信息可以被任何进程访问。

(2) 数据字典区。数据字典区也称字典区或行缓冲区。它用于存储最近使用的数据字典信息,如表的定义、列的定义、用户名、口令、权限等信息。数据字典包含数据库、数据库结构、权限以及用户等元数据的表和视图的集合。

在分析 SQL 语句的过程中,服务器进程经常访问数据字典区,以便解析 SQL 语句中指定的对象名和验证访问权限。假使所需信息不在数据字典区中,服务器进程将这些信息从数据文件装到数据字典区中。

2) 库高速缓冲存储区

它是存储最近使用的从数据文件中读入的数据块的备份。库缓冲存储区可以被连接到数据库的所有用户并被他们共享。

库高速缓冲存储区有以下三种类型。

(1) dirty buffer。是需要被写到数据文件的缓冲块。dirty buffer 中的数据已经被修改,但还没有写回到磁盘中。

(2) free buffer。没有包含数据,或该 free buffer 中的数据可以被重写。当 Oracle 从磁盘上读入数据时,free buffer 用来存放这些数据。

(3) pinned buffer。是当前正在被访问的缓冲,或为将来使用而明确保留的缓冲(例如,KEEP 缓冲池)。

上述三种缓冲区归结为以下两个队列。

(1) dirty 队列,也称写队列。它由 dirty buffer 组成。该队列包含了已经修改并需要被写到磁盘的缓冲区的信息。

(2) LRU 队列,也称最近没有使用的队列。由 free buffer、pinned buffer 以及还没有移到 dirty 队列中的 dirty buffer 组成。将 LRU 队列看做是块的队列,把最近经常使用的块放在队列的最前面(最近经常使用的块叫 MRU),最近没有使用的块总是放在队列的最末尾。当新的块被访问并加入到队列时,就先将最末尾的块淘汰出队列。

当 Oracle 进程需要数据时,从库高速缓冲存储区中搜索数据。假如找到了数据,则直接进行处理;假如没有找到数据,此时将需要的数据从磁盘读到缓冲区中。进程在将数据读入缓冲区之前,首先服务器进程要替用户在 LRU 队列中查找到 free buffer 来存放这些数据,如果找到了能满足存放数据的一定数量的 free buffer,则停止搜索;或者查找了指定数量的阈值而没有找到一定数量的 free buffer 也停止搜索,用户进程通知 DBWn(数据库写进程),后台进程将 dirty buffer 中的内容写到磁盘中。此时 dirty buffer 就成为 free buffer,腾出空间存放从磁盘中读入的数据。

假如在 LRU 队列中没有找到一定数量的 free buffer,但找到了一些 dirty buffer,则服务器进程将这些 dirty buffer 移到 dirty 队列中,并将继续搜索。如果找到了一定数量的 free buffer,则服务器进程将数据块从磁盘中读入到 free buffer 中,并将这些缓冲区移到 LRU 队列的 MRU 端。

Oracle9i 将库高速缓冲存储区又划分为三个区域:

(1) keep buffer。将数据块保留在内存中,缓冲不被移出内存。参数 buffer - pool - keep 决定了缓冲区的大小。

(2) recycle buffer。如果不需要在内存中,就将缓冲从内存中移走。参数 buffer - recycle 决定了 recycle 缓冲区的大小。

(3) default buffer。包含了没有赋给其他缓冲的块。

从上述讨论可知:Oracle 在修改数据库时,并不是在每次修改后直接将其写入磁盘,而是当占用的缓冲数据块达到一定数量后才写入一次,这样多次修改一次写入的方式可大大提高系统的性能。

3) 重做日志缓冲区

服务器进程将数据库数据所做的修改记录到 SGA 区的重做日志缓冲区。通常,由 INSERT、UPDATE、CREAT、ALTER、DROP 等命令所完成的这些修改也称重做入口,当失败发生时用于重做这些修改。该缓冲区有如下特性:

① 是一个重复使用的缓冲区。当缓冲区被填满以后,并且只有在所有重做入口都被记录到重做日志文件之后才重用该缓冲区。该缓冲区中的记录被 Oracle 后台进程 LGWR(日志写进程)写入到联机重做日志文件中。

② 缓冲区的大小是由参数文件中的参数 log - buffer 的值所决定。

③ 该缓冲区是依次顺序使用的,一个事务所做的修改可能与另一个事务所做的修改相互插入在一起。

④ 该缓冲区存储重做的记录内容包括发生修改的块、修改的位置以及修改后的新值。一个重做入口登记了每一个修改,但没有区别修改所发生的块的类型,所以在数据块上所做的修改与在索引段上或回退段上所做的修改没有区别。

4) 大池

大池是 SGA 区中的一个可选的区域,是为了实现备份与恢复这种特定的数据库操作而提供的较大的内存分配,是由数据库管理员配置的。大池没有 LRU 队列,它的大小由参数 large - pool - size 的值指定。

5) Java 池

Java 池是在使用 Java 语言进行开发时,在 SGA 区中开发的一块内存空间。用于存储 Java 语句的文本、语法分析表、执行计划等信息。

6) 请求队列、响应队列(在多线程服务器配置时存在)

当用户连接到数据库后发送请求时,调度进程将用户请求以及调度进程 ID 一起放到请求队列的队尾,请求队列中的后面请求往前移动。空闲的共享服务器进程从请求队列的前面取出请求,为其服务。服务后的结果和状态放到该调度进程所对应的响应队列中。调度进程从自己所对应的响应队列中取出结果返回给用户进程。

4.5.1.4 Oracle 的进程结构

进程是用于操作系统中执行一系列任务的一种机制。Oracle 有三种类型的进程:用户进程、服务器进程、后台进程。

1) 用户进程

当用户执行一个工具或一个应用(如 SQL * PLUS、SERVER MANAGER、DEVELOPER/2000 应用)时,就建立一个用户进程。用户进程运行在用户登录的客户机上,或在数据库所在的机器上。用户进程包括用户程序接口(UPI),当用户发送一个请求时,UPI 生成一个对 Oracle 服务器的调用。

2）服务器进程

服务器进程处理来自与其连接的用户进程的请求。服务器进程可以和用户进程通信，并为所连接的用户进程的 Oracle 请求提供服务。

服务器的配置可以分成专用服务器和多线程服务器两类。服务器进程可分为专用服务器进程和共享服务器进程两类。

（1）专用服务器进程。专用服务器配置中的每一个用户进程连接时，就建立一个专用服务器进程为其服务，并且该专用的服务器进程只为该指定的用户进程服务。当用户进程与数据库的连接断开时，则专用服务器进程就中断与用户进程的连接。假如用户进程没有发送任何请求，专用服务器进程就空闲着，等待来自用户进程的一个请求。用户进程与专用服务器进程之间的通信结构如图 4.13 所示。

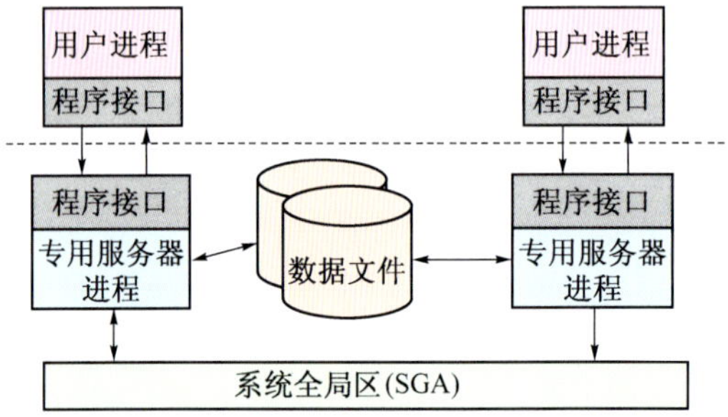

图 4.13　用户进程与专用服务器进程之间的通信结构

下面介绍专用服务器进程是如何处理用户进程的请求，以及如何传递结果。

① 客户端应用或工具启动用户进程，接到实例。

② 客户端机通过使用程序接口 NET8 驱动程序与服务器通信。服务器上的 NET8 监听进程检测用户的请求，并在验证用户名和口令后为用户进程启动一个专用服务器进程。

③ 用户发送一条 SQL 命令。专用服务器进程判断在共享 SQL 区有无类似的 SQL 语句。如果没有，则为该命令分配一个新的共享 SQL 区，并存储语法分析树和执行计划。在语法分析过程中服务器进程从数据字典中获得相应的信息，检查语句的语法是否正确、检查对象是否有效、检查是否有相应的权限，此时建立一个 PGA 区存储进程的私有信息。

④ 专用服务器进程从库高速缓冲存储区中查找需要修改或访问的数据块。假如在缓冲存储区中没有相应的数据块，则从数据文件中读出必要的数据块，并将其放到 SGA 区中。

⑤ 专用服务器进程执行 SQL 语句。假如需要修改数据块，则在库高速缓冲存储区中修改（由 DBWn 进程更新数据文件）。修改的信息记录到重做日志缓冲区中，并把请求状态或结果返回给用户进程。

（2）共享服务器进程。假使有许多用户连接到专用服务器数据库，就会有许多专用服务器。在联机事务处理（OLTP）应用中，这些专用服务器进程在大多数情况下是空暇的。此时，可将 Oracle 配置成一个服务器进程管理多个用户进程，这就是多线程服务器配置（MTS）。

在 MTS 配置中，当实例启动时，Oracle 会启动一定数量的共享服务器进程，并且能够根据请求队列中排队的用户进程数量动态调整共享服务器进程数。共享服务器进程数由参数 mts - servers的值所决定。如果 mts - servers 参数值设置为 0，Oracle 并不立即停止所有的共享服务器进程，而是等待共享服务器进程空闲时才结束这些进程，并且在管理员重新设置 mts - servers之前不再启动服务器进程。

图 4.14 显示了用户进程与共享服务器进程之间的通信结构。共享服务器进程对用户进程的请求以及处理结果的传递步骤类似于前面专业服务器进程的处理步骤，这里不再详述。

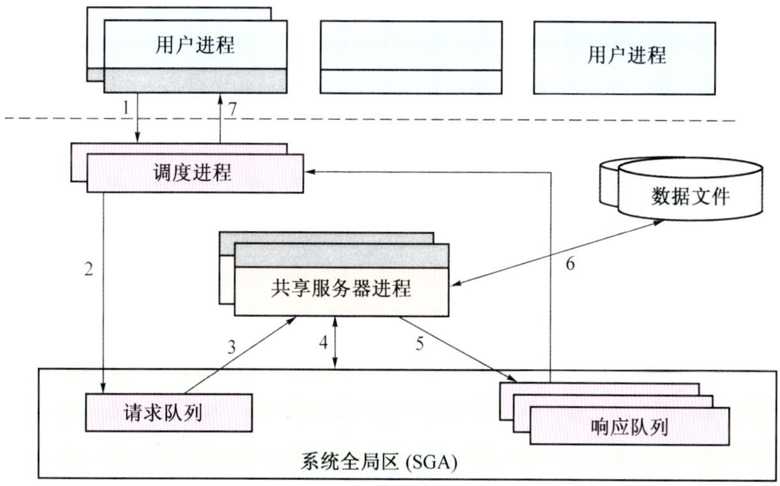

图 4.14 用户进程与共享服务器进程之间的通信结构

3）后台进程

Oracle 主要后台进程有以下几种。

(1) DBWn(数据库写进程)。它是将数据库高速缓冲存储区中的 dirty buffer 的内容写到数据文件中,以便在服务器进程需要从文件中读入数据块 SGA 区的数据库高速缓冲存储区时,保证数据库高速缓冲存储区中用足够数量的 free buffer。

(2) LGWR(日志写进程)。将 SGA 区的重做日志缓冲区中的块写到联机重做日志文件中,保证服务器进程有足够的空间写日志信息。

(3) SMON(系统监视进程)。Oracle 定期地唤醒系统监视进程,检查是否需要执行它所负责的任务。假如其他进程检测到需要唤醒 SMON 时,其他进程可以唤醒并调用 SMON。

SMON 执行的任务包括:在数据库启动时使用联机的重做日志文件执行实例的恢复,负责回收不再使用的表空间中的临时段,并且合并基于数据字典管理的表空间中的自由连续表空间;当表空间或数据文件在脱机之后重新联机时对它们进行恢复操作。

(4) CKPT(检验点进程)。当检验点发生时,DBWn 进程将数据缓冲区中的所有 dirty buffer 写到数据文件中,LGWR 将日志缓冲区中的所有记录项写到日志文件中,以确保上一个检验点至今所有修改的数据块都被真正写到磁盘数据文件中。检验点既不中断活动,也不影响当前事务。CKPT 用于减少实例恢复所需要的时间。

(5) PMON(进程监视进程)。定期唤醒 PMON 进程,检查系统中用户进程的运行状态。进程监视进程还定期检查调度进程和服务器进程,并重新启动被异常挂起的调度进程和服务器进程。

上述五个进程是所有实例的默认进程,即所有实例必须有五个进程。其他进程则是根据服务器配置不同而有所改变。

(6) ARCn(归档进程)。当数据库运行在归档模式时,归档进程自动地执行归档功能,将联机重做日志文件复制到指定的存储设备中。这些归档的日志文件可用于数据库的恢复。每一个实例最多可多达 10 个归档进程,对应的名称分别为 ARC0 ~ ARC9。

(7) RECO(数据库恢复进程)。RECO 是用于解决分布式事务失败。在分布式数据库应用环境中,如果分布式事务失败,RECO 将自动连接远程服务器中的数据库实例。当连接成功后,它将删除被挂起的事务和该事务所对应的数据行。如果一次连接失败,RECO 会在一定时间之后再次连接。在启动实例时才创建 RECO 进程。

(8) LCKn(锁进程)。在 Oracle 并行服务器环境中,为了避免进程间在数据存储时发生冲突,在一个数据库实例访问数据库对象期间,锁进程自动封锁它所访问的数据库对象,访问结束后再解锁。锁进程最多可有 10 个,分别为 LCK0 ~ LCK9。

(9) SNPn(作业队列进程)。SNPn 功能是周期性地唤醒作业队列中的作业并执行这些作业,自动地刷新分布式数据库中表的快照。当使用分布式事务处理时,一个数据库实例最多可以启动 36 个快照刷新和作业队列进程。

(10) QMNn(队列监视进程)。它是 Oracle 高级队列选项所启动的后台进程,它监视数据库实例中的消息队列。每个实例最多可达 10 个消息队列监视进程。

(11) Dnnn(调度进程)。Dnnn 是多线程服务器体系结构的一部分。调度进程使得多个户进程可以共享一个服务器进程,这样少量的服务器进程可以处理多个数据库连接,从而资源的需求减少到最小。一个数据库实例可以建立多个调度进程,Oracle 使用的每一种通信协议,数据库至少为其建立一个调度进程。

Oracle 实例的后台进程的结构如图 4.15 所示。

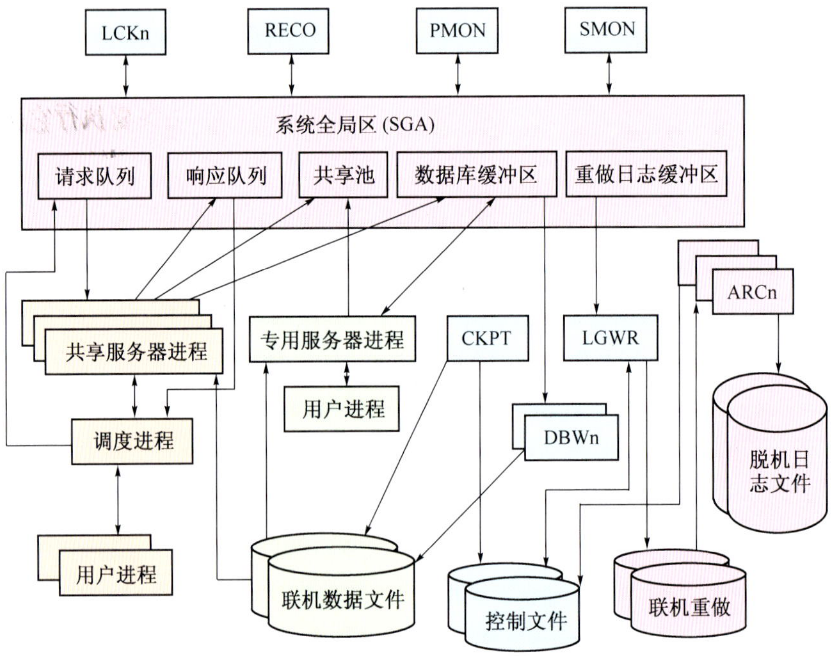

图 4.15　Oracle 实例的后台进程结构

4.5.2　Sybase 数据库系统

Sybase 是一个以联机应用为目的,以客户机/服务器体系结构为基础的开放式关系数据库管理系统(RDBMS)。Sybase 能运行在 Sun 工作站、IBM、DEC、HP、PC 等几十种不同的硬件平台上,支持的操作系统有 UNIX、VMS、DOS、Windows、DECnet、Novell、X. 25、LAN manager、SNA 等,网络协议有 DECnet、Novell、X. 25、LAN manager、SNA 等。此外,Sybase 还可和 Oracle、Ingres、FoxBASE、Informix 等 RDBMS 异构互联。Sybase 系统的组成主要包括以下几部分(图 4.16)。

(1) SQL 服务器(SQL server)。是一个联机关系数据库管理系统。

(2) SQL 工具集(Sybase SQL toolset)。是一组前端工具,它为整个 SQL 开发生命周期准备了丰富的工具。

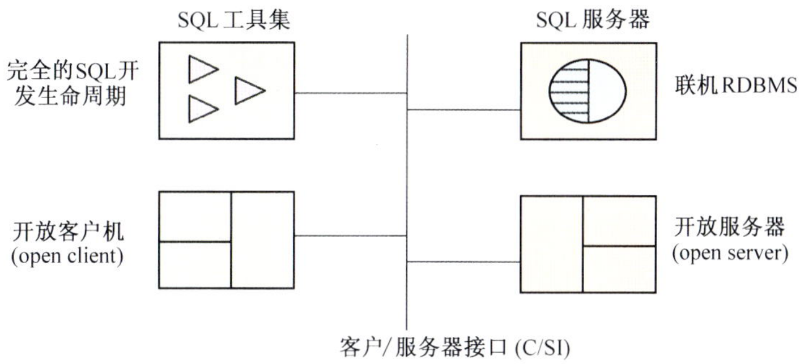

图 4.16 Sybase 客户机/服务器组成部分

(3) 客户机/服务器接口(C/SI)。包括开放客户机(open client)和开放服务器(oper server),是用于联机企业的客户机/服务器结构的体现。所有 Sybase 互联产品都是基于 C/SI 而构建的。

Sybase 的体系结构是以网络为基础的真正客户机/服务器体系结构。Sybase 在其技术和产品上都充分体现了客户机/服务器的技术特点,它的客户机和服务器都是独立的产品,既可以在一起使用,也可分开独立使用。Sybase 的网络环境的 C/S 结构提供了连接多种平台、多种网络及多种数据库的具有分布处理能力的环境,如图 4.17 所示。

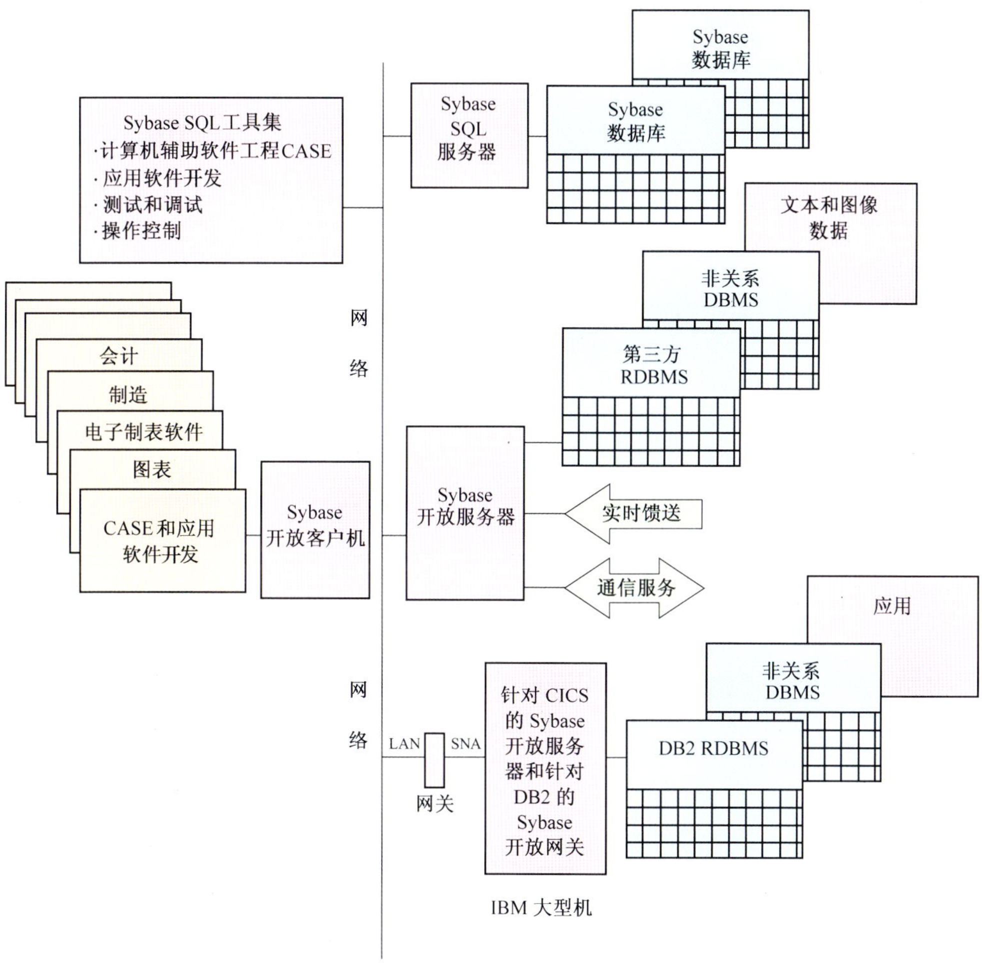

图 4.17 Sybase 体系结构示意图

现简单地介绍 Sybase 的三个组成部分。

1) Sybase SQL 服务器

Sybase SQL 服务器是一个可编程的 RDBMS,负责所有的数据管理及对数据完整性的控制,它具有以下特性。

(1) 适应联机企业的高性能。SQL 服务器能提供高的事务吞吐量和快速的响应时间。它采用的多线程技术减少了操作系统开销,为1000 个或更多用户服务,而且每增加 1MB 内存可以增加处理 20 个用户。SQL Server 实际上是一个数据库操作系统,能优化处理诸如调度、任务切换、磁盘高速缓存以及封锁之类的联机多用户功能。它还为资源配置和性能监视提供多种手段。

(2) 由服务器实现安全性和完整性。安全性指授权并控制用户对数据的访问;完整性是指数据的精确性和一致性。这两者均由服务器来负责实现。数据完整性包括字段级完整性(数据类型及取值的合理性)、参照完整性(主键值与外部键值表间的一致性)以及业务规约。

SQL 服务器提供多种机制,以实现集中地解决安全性和完整性要求。例如:用户定义数据类型、给出缺省和建立规约;使用含有多个已编译的 SQL 语句的可存储过程,以及触发器等。SQL 服务器安全机制达到了 B2 + 级,比其他同类 RDBMS 要强些。

(3) 高可用性。SQL 服务器为实现在联机控制下作备份和恢复、修改完整性约束、修改数据库设计、过程诊断和性能调整提供了多种管理和维护手段,并且要求在不影响应用程序正常工作的情况下完成。为此 Sybase 提供用软、硬件容错功能来保证 Sybase 高可用性。例如,在集群 CPU 环境中,当 CPU 发生故障时,SQL 服务器为数据库及事务运行记录提供基于软件的磁盘镜像,而其他数据库管理系统依靠容错硬件来完成。

(4) 开放性分布式数据库管理。SQL 服务器允许数据和应用分布在网络中的多个计算机上,各个应用程序可在同一事务中访问来自多个 SQL 服务器的数据。Sybase 采用两阶段提交服务,从而实现了分布式数据更新的一致性。

2) Sybase SQL 工具集

SQL 工具集是一组供应用开发人员、系统管理员和最终用户使用的有效工具。它既可以运行于字符终端,也可以运行在图像工作站上。

工具集包括三大类:前端工具、应用系统开发工具及其与高级语言的接口等,它们之间关系如图 4.18 所示。

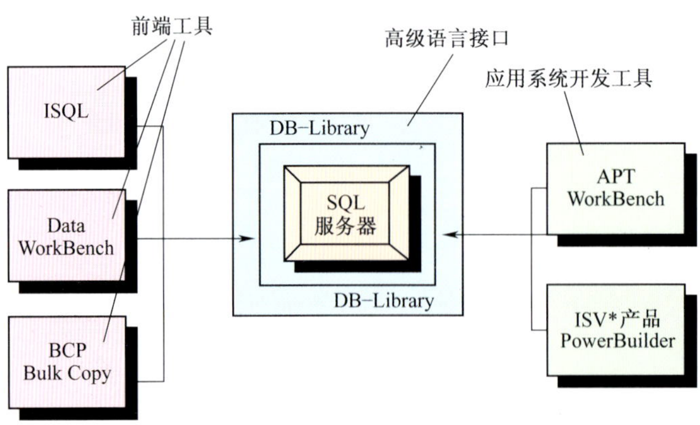

图 4.18 Sybase SQL 工具集

(1) 前端工具。包括 ISQL、Data WorkBench(DWB)、Bulk Copy(BCP)等。

(2) 应用系统开发工具。包括应用 APT WorkBench、Report WorkBench 以及第三方厂商提供的产品,如 PowerBuilder 等。

(3) 与高级语言的接口。包括 DB - Library 等。

3) Sybase C/SI

从图 4.17 体系结构上看,Sybase 分为两大部分:客户机和服务器。客户机包括客户机应用程序开发工具和客户机接口。客户机工具为应用软件开发各个阶段提供支持;客户机接口实现客户机与服务器间的连接,以及开放客户机的开放互联。服务器包括 SQL 服务器和开放服务器两部分。SQL 服务器完成分布性 RDBMS 工作;开放服务器完成与其他非 SQL 服务器管理的数据源和各种事务处理应用系统的互联。

Sybase C/SI 由两个产品组成——开放客户机和开放服务器。而开放客户机及开放服务器又各由两个函数调用库组成。

(1) 开放客户机的应用编程接口称为 DB 库,开放服务器的应用编程接口称为服务器库。两库提供了一种开放的基于标准的方法,用这种方法可开发能与 Sybase SQL 服务器及 SQL 工具集实现互操作的客户和服务器的应用程序。这两个库使用远程数据库调用 RPC 来实现与非 SQL 数据源(及服务器)之间的通信。

(2) 开放客户机及开放服务器都提供一个称之为 Net 库的网络接口,由它可解决通信的不兼容性,并使底层网络规程对应用程序和开发者隐蔽起来。

图 4.19 示出了网络中的开放 C/SI。

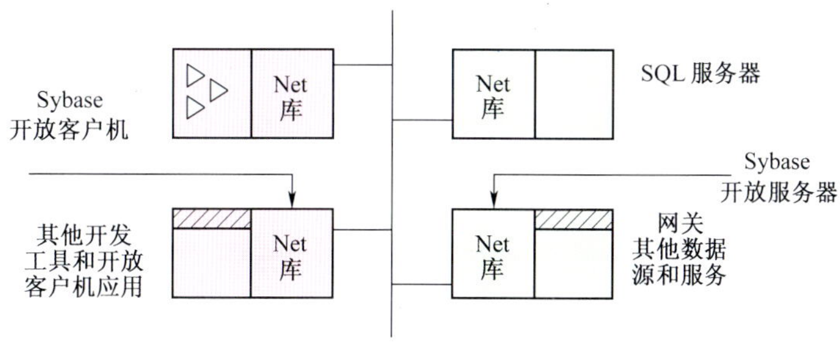

图 4.19 开放 C/SI 结构

图 4.19 表明,开放 C/SI 提供了开放的 API、网络结构配置的透明性、SQL 语言和 RPC 对话。

以上仅简单地介绍了 Sybase 的体系结构,概述了它的功能。事实上,Sybase 10 也提供了一些新的技术措施,如复制服务器、导航服务器、全 SQL 网点、备份服务器、SQL 监视器、元服务和配置器等,对保证系统高性能、高可用性和高可靠性起了重要作用。有兴趣的读者可参阅有关 Sybase 技术资料。

4.6 新型的数据库系统

早期的层次数据库和网状数据库被认为是第一代数据库;关系数据库被认为是第二代数据库;当前,以演绎数据库(逻辑数据库,知识库)和面向对象数据库为代表的新一代数据库的研究和生产正在紧锣密鼓地进行。由于新一代数据库还没有形成,所以出现了百花齐放的局面,演绎数据库(逻辑数据库,知识库)、面向对象数据库、工程数据库、时态数据库、地理数据库、模糊数据库、主动数据库等新型数据库应运而生,各领风骚。下面我们从不同的角度对它们进行分类。

4.6.1 依照数据模型划分

从所支持的数据模型来划分，数据库系统可分为层次数据库、网状数据库、关系数据库、面向对象数据库和演绎数据库（知识库或逻辑数据库）。

层次数据库、网状数据库和关系数据库可参见 4.1.5 节。

面向对象数据库是数据库技术和面向对象技术的结合，是一个具有数据库功能的面向对象程序设计系统，如具有持久性、并发控制、可恢复性、一致性和查询等数据库能力。也就是说，一个面向对象的数据库系统必须满足两个标准：首先应该是一个数据库管理系统；其次是一个面向对象的系统，即在一个可能的范围内，它与当前的一批面向对象的程序设计语言有一致的特征。其面向对象的特征包括复杂对象、对象标识、封装性、类型或类、继承性、可扩充性及计算完备性。但当前较多的面向对象数据库是对象关系数据库，例如 Oracle 8。

演绎数据库（知识库）是指具有演绎推理能力的数据库。一般地，它用一个数据库管理系统和一个规则管理系统来实现。将推理用的事实数据存放在数据库中，称为外延数据库；用逻辑规则定义要导出的事实，称为内涵数据库。

4.6.2 依照体系结构划分

从系统的体系结构来划分，数据库系统可分为集中式数据库系统、分布式数据库系统、客户机/服务器数据库系统、并行数据库系统。

集中式数据库系统由一台规模较大的计算机作为主机，其余的均为终端使用。整个数据库完全存放在主机中，并且数据库管理系统和数据库应用程序也运行于主机上。

分布式数据库系统是一个逻辑上统一、地域上分布的数据库的集合，运行于计算机网络环境下。网络每个节点上的局部数据库由局部数据库管理系统管理，并能独立运行。系统能够对任何地点的数据进行查询和修改，就像数据是存储在同一地点的单个数据库中一样。

客户机/服务器数据库系统是在客户机/服务器计算机网络上运行的数据库系统，有一个数据库服务器管理数据库，应用程序运行在客户机上，当需要对数据库进行操作时，就向数据库服务器发一个请求，数据库服务器执行数据库操作，并将结果返回给客户机上的应用程序。客户机/服务器数据库系统是当前的潮流。

并行数据库系统运行在并行计算机上，对各种数据库操作尽可能进行并行处理。

4.6.3 依照数据类型划分

从处理的数据类型来划分，数据库又可分为传统事务处理数据库、统计数据库、工程数据库、时态数据库、模糊数据库、多媒体数据库等。

传统事务处理数据库处理的数据类型主要是日常的事务数据，如工资、人事档案等。

统计数据库是管理统计数据的数据库。这类数据库包含有大量的数据记录，但其目的是向用户提供各种统计汇总信息，而不是提供单个记录的信息。

工程数据库（CAD 数据库）是存放工程数据的数据库。工程数据包括产品设计数据、产品模型数据、材料数据、绘图数据、成组技术编码数据、测试数据、质量优化数据等。目前的实际做法是，将传统的数据模型加以扩充以适应工程数据的需要，归纳起来有以下几种：扩充的关系模型、扩充的网状模型、语义模型、混合模型等。另外，处理工程数据是面向对象数据库系统的研究动因之一。因此，面向对象数据模型将是最合适的。

时态数据库是指能够处理时间信息的数据库。时间是现实世界的组成部分，数据是在一定的时间范围内获得解释的。传统数据库缺乏记录和处理时间信息的能力，例如：无法查询"七年前李玲的工资是多少"。时态数据库所处理的时间有三种：事务时间、有效时间和用户自定义时间。事务时间是指信息被放入数据库时的时间；有效时间是指有效地模型化企业的时间；而且时态数据库还允许用户自定义时间。

模糊数据库是指能够处理模糊数据的数据库。一般的数据库都是以二值逻辑和精确的数据工具为基础的，不能表示许多模糊不清的事情。随着模糊数学理论体系的建立，人们可以用数量来描述模糊事件并能进行模糊运算，这样就可以把不完全性、不确定性、模糊性引入数据库系统中，从而形成模糊数据库。模糊数据库的研究主要有两方面：首先是如何在数据库中存放模糊数据；其次是定义各种运算建立在模糊数据上的代数。模糊数据的表示主要有模糊区间数、模糊中心数、模糊集合数和隶属函数等。

多媒体数据库是管理多媒体数据的数据库。用计算机管理庞大、复杂的多媒体数据（包括数值、字符串、文本、图形、图像、声音、影视以及其他计算机所能处理的信息等）是现代计算机应用领域对数据库管理系统所提出的新要求，未来的数据库管理系统应能有效地管理这些多媒体数据，从而成为一个强有力的多媒体数据库系统。

4.7 数据库新技术——数据仓库

从上面介绍知道，数据库系统作为数据管理手段，主要用于事务处理。但它对分析处理的支持一直不能令人满意，尤其是当以业务处理为主的联机事务处理（OLTP）应用与以分析为主的决策支持系统（DSS）应用共存于同一数据库系统中时，这两种类型的处理发生了明显的冲突。这是由于传统的数据库系统主要用于企业的日常事务处理工作，存放在数据库中的数据也就大体符合操作型数据的特点，而为适应数据分析处理要求存放的数据应该是分析型数据，二者有各自的要求和特征（表4.18）。

表4.18 操作型数据和分析型数据的区别

操作型数据	分析型数据	操作型数据	分析型数据
细节的	综合的，或提炼的	一个时刻操作一个单元	一个时刻操作一个集合
在存取瞬间是准确的	代表过去的数据	事务驱动	分析驱动
可更新	不可更新	面向应用	面向分析
操作需求事先可知道	操作需求事先不知道	一次操作数据量小	一次操作数据量大
生命周期符合 SDLC	完全不同的生命周期	支持日常操作	支持管理需求
对性能要求高	对性能要求宽松		

人们逐渐地认识到，直接使用事务处理环境来支持 DSS 是行不通的。于是就开始寻找一种手段，企图解决两者冲突，以提高分析和决策的效率和有效性。要达到此目的，必须把分析型数据与操作型数据相分离，把分析型数据从事务处理环境中提取出来，按照数据分析处理要求进行组织。由此，顺势产生了数据仓库这一数据库新技术。

4.7.1 什么是数据仓库？

数据仓库（DW）是一个用以支持企业或组织决策分析处理的、面向主题的、整合的、数据不可更新的（在一个较长的生存周期内）数据集合。它的目的是为管理员提供决策支持。与传统数据库相比，它有如下三个特征。

(1) 面向主题。主题是一个抽象概念,是在较高层次上将企业信息系统中的数据综合、归类并进行分析、利用的抽象。在逻辑意义上,它对应企业中某一宏观分析领域所涉及的分析对象。例如,在一个销售管理信息系统中,传统的面向应用数据组织方式把它分为进货子系统、仓储子系统、销售子系统,这样,一个商品的信息就分散在这三个子系统中。而面向主题的数据组织方式则把商品作为一个主题,这样从宏观分析的角度对商品这一主题有一个完整、一致的描述。同样,把进货厂家、顾客也作为主题,以商品、进货厂家、顾客三个相关的主题来描述该系统。

(2) 整合的数据。数据仓库的数据是面向主题的,因此是综合的、总结性的、结构化的数据,这样的数据是不可能直接从原有的操作性数据库中得到的。因此数据库中原有的、分散的数据必须经过统一和综合后才能进入数据仓库。这也是数据仓库建设中最复杂、最关键的一步。

(3) 数据在一个较长的生存周期内不可更新。操作性数据库包含的是当前数据;数据仓库包含的是大量的历史数据,是不同时间点的数据库快照集合以及基于这些快照进行统计、综合和重组的导出数据的集合。因此数据仓库必须随时间不断变化而导入新的操作性数据库的数据内容来反映最新状态,删除过时的数据内容。进入数据仓库的数据是供企业或组织决策分析用的,是作为历史数据供查询操作用的,因此其在一个较长的生存期内是不可更新的。

由此可见,数据仓库是以传统的数据库技术作为存储数据和管理资源的基本手段,以统计分析技术作为分析数据和提取信息的有效方法,以人工智能技术作为挖掘知识和发现规律的科学途径。数据仓库对数据在时间和空间上的广度都有了更高的要求。如果仅在原有的操作性数据库为主的事务处理环境中直接构造分析型应用,会发生明显的冲突:在性能上,复杂的联机分析处理(OLAP)查询将消耗大量的系统资源,使操作性事务处理的性能降低;在功能上,操作性数据库不会保存决策支持所要求的历史性数据,从而会造成数据丢失。因此,数据仓库的存在体现出了它的价值。

4.7.2 数据仓库的体系结构

图4.20是一个典型的数据仓库结构。以下简要介绍其主要组成部分。

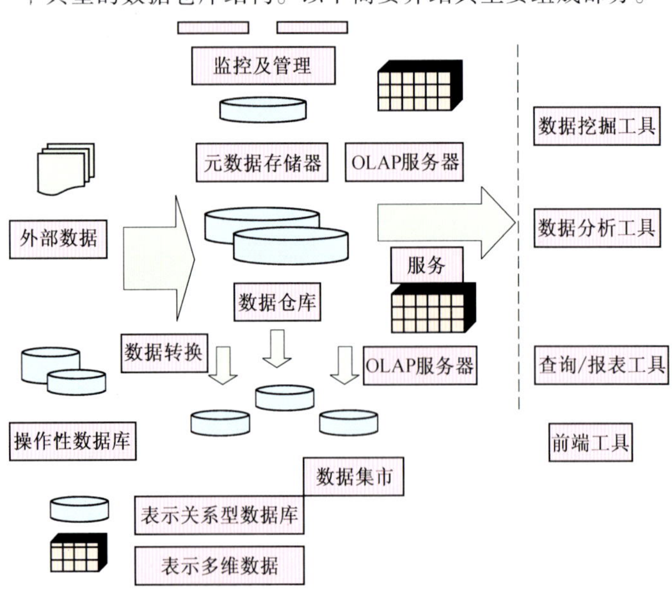

图4.20 一个典型的数据仓库结构

1）数据资源

数据资源包括操作性的数据库系统和外部数据，它提供最低层次的数据。操作性的数据库系统主要是进行事务性操作，并非是决策支持。外部数据不是由事务处理系统产生，而是来自外部的数据源，如统计数据、业界的技术报告、市场比较和分析报告、股票行情、战场统计和分析等，这些数据通常都是非结构化数据。数据源可以有多个，它们可以来自不同的系统。

2）数据转换

数据仓库是用于支持决策的，因此数据仓库中的数据正确性就十分重要。然而在数据资源中存在大量的数据缺陷，如不一致的字段长度，不一致的赋值，丢失的数据输入，违背数据的完整性等，因此把这些“脏”数据进行数据转换是十分必要的。转换过程包括数据提取、数据净化、数据载入、数据刷新等。经过转换，数据资源中的原始数据变为数据仓库中面向主题的、整合的数据。

3）元数据存储器

元数据是关于数据的数据，描述的是数据的结构、内容、键、索引等内容。设计一个描述性强、内容完善的元数据是有效管理数据仓库的重要前提。主要有三类元数据需要管理。

（1）管理性元数据。包括用于建立和使用数据仓库的信息，如元数据的描述，数据仓库结构的大意，派生数据的定义，预定义查询和报表的定义，数据集市的定义和内容，数据提取，数据净化，转换的规则，数据刷新和删除的策略等。

（2）应用领域元数据。如商业用术语概念、数据拥有者、战略战术用语等。

（3）操作性元数据。是在操作数据仓库过程中收集的信息，如迁移和改变的历史过程、数据仓库中数据的流通过程（激活、改进、删除等）。

通常一个元数据的存储器是用来存储和管理所有和数据仓库相关的元数据，它必须能使元数据在数据仓库的设计、建立、使用、操作和管理过程中得到共享。

4）OLAP 服务器

OLAP 服务器包含有为企业用户预定义的多维数据，从而能为具有明确的设计分析范围和分析要求的企业提供高性能的决策支持。目前主要有两类 OLAP 服务器：关系 OLAP（ROLAP）服务器主要是扩展关系型数据库管理系统，支持扩展 SQL 操作，能够把多维数据上的操作映射到关系型数据上的操作；多维 OLAP（MOLAP）服务器直接存储的是多维数据而非关系型数据，并且能在这些特殊的数据结构上执行 OLAP 操作。

5）数据集市

数据集市是为满足特定需求而创建的数据仓库。它具有传统意义上的数据仓库的三个基本特征，可以看做是全局性数据仓库的一个子集，是针对某个部门级的应用而建立的数据仓库。建立数据集市的着眼点在于它的目标而非规模。

4.7.3 数据库系统与数据仓库系统比较

从上述分析可知，数据库系统与数据仓库系统在组成结构上不相同，它们的目标也不相同。现把两者列表作一个比较，见表 4.19。

表 4.19 数据库系统与数据仓库系统比较

	数据库系统	数据仓库系统
数据类型	操作型数据，增、删、改操作频繁	分析型数据，极少有更新操作
核心	功能强大，面向 OLTP 应用	因极少有更新操作，故功能简单
工具	以查询工具为主	以分析工具为主

目前市场上提供数据仓库解决方案和 OLAP 产品技术分析的公司不少,知名的有 Informix、Oracle、Sybase、Platinum 和 SAS 公司,每个公司各有特色。限于篇幅,在此不予介绍。

4.7.4 数据仓库的设计方法及设计步骤

4.7.4.1 设计方法

数据仓库是一个面向数据分析型处理的数据环境,从数据组织到面向主题的数据处理均与传统数据库有较大的区别,这决定了在进行数据仓库系统设计时,不能照搬传统数据库系统的开发方法。

一般而言,在操作型环境中,系统设计人员能够清晰地了解应用的需求和数据流程,系统设计一般采用系统生命周期法(SDLC)。而在分析型环境中,设计人员要在与用户不断的交流中,将系统需求逐步明确与完善,因此数据仓库设计采用 CLDS(取自 SDLC 的逆序)方法。两种方法的比较见图 4.21。

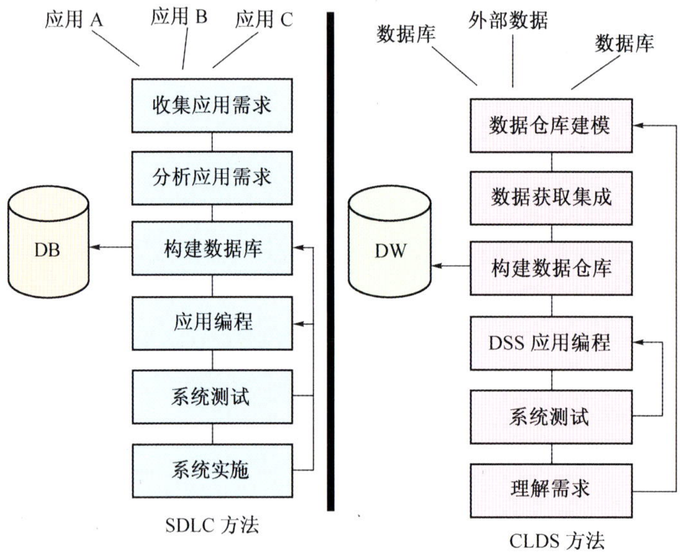

图 4.21　SDLC 与 CLDS 方法比较

由图可见,数据库系统设计的 SDLC 方法有独立的收集需求和分析需求的阶段,而数据仓库系统设计采用的 CLDS 方法则没有这样的独立阶段,而是将对需求分析过程贯穿在整个设计过程中。

4.7.4.2 设计步骤

设计步骤的过程如图 4.22 所示。

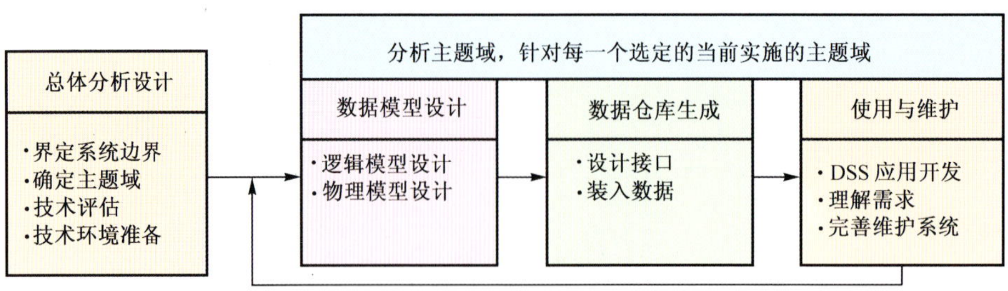

图 4.22　数据仓库设计步骤

1）总体分析设计阶段

主要用以确定系统的总体设计方案，包括决策需求与主要主题域及其内容，并确定系统的软硬件环境等。

（1）定义系统的总体结构。即制定一个高层次的计划或蓝图，为数据仓库或决策支持系统确定技术基础和应用程序基础结构。系统的软、硬件环境可以从以下几方面确定。

① 来源。数据应该来自于什么硬件和怎样的 DBMS？

② 传输。数据是通过什么样的拓扑结构传送过来的？

③ 目的地。数据发送到什么硬件环境和 DBMS 中？

④ 元数据。如何访问和存储数据定义、关系、业务规则和变换？

⑤ 访问。最终用户怎样才能看到数据？

⑥ 变换。变换数据并建立数据需要特殊工具吗？

（2）决策者的需求的分析。这是数据访问方法和信息需求的概念设计所必须经历的步骤。根据定义体系结构期间建立的主次顺序为基础，确认度量项目业务驱动因素的标准。将这些驱动因素转化为对信息的需求、业务过程的需求和对数据访问的需求。这可以通过重新评审需要的原始数据元，以及需要计算并概括的数据元和信息需求制定出来。为了帮助表现和了解访问需求并检验信息和业务需求，也可以开发一个初步原型。

（3）主题域分析。确认主题域中所需的细节水平，检验该主题域的内容，并创建数据仓库的数据模型。在前述的分析中对主题域分析得不够具体，以致发生重叠，所以修改其范围是很重要的。项目小组可以通过用信息需求检验主题域来确定所需数据的范围和内容。如果没有数据模型，可将主题域模型化和规范化；如果有数据模型，那么就要通过提取主题域来建立数据仓库的数据模型。初步数据仓库的数据模型是一个规范化的模型，它具有初步概括和度量能力：

① 给出主题域范围；

② 确定所需的细节水平；

③ 生成初步概括表。

（4）源系统分析。进一步确定数据从何而来。要仔细地研究向变换过程提供的数据的系统和文件，对它们的完整性、数据质量和业务问题以及数据的时效性作出评价。主要的评估活动有：

① 列出可能成为数据来源的系统和文件（实际上是列出所有可能成为记录系统的文件）。这是一个初步的筛选。其结果往往是两三个系统会各自成为一个有生命力的候选数据源。

② 确认完整性和业务问题。这起到再次的筛选作用。因为一个文件可能包含了所需要的数据，但也可能充满了异常和问题。对于异常和问题数据必须给予删除。

③ 评价候选数据的质量、准确性和时效性。每个源系统都按照风险和使用收益划分为不同的等级。除了数据需要变换以外，有些数据还需要过滤、清洁，所以也要估计清洁的程度。

④ 在源系统中可能会出现原先未作要求的新属性；或者，要求具有的某些属性却在候选的源系统中找不到。此时，应相应地更新数据模型。

⑤ 通过搜索可能的源系统，建立更多的域，并把新建立的域加入到数据模型中去。

⑥ 确认记录系统并编成文档，向 IT 部门的有关人员通报，也包括现行系统维护人员。这是因为意料之外的源文件设计的变动是最易阻碍数据仓库项目的进程。

（5）变换设计。一旦确定了源系统，变换设计将实现数据源中的数据变换到目的地去，同时保持数据准确性和完整性。这会涉及到：确定如何变换数据，执行变换需要什么类型的作业或过程,以及数据仓库模型的修正等。

2) 数据模型设计阶段

逻辑模型设计的主要工作包括确定当前要装载的主题、粒度划分、数据分割、关系模式和记录系统的定义等,并把相关内容记入元数据中。

其中,粒度是指数据仓库中数据单元的详细程度和级别。数据越详细,粒度越小,级别就越低;反之,数据综合度越高,粒度越大,级别就越高。分割是提高数据仓库性能的一项重要技术。数据的分割指把逻辑上是统一整体的数据,分割成较小的、可以独立管理的物理单元,再进行存储,并便于重构、重组和恢复,以提高创建索引和顺序扫描的效率。

物理模型设计,主要是确定数据的存储结构,确定索引策略、数据存放位置以及存储分配等。

3) 数据仓库生成阶段

构建数据仓库包括三个部分:数据仓库的管理、数据仓库的组织和决策支持信息的展现等。

(1) 数据仓库的管理的设计实现包括:设置和编写取用数据的程序;设置和编写数据转换程序;设置和编写数据更新程序;设置和编写运行的接口程序;建立此阶段所有管理用的数据;对此阶段所有程序统一标准命名和建档。

(2) 数据仓库组织包括:规划数据仓库的初始装载;建立所需的索引;除了数据表以外,建立数据视图;进行数据仓库及工作平台的安全性检查;装载数据和应用功能;建立此阶段的所有管理用的数据。

(3) 决策支持信息的展现。利用多维数据展现、数据挖掘等工具可预先制作一系列收集到的、常规的项目信息(例如,各国的军费开支和装备、后勤保障信息、各个典型战役等)供支持决策使用,也可以利用这些工具直接操作主题数据以获得新的决策支持信息。

4) 使用与维护阶段

使用与维护是数据仓库不断利用、不断完善的过程。在此过程中,要检查使用是否方便,是否对企业、组织的业务有所推进,是否提高了企业和组织的竞争优势,投资回报率是否达到预计的水平,有哪些地方不能满足期望的需求。

由于数据仓库的开发往往是从一个简明的急需主题开始,从中积累经验,并由此激发用户的新需求,然后不断扩大数据仓库的内容和规模。因此,使用与维护是数据仓库的再设计和提升数据仓库能力的重要阶段,决不能轻视它。

应用开发步骤如图 4.23 所示。

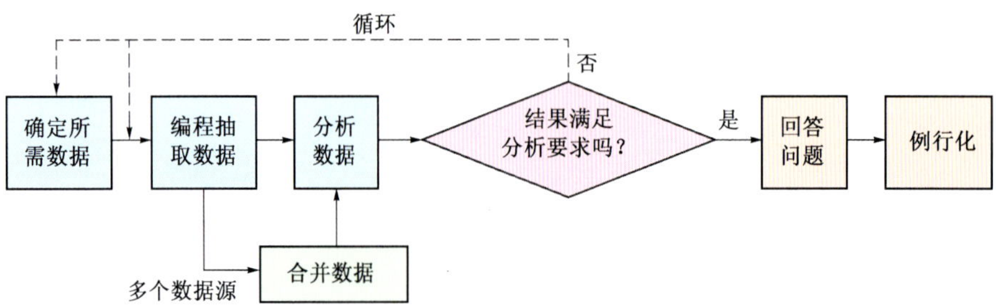

图 4.23 DSS 应用开发步骤

4.7.5 OLAP 技术及其实施

1) OLAP 与 OLTP

数据仓库所支持的 OLAP 是针对特定问题的联机数据访问和分析,它与传统数据库所支持的 OLTP 有很大的差别,如表 4.20 所列。

表 4.20　OLTP 与 OLAP 的比较

	OLTP	OLAP
用户	一般公务员、操作人员	管理人员、决策人员
功能	支持日常操作	决策支持
DB 设计	面向应用	面向主题
数据特征	当前的、细节的、离散的、原始的、可更新的	历史的、综合的、集成的、导出的、较长周期内不可更新的
存取	可读写	多种扫描方法
工作单元	短的、简单的事务	复杂查询
DB 大小	100MB ~ 1GB	100GB ~ 1TB
事务吞吐量	事务吞吐度量	查询吞吐量、响应速度

2）OLAP 的特点

(1) 快速(fast)。指系统应快速响应用户的分析请求。

(2) 分析(analysis)。指系统应能利用已有的综合路径及统计公式,对与用户及应用相关的任何业务逻辑进行统计分析,而不用编程。

(3) 共享(shared)。指多个用户存取数据时,系统应保证安全。

(4) 多维(multidimensional)。是 OLAP 应用的实质,OLAP 系统应提供数据的多维概念视图。

(5) 信息(information)。指提供应用所需的数据及其导出数据。

以上特点可取首字母简写为 FASMI。

3）两种 OLAP 实用技术

多维概念视图的实现是 OLAP 应用的关键所在。基于该视图的不同实现方式,目前有两种主要的 OLAP 技术:MOLAP 和 ROLAP。

(1) MOLAP。它是基于多维数据库的 OLAP 技术,以多维数据库为核心。

我们知道,数据是由量度、维、属性、属性层次四个部分组成。例如商品的销售是一种量度,它包括多个维:城市、商品名、销售日期等。维成员全体唯一确定了量度的值。其中,每一个维成员又有多种属性,如产品有种类、生产日期、平均利润率等属性。例如某种可乐属于饮料类、食品工业、产于 1996 年、平均利润率 80% 等。属性一般还具有多个层次,如城市—省—国家,构成了地理位置上的层次。

(2) ROLAP。它是基于关系数据库的 OLAP 实现,以关系数据库为核心,即通过关系数据库来模拟多维数据环境。

它有两种基本模式:星型模式和雪片模式。

星型模式由一个事实表和多个维表组成。各个维表以事实表为中间媒介连接在一起。通常事实表有多个指向各个维表的指针,并存储那些维表的量度值。

考虑到维不止一个层次,人们又引入了另一种基本模式,即雪片模式。维的层次在雪片模式中得到了体现,表现为每一维(若有层次)都用了多于一张的维表来表示。

在实际的 OLAP 实施中,还有其他模式,如事实组模式等。

(3) MOLAP 与 ROLAP 的比较。由于基于不同的综合数据组织方式,MOLAP 和 ROLAP 技术在机构上有很大差别。它们的比较如表 4.21 所列。

总而言之,由于 ROLAP 是建立在技术相对成熟的关系数据库的基础上,加之近年来并行处理技术的应用,使得 ROLAP 在适应数据变化、大数据量、软硬件环境等方面要强于 MOLAP。但这种差距是历史造成的,随着 MOLAP 技术的发展与成熟,这种差距会逐渐缩小。MOLAP 以多维数据库为核心,在数据存储及预综合度上都有着关系数据库不可比拟的一些优点,但毕竟是新技术,还有待于进一步提高。

表 4.21　MOLAP 与 ROLAP 的比较

	MOLAP	ROLAP
结构	基于多维数据库,结构简明	基于关系数据库,较灵活
数据存储	容量相对小,安全机制强	容量大,但冗余也大,安全性差
元数据管理	以内在方式处理	作为应用开发的一部分
数据存取	利用多维查询语言,直接进行,不借助附加程序	利用关系表,通过 SQL 实现,并借助附近程序,较复杂
数据综合度	相当高	不如 MOLAP 高,但较灵活

实现 OLAP 技术的产品有许多,例如 Oracle、Sybase、Platinum 和 SAS 等。现以 Oracle 为例。Oracle 将其分析工具分为两类:①关系型分析工具 Discoverer/2000TM。它通过图形前端提供决策支持和分析能力。只需简单的鼠标点击操作,用户就可以从综合数据深入到详细数据,并且在交互图表和报告中显示相应结果。Discoverer/2000TM 包括:Data Query 进行数据查询和分析;Browser 支持用户对数据以及数据结构进行修改。②OLAP 工具。Oracle 提供一个面向对象的 OLAP 开发环境 Express Objects。由于 Oracle 数据仓库支持多维数据,这些数据可被结合为信息“立方体”,可以通过不同的维,如产品维、周期维和地区维,进行复杂分析。对于多维数据的联机分析处理,Oracle 提供了 Oracle Express Analyzer(快速分析器)。

4.7.6　数据挖掘

在数据库系统中,我们只能查询已存放在数据库中的数据,而决策人员常常希望把自己的数据库作为知识源,让计算机自动智能地分析数据库中的大量数据以获取有决策作用的信息,这是推动数据挖掘工具产生的强大动力。例如,某大型超市的 MIS 系统存储了顾客的购买记录,经营者希望知道顾客通常同时购买哪些商品(如同时购买洗衣粉和牙膏),这样就可以将这些商品集中在一个货架上以便于顾客选购,或者降低某种商品的价格,以促进相关商品的销售。又如,物价局的 MIS 系统中存储了商品的价格及其变化,物价调控部门希望找出不同商品间价格涨跌的联动关系,以便对价格进行宏观调控。有一个很普通却能说明挖掘如何产生效益的例子:美国加利福尼亚州某个超级连锁店,通过数据挖掘从记录着每天销售和顾客基本情况的数据库中发现,在下班后前来购买婴儿尿布的顾客多数是男性,他们往往同时购买啤酒。于是这个连锁店的经理重新布置了货架,把啤酒类商品布置在婴儿尿布架附近,并在二者之间放上土豆片之类的佐酒小食品,同时把男士们需要的日常生活用品也就近布置。这样一来,上述几种商品的销量成倍地增长。从上述例子可以看出,数据挖掘能力为决策者提供极其重要的、极有价值的信息或知识,从而可产生不可估量的经济效益。数据仓库中的数据挖掘(data mining)或数据库中的知识发现(knowledge discovery)就是研究这一问题的。数据挖掘是把数据库作为知识源,结合逻辑学、统计学、模糊数学等学科的成果对数据库进行分析归纳和推理,发现知识。数据挖掘的产品尚不成熟,还处于发展中,但其市场份额却日益扩大,已经成为企业在市场竞争中取胜的重要工具。

1) 数据挖掘的概念与方法

数据挖掘是一种决策支持过程,主要基于人工智能技术、机器学习、统计学等技术,利用计算机先进技术自动地分析企业原有的数据,作出归纳性的推理,从中挖掘出潜在的模式,预测客户的行为,帮助企业的决策者调整市场策略,减少风险,作出正确的决策。数据挖掘并不是一项全新的技术,它的出现与发展有其自身的必然性。

随着企业数据库的猛增,尤其是数据仓库的出现,原有的数据库工具已无法满足用户的需求,用户不仅需求一般的查询和报表工具,更需要能帮助他们从浩瀚的数据海洋中提取高质量的、具有预测性信息的工具,数据挖掘的出现和发展正迎合这一潮流。

数据挖掘方法与技术有许多,下面列举几种方法。

(1) 发现关联规则(association rules)。它是根据大量的数据库运行记录(事务),发现同一事务中涉及数据项之间的内在联系。例如,一个商场每天都有大量的交易,每笔交易可视为一个数据库的事务,顾客在一笔交易中所购买的商品可视为数据项。商场管理人员也许要研究:在一笔交易中,顾客所购买的商品是否具有某些内在联系(比如,顾客购买 A 商品的同时也购买了 B 商品),以便组织进货和商品管理。关联规则的发现技术就是要找出这些数据项之间的关联关系,以帮助管理人员决策。

(2) 发现序列模式(sequential patterns)。它是根据大量的数据库运行记录,发现事务序列中所涉及数据项之间的内在联系。仍以商场交易为例,一个用户在一次交易中可能购买了商品 A,而下一次交易可能购买了商品 B。这样 <A,B> 可视为一个序列。若这样的序列在事务记录中大量出现(超过某个绝对值或比例),则可以认为它为一个序列模式。寻找序列模式对于商场管理和医药研究等应用具有很大的意义。

(3) 时间序列聚合(time sequence)。它是在含有时间信息的数据库中发现与某一给定时间序列"相似"的所有序列,或将这些信息按时间序列的"相似程度"分类。例如,给定一个股票行情数据库,其中存储着每种股票在不同时期的价格。利用时间序列聚合技术可以寻找与某个给定股票变化趋势相似的所有股票或按变化趋势将股票分类。它可以用于股票行情分析、新产品的销售分析及公司或企业的发展趋势分析。

(4) 分类(classification)。它是根据给定的一组标识了类别的数据对象找出每类的模型或者每类的分类规则。仍以商场为例,人们普遍认为商品的销售情况与商品排列的位置相邻特性很有关系。例如,若将牛奶、糖和面包相邻排放,则这些商品的销售量升高;否则,销售量降低。商场管理人员要研究商品排列的相邻特性,找出一种好的放置方法。分类技术能从好的摆放方案、一般的方案和差的方案中自动学习相关知识,给出较好方案的排列规则,以指导商品排列。

2) 数据挖掘的步骤

数据挖掘的数据分析过程可以分为四个步骤。

(1) 数据准备。它包括两个部分:数据集成以及数据选择和预分析。

① 数据集成。从操作型环境中提取并集成数据,解决语义二义性问题,消除脏数据等。集成的目的和所用技术与数据仓库的数据集成完全一致,都是为了建立统一的数据视图。数据仓库可以满足这个要求。

② 数据选择和预分析。进一步缩小数据范围,提高数据挖掘质量。

(2) 挖掘。综合利用前面提到的四种数据挖掘方法分析数据库中的数据。

(3) 利用可视工具将获取的信息进行表述,以便用户理解和观察。

(4) 评价。分析人员对分析结果进行评价,若不满意则重复上述三个步骤,直到满意为止。

从上可知,数据挖掘是基于大量的基础数据,数据挖掘不一定需要建立在数据仓库基础上,但如果数据挖掘与数据仓库能协同工作,则必将大大地提高数据挖掘工作效率。这是由于数据仓库的数据源来源于整个企业的操作型环境数据,因而保证了数据挖掘中数据来源的广泛性和完整性,这样才不会漏掉任何与主题相同的信息。

为了使读者对数据挖掘过程有较直观认识,现把美国 SAS 公司数据仓库模型(图 4.24)和数据挖掘模型(图 4.25)介绍给大家。

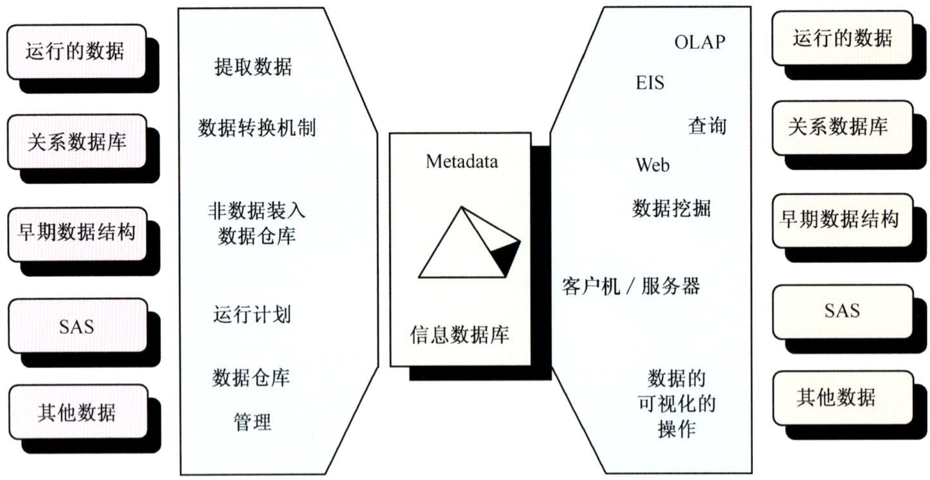

图 4.24　SAS 数据仓库模型

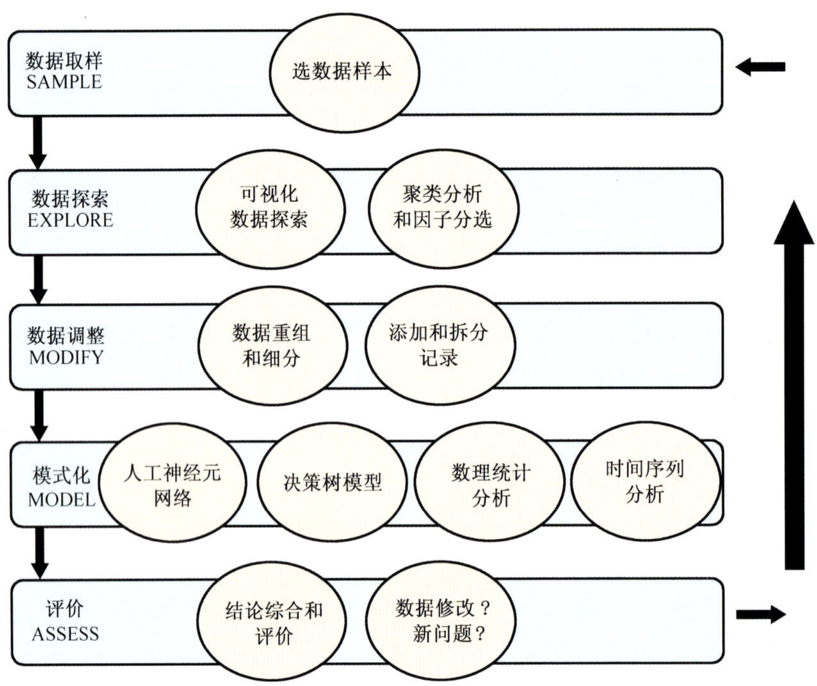

图 4.25　数据挖掘模型

3）数据挖掘与 OLAP 区别

两者均属于分析型工具，但两者之间有明显区别。

（1）数据挖掘型的分析过程是自动的，能自动地发现隐蔽在数据中的模式；OLAP 更多地依赖用户输入问题和分析，这样用户的先入为主的局限性可能会限制问题和假设范围，从而影响最终评论。

（2）从对数据分析的深度来看，OLAP 实现的是解释模型和思考模型，而数据挖掘是实现公式模型，故数据挖掘的数据分析深度高于 OLAP。例如，用户询问去年哪里的用户购买了更多的卡车？是中西部地区还是西南地区？面对这样问题，OLAP 可能回答：在去年中西部地区用户购买了 15000 辆卡车，而西南地区购买了 12000 辆卡车。相比之下，一个典型的数据挖掘问题可能回答:这取决于时间、地点。在冬季,遥远的中西部地区处于 A 年龄段、收入在 X 和 Y 之间的用户比西南地区相同条件的用户会购买更多的卡车。

虽然两者存在差异,但作为数据仓库系统的工具层的组成部分(图 4.20),两者相辅相成,相得益彰。

4.7.7 数据仓库的应用及发展状况

数据仓库是数据库技术的一种新的发展。目前,数据仓库还是基于现有的数据库管理系统来管理其中的数据,但它向数据库技术提出了一些新的要求:

(1) 如何进行大量数据的组织与管理,使之便于分析处理;

(2) 复杂分析的高性能实现;

(3) 对进行高层次决策的最终用户的界面支持。

目前,数据仓库的应用主要在两大领域有较大的发展。

(1) 全局应用。许多企业在其发展过程中,逐渐形成了多种独立的应用子系统,这些子系统往往是异质的,直接在其上进行企业范围内的全局应用是非常困难的。而数据仓库存储是经过集成的数据,具有企业范围内的全局模式,使来自数据源的相关数据转换成统一格式,便于在其上进行全局应用。

(2) 复杂分析。信息技术的发展,使得高层管理者需进行复杂分析处理,而这对于频繁操作性的处理数据的数据库系统而言,负担沉重。数据仓库的建立,使企业信息环境划分为两大部分:操作环境和分析环境。数据仓库存储用于分析的历史数据,集成企业范围内的数据,以专用于各种复杂分析,并为高层决策者服务。

就我国目前来说,保险业、金融业和政府的信息管理部门有能力、有条件也有必要建立数据仓库。一些大的商场或销售连锁店也可以考虑将每日的销售细节数据保存下来用以分析,从而向顾客提供更好的服务。

一个成功例子是中国银行广东省分行建立的金融管理信息系统(FMIS)。它是数据仓库技术在我国金融业应用的示范系统,并为广东省中行带来了明显的社会效益和经济效益。

数据仓库的建设和应用是确然无疑的,应对其充分重视。但是,我们应该清醒地认识到:用建立数据仓库辅助企业的决策,首要的是应该有足够数量的正确的数据源;然后在其上根据不同企业的不同需求,运用 OLAP 等分析技术,经过不断探索,才能较好地应用。

数据仓库是一个面向数据分析处理的数据环境,它是为企业和组织的决策者提供辅助决策的基面。但是,读者必须清醒地认识到:没有充分的、大量的数据库的基础,数据仓库的建立和数据挖掘是不现实和无意义的。

4.8 数据库安全

数据是大多数安全系统保护的关键对象,数据库不仅是与软件有关的仓库,它的组织和内容也是法人的颇有价值的资产,必须谨慎地加以保护。许多用户(人、程序或系统)依靠 DBMS 来管理并保护数据。然而 DBMS 并不能提供完善的保护性能。因此长期以来,人们也一直致力于数据库安全问题的研究。

4.8.1 安全需求

GB 17859—1999《计算机信息系统安全保护等级划分准则》和 GA/T 389—2002《计算机信息系统安全等级保护数据库管理系统技术要求》中,对数据库安全的定义为:数据库安全就是保证数据库信息的保密性、完整性、一致性和可用性。保密性是保护数据库中数据不被泄露和未授权的获取;完整性是保护数据库中的数据不被破坏和删除;一致性是指确保数据库中的数据满足实体完整性、参照完整性和用户定义完整性要求;可用性是确保数据库中的数据不因人为的和自然的原因对授权用户不可用。当数据库被使用时,应确保合法用户得到数据正确性,同时要保护数据免受威胁,确保数据的完整性。

根据上述定义可以看出,数据库安全性的安全需求有如下几方面。

(1) 数据库的物理完整性。数据库中的数据不被各种自然的或物理的问题而破坏,如电力问题或设备故障等,并且人们可以重建被灾难破坏掉的数据库。

(2) 数据库的逻辑完整性。保护数据库的结构,例如,有了数据库的逻辑完整性,修改一个域的值不影响其他的域。

(3) 元素完整性。存储在数据库中的每个元素包括的数据都是正确的。

(4) 可审计性。可以追踪谁访问、修改了数据库元素,以及访问(或修改)了什么元素。

(5) 用户身份鉴别。不管是审计追踪或者是对某一数据库的访问都要经过严格的身份验证。

(6) 访问控制。用户只能访问被授权的数据,不同的用户有不同的访问模式(如读或写)。

(7) 可用性。对于授权的用户应该随时可以进行应有的数据库访问。

下面简单地讨论每一个需求的内容。

1) 数据完整性

有两个事件会影响数据完整性:整个数据库被破坏(如经常发生的存储媒介被损坏)以及单个数据项变得不可读。

整个数据库的完整性由 DBMS、OS 和计算机系统管理员负责。保护整个数据库的方法之一是定期地备份数据库系统中的所有文件。这些定期备份的数据文件能足以控制灾难性故障。有时,要求在故障点重建数据库。例如,突然掉电时,用户希望在系统恢复后,继续其操作,而不必强迫用户重做最近的事务。为此,DBMS 必须维护一个事务日志。例如,设计一个银行系统,将每一次处理的事务作为一条记录写入日志文件中。在系统发生故障后,可通过重新装入数据库后备副本并重新执行日志文件中记录的所有事务,而获得用户账户余额的正确值。

2) 元素完整性

元素完整性是指数据库元素的正确性或准确性。授权用户负责向数据库输入正确的数据。然而,用户程序可能会在收集数据、计算结果和输入数值时出现误操作。因此,DBMS 必须采取措施帮助发现输入错误,并在输入错误数据时纠正错误。

DBMS 采用三种方式来维护数据库中每个元素的完整性。

(1) DBMS 可以利用域检查,确保某个域的所有值在合适的范围之内。可规定一个域的值必须是数字、大写字母或系统认可的字符集合。域检查确保了值在指定界内或不大于另外两个域的值之和,也可防止一些简单的错误,如用户输入数据错误。

(2) 访问控制。谁应该拥有共享的重要文件? 谁有更新元素的权限? 如果两个人的更改相互冲突时,怎么决策? 如果修改次序颠倒了怎么办? 如何记录重复记录呢? 如果发现重复记录,如何处理? 数据库管理员必须解决这些策略问题。

(3) 维护更改日志。更改日志保存了数据库的每次修改,同时记录初始值和更新值。使用更改日志,数据库管理员可以取消任何不正确的改变。

3）可审计性

在某些应用中，需要产生关于数据库的所有访问（读或写）的审计记录，这个记录可以协助维护数据库的完整性，至少能在发生故障后让系统了解发生过什么事、何人参加、有何影响。操作系统中需要审计的事件，如打开文件、调用程序；很少针对特定的事件，如写记录3或执行指令1。为了有效地保持完整性，数据库的审计踪迹应该包括对记录、域和数据元素一级的访问。大多数数据库的应用程序都只能达到这种审计粒度。

4）访问控制

为达到不同等级的人访问不同等级数据的目的，并控制其操作行为（读、写、删除等），数据库通常是按照用户的访问权限进行逻辑分割。例如，在企业中，所有用户都可以访问一般数据，但只有人事部门可以访问员工的薪金数据。数据库管理员指定了哪个用户可以访问哪些数据，分别以视图、关系、域、记录甚至元素级详细说明。DBMS 必须实施这样的访问策略：授权访问所有指定的数据，不允许访问禁止的数据。此外，还需提供多种的访问模式。用户或程序可能拥有的权限有读、写、删除或附加一个值、增加或删除整个域或记录、重组数据库。

从表面看，数据库系统的访问控制与操作系统的访问控制相似。然而数据库的访问控制更为复杂。

（1）操作系统对象，比如文件，是各不相干的项，但是数据库中的记录、域、元素是相互联系的。

（2）在操作系统中，用户不可能通过读一个文件来推理其他文件的内容，但在数据库中则可能通过读其他元素的值而推知另一个元素的值。因此，在数据库安全系统中，必须设置禁止一些特定的路径来阻止可能的推理。系统企图检查访问请求以防止可能的、不受欢迎的推理攻击，不但限制了某些用户的正常查询（这些用户并不打算未经授权就访问数据），同时，这样做实际上降低了 DBMS 的性能。

（3）操作系统中的对象和数据库对象的粒度或大小是不同的。同样，包含几百个文件的访问控制表，操作系统中的实现要比数据库系统容易得多，因为数据库中的每个文件可能包含几百个数据域。粒度大小影响了处理的效率。

访问控制机制的建立，应当遵循最小特权的授予和对存取访问的监督检查原则。另外，访问控制要有较高的可靠性，访问用户的权限要有时限性。根据控制方式的不同，访问控制可分为自主访问控制和强制访问控制。

5）身份鉴别

数据库作为应用程序运行在 OS 之上，这意味着 DBMS 和 OS 之间没有可信途径，所以 DBMS 必须对所有接收到的数据持怀疑态度，包括用户鉴别。因此，DBMS 不得不自己进行用户身份鉴别。

6）可用性

DBMS 是一个使用其他软硬件资源的程序，但是对于许多用户来说，它又是可执行的应用程序。用户通常把 DBMS 看做是用来执行特殊任务的基本工具。可用性指，既要防止未授权者进入系统访问、窃取或破坏数据资源，又应保证合法用户能访问有权访问数据及数据库。例如，当两个用户要求访问同一个记录，DBMS 必须做出决策：哪一个用户暂时不能访问该记录。可用性是更好地利用共享访问的关键技术，也是身份鉴别、访问控制、审计等技术的综合运用的体现。

从上述的分析可以看出，计算机安全的三个方面，即完整性、机密性、可用性，显然与数据库管理系统密切相关的。完整性对于数据库系统而言，每个元素以至于整个数据库都要求完整性。完整性是设计 DBMS 时主要关心的问题。数据库的完整性可以从三个级别来考察。

(1) 数据库完整性。在磁盘驱动器或数据库主要索引损坏后,保障整个数据库不受损害。操作系统的完整性控制和恢复过程可以解决数据库完整性所关心的问题。

(2) 元素完整性。只有授权用户可以写或修改一个特殊的数据元素。通过适当的访问控制防止非法授权用户篡改和破坏数据。

(3) 元素正确性。只有正确无误的值才能被写入数据库。检查元素的值可以防止插入不适当的值。同时,设定的限制条件也可以发现错误值。

大多数主要的商业系统通过控制备份、冗余量、改变日志、两阶段更新和并发性、一致性技术等来实现数据库的完整性。数据库管理员定义了访问策略,同时负责每个元素的完整性。

由于存在推理攻击,用户可以通过推理间接获取敏感数据,机密性就成为数据库的关键问题。

开发数据库的初衷是为了更好地利用共享访问,所以可用性也是一个关键问题。然而,可用性和机密性相互冲突。但是,在某种环境中可用性和机密性都很重要。可核查性是保证安全目标的实现,故要求数据库系统提供审计功能,防止非法入侵者获取、篡改和破坏系统。这是保证数据库系统安全可靠所不可缺少的功能。

总之,在数据库中,可靠性、正确性、完整性是紧密联系的三个概念。用户相信 DBMS 可以正确地维护他们的数据,所以完整性问题在数据库安全中占有十分重要的地位。

4.8.2 敏感数据

敏感数据是指不能公开的数据。如公共图书馆的图书目录,没有敏感数据;而与国防相关的数据库中的数据都是敏感数据。这是两个容易处理的实例,我们可以对整个数据库进行访问控制。即一个人要么被授权为可以访问整个数据库,要么无权访问。但是,在现实世界中数据库中的元素通常为部分是敏感数据,而不是全部,并且敏感数据的敏感程度也各不相同。例如,某一个组织的数据库中包含姓名、性别、民族、职业、家庭地址、薪金、奖惩、是否吸毒等数据记录。这些数据记录中的每个字段(域)可以具有不同的敏感度。例如薪金、奖惩、是否吸毒具有最高敏感性,姓名的敏感性最低,其他介于两者之间。也就是说,多数人可能有访问姓名的权利;少部分人还可以访问性别、民族、职业;更少部分人可以访问薪金、奖惩、是否吸毒等字段。此外,尽管薪金、奖惩、是否吸毒等字段都具有最高敏感性,但是它们也具有不同的访问限制。例如,安全需求可能要求,有少数人具有访问单个域的权限,但没有一个人可以同时访问三个域的权限。因此,数据敏感性不仅与数据有关,还跟数据的背景和意义有关。

1) 决定数据敏感性的因素

(1) 固有的敏感性。因数据值自身具有明显的揭露性。例如导弹的数量和位置。

(2) 来自敏感源。数据的来源预示了对机密性的要求。例如,信息来自举报者,如果信息被泄露,将危及举报者的人生安全。

(3) 声明的敏感性。数据库管理员或数据的所有者声明该数据为敏感数据。例如,机密的军事数据或匿名捐赠人。

(4) 敏感属性或敏感记录中的部分。在数据库中,整个属性或记录可以归类为敏感的。例如,人事数据库中的薪金和奖惩属性。

(5) 与已经泄露数据相关的敏感性。例如只知道秘密金矿的经度没有什么用处,但是,如果既知道经度又知道纬度，就可以查明金矿的位置。

2）泄露类型

数据具有敏感性，数据的特性也同样具有敏感性。为了使数据的安全性得到保证，我们有必要了解敏感数据泄露的几种类型，引起人们的重视。

（1）暴露了敏感数据的准确值。这是一种最严重的泄露。用户可能知道自己请求的是敏感数据，或者用户请求一般数据但并不知道其中包含敏感数据。但是，不够完全的 DBMS 意外地送出了一些敏感数据，结果破坏了敏感数据的安全性。

（2）暴露了敏感数据值的范围。另一种暴露是揭露敏感数据值的范围。例如，已知敏感数据 X 的值介于值 L 和 H 之间，则人们可以通过折半查找的逼近技术，先确定是否有值 Y 满足 L≤Y≤H，然后，再确定是否有 L≤Y≤H/2。如此推理下去，最终可以获得关于 Y 的较精确的值。故在给出敏感数据值的范围时，必须确保敏感数据的安全性。也就是，在给出数据的上下限时，不能由此确定一个特定记录。例如，公司宣布程序员的薪金范围是人民币 4000 元～10000 元。公布此数字并没有告诉谁是最高或最低。

（3）否定结果。人们在设计数据库时，往往用 0 来表示否定，1 表示肯定，或用非 0 数字表示某种肯定程度的特征。也就是说，人们可以了解 Z 而不是 Y 的值。例如，关于犯人的数据库，规定某人的重罪记录不为 0，并且以非 0 数字的不同值代表罪行的大小。这时，揭露值不为 0 是非常重要的。

（4）存在性。数据存在本身就是敏感数据，而与数据的具体值无关。例如，企业为了不让雇员知道使用长途电话是被监控的。在职员的文件中的“长途电话”域就是敏感数据。

（5）大概值。通过多次查询来确定某域是某值的概率。

4.8.3 数据库安全的实现

4.8.3.1 数据库安全的内容

数据库安全的内容通常包括下列三个方面：

（1）访问管理。指一套防止未授权用户使用和访问数据库的方法、机制和过程，通过在运行的程序来控制数据的访问和防止非授权用户对共享数据库的访问。

（2）安全管理。指采取何种安全管理机制实现数据库管理权限分配，一般分集中控制和分散控制两种方式。

（3）数据库加密。包括库内加密（以一条记录或记录的一个属性值作为文件进行加密）、库外加密（整个数据库包括数据库结构和内容作为文件进行加密）、硬件加密等。

1）访问管理

包括用户身份认证技术和访问控制技术两方面。用户身份认证技术包括用户身份验证和用户身份识别技术。用户认证是指用户身份验证，以防止非授权用户的访问；用户身份识别是防止用户的越权访问。访问控制技术包括数据的浏览控制和修改控制。浏览控制是为了保护数据的保密性，而修改控制是为了保护数据的正确性和提高数据的可信性。在一个数据资源共享的环境中，访问控制就显得非常重要。

（1）用户身份验证技术。用户身份验证可有三种途径。

① 操作系统验证。用户对数据库的连接要靠操作系统来验证。例如对 SQL2000 来说，采用 Windows 认证，它的认证具有安全确认、口令加密、审核、口令有效期保护、最短口令长度限制、非法登录时的账户锁定等功能。

② DBMS 提供验证。当 OS 不能被用来进行用户认证时，用户可以通过提交正确的用户

名、密码，由 DBMS 提供验证来访问数据库。采用密码技术是一个很好方法。SQL2000 认证管理简单，它允许应用程序的所有用户使用同一登录标识。

③ 网络安全系统的认证。这要依赖于认证和密码分配系统，用户可以通过提供身份证明或验证令牌来响应验证请求，包括采用智能卡、安全令牌、生物识别或其组合的 PKI 技术。本质上，认证和密钥分配系统提供的是一个 API，它可以用来为任何网络应用程序提供安全服务，例如认证、数据机密性和完整性、访问控制以及非否认服务。比较常用的系统如 DCE、Kerberos、SESAME 等。

(2) 用户身份识别。它以数据库授权为基础。数据库授权技术包括授权用户表、用户授权、系统的读出/写入规则和自动查询修改技术。

① 授权用户表。授权用户表包括授权用户的各项信息，只有与用户表各项信息完全相符的用户才是授权用户。

② 授权用户权限表。每个用户有各自事先规定的权限，当授权用户进入时通过授权用户权限表赋予用户相应的权利。

③ 使用系统的读出/写入规则。通过系统运行的读出/写入规则可以调用数据库的安全规则。

④ 自动查询修改技术。DBMS 系统具有自动查询修改控制功能用于防止用户访问数据库中未授权的部分。

(3) 访问控制技术。它控制和限制访问者和执行程序可以进行的操作，通过访问控制可以防止安全漏洞隐患。DBMS 中对数据库的访问控制是建立在操作系统和网络的安全机制的基础之上。一般来说，低级别的操作系统和网络之上很难建立高级别安全的数据库系统；高级别安全的操作系统和网络之上建库的数据库也不一定就是高安全等级的。

访问控制的模型有自主访问控制、强制访问控制和基于角色访问控制。

① 自主访问控制(DAC)(具体可参见 10.5.1 节)。

② 强制访问控制(MAC)(具体可参见 10.5.2 节)。

③ 基于角色的访问控制(RBAC)具体可参见 10.5.3 节。数据库通过角色实现了 RBAC。用户可以连接到数据库来启动会话，创建对象例如表、索引等，对另一个用户拥有的对象进行特殊 DML 查询，或者执行存储过程或功能。下面用 Oracle 为例来说明 RBAC 的实现。

Oracle 角色允许应用实现 RBAC，RBAC 通过中间角色将用户到权限的直接映射分离，实现了简化的安全管理。用户是根据他们的作业功能来进行角色分配的，再基于完成这个功能所需的访问操作为角色授予数据库权限。角色可被动态地启用或禁用，以一种可控制的方式来限制用户权限。角色也可以有密码保护，用户必须知道密码才能启用角色。

权限可以直接授予用户，或通过角色授予用户。角色是与一个常见功能相联系的访问权限集，数据库通过指定用户角色，然后使用 GRANT 和 REVOKE 语句来允许或阻止用户或角色访问数据字典中的对象，以此提供基于角色的访问控制方式。

Oracle 支持位于系统级和对象级的权限，授予权限的能力本身也是一种权限，这种权限只有管理员以及通过 GRANT ANY PRIVILEGE 语句明确授予权力的用户才能拥有。用户对于他自己模式中的所有对象自动具有对象访问权限，也可以授予其他模式的用户访问这些对象的权限。这样，用户可以通过授权访问存储过程而不是底层的数据库来允许模式的受控操作。另外，DML 权限可以被限制于列上，例如对表的 INSERT、UPDATE 权限可以进一步被限制于特定列之外。当没有访问权限的用户试图修改表时，这些列接收的值是

NULL。

用户还拥有执行DDL操作的权限,这些操作允许用户改变表属性,创建触发器、索引或引用,在引用中表是作为用户自己表中所创建的所有外键的父键。这种依赖性限制了修改原始表中父键列的能力,以维护对其他表中外键的引用。

在Oracle中,角色可被授予系统或对象权限。一旦创建,角色能被授予其他的角色(在一致性约束条件下)。如果角色R1被明确地授予权限给R2,则任何明确启用R2的用户都将隐含而自动地获得了R1所拥有的权限。拥有授予权限的用户可以通过授予和撤销语句来指定或删除角色。作为Oracle的一个具体细节,角色不属于特定的模式。

Oracle通过直接授权、模式成员关系,或明确和隐含的角色授予等方式,把针对某个用户或角色的安全性作用域定义为他们自身所拥有权限的集合。通过角色隐含授予的两个或多个权限之间的依赖性可能导致意外的结果。如果允许权限任意组合来创建新的权限,那么安全性作用域可能允许自我提升。Oracle禁止运行某些从角色中所接收的DDL语句,例如,如果用户权限不是直接授予而是由角色授权获得,那么即使用户有创建视图的权限,他也不能在拥有选择权限的表上创建视图,这个限制可以防止除可能破坏安全性策略以外的副作用。

2) 安全管理

安全是技术、管理以及物理控制的综合体。通常,我们对安全的考虑注重技术控制和物理控制,而忽略了安全管理。实际上,仔细想一想:如果没有足够的权限来运行防火墙,那它又有什么用呢?如果雇员把敏感文档发给了竞争对手,那么精心设计的访问控制又有什么用呢?如果没有一个明确的安全需求,那么将根据什么来选择数据库系统呢?或许安全管理没有技术控制和物理控制那么有吸引力,但它们肯定是同等重要的。安全管理涉及安全计划编制、风险分析、安全策略和物理控制环境等方面,本节仅对安全计划中的核心——安全需求以及数据库系统的安全管理内容进行简单的介绍。

(1) 需求、限制和控制。卡内基·梅隆大学(CMU)软件工程研究所为构建安全计划创建了一个称谓OCTAVE的框架,该框架包括八个步骤:

① 确定企业信息;

② 确定操作区域信息;

③ 确定全体职员信息;

④ 确立安全需求;

⑤ 将高优先级信息资产映射到信息基础设施中;

⑥ 进行基础设施弱点评估;

⑦ 进行多方面的风险分析;

⑧ 开发一个保护策略。

在确定安全风险和寻找解决安全风险控制的过程中,这些步骤对项目管理员或是安全分析起着指导作用。

安全计划的核心是其安全需求集,即为达到期望的安全级别而为系统增加的功能或性能要求。需求来自机构的需要。有时这些需要还应符合特定的强制安全需求,这种强制可来自政府、军部和商业标准。

为了达到安全需求的目标,应该把需求、限制和控制区分开来。限制是安全策略的一个方面,而安全策略限制、约束或指导需求的实现。控制是消除弱点或减少其影响的行为、设备、规程或技术。为了使读者理解三者的区别,引入美国国防部TCSEC的六项需求(表4.22)加以说明。

表 4.22 TCSEC 的六项需求

安全策略	系统实施的安全策略必须是显式的且定义良好
识别	必须唯一、合理地识别每一个主体。为了能对主体/对象访问进行检查,识别是必需的
标记	每个对象都必须关联一个表明其安全级别的标记。进行关联是必要的:每当出现对对象的请求访问时,对象可用以比较
可记账性	系统应该对影响系统安全的活动进行完整的记录,并妥善保存。这些活动包括系统添加新用户、设定或改变一个主体或对象的安全级别和拒绝访问企图
保证	计算机系统中必须有实施安全性的机制,并且必须能够对这些机制的有效性进行评估
持续保护	应该对实施安全性机制加以保护,以防未授权的改变

在表 4.22 中:第一个需求实际上就是一个约束,即安全策略;第二个和第三个需求描述的是加强安全的机制,而不是需要的动作,也就是说,第二个和第三个需求描述了显式的实现,而不是一个系统所必须具备的一般特征或属性;而第四个、第五个和第六个需求才是真正的需求。

区分需求、限制和控制三者之间的关系是很重要的。需求解释的是哪些应该完成,而不是如何完成。也就是说,需求应该尽可能地把实现的细节留给设计者处理。需求和一般软件开发过程一样,安全计划过程必须允许客户或用户指定想要的功能,而不必考虑实现。需求应该针对安全的每个方面,即机密性、完整性和可用性,并对它们进行复审以保证质量。特别地,应该保证需求有以下特征。

① 正确性。需求是否可以理解,对需求的说明是否正确。

② 一致性。是否有相互矛盾或模棱两可的需求。

③ 完备性。需求是否解决了所有可能的情况。

④ 现实性。需求是否可能实现。

⑤ 必要性。对需求的限制是否有不必要的。

⑥ 可验证性。是否能够写出测试,以客观地、结论性地证明需求已得到了满足;能否以某种方式测量系统及其功能,以评估其满足需求的程度。

⑦ 可追踪性。为了在需求改变后还能比较容易地重新进行评估,能否对每个需求追踪到与之相关的功能和数据。

在给定约束和需求以后,开发者就能够选择合适的控制了。根据需求和约束,采取相应控制,设计和开发满足安全需求的数据库系统;数据库系统的安全管理机构,也可用同样的方法维护和使用系统所提供安全机制。

(2) 数据库安全管理内容。数据库系统安全管理是指采取何种安全管理机制实现数据库管理权限分配,安全管理分集中控制和分散控制两种方式。集中控制是指由单个授权者来控制系统的整个安全维护;分散控制采取可用的管理程序控制数据库的不同部分来实现系统的安全维护。

安全管理机制可以采用数据库管理员、数据库安全员、数据库审计员各负其责,相互制约的方式,通过 DAC、MAC 实现数据库的安全管理。数据管理员必须专门负责每个特定数据的访问,DBMS 必须强制执行这条原则,即应避免多人或多个程序来建立新用户,应确保每个用户或程序有唯一的注册账户来使用数据库。安全管理员能从单一地点部署强大的控制、符合特定标准的评估,以及大量的用户账号、口令安全管理任务。数据库审计员根据日志审计跟踪用户行动和导致数据的变化,监视数据访问和用户行为是最基本的管理手段,这样,若数据库服务出现问题,可以进行审计追查。

3）数据加密

它是防止数据库中的数据泄密的有效手段,与传统的通信或网络加密技术相比,由于数据保存的时间要长得多,对加密的要求也更高。而且,由于数据库中的数据是多用户共享,对加密/解密的时间要求也更高,要求加密不会明显降低系统性能。

（1）数据库密码系统有其自身的要求和特点。传统的加密是以报文为单位,加密都是从头至尾进行。数据库数据的使用方法决定了它不可能以整个数据库文件为单位顺序进行加密。如果当符合检索条件的记录被检索出来以后,再对该记录进行解密,然后再去查找相应的这个记录,显然这是不合适的。因此,数据库必须解决随机地从数据库文件中的某一段数据开始解密的要求。数据库密码系统应采取公开密钥的加密方法。

（2）在数据库中数据的加密/解密的粒度是以每个记录的字段数据为单位。如果以文件或列为单位进行加密,必然会形成密钥的反复使用,从而降低加密系统的可靠性或者因解密时间过长而无法使用。只有以记录的字段数据进行加密/解密,才能适应数据库操作,同时进行有效的密钥管理并完成“一次一密”的密码操作。

（3）多级密钥结构。在数据库中参与运算的最小单位是字段,数据库查询路径依次是库名、表名、记录名、字段名。对应的库名、表名、记录名、字段名都应该具有自己的子密钥,这些子密钥组成了一个能随时加密/解密的公开密钥系统。

（4）数据库加密的范围。数据加密通过对明文进行复杂的加密操作,以达到无法发现明文和密文之间、密文和密钥之间的内在关系,也就是经过加密的数据经得起来自操作系统和DBMS的攻击。另一方面,DBMS要完成对数据库文件的管理和使用,必须具有能够识别部分数据的条件。据此,只能对数据库中数据进行部分加密。

（5）数据库加密层次。层次可以分为OS、DBMS内核层和DBMS外层三个层次。在OS层对数据库进行加密,对于大型数据库来说,目前还难以实现。在DBMS内核层实现加密,是指数据在物理访问之前完成加密/解密工作。此方式造成DBMS和加密器(硬件或软件)之间的接口需要DBMS开发商的支持。在DBMS内核层加密方式的优点是加密功能强,并且加密功能几乎不会影响DBMS的功能。其缺点是在服务器进行加密/解密运算,加重了数据库服务器的负载,比较实际的做法是将数据库加密系统做成DBMS的一个外层工具。采用这种加密方式时,加密/解密运算可以放在客户段进行,其优点是不会加重数据库服务器的负载并可以实现网上传输加密,缺点是加密功能会受一些限制。

4.8.3.2 数据安全实现途径

数据库在两方面支持安全性:数据库内部和外部。数据库支持网络安全性功能,例如与企业安全性基础设施集成、单点登录,支持诸如SSL的安全协议以及其他加密原语和协议。这些技术被数据库用来对所有请求连接的用户进行身份认证。这些特性与关系数据库理论几乎毫不相干,只是为了在用户的客户端主机与数据库服务器之间建立一条件可信任的连接。一旦用户被认证并通过加密连接接入数据库,他就被认为是在数据库内部,所有查询都必须运用内部数据库机制进行保护,这些机制包括会话管理、对象所有权、对象封装、触发器、断言应用、多级标签安全性以及其他与供应商特定相关的功能。概括起来,数据库安全性组件如图4.26所示。图中,符号☺和▷表示用户的视点到达各个保护机制节点所能看到的保护措施的内容;▱是用户在顺利地通过内部数据库保护机制后,最终所能看到的内容。所有这些选项为安全性定义创建了一个复杂的环境,在采用选项来实施安全性策略时必须谨慎。有些选项以性能为代价,有些与目标数据紧密联系,有些则割裂了基于策略的两个单独决策之间的联系,有的则具有一些不寻常的设计和应用问题。

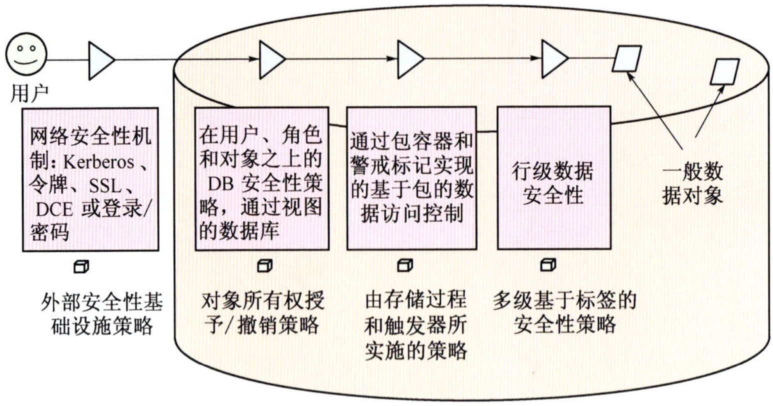

图 4.26　数据库安全性组件

目前，对数据库系统安全实现主要有两种途径：其一，对数据库系统本身进行改造，建立多级安全数据库系统；其二，对数据库系统运行平台进行安全改造，采用安全等级更高的操作系统或者把安全产品、技术与数据库系统集成在一起，或建立安全的通信平台，如 VPN（虚拟专用网）。后一种方式对所有的数据库系统是透明的，通用性强，但保护的粒度不足。

安全性实施的方法很多，下面仅就其中一部分进行讨论。

1）数据库安全连接

所有主流的数据库系统支持公共的安全性基础设施，即允许在企业、组织的应用中集成主流的企业网络安全性解决方案（例如 Kerberos、DCE、SSL 和其他安全性标准），以支持其提供的数据私有性、完整性、单点登录服务和强大身份认证。数据库供应商借用一些操作系统的安全组件（例如安全审核工具），将流行操作系统审核产品 RealSecure 模块化，并把它的功能扩展到关系数据库领域。

Oracle 高级安全机制主要是将 Oracle 与一些安全性产品、技术集成起来。下面以 Oracle 为例做一个简单的介绍。

（1）加密原语。客户与服务器之间传输的数据可以使用 DES（40bit 或 56bit 密钥长度）。或使用 RSA Data Security 公司的 RC4 算法（40bit、56bit、128bit 密钥长度）进行成块加密。除了加密，Oracle 通过基于 MD5 的加密散列提供了数据完整性，在 SSL 选项中也存在其他的加密集选项。

（2）令牌认证服务。用户可以通过智能卡和远程认证拨入用户服务（RADIUS）来进行身份认证，身份认证机制是客户端与数据库服务器之间的质询/响应协议，智能卡的 PIN 是受保护的并不在网络上传输。另外，用户可以用强大的一次性密码进行身份认证，这些密码使用 SecurID 令牌和 RSA Data Security 公司的 ACE 令牌。

（3）Kerberos。Kerberos 认证协议可使客户和服务器相互之间进行认证并建立网络连接。Oracle 支持 MIT Kerberos 第 5 版以及 Cyber Safe 的商用 Kerberos 产品 TrustBroker。

（4）安全套接字层。Oracle 支持客户端、服务器端的 SSL，目前仅存在与 Oracle 的 PKI 产品中。

（5）目录服务。Oracle 支持与使用 LDAP 来提供企业用户管理的 X.500 目录的集成。Oracle 提供自己的 LDAP 兼容目录、Oracle Internet 目录，同时也支持与微软活动目录的交互。目录定义了用户、资源层次结构、基于域的用户管理，以及分布式服务，例如命名、定位、安全性等。目录在处理安全性中将扮演越来越重要的角色。

（6）分布式计算环境（DCE）。Oracle 应用可以使用 DLE 工具和服务来跨异构环境进行安全交流。DCE 安全性提供了认证、授权以及完整性，应用使用 DCE 单元目录服务用于命名和定位服务。DCE 和 Oracle 之间的链接扩展留给了架构师。应用可以使用全部的服务，包括通过认证的 RPC 单点登录、命名、定位以及安全服务，也可以只用服务的最小子集（例如，只运用 DCE 一般安全性服务 API 进行身份认证）。

2）基于视图的数据库安全模型

SQL 服务器通用安全模型的特点是将权限赋予表，用户要查询数据、更改数据或对索引树进行其他操作时，直接访问表，用户只要有对表的 Select 权限，就可检索表中所有的信息。但是。现实世界中大多数的应用都要求对信息本身划分为不同的保密级别，如军队中对信息的分类就不能简单地划分为公开和保密两类，而是需要更加细致的分类，可能对同一记录内的不同值都要求直接划分为不同的保密级别，然后根据数据项的保密级，给访问该项数据的操作赋予不同的级别。SQL 服务器通用安全模式显然不能将不同的字段以及同一字段的不同值划分为不同的保密级别，这是因为用户直接访问存储数据的数据库表。采用基于视图的数据库安全模型，这个问题就可迎刃而解。

视图是数据库内常用的安全性实现机制。最简单的视图可以在数据库表集合关联之上建立、重命名或删除列，选择一个子集，或者通过平均、最小化、最大化来汇聚行。因此，视图代表一个用户的数据库子集，用户所有查询访问都只能针对这个子集，这个子集保证了用户不会访问到允许范围之外的数据。

视图可以通过仅显示某些行来将关联数据库表关系分割为水平片段，以达到限制某些行，或通过仅选择某些列来保护数据和把表分割为垂直片段，也可以选择某些行和某些列来构建所需视图。现举例说明如下。

例如，旅游代理可以访问某航空公司的航班信息数据库（表 4.23）中的部分航空公司航班信息，但货机的信息、飞行员的姓名和每个航班的序号除外。现在假定航空公司的旅行费用较低的客机票只能直接向航空公司订购。此时，航空公司把低价航班的客票分配为较高敏感级数据，旅游代理无权访问这些数据。旅游代理视图的逻辑结构如表 4.24 所列。

表 4.23 航班信息数据库

FLTNO	ORIG	DEST	DEP	ARR	CAP	TYPE	PILOT	TAIL
361	JFK	BWI	0830	0955	114	PASS	Dosser	2465
390	JFK	ORD	0830	1020	114	PASS	Bottoms	3621
202	IAD	LGW	1530	0730	183	PASS	Jevins	2007
794	LGA	ATL	0945	1130	0	CARGO	Witt	3116
386	STA	SFO	1030	1155	118	PASS	Gross	4025
…	…	…	…	…	…	…	…	…

表 4.24 旅游代理的视图

FLTNO	ORIG	DEST	DEP	ARR	CAP
361	JFK	BWI	0830	0955	114
390	JFK	ORD	0830	1020	114
202	IAD	LGW	1530	0730	183
386	STA	SFO	1030	1155	118
…	…	…	…	…	…

在数据库中旅游代理的视图表达为：

```
view   AGENT_INFO
          FLTNO：= MASTER. FLTNO
          ORIG：= MASTER. ORIG
          DEST：= MASTER. DEST
          DEP：= MASTER. DEP
          ARR：= MASTER. ARR
          CAP：= MASTER. CAP
where MASTER. TYPE = 'PASS'
class AGENT
auth retrieve
```

因为视图的访问类型为 AGENT,敏感级别高的航班(只能在航空公司订购)不允许出现在旅游代理的视图上。另外,也可以用一个记录的 where 子句来限制选择,从而隐藏那些航班班次。可以用计算或复杂的选择标准来指定数据子集,从而创建视图。

利用视图限制对表的访问和操作:通过限制表中的某些列或某些行来保护数据;视图和权限创建一个视图后,必须给视图授予对象权限,用户才能访问和操作视图中的数据,而不必给视图表基础的表授予权限。

视图作为安全性机制使用时有以下问题。

(1) 视图广泛用于支持数据限制,以业务逻辑为目的,而不是以安全为目的。应用数据库设计者需要仔细区分视图定义,以明确它是用于实施安全性策略还是业务规则。安全性策略更新必须在视图重定义或附加视图的创建中得到反映,并且是独立于应用的功能集。

(2) 由于管理 UPDATA、INSERT、DELETE 查询的复杂性,一些数据库供应商通过 SELECT 语句提供了视图访问。视图的修改可能对数据库表增加了太多不需要的 NULL 值。注意视图不能看到特定的列,然而这些列作为对视图的修改必须在数据库表中体现。

(3) 基于视图的安全性可能对每种访问模式要求一个视图。但是,对于像从一个视图中选择、修改另一个视图,或从第三个视图中删除另一个视图这样的操作,就会造成安全性管理的复杂度和维护困难。

(4) 对底层数据库表的访问必须受到限制,使用户不能越过视图直接访问隐藏在视图后面的数据。

(5) 如果定义在相同数据库表上,视图可能重叠。即使被一个视图拒绝,用户也可以通过另一个视图访问数据。

(6) 视图可能造成额外计算开销。如果在某个查询的 where 子句中出现多个选择性断言就会导致产生基于多个表关联的视图(称为星型关联)于是就会产生额外的计算,可能带来严重的性能损失。若遇这种情况,除非仔细优化,否则代价很高。

(7) 即使数据库支持对视图的写操作,修改多个表的能力也可能被限制。如果多个触发器用于支持表的修改,写入视图可能会造成额外的管理开销。修改某些列,例如联合键可能会被禁止。这样,用户可以看到并认为可以写入的数据可能不能修改。Orcale 8.0 通过使用在视图上定义的替代触发器提供可更新的视图,用于替代触发它们的 DML 语句。替代触发器实现了更新操作的一个完善版本。

(8) 视图不能表达一些安全性策略要求。这些要求包括数据库不可用的评价条件,例如可能是其环境一部分的用户信息。

(9) 视图不能实现包含成千上万种场景的复杂安全性策略要求。

3) 基于包的数据访问控制

基于包的数据访问控制是通过用存储过程实现的包容器和用触发器实现的警戒标记技术实现的两种数据库安全性模式。

(1) 包容器。包容器是借用对象模型的封装方法来保护数据库内部的访问。数据库表集合中的数据与包含方法(数据库中的术语为“存储过程”)的包相关联,这些包定义了数据库表允许的所有操作。这不是真正的对象模型,因为它不支持其他属性,例如继承关系。但是,用户可以被限制于只使用明确定义的操作来修改数据库状态。

包容器作为一个安全组件(图 4.27),可通过增加信息或扩大进入的消息和外出的响应来增强由服务器所提供的接口,这样,包容器对所有请求具有影响,即使是那些没有被包容器所修改的请求。包容器必须遵循包容器的接口,而不是底层对象的接口。因此,包容器是充当了客户与服务器对象之间所有会话的“中间”人。通常,要求将包容器定义为与它所包容的资源具有一对一的关系,因为使用单一的安全性包容器,可能会潜在地导致体系结构的不匹配。

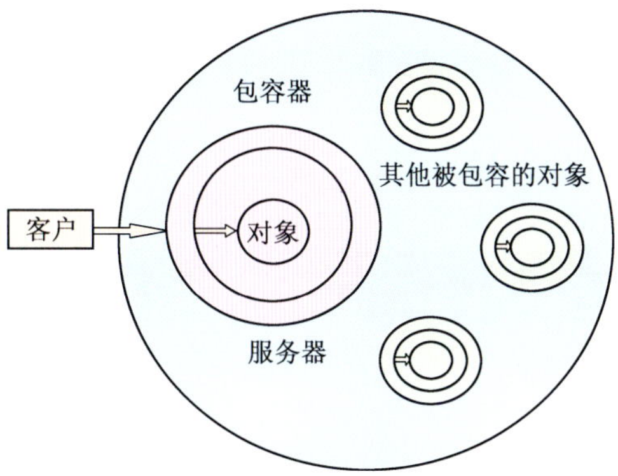

图 4.27 包容器

数据库安全性问题的一个来源是允许特殊查询的接口。客户端程序生成 SQL 语句并提交到数据引擎,这会导致称之为“检查时间到应用时间”的攻击。这种攻击者在查询创建之后、发送之前截获并修改它,以获得其他的数据库信息或修改数据库中的数据。用存储过程实现的包容器模式可以将用户行为限制为可识别的交互操作。由上述的包容器安全性模式的定义可知,该模式使用受保护的接口(本例中为预先定义的存储过程)代替实际的目标接口(本例中为 SQL 解释器)。通过在存储过程中设置参数,可以捕获查询的变化。数据库引擎必须将查询接口限制为仅仅是存储过程调用。这个例子说明了语法验证器模式与包容器模式的使用。

图 4.28 表明了一个 PL/SQL 创建过程的语法。

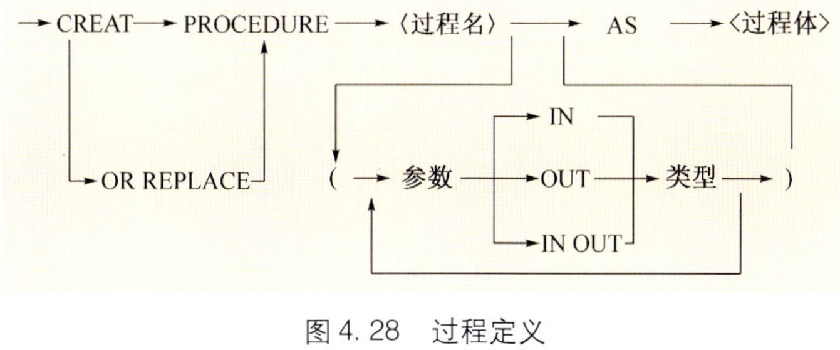

图 4.28 过程定义

在默认情况下，存储过程像 UNIX SUTD 程序，只能以所有者（或定义者）的权限运行，而不能以调用它的用户的权限运行。存储过程、函数、触发器可以引用其他的数据库对象，例如子程序体内的数据库表或其他过程，子程序所有者要么拥有其他的数据库对象，要么明确被对象的实际所有者授权，从而可以访问对象。另外，用户只能在被过程拥有者授予 EXECUTE 权限后才能调用存储过程，使得过程调用者可以在自己的权限范围内运行这些代码。这对于维护一个跨分散数据库实例集合的公共代码库是有用的，所有的用户是共享过程而不是数据，并且在自己的数据库实例中运行过程。创建多个过程定义副本会引起管理和代码同步问题。Oracle 禁用存储过程中的角色。

（2）警戒标记。警戒标记通常是事务处理或通信过程中的一个数据项，在正常执行期间是不可见的，但可用于检测损害警戒标记或其属性的恶意使用行为。

警戒标记可以检测那些不正常的使用行为（在没有警戒标记的情况下是检测不到这些行为的）。警戒标记不执行错误修复、错误防范或错误避免功能，它只是在当系统被滥用时才起作用。其他的监测实体必须能监测到警戒标记的失效，并发出相应的警告。

警戒标记的例子很多。例如，StackGuard 通过在堆栈帧（位于返回地址下）中的用户堆栈上插入一个称为 cannary 的额外字节，可以防止程序遭受缓冲区溢出攻击。在堆栈帧中发生的缓冲区溢出攻击将使 cannary 溢出。因此，在退出函数调用时检查 cannary 便可检测到是否有攻击发生。

在数据库中，利用数据库触发器实现警戒标记安全性模式。数据库触发器与过程一样，是说明性、可执行的代码块。与过程不同的是，触发器没有本地变量存储区或参数，触发器隐含地执行。位于某个表上的触发器可以在该表执行 INSERT、DELETE 或 UPDATAE 时启动。触发器可以在语句前或后运行一次，或者对所有影响到的行运行。除非触发器被明确禁用，否则用户无法阻止它的运行。触发器对于维护完整性约束条件，将用户身份标识及对数据库表的操作写进安全性日志是很有用的，并且它可以自动调用存储程序或联系其他具有触发器的表，使得数据库中引发其他事件。

图 4.29 表明一个 PL/SQL 创建触发器语句的语法。

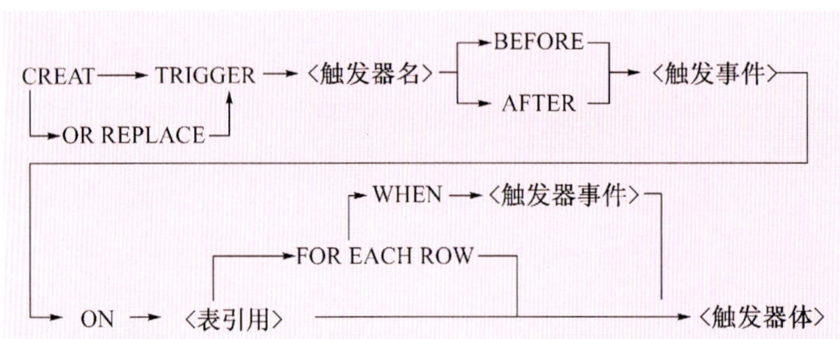

图 4.29　触发器定义

警戒标记安全性模式描述了系统的一个实体。它的存在对用户是透明的，并且以某种方式维护完整性。系统监视警戒标记的状况。当警戒标记发现入侵或系统错误时，它将发生变化系统检测该事件并采取修复性行为。数据库触发器具有警戒标记的状态记录和系统响应特征，警戒标记仅对系统状态的变化作出相应。

读操作，由于系统状态不变，通常对警戒标记没有影响，因此触发器不会在 SELECT 语句上触发。触发 SELECT 语句上的触发器将导致很大的性能开销。在设计时，应该避免这种不必要的性能损失，因为其他机制可以用来保护读访问。

触发器确实影响性能，当数据库表定义多个触发器时，必须指定触发器执行顺序。安全性触发器必须与业务触发器分开，并且最好优先于业务逻辑触发器，安全性触发器应当具有高效率。特别是行一级被调用时。

数据字典中的触发器视图描述了用户可访问的触发器。每个视图的列描述了触发器的属性：拥有触发器的模式，触发器名称、类型、触发事件，定义触发器的表名，表的所有者，触发器状态（ENABLED 或 DISABLED），文本描述，以及定义触发器体的 PL/SQL 块。

以上简单地介绍了包容器和警戒标记的两种安全性模式。事实上，还有其他解决方案，如 Trusted Oracle 产品线所支持的另外两种 Oracle 安全性机制：虚拟专用数据库（VPD）和 Oracle 标签安全性（OLS）技术。在此不予以介绍。

4）其他实现途径

（1）对数据库驱动程序进行安全扩展的方式。在数据库访问的接口上，通过扩展标准的 SQL 语句，透明地实现对数据库中的敏感信息的加密和完整性保护，对关系数据库的操作可以采用 SQL DDL 和 SQL DML 语句，通过 ODBC、JDBC、BDE 等数据库驱动程序实现对数据库中的表格、记录或字段的访问控制，并对用户操作进行日志记录和审计，从内部增强关系数据库的存储和访问的安全。这种方式具有通用性，并且不会对数据库系统性能造成大的影响。该模型在常规数据库驱动程序中增加了密钥管理、审计日志管理、完整性验证和数据加密/解密等安全扩展模块，通过附加的安全属性增加了数据库存储加密密钥和审计日志等与安全相关的信息；同时，增加数据库主密钥设置、更新和加密算法设置等操纵安全属性的 SQL 语句。

（2）增强数据库安全的应用服务器（DSAS）。在现有的 C2 级安全的 DBMS 基础上，采用增强数据库安全的应用服务器，从而可达到所期望的 B 类安全标准。DSAS 作为数据库服务器的特种安全保障软件用以增强抵御来自系统外部和内部的对象数据库安全攻击的内在能力，使计算机信息系统在更安全的数据库环境中运行。它具有如下特征。

① MAC。实现基于敏感度标记的 MAC。

② 双向身份认证。提供用户与安全应用服务器 DSAS 之间的双向身份认证。

③ 加密通信。提供安全通信的密钥，保障信道上数据的保密性与完整性。

④ 增强的安全审计跟踪和攻击检测。增加跟踪记录与安全性有关的操作，攻击检查系统，根据审计数据分析检测内部和外部攻击者的攻击企图，再现导致系统现状事件，以分析发现系统安全的弱点，追查有关责任者。

（3）数据备份。它可以实现数据信息的可恢复性，最大限度地降低系统风险，保护系统最重要资源——数据。在系统受到破坏或发生灾难后，能利用数据备份来恢复被破坏的部分或整个系统。实现实时、定时地自动备份，既减轻了管理人员的工作强度，又确保数据的安全性。

（4）系统配置。数据库系统中存在的安全漏洞和不当的配置通常会造成严重的后果，而且难以发现。数据库应用程序通常同操作系统的最高管理员密切相关。大多数数据库是属于“端口”型的数据库，这就表明任何人都可以用分析工具试图连接到数据库上，从而绕过操作系统的安全机制，进入系统，破坏和窃取数据资料，甚至破坏整个数据库系统。因此，做好数据库的安全配置也是数据库安全中的一个非常重要的方面。例如，数据库安全要和入侵检测系统、防火墙、加密设备等安全性产品的配套使用，以及应用系统和数据库连接部分的程序本身的安全性。系统配置包括安全性软件和硬件设施，为了达到增强数据库系统的安全性目的，合理地、可靠地选择软、硬件产品的配置是十分重要的。

4.8.4 多级安全数据库

数据库安全性的参考规范有 GB 17859—1999《计算机信息系统安全保护等级划分准则》和 GA/T 389—2002《计算机信息系统安全等级保护数据库管理系统技术要求》。这两个标准都对计算机信息系统和数据库管理系统有明确要求。对于保密性较强的系统,就涉及到数据信息的等级划分问题;对于不同等级的信息访问权限划分,就涉及到设计一个具有多级安全性的数据库问题。从前面已经介绍的敏感数据和非敏感数据概念可知,因为需要控制项的粒度小,多级数据库的安全实现起来非常困难,甚至比操作系统的安全更难于实现。在本节,我们将研究多级安全数据库的有关问题,供读者参考。

4.8.4.1 分离

由于数据库中数据的敏感度不同,以及不同身份的人可以访问的级别也不相同,因此在数据库系统中设置了访问控制机制。限制访问要求数据库中必须实现分离的机制。下面讨论这些分离机制是怎样帮助实现数据库的多级安全的。

1) 分区

分区是实现多级安全数据库的控制方法。把一个大的数据库分成几个分离开的数据库,每个数据库都有自己的敏感级别。这种方法类似于把不同的文件保存在不同的文件柜里。

分区控制机制的好处是:提高了数据的正确性,因为修改数据只要更新一个域即可。缺点是:消除了冗余数据,可能会提高访问数据的开销,影响系统性能;另外,创建、维护、使用多级数据库较困难。例如,分离控制没有解决高级别的用户需要访问低级别的数据并与高级别的数据合并使用的问题。因此,分区的数量和应用对象、数据粒度以及数据敏感度划分是密切相关的。

2) 加密

对敏感数据进行加密是常用的方法。在多级安全数据库中,加密是指不同的敏感级别的数据采用不同的密钥加密。这种方法的缺点是:当用户执行数据库的标准操作如“选择月薪大于 10000 元的所有记录”时必须为每个加密域解码。解码工资域,甚至包括不合格的记录,增加了查询操作的时间(考虑仅选择一个记录的查询,为了得到满足条件的结果,必须解码并比较每个记录的某个记录的某个域值)。因此,加密机制不常用来实现数据库的分离。

3) 完整性锁(integrity lock)

完整性锁是美国空军提出的并用于数据库安全上。完整性锁既为数据库提供了完整性,又提供了访问限制。

完整性锁的基本模型(图 4.30)是一个由数据项自身、敏感性标签和密码校验和三部分组成的数据项。

敏感性标签定义了数据的敏感性。敏感性标签应该具有以下特点:

(1) 不能被伪造,有恶意的主体不能为一个元素产生新的敏感级别;

(2) 唯一的,有恶意的主体不能从其他元素复制敏感级别;

(3) 隐蔽的,有恶意的主体不能测定任意元素的敏感级别。

密码校验和(图 4.31)是一个检错码,为了保证数据值或它的敏感级别不被修改,校验和对于每个元素必须是唯一的,必须包含数据值和数据值在数据库中的位置的指示。校验和的计算包括:记录的唯一标识符(记录号)、记录中数据域的唯一标识符(域的属性名)、元素值、元素的敏感级别。以防止任何未授权者对数据或标签的篡改、复制或移动。校验和可以用强加密算法计算,例如数据加密标准(DES)。

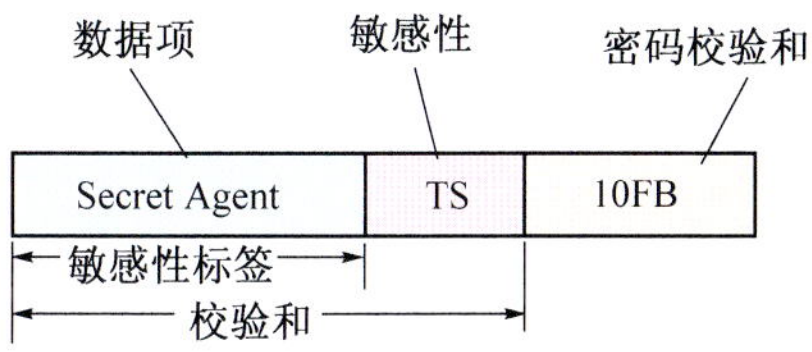

图 4.30 完整性锁

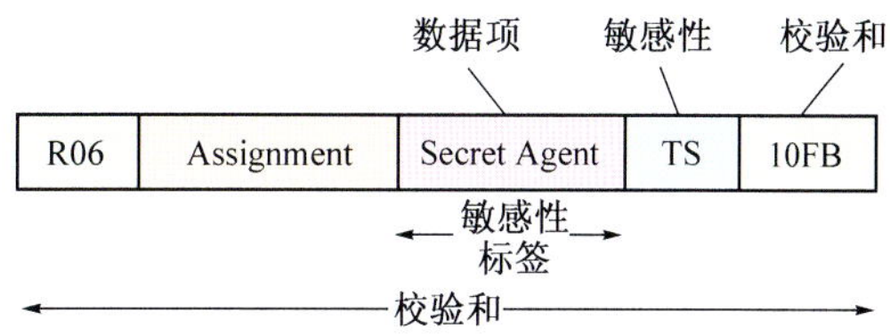

图 4.31 密码校验和

完整性锁是一个数据项。由于 DBMS 选择记录来匹配查询时,需要检查所有的域,为了提高效率,实际的数据项以明文方式存储。

4.8.4.2 多级安全数据库的设计

下面介绍四种多级安全数据库设计方案

1) 完整性锁

完整性锁是多级数据库安全问题的解决方案。其目的是能够让用户使用任何一个(不可信的)数据库管理器,该管理器有处理访问控制的可信任程序。用加密方法隐藏敏感数据以保护数据项及其敏感性。在这种方法中,因为只有访问程序可以实施授权对敏感数据的访问,所以它是可信赖的。这种系统的结构如图 4.32 所示。

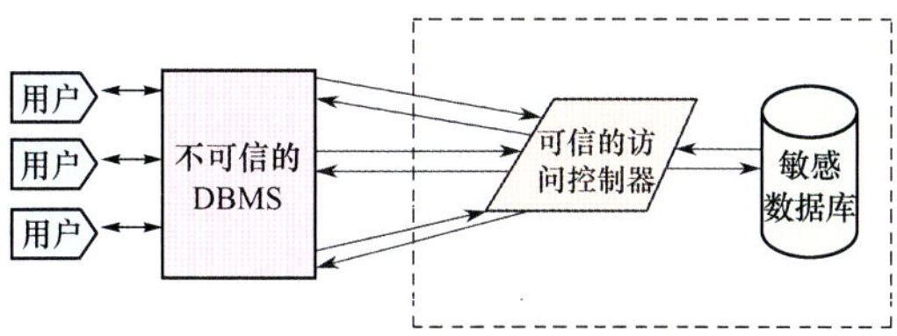

图 4.32 可信数据库管理器

该方法的缺陷如下。

(1) 对存储空间需求非常可观。因为每一个元素有一个标签,一个标签包含几个部分,因此,系统必须有扩大存储数据的空间能力以容纳敏感性标签。

(2) 完整性锁处理时间的效率低。为了验证用户的访问是否合法,每次用户传递一个数据时,敏感性标签都要解码一次。因此,耗费了大量的处理时间。如果数据库文件能够得到足够完善的保护,每个元素的数据值就可以用明文存储。此方法有助于包含敏感域的选择和投影查询,因为该查询仅决定是否应该选择元素,所以,不需要对元素解码。

(3) 不可信的数据库管理器可以看到所有的数据。因此,易遭受特洛伊木马病毒的攻击,使数据通过隐藏的信道被泄露。

2) 可信前端

可信前端进程的模式如图 4.33 所示。前端也叫守卫,它的操作与操作系统安全内核中的引用监视器(reference monitor)类似。引用监视器控制着对对象的访问。可信任前端是个单向过滤器,它把不具有访问权限的数据筛选出来,并选择出与用户安全级别相一致的数据。用户、可信前端、DBMS 之间的交互包括如下步骤。

(1) 用户自己识别前端,前端鉴别用户身份。

(2) 用户向前端发出查询。

(3) 前端验证用户授权数据。

(4) 前端向数据库管理器发出查询。

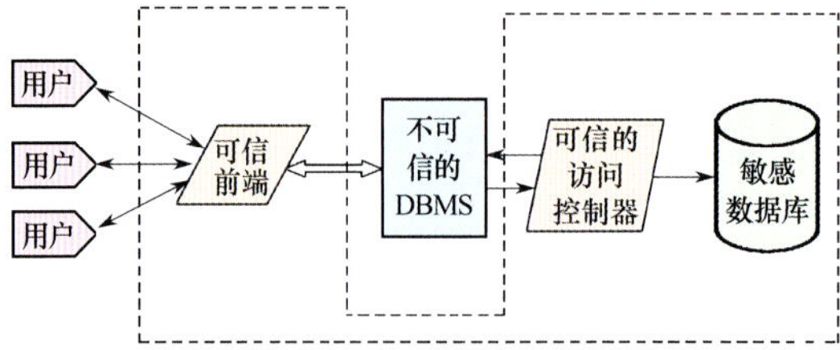

图 4.33　可信前端

(5) 数据库管理器执行 I/O 访问,并与低级别的访问控制交互完成对实际数据的访问。

(6) 数据库管理器把查询的结果返回给可信前端。

(7) 前端分析结果中包含有数据项的敏感级别,并选择出与用户安全级别相一致的数据。

(8) 前端把选择的结果传递给不可信前端以完成数据的格式化。

(9) 不可信前端把格式化后的数据传送给用户。

可信任前端的服务像一个单向的过滤器,它把用户不具有访问权限的数据筛选出来。因为需要先获得大量的数据,然后再丢弃用户不具有访问权限的数据,所以此方案的效率不高。

3) 交换式过滤器

交换式过滤器是一个程序,形成了用户和 DBMS 之间的接口。它作为简化的 DBMS 的可信界面,首先由 Denning 于 1985 年在一篇论文中提出。本质上,过滤器筛选了用户的请求,如果需要就重新格式化请求,以使只有符合用户权限的数据返回给用户。

过滤器可用于几个级别的安全:记录、属性或元素级。

(1) 在记录级,过滤器请求希望的数据、密码校验和信息,然后验证数据对特定用户的正确性和可访问性,再把这些数据传递给用户。

(2) 在属性级,过滤器检查用户查询的所有属性是否都是用户可以访问的。如果是,把查询结果传递给 DBMS。否则,删除用户没有访问权限的所有域。

(3) 在元素级,系统请求希望的数据和加密校验和信息。当获得这些信息时,过滤器检查每个记录的每个元素,找出用户所访问的元素。

交换式过滤器与可信前端不同,过滤器尽量考虑大多数 DBMS 的效率。过滤器对查询重新格式化,而不是把格式化交给 DBMS 来完成,这样便使 DBMS 尽可能做更多的工作。若筛选出许多不符合条件的数据,过滤器再进行第二次筛选,选出用户可以访问的数据。交换式过滤器的优点是允许选择查询、进行优化,并且由 DBMS 处理一些子查询,因此减少了 DBMS 和过滤器之间的冗余量,提高了系统的效率。交换式过滤器查询操作示意如图 4.34 所示。

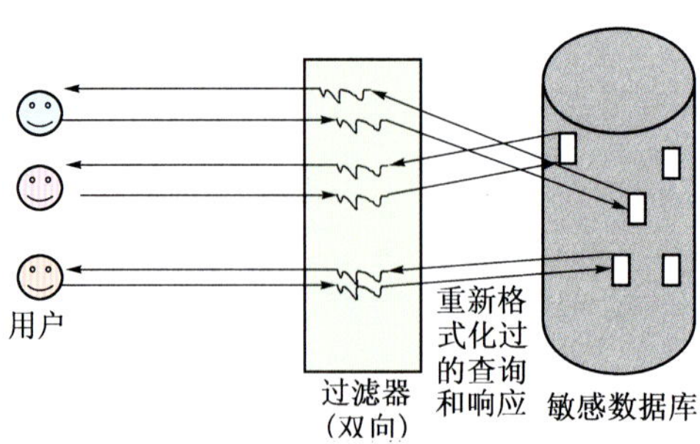

图 4.34　交换式过滤器查询操作示意图

现在用一个实例来说明过滤器的工作过程。

假定一组物理学家在华盛顿研究一项非常敏感的项目,当前用户不允许访问数据库中物理学家的名字。这个限制给下面的查询带来了问题:

retrieve NAME where ((OCCUP = PHYSICIST) ∧ (CITY = WASHDC))

假如,同时禁止当前用户知道华盛顿的任何人的情况。如果使用常规的数据库,用户可能查询所有记录,DBMS 也将结果传递给用户。这样,用户可以推理出关于莫斯科职员和在华盛顿研究秘密项目的物理学家的信息,甚至不需要直接访问那些域。

交换式过滤器可以以可信任的方式改变原始查询格式,保证绝不可能从数据库中取出敏感信息。交换式过滤器把上述查询改变为:

retrieve NAME where ((OCCUP = PHYSICIST) ∧ (CITY = WASHDC))

from all record R where

(NAME_SECRECY_LEVEL (R) ≤USER_SECRECY_LEVER) ∧

(OCCUP_SECRECY_LEVEL (R) ≤USER_SECRECY_LEVEL) ∧

(CITY_SECRECY_LEVEL (R) ≤USER_SECRECY_LEVEL)

过滤器的作用在于限制对数据库的查询和限制返回给用户的查询结果。在这种情况下,过滤器要求获得 NAME、NAME_SECRECY_LEVEL、OCCUP_SECRECY_LEVEL、CITY 和 CITY_SECRECY_LEVEL 等值,然后只向用户返回适合用户保密级别的域或项。因为有附加的条件,即使是简单的查询也变得复杂化,当然这些条件是由交换式过滤器添加的,用户是看不见的。

4) 分布式或联合式数据库

在这种情况下,可信前端控制对两个商业 DBMS 的访问:一个数据库存储敏感性低的数据,另一个存储敏感性高的数据。

前端接收用户的查询请求,并把它们变为一个合适数据库的单级查询。如果知道用户可以访问敏感性数据,前端就同时向高、低敏感级的两个数据库提交查询;但是如果不清楚用户是否可查询高敏感性数据,前端只向低敏感级数据库提交查询。此时,如果结果仅来自其中一个后台数据库,前端就将结果传送给用户;如果从两个后台数据库获得结果,前端必须把结果组合后传送给用户。例如,如果查询是一个连接查询,包含高敏感性数据和低敏感性数据的条件,前端就不得不自己做等价于数据库的连接操作。

从上述介绍可知,由于各个敏感级别的数据必须分别保存在所属级别的数据库中,对于划分了敏感级别的很多情况下,采用分布式或联合式的方法是不可取的,否则会造成系统控制结构复杂、效率下降。此外,该方法要求前端是可信的,因而可能会包括 DBMS 的大部分功能,这也是很复杂的,因此,分布式或联合式的设计并不十分流行。

4.8.4.3 安全数据库的分层方法

除了上述四种方法以外,在 4.8.3 节中,我们介绍过基于视图的数据库安全模型。视图代表了一个用户的数据子集,它包含了用户授权访问的准确信息,用户的所有查询访问都是针对这个子集。这个子集保证了用户不会访问到允许范围以外的数据,因为不允许访问的数据根本不在用户访问的数据库内。视图是一系列关系的详细的描述,因此,一旦数据库中的数据改变,视图子集也随之改变。

Denning(1987)和 Lunt(1990)分别发表了论文《多级数据安全视图》和《SEA 视图安全模型》。这两篇论文是安全数据库分层方法的基础。该系统集成一个可信的操作系统来形成一个可信的 DBMS。分层的描述如图 4.35 所示。

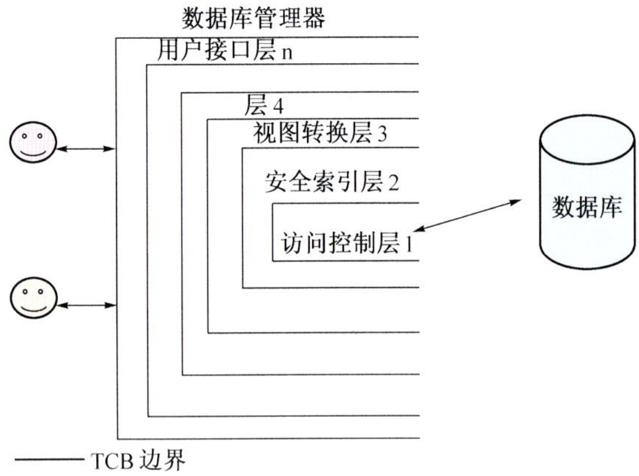

图 4.35　安全数据库的分层方法

最低层是引用监视器,执行 Bell - La Padula 访问控制,实现文件之间的交互和用户的鉴别,它的部分功能是过滤数据并传递给上一层;第二层实现数据库基本的索引和技术功能;第三层把视图转化为数据库的基本关系。这三层组成了可信计算基(TCB),其余的层实现了标准 DBMS 的功能和用户接口。

分层方法使视图既是数据库的逻辑分离又是功能分离。它是设计和实现一个可信的 DBMS 的重要发展方向之一。

多级安全性问题的研究开始于 20 世纪 70 年代,并且取得了不少实用性成果。但是,由于军用的多级安全模型的不灵活性,使得民用用户不喜欢;而军用用户又少,结果使得多级安全数据库主要停留在研究上,没有真正付诸实现。

4.9　小结

数据管理经历了三个阶段:人工管理、文件管理、数据库管理。数据库的产生使数据管理进入自动化阶段,不但实现了数据集中统一管理,大大地提高了数据的安全性、完整性,解决了数据共享,并且使用户不必了解数据存储细节,可以逻辑地、抽象地使用数据,极大地方便了用户使用和管理,提高了数据处理能力。

传统数据库技术经历了层次、网状和关系型三个阶段。当前关系型数据库系统已经广为人们所接受,成为主要应用技术。但是随着计算机应用广泛深入,关系数据库已经远远不能适应新的应用领域,如 CAD、CIMS、GIS、多媒体信息处理等的要求,因而产生了许多新型数据库,如面向对象数据库、演绎数据库、并行数据库等。这些新型数据库大多数是关系数据库(RDB)技术与一些新技术的结合。例如,面向对象数据库是面向对象(O - O)技术与数据库结合,并行数据库是数据库技术与并行处理机制结合。我们可以预言,随着应用的深入和新技术发展,数据库技术将会有更大的进步。

数据库不是对现实世界建模,而是对用户关于其业务环境的模型建模。判断一个数据模型好坏的合适准则是看它是否与用户模型吻合,争论哪一个模型最符合现实世界是没有意义的。这也是数据库技术不断发展的动力。

本章还介绍了数据库安全的基本概念、安全需求、安全设计以及多级安全数据库。探讨了多级数据库机密的五种方法:完整性锁、可信任前端、交换式过滤器、分布式数据库或受限制的视图。随着计算机技术和网络技术的进步和发展,以及军事信息资源的积累、抽取和利用,一些拥有大规模关键任务的组织机构的信息处理需要健壮、可靠和容错的实时系统的处理环境(包括数据库系统),而这个环境往往是具有开放系统特征的异构环境。为了保证数据库系统数据的安全性、完整性以及系统的可维护性和性能可调整性,必须重视数据库系统的系统管理能力及系统安全配置和设计。

第5章 开放系统环境——应用可移植性

自20世纪60年代到80年代，一些计算机厂商为了在激烈的市场竞争中占有一席之地和保持优势，纷纷开发适用于自身系统运行的系统软件，并形成计算机系列化产品。IBM System 360就是一个成功的例子。进入80年代以后，随着PC机、工作站的普及和性价比的提高，应用的业务部门开始流行终端用户计算(EUC)环境，各种PC网络应运而生。各业务部门对于自身的支援类业务的系统化工作不再依赖企业中的信息系统开发部门，而开始走上终端用户自行开发之路。各个业务部门从自己的需要出发选购适合自身业务的PC、工作站、主机等硬件与系统软件，从而在企业、组织内部形成了装备不同供应商的不同机型的状态。这种由于操作系统与操作环境的不同而造成构造网络的困难，使"终端用户计算环境"的用户手足无措。于是，以欧洲和美国的大企业用户为主，开始积极寻求突破个人机与工作站厂商的规格，建立一个具有系统可互操作性、软件可移植性及规模可缩放性的行业标准，在全球掀起了一个寻求遵循标准规范的开放系统环境的摸索过程，以保护用户的投资资源，又能使现有的计算机资源得到共享。

我们以图5.1来概述开放系统发展的过程和方向。

从图5.1可看出，随着时间推延，计算机开放系统已经成为计算机行业追求的目标和共识。

5.1 基本概念

5.1.1 开放系统的定义

开放系统的原始定义很简单，它是泛指一个产品能够模拟成另一种产品，并在其特定环境下能与原产品相关的系列产品顺利地相连成为一体。但随着时间的推延，开放系统的含义也发生了变化。自20世纪80年代以来，对所谓"开放系统"有了进一步意义，开放系统产品不只是连接同类环境，而是更多地用于连接异种环境。它强

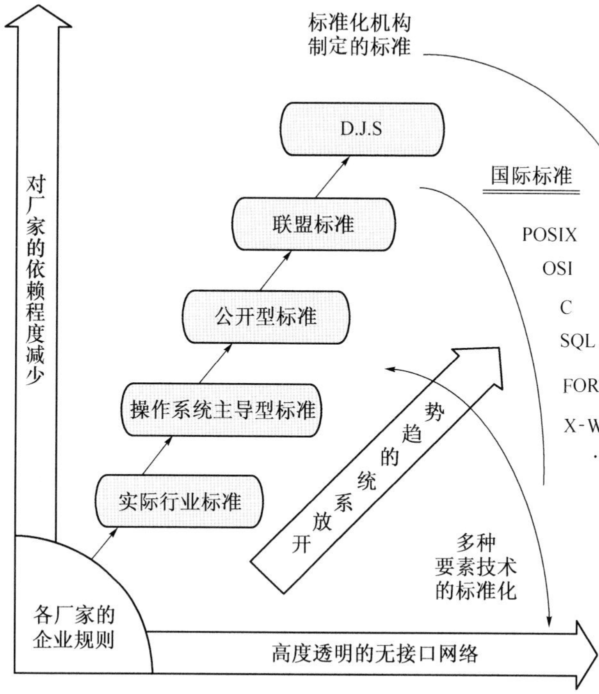

图 5.1 开放系统的发展方向

资料来源:Gartner Group(国际电子报)

调产品必须具备明确的规格(specifications)、完美的界面,并能使应用不加修改地从一个应用平台移到另一个相异的应用平台,即开放性。

"开放"是相对于"封闭"而言,如图 5.2 所示。

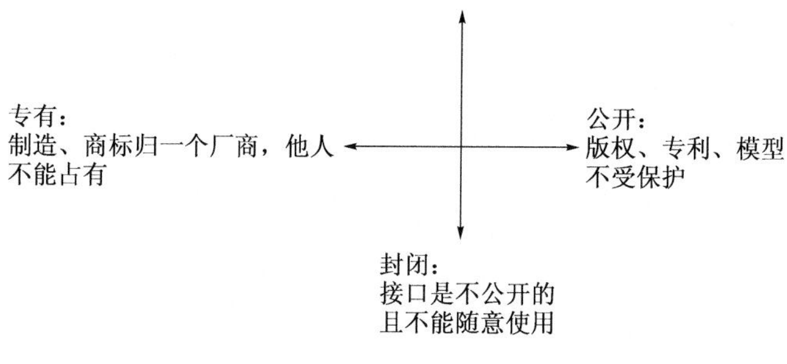

图 5.2 开放的相对性

从上述的简单图示可知:在界面公开之前,客户仅有两种选择,即硬件依赖性和软件依赖性。而界面公开为客户提供了较大的选择,这也是开放性的重要一条。

X/Open 于 1989 年联合各软、硬件厂商、供应商、工业标准制定团体、政府机构以及使用者,拟订了一个 Xtra 的市场研究计划。在此计划中,对 1990 年"开放系统"的方向作了明确的描述。而在另一个题为 The Open System Directive 的报告中,对开放系统作了如下定义。

开放系统是以正规且完整的界面标准为基础的计算机与通信环境。这些相关的界面标准不能为单一厂商所独占,同时其他厂商能以合理的价格取得相关的技术。

开放系统所提供的软件在标准系统平台间具有可移植性、系统与系统间的互操作性,以及在系统采购或升级(upgrade)时可供选择的伸缩性(scalability),即多样性。

从上述定义可知,开放系统就是透过系统界面的标准化,即提供标准的接口而不是标准的产品,使得不同的计算机系统、子系统以及软件系统可以整合在一起进行操作。系统界面包括以下两种界面。

(1) 软件界面。使用者界面、应用程序界面、信息界面、通信界面。

(2) 硬件界面。总线界面、周边界面。

5.1.2 开放系统的特性

根据上述开放系统的定义可知,一个开放系统不是一个产品,不是一种技术,不是一种标准,也不是一个体系结构。

开放系统是一个环境。应用此环境中的部件所构成的系统是一个非专用环境,它不依赖具体厂商,且能为用户提供选择性价比最佳的应用环境的依据。

开放系统拥有自己的特性:软件可移植性、系统互操作性、系统集成性(也可叫整合性)。图 5.3 示出了开放系统的三个特征。

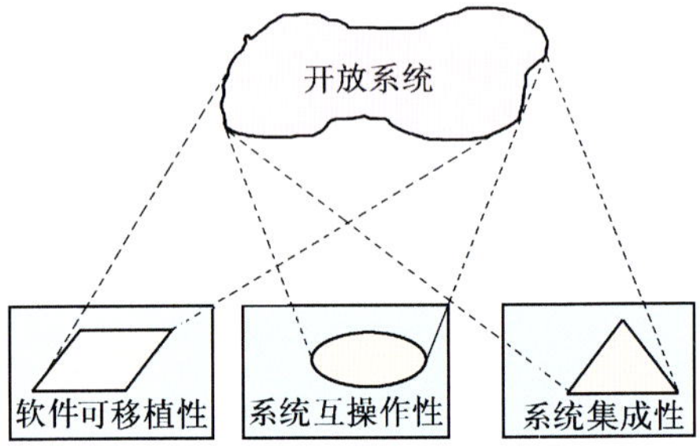

图 5.3 开放系统透视图

1) 软件可移植性

软件可移植性指操作系统、软件系统或应用软件在不同厂商的不同硬件平台上均可畅通无阻地运行。图 5.4 给出了软件可移植性的示意。图中所示的软件既可在硬件 X 上运行,又可以移到不同的硬件平台 Y 上运行。

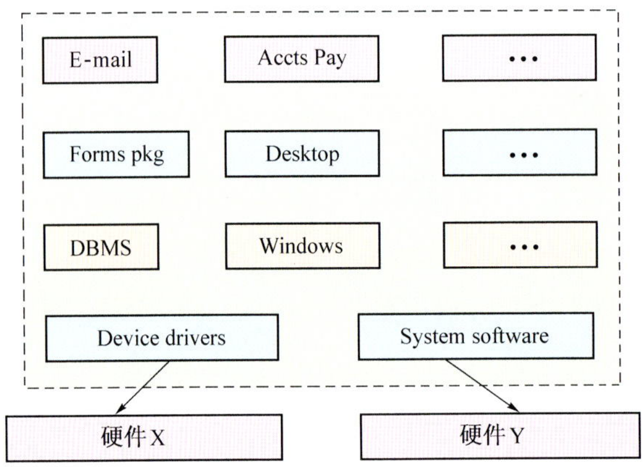

图 5.4 软件可移植性

软件可移植性包括应用可移植性以及使用者可移植性。使用者可移植性涉及终端用户、软件开发者、系统管理员三个方面的可移植性。应用可移植性,除了操作系统可移植外,也需要有可移植支撑工具和可移植开发工具的支持。

2) 系统互操作性

系统互操作性是指不同厂商的不同计算机之间可以通过网络互相交换信息的能力。也可以说,互操作性是为达到计算机资源共享目的,让组成分布系统的构件间具有协同操作的能力或者让其参与构件交互活动的服务能力。图 5.5 所示为互操作性系统。

互操作性与互联性(interconnectivity)是不同的概念,绝不能混淆。互操作性包括系统互操作性和应用互操作性两个方面;互联性仅指物理层之间连接,互联是互操作的物理基础。

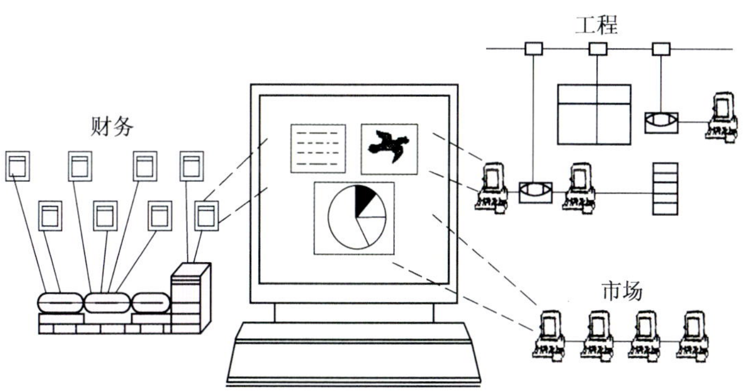

图 5.5 互操作性系统

3）系统集成性

系统集成不是把系统的各个组成部分简单地堆砌在一起，也不是把各个厂商的相关设备都买过来就可以构成自成封闭的系统。系统集成应该是开放的。它是把系统、设备、网络、数据、信息、知识以及人员都无缝地统一在应用的一体化框架下，按应用的需求进行连接、配 置和整合，达到系统的主题目标。系统集成表现在两个方面。

（1）系统规模的可伸缩性。指系统能适应在不同规模和性能的硬件平台档次上运行，并且新的信息技术装备也能被吸纳进入系统。也就是说，构件与服务可在任何阶段加入系统，或从系统中抹去。

（2）系统的易获得性。指集成在系统中的各个构件和软件均能在开放市场上买到而不受唯一卖方控制。

开放性的上述三个特征是相互关联、不可分割的，缺少其中任何一个特性的系统均不能称为开放系统。

5.1.3 开放体系的构架

人们在谈及开放系统时，往往有以下几种错误看法。

（1）开放系统是基于公开式的系统以及产品推销中"源码公开策略"。

（2）开放系统无专用技术。以互操作性定义而言，它内涵的是逻辑分布性。物理分布不是可互操作的定义特征，也就是系统的物理实现可以各显神通，但是一定要保证其对构成系统的内涵逻辑构件间协同操作的支持必须适应分布性要求。

（3）开放系统无须研究安全。开放性是指构件与服务可在任何阶段加入到系统，或从系统中抹去。做这件事的采购代理人本身是独立的，因此由他经手获得的"安全"一般是泛义的，并不能保证完全满足用户需求。尤其对诸如金融、军事机要部门等用户的特殊安全措施需求，市场上的产品是无法满足的。

（4）把 UNIX 操作系统联想为"开放式系统就是 UNIX 系统"。正确的理解应该是"开放系统是整体的操作环境，而 UNIX 系统仅仅是其中相当重要的一环"。况且，UNIX 不是开放系统的唯一选择。根据开放系统概念和现有接口标准，任何人均可运用独自技术，开发安全的、符合 开放系统特征的产品。

从上述讨论可知，开放系统是一个符合系统互操作性、软件可移植性和系统集成性三个基本特征的应用平台环境，目的是解决应用可移植性。下面介绍开放系统的组成要素、成分和基本框架。

1）开放系统的组成要素和基本成分

X Open 在"The Open System Directive"报告中将开放系统的主要组成要素归纳为：开放

系统的方向(open system directions)、操作系统环境、安全性、系统管理、人机界面 、网络与通信、应用程序开发环境及语言、数据管理、国际化。

根据上述的组成要素,我们可知开放系统的基本成分应包括用户、环境、数据库、语言与工具、网络服务、操作系统、硬件和应用接口。因而开放系统几乎覆盖了当今计算机技术的各个方面。

2) 开放系统构架

我们把开放系统的主要特性与基本成分组合起来,就可以得到一个理想的开放系统环境(表5.1)。

表5.1 理想的开放系统环境

特性 成分	软件可移植性	系统互操作性	系统集成性	
			可伸缩性	易获得性
用户	√	√	√	√
环境	√	√	√	√
数据库	√	√	√	√
语言和工具	√	√	√	√
网络服务	√	√	√	√
操作系统	√	√	√	√
硬件和应用接口	√	√	√	√

从某种意义上说,开放系统环境就是在平台与应用之间定义和开发某些中间件(middleware),如图5.6所示。

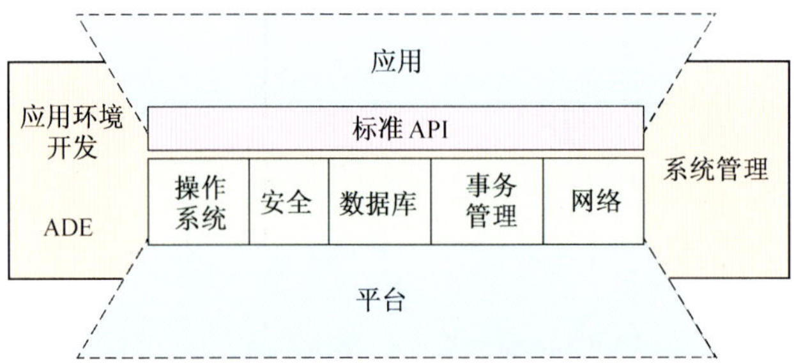

图5.6 平台、中间件和应用三者之间的关系

从图5.6可知,所谓中间件,是指标准应用程序界面(API)。API的作用是使系统对应用开发者是透明的,他们不用关心各个系统的具体细节和它们之间的差异性。因此API是系统互操作性和可移植性的基础。

下面列举一个开放系统的构架,如图5.7、图5.8所示。

(1) 人机界面层。提供图形用户界面(GUI),所采用的操作系统为:

① MS-DOS、MS Windows;

② Windows/NT;

③ UNIX、X-Windows(Openlook、Motif)。

(2) 应用环境层。由标准、界面、工具组成。

① 应用程序界面与集成性应用软件开发工具。

② 工业服务(industry services)。提供一致的标准界面,让用户或程序设计者减轻操作的复杂度,以便有效地利用开放系统的资源。

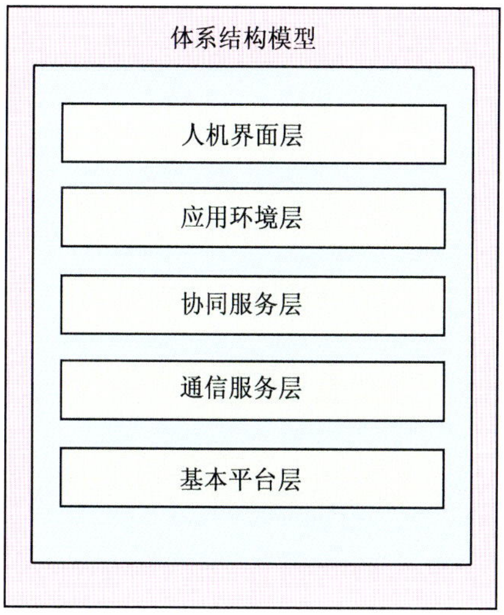

图5.7 开放系统的构架

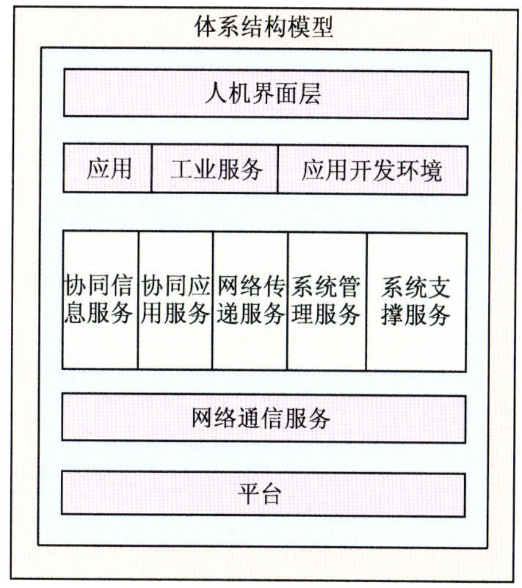

图5.8 开放系统的构架(细化)

③ 应用开发环境。提供一组具有包容性与集成性的标准、界面与开发工具,以确保应用软 件在开放系统下的可移植性。

(3) 协同服务层。包括五个部分的服务。

① 协同信息服务。其功能为集成信息、文件、声音、影像、数据等。

② 应用服务。通过各种应用程序界面提供分布资料存取的服务。

③ 网络传递服务。以透明方式把各种网络服务传递给使用者。

④ 系统管理服务。提供开放式系统下对软件、系统安全性、系统配置、效率和网络的管理。

⑤ 系统支撑服务。提供客户咨询、配置、操作等方面服务,使开放系统发挥最大的效率。

(4) 通信服务层。定义广域网、局域网上各种通信协议的支持以及网络系统的 API。

(5) 基本平台。由硬件、UNIX 操作系统以及网络系统的硬件构成。

以上所示的各个层次界面均采用标准的工业界面,以符合开放系统要求。所以我们说,开放系统从某种意义上来讲,为制造商提供了互连互通和新旧软件兼容的规范,创造了一个公平竞争机会。

5.2 POSIX 开放系统环境

POSIX 原是 1984 年美国 IEEE 制定的一个计划,目的是定义一个目标系统的可移植的操作系统的界面。这个计划称为 POSIX 计划。后来,POSIX 标准的工作范围有所扩充,现包括:定义一个完全的开放系统环境(OSE)的核心界面,以及实现应用可移植性和系统互操作性所要求的各类界面。

5.2.1 OSE 的目标

OSE 是一个构架,在此构架内分析用户需求和开发标准。OSE 为用户提供的是一个最少标准集,用户藉此可以用符合标准的部件构建具有特定功能度和界面概念特征的系统。

OSE 的目标是：

(1) 提供源码级的应用可移植性；

(2) 提供应用和系统服务的互操作性；

(3) 使用户无须重新培训便能在系统间移植；

(4) 协调现有的和未来的信息技术(IT)标准；

(5) 协调新技术；

(6) 规模可伸缩性，即能适应不同规模、复杂性和能力的平台档次；

(7) 提供数目不受限制的分布式系统部件；

(8) 提供对用户透明的服务实现机制；

(9) 最大限度地反映用户功能需求。

5.2.2 OSE 参考模型

OSE 参考模型(OSE/RM)(图 5.9)反映了整个信息系统的作用域。

OSE/RM 定义三个主要实体，即应用软件实体(ASE)、应用平台实体(APE)、外部环境(EE)，以及 APE 与 ASE 两个实体之间的界面 API 和 APE 与 EE 之间的接口——外部环境界面(EEI)。

ASE 由三个要素组成：

(1) 程序(源码、命令/正文文件等)；

(2) 数据(用户数据、应用参数、屏幕定义等)；

(3) 文档(仅是联机文档)。

各个 ASE 的实用服务是由 APE 所支撑。ASE 对这些服务的界面是由 API 定义的。

APE 包括目标硬件和系统软件环境，它是提供和管理平台内的有效资源的服务集。APE 透过 API 提供服务，对应用必须透明。APE 为应用和外界实体两者提供服务，虽然有时并不需要其同时提供两者服务。

EE，是相对于 ASE 和 APE 而言的，它涉及与 APE 的信息交换。EE 包括用户、通信设施或数据交换机制。

OSE 的界面有两类：API 和 EEI。API 和 EEI 具体支持的服务，如图 5.10 所示。

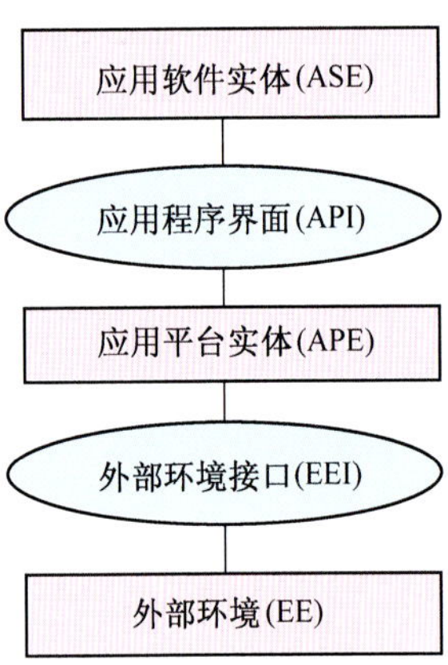

图 5.9 OSE 参考模型

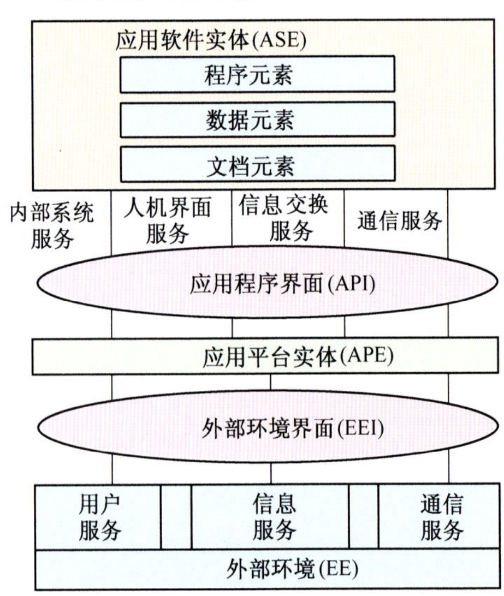

图 5.10 API 和 EEI 服务

API是ASE和APE之间的界面,基本职能是支持和保证应用软件的可移植性。在OSE/RM中API有四类服务:人机界面服务、信息交换服务、通信服务和内部系统服务。

EEI是APE和EE之间的界面。它对同一平台上执行的应用之间的信息传输提供支持。当然,首要的是这些应用具有一致的协议(protocol)和数据格式。IEEE支持大范围的互操作性,定义了三种类型信息传输服务:用户、外部数据储存以及其他应用平台。

OSE/RM最简单的使用形式是供求关系:用户提出服务请求,ASE接受用户的服务请求;APE/EE实体是供给者,即把结果提供给用户。

OSE/RM可以扩展成包括分布环境和多部件(multicomponent)的使用环境(图5.11)。

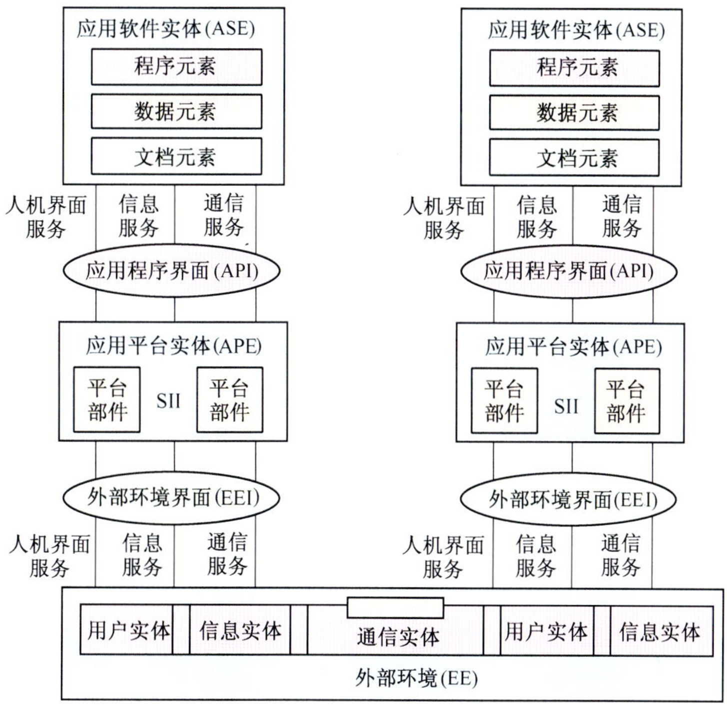

图5.11 OSE/RM展开后的模型

OSE/RM模型与OSE/RM展开后的模型之间的区别体现在低层,后者增加了网络服务的通信实体 。通信实体负责不同的应用平台系统间的通信。

API和EEI界面标准为用户提供了一个有效的开放系统架构。遵循API标准就是支持了应用可移植性,遵循EEI标准就是提供了系统互操作性。

5.3 应用可移植性轮廓——OSE/1版本2.0

为了帮助读者进一步理解OSE/RM,在此介绍OSE/RM一个实例:应用可移植性轮廓(APP)——OSE/1版本2.0。它是美国联邦政府为政府而设计的开放系统环境轮廓,包括政府感兴趣的广泛的应用领域,但不是包括美国政府所有的应用范畴。

5.3.1 APP服务域

APP定义了七类服务域,它们是操作系统服务、人机界面服务、软件工程服务、数据管理服务、数据交换服务、图形服务和网络服务。

图 5.12 显示了 APP 服务域和 OSE/RM 的相关性(假定软件工程服务适用于所有领域)。

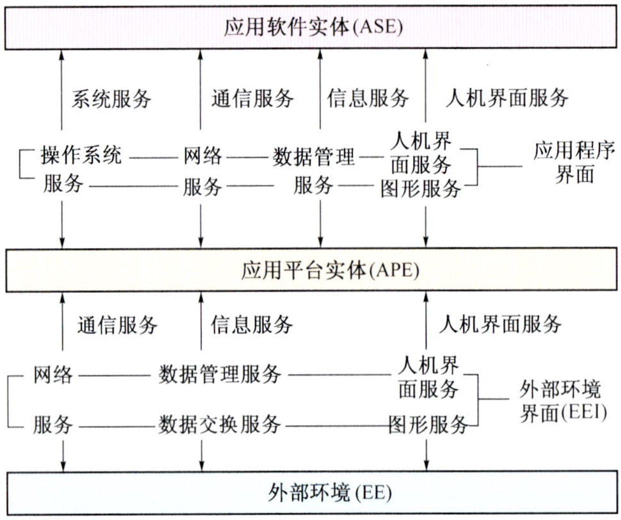

图 5.12　APP 服务域和 OSE/RM

APP 的各个服务域表明了部件以界面、数据格式、已经或将定义的协议规范为基础,安全和管理服务对所有服务域是公共的,并以一个或多个形式渗透到其他所有服务域中。

安全规范体现在操作系统服务、网络服务、存取控制和数据管理服务的完整约束内。

1) 操作系统服务

操作系统服务是操作和管理应用平台所必需的核心服务,提供了应用软件和平台间的界面。这些核心服务由以下内容组成。

(1) 核心操作。提供必需的低层服务,包括创建和管理进程、执行程序、定义和通信信号、定义和进程系统时钟操作、管理文件和目录,以及控制 I/O 处理。

(2) 命令和实用程序。包括操作员层上的操作机理,例如,比较、打印、显示文件内容、编辑文件、典型搜索、求值表达式、登录消息、目录之间移动文件、分类数据、执行命令和访问环境信息等。

(3) 实时扩充。包括:应用和支持应用要求的确定性的执行进程及支持响应所要求的操作系统界面;扩充基本系统服务(例如,定义 I/O、文件系统存取和进程管理)的应用界面 。

(4) 系统管理。包括定义和管理用户资源的分配和存取(即管理资源类型和定义存取类别)、配置和性能管理、文件管理、管理进程(作业记账)、队列、机器/平台的轮廓、资源用法的审定和系统备份等功能。

2) 人机界面服务

人机界面(HCI)是指人与应用的交互方式,这取决于用户和应用的需求。它包括以下内容:

(1) 客户机/服务器操作。指定义在网络环境下的客户和服务器进程间的关联,尤其是用户要求的用图形用户界面显示操作进程。在此情况下,我们称显示控制各个显示单元的程序为服务器进程;称独立用户进程为客户进程,它请求来自服务器的显示服务。

(2) 对象定义和管理。定义显示元素特征的规范。显示元素为色彩、形状、大小、运动、图形内容、用户优先权以及显示元素间的交互等。

(3) 窗口管理。窗口管理规范定义建立、移动、存储、运动、检索窗口信息以及这些基元之间相互的关系。

（4）对话支持。包括对话规范，此规范定义屏幕上显示的内容（例如，目标移动、键盘数据登录、外部数据登录设备）和显示内容的修改（指键入数据引起屏幕改变）之间关系。

（5）多媒体。多媒体规范包括 API 规范、服务定义以及支持单个应用的多种数字和模拟视听数据格式。

3）软件工程服务

可移植、可缩放、可互操作的软件产品和使用是开放系统的目标。软件工程服务是提供开发和维护软件的基础设施。标准编程语言、软件工程工具以及环境是达到开放系统目标的关键。软件工程服务提供以下功能。

（1）编程语言和语言联编，包括 COBOL、FORTRAN、Ada、C 和 PASCAL。

（2）集成软件工程环境（ISEE）和工具。包括协助自动化开发和软件维护的程序和系统，但是不局限于这些。例如，需求规格和分析工具、设计和分析工具、创建和测试程序代码工具、文档编制工具、原型生成以及成组通信工具等。这些工具间的界面包括分类和检索有关系统信息，以及在开发环境中不同程序间信息交换。

4）数据管理服务

数据管理服务包括以下内容。

（1）数据字典/目录服务。允许用户和程序员访问和更新数据的数据（即元数据）。元数据包括内部和外部的格式、完整性和安全规则。

（2）DBMS 服务。提供受控存取和结构化数据的更新服务。为了管理数据，DBMS 提供并发控制和组织不同模式数据的设施。DBMS 服务是可经由一个编程语言界面或一个交互/4GL 界面来实现的，通常提供创建、总装、移动、备份、恢复和档案数据库等特殊服务，虽然其中的某些功能也可由操作系统的通用文件管理系统来提供。

（3）分布数据服务。提供远程数据库内数据的存取和更新。

5）数据交换服务

数据交换服务为信息交换提供专门支持，包括在相同或不同（异构）平台的应用间的数据实 体的格式和语义。数据交换服务包括以下内容。

（1）文档服务。包括数据（例如，正文、图像、数字、特殊字符等）以及电子文档的逻辑和直观结构的编码。

（2）图形数据服务。包括独立于设备定义的图像元素。

（3）产品数据交换服务。包括的规范有描述工艺图、文档、产品设计和制造所要求的其他 数据（例如，几何与非几何数据、形态特性、公差、材料性质和外观）。

数据交换的复杂性有不同层次。

（1）层 1 定义将要交换数据的表示法。例如，可以定义为一个符号或一个数据格式。

（2）层 2 表示对象内容。正文、光栅图像和声频均是不同内容的例子。

（3）层 3 包括对象表示。在此，不同内容的类型可以组合形成一个多行的数据表示，例如，一个复杂文档。

（4）层 4 是语言级。包括语言、语法和语义。

（5）层 5 为应用级。是最复杂的一层，它可以使用任何表示的低层应用来交换数据。

图 5.13 表示数据交换的复杂性层次。

层 5　应用
层 4　语言、语法和语义
层 3　对象表示
层 2　对象内容
层 1　数据格式

图 5.13　数据交换的复杂性层次

6）图形服务

提供建立和操纵显示图像所需要的功能。这些服务包括显示元素的定义和管理、图像属性定义。在这个领域中的图形安全服务包括访问、完整性以及支持图像与图形软件、图像数据开发。

7）网络服务

提供支持分布应用要求的数据存取和在异构网络环境中的应用互操作性。这些服务包括如下内容。

(1) 数据通信。包括 API 和可靠的、透明的、经由通信网络的端对端的数据传输协议规范。

(2) 透明文件存取。在异构网络内定位有效的文件存取。

(3) 个人/微机支持系统与系统的互操作。

(4) 远程过程调用(RPC)服务。包括局部过程调用扩展到分布环境的规范。

5.3.2 集成支持服务

包括安全服务和管理服务。这两个支持服务被集成和渗透到其他七个服务域;但是在许多情况下,对七个服务域而言,孤立的规范是无效的。现描述如下。

1）安全服务

安全服务支持安全分布和信息完整性以及防止未经核准访问计算机的基础设施。这些服务包括以下内容。

(1) 操作系统安全服务。指对系统数据、功能、硬件以及用户和用户进程使用的文件的访问控制。

(2) 人机界面安全服务。包括:在人机界面系统范围内,定义典型用户对执行对象的访问,例如,访问窗口、菜单等;提供人机界面服务(例如人机界面管理系统)功能以及在显示器和其他输出设备上的信息安全标记。

(3) 程序设计安全服务。提供控制存取和编程对象的完整性的工具,例如库、程序代码等;提供软件开发基础设施的工具或信息。

(4) 数据管理安全服务。包括经由专门机制对存储在系统中的数据存取和完整性的控制,例如特权、数据库视图、断言(assertion)、用户轮廓、数据内容的验证和数据标记。

(5) 数据交换安全服务。通常是检验和确认所指定的数据交换类型和完整性。这一服务包括非拒绝接受控制、加密、访问、数据安全标记等。

(6) 图形安全服务。包括保护非正文数据的完整性和存取所必需的功能。例如图形、影像(譬如在显示的位图上的检索以及与编码/解码以后或采用压缩/解压缩技术以后的文件内容进行比较)。

(7) 网络安全服务。包括访问、验证、保密性、完整性和非拒绝接受控制,以及在一个网上发送和接收之间的通信管理。

单独安全规范可在其他服务域中使用,但是在安全服务中 ,以上七个方面是有机整体,不允许取舍。

2）管理服务

管理服务对开放系统环境而言是完整的。它们监督和控制独立的应用、数据库、系统、平台、网络以及用户与这些成分(部件)之间的交互。管理服务使用户和系统在实施所要求的工作时变得更加有效。通过管理服务有可能更好地进行流水线操作和管理、维护开放系统成分(部件)。管理服务包括以下内容。

(1) 容错管理和控制服务。发现、记录和通过人工干预或自动工具重配系统。

(2) 配置控制服务。提供实施版本控制的机理。

(3) 记账服务。为监控系统和网络的使用提供记账服务。

(4) 性能监督服务。计算配置效率和建立未来性能的需求。

上述任何一个或多个管理规范均可适用于其他服务域中所包含的各个服务。但是,作为一个 完整的管理服务,上述四个方面是一个整体,不允许取舍。

5.3.3 联合技术体系结构

前面给出美国联邦政府设计的开放系统环境轮廓。本节将给出开放系统思想在军事上的应用实例——联合技术体系结构(JTA)。

JTA 是由美国国防部国防信息系统局(DISA)牵头组织的一个联合技术体系结构工作组(JTAWG),集中了各军、兵种的资深技术专家,以陆军技术体系结构(ATA)为基础而开发的(图 5.14)。1996 年 8 月公布了 JTA V1.0 版本。

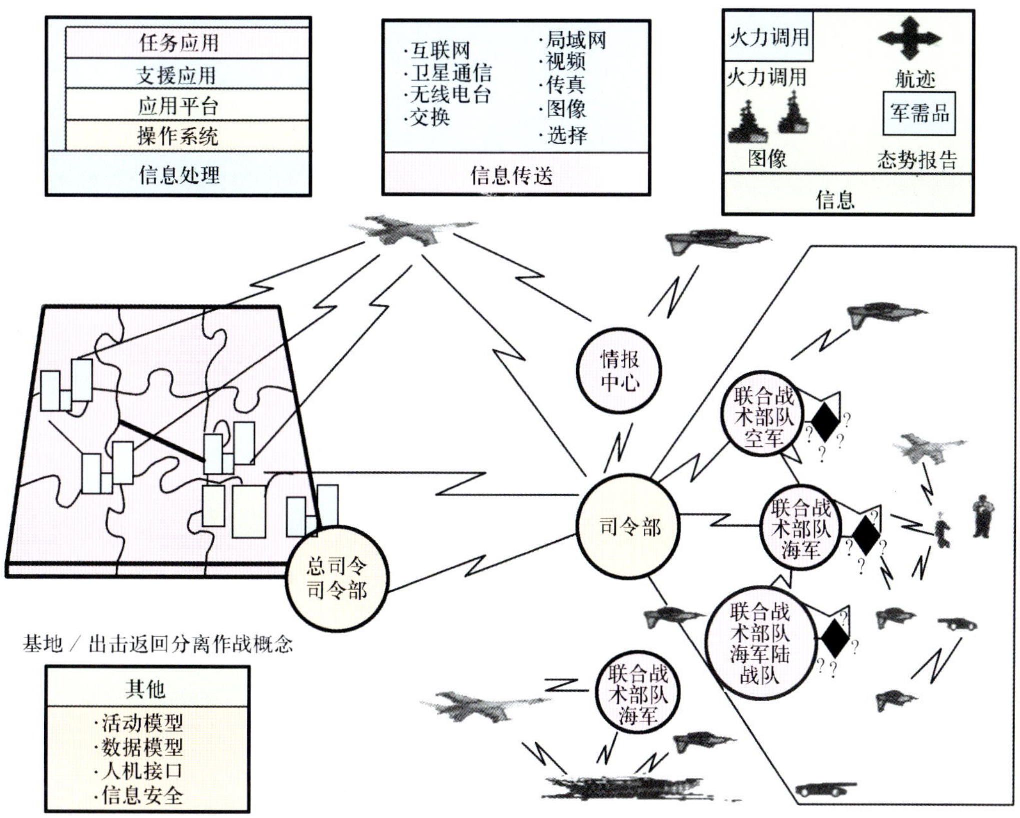

图 5.14 联合技术体系结构概念

5.3.3.1 JTA 的目的

JTA 是一个文档。该文档确认了一组共用的强制性信息技术标准和指南,用于美国国防部(DOD)所有的 C^4I 系统以及与其他重要资源的相关接口。也就是说,JTA 是一组规范集或“建设法规”,用于信息系统设计或系统集成,以达到互操作性目标。

JTA 阐明了三种体系结构,即作战体系结构、系统体系结构和技术体系结构,以及三者之间关系和相互影响(图 5.15);明确了五个方面强制执行标准,即信息处理标准、信息传输标准、信息建模与信息标准、人机接口标准和信息安全标准;同时也给出了正在制定和形成的标准。

在信息处理标准中,给出详细的 DOD 技术参考模型(TRM)版本 3.0,这是实现 JTA 目的的关键内容。

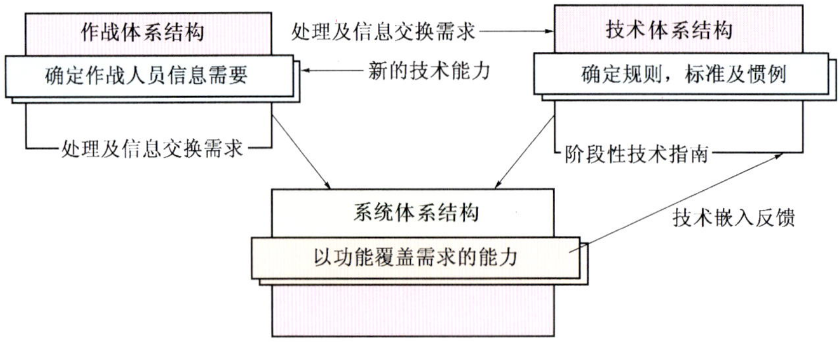

图 5.15　体系结构关系

5.3.3.2　定义体系结构

图 5.15 标明了作战、系统和技术三个体系结构之间的关系。这里所提供的定义可保证各种类型的体系结构有共同理解。

(1) 作战体系结构。这是为完成或支持作战功能所需要的作战要素、分派任务以及信息流通的一种表达(通常是图形)。作战体系结构定义信息的类型、信息交换的频度以及这些信息交换所支持的任务。

(2) 系统体系结构。这是保证或支持作战功能的系统(包括为有效作战必不可少的电台、终端、指挥、控制及支援设施、传感器及传感器平台和自动化信息系统等)及互联体(指系统之间人工的、电气的或电子的通信信道/连接装置,其中包括为有效通信必不可少的电话、网络、中继平台、交换机等)的一种表达(包括图形)。系统体系结构定义为关键节点、电路、网络、武器平台等的物理连接、位置及标识,并规定系统及组成部分的性能参数。该体系结构应以技术体系结构中定义的标准来满足系统体系结构的需求。系统体系结构给出所属区域内多个系统怎样连接和互操作,并且可以描述在该体系内特定系统的内部构造或操作。

(3) 技术体系结构。这是支配各部件或单元配置、相互作用、相互依存的一套最基本的规则,目的是保证系统一致性以满足一组特定的需求。技术体系结构确定服务、接口、标准及它们间的相互关系,并为基于工程规范的系统实施提供技术指南、建造共用功能块、开发生产线。

5.3.3.3　信息管理技术体系结构框架的技术参考模型

信息管理技术体系结构框架的技术参考模型(TAFIM/TRM)是广义的。它并不意味着任何特定系统的体系结构,目的是提供一个“作为标准的技术规范基础的概念、实体、接口,以及图表的集合”。该模型分为两个实体:ASE 和 APE。ASE 与 APE 通过一个 API 进行通信。APE 与 EE 通过 EEI 进行通信。此关系类似于前述的 OSE/RM(图 5.9)。TAFIM/TRM 将这些实体分解成子类别,如图 5.16 所示。

1) ASE

ASE 包括任务领域应用和支持应用两方面。任务领域应用实现特定用户的需求和需要(例如,人员、材料、管理)。这种应用软件可以是商用的现品(COTS)、政府的现品(GOTS)、用户开发的软件,或者是这些软件的组合。

共用支持应用是指跨越不同或多个任务领域、被标准化的(例如,电子邮件和文字处理)并位于国防信息基础设施(DII)公共操作环境(COE)中第一层的那些应用。它们提供的服务能用来开发任务领域中特定的应用,或可供用户使用。参考模型定义了六种支持应用类别:多媒体、通信、事务处理、环境管理、数据库实用程序、工程支持。

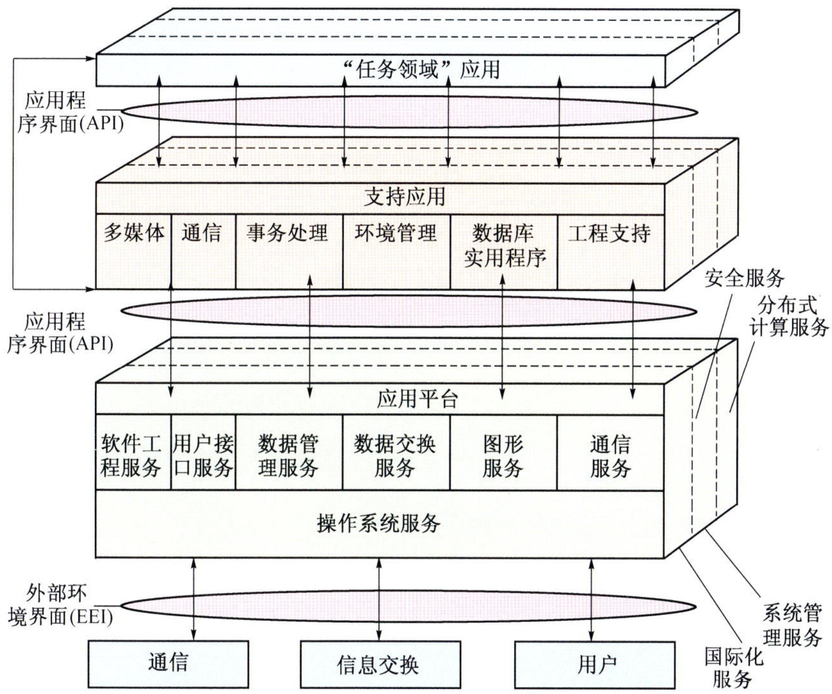

图 5.16　技术参考模型

ASE 包含国防部的所有应用软件。任务领域应用应最大限度地转换成国防基础设施的公共操作环境的共用支持应用。

2）APE

APE 由服务域和其他服务组成。

服务域包括软件工程、用户接口、数据管理、数据交换、图形、通信以及操作系统服务等七种服务。

其他服务包括安全服务、分布式计算服务、系统管理服务、国际化服务等。

这些服务均遵循规定的标准和约定，以保证系统达到开放系统的四个特性。由于篇幅所限，在此仅简述各个服务的主要职能。

（1）服务域。其中内容分述如下。

① 软件工程服务。它为系统开发者提供适用于应用的开发和维护工具。

语言服务为开发者提供基本语法和语义定义，用来描述所要求的软件功能。

② 用户接口服务。它是实现 HCI 的格式，并控制用户与系统的交互。用户接口服务是保证应用系统可移植性的极其重要部分之一。JTA 既强制基于 X 窗口系统和开放软件基金会（OSF）Motif API 的公共台式环境（CDE）版本 1.0，又强制可应用本国的窗口 Win32 API，还规定了一组强制性执行的标准和有关 HCI 格式指南。

③ 数据管理服务。它为各种应用之间共享数据提供独立的管理。这些服务支持出自数据库管理系统的各数据元素的定义、存储和检索。采用 RDBMS 资源及 COTS RDBMS 的应用编码应符合记录级（entry level）SQL 的要求。

对需要使用 RDBMS 的任一系统，下面标准是强制性的：FIPS 127 - 2/1993，用于 RDBMS 的数据库语言。

对数据库应用客户和数据库服务器两者，下面 API 是强制的：开放数据库连接性 ODBC 2.0。

④ 数据交换服务。在应用和来往的外部环境之间为数据和信息的交换提供特殊的支持。这些支持服务包括文档、图形数据、地理数据、图像数据、产品数据、音频数据、视频数据、大气数据、海图数据以及压缩交换数据业务。

⑤ 图形服务。它支持图形的生成和操作。图形服务包括独立于设备的多维图形对象的定义，以及含有图形数据的分层数据库结构管理。对于非图形的开发，必须遵循如下标准：

ISO 7942/1991　图形核心系统（GKS）——适用于二维图形。

ISO 9592/1989　程序员层次交互式图形系统（PHIGS）——适用于三维图形。

ISO/IEC 9136/1994　信息技术——适用于与图形设备对话的计算机图形接口（CGI）技术。

⑥ 通信服务。它支持网络环境下要求进行数据访问和应用互操作性的分布式应用。

⑦ 操作系统服务。这是核心服务。它对一个计算机平台进行操作和管理，并支持应用软件的操作和运行。操作系统服务包括核心操作、外壳以及实用程序。核心控制对信息以及下层硬件的访问。这些服务或者经由标准的 POSIX 或者经由 WIN32 API 为各种应用提供访问。并非所有操作系统服务都需实现，但所用到的那些服务均应遵守下列强制执行性标准：

ISO 9945 - 1/1990　信息技术——POSIX——第一部分：API（C 语言）。

ISO 9945 - 2/1993　信息技术——POSIX——第二部分：外壳与实用程序。

IEEE 1003.16/1993　POSIX——第一部分：API 修正件 1：实时扩展（C 语言）。

IEEE 1003.22/1994　POSIX——第二部分：外壳与实用程序——修正件：批处理环境。

IEEE 1003.1i/1995　POSIX——第一部分：API 修正件：实时扩展的技术勘误表（C 语言）。

IEEE 1003.1c/1995　POSIX——第一部分：API 修正件 2：情节扩充（C 语言）。

WIN32 API，窗口管理和图形设备接口，第 1 卷，Microsoft Win32 编程人员参考手册，1993 年，Microsoft 出版社。

（2）应用平台跨领域服务。其中内容分述如下。

① 国际化服务。它提供一组服务和接口。这组服务和接口允许用户通过特定的实现来支持不同文化背景的应用环境，进行定义、选择和变换。这些服务包括字符集、数据表示、文化习惯，以及本国语言的支持。

为了在系统间交换文本信息，系统应商定原文本数据的字符表示。根据 ASCII 字符集建立起来的下述字符编码标准，分别强制用于 8bit 及 16bit 原文本信息交换：

ISO/IEC 8859 - 1/1987　信息处理——8bit 单字节编码字符集——第一部分：拉丁字母表 NO.1。

ISO/IEC - 10646/1993　信息技术——通用 8bit 组编码字符集（UCS）——第一部分：体系结构及基本多国文字平面。

② 安全服务。它有助于保护信息及计算机平台资源。为了全面满足安全需求，这些服务必须与超出信息技术服务范围内的安全规程结合起来。这些安全服务包括安全策略、责任以及保证。

③ 系统管理服务。它提供了管理操作平台及其资源和用户的能力。系统管理服务包括配置管理、故障管理以及性能管理。但是目前尚未制定系统管理的强制性标准。

④ 分布式计算服务。它允许各种业务、操作以及信息传送在多个物理或逻辑分散的计算机平台上发生。分布式计算服务包括：全球时间；数据、文件及名字服务；情景服务、远程服务等。

分布式计算服务分为两类：远端过程计算和分布式对象计算。

（ⅰ）远端过程计算。在OSF分布式计算环境（DCE）版本1.1中规定了有关远端过程计算的强制执行标准：

OSF－DCE，远程过程调用（RPC），1.1版，1994年。

OSF－DCE，时间服务，1.1版，1994年。

OSF－DCE，目录服务，1.1版，1994年。

（ⅱ）分布式对象计算。在对象管理组（OMG）对象管理体系结构（OMA）中规定了有关分布式对象计算的强制性标准：

OMG—共用对象请求代理的体系结构与规范，版本2，1995年7月（也可参阅X/Open公共应用环境（CAE）规范P431——共用对象请求代理的体系结构与规范，版本2）。

OMG—CORBA服务的共用对象服务规范，1996年3月（也可参看：X/Open CAE规范P432——共用对象服务，第1卷，以及X/Open CAE规范P502——共用对象服务，第2卷）。

OMG—CORBA设施的共用对象设施体系结构，1995年11月。

5.4 应用可移植性

由上面讨论可知，开放系统的互操作性、软件可移植性以及系统集成性是保证应用程序可移植性和保护用户投资、减少重新培训的基础。开放系统是独立在一系列公认的标准之上，标准仅是达到应用可移植性的基本成分；而应用可移植性界面标准（包括API和EEI）是达到应用可移植性的关键部分，它涉及到用户、系统/进程、信息和通信四个领域。故应用可移植性是相当复杂的工作，它极大地依赖于用户类型（例如从一个管理机构到一个终端用户）、程序规模、系统组织的复杂性（例如从小的单一用户到分布式系统）以及新老平台差异和新平台上运行应用的难易程度。下面将着重介绍应用的可移植类型、应用可移植界面、可移植进程活动以及用户对应用可移植性的要求，使读者对应用可移植性有较深入的了解。

5.4.1 应用可移植性的类型

一个应用涉及到程序、人和数据三个方面，故应用可移植性相应地也有三种类型，即程序可移植性、数据可移植性和人员可移植性。

1）程序可移植性

程序有不同类型和级别，例如，功能程序、源程序、中间代码、解释代码和二进制代码。从可移植性观点看，在第3章已经告知：在源程序级和源程序级以上（例如功能级）的程序可以较方便地在最广泛的平台范围内进行移植，花的代价少，其移植性的适应性、重用性和协调安全环境均较好；而源程序级以下的代码，往往是依赖于特定硬件平台和翻译程序。因此，我们应把程序的可移植性集中在较高的源程序级别上，以达到程序可移植的目的。

2）数据可移植性

数据可以从个别值、记录到数据库。在任何情况下，数据项的任何集（群）均能在不同级别，即语义、语法、关联和含义上给以解释。

在语法级是指数据的物理表示，或组成数据的实际的二进制位；在语义级，数据的物理表示被解释为一群值，如数字或取自字符集的正文字符；在关联级，数据值的相对位置和值自身（例如内部指针）可译为数据结构，例如记录、层次或其他结构，这些被组织起来的数据群是由使用它们的程序解释。当然,这些数据在外部世界有确定的含义(例如温度、雇员特征)。当数据从一个系统移到(或移植)另一个系统,多数的应用程序要求在移植时语义和那些关联必须用数据显式地描述,或者由应用隐式地提供。数据通常能借助通信或它的语义移植和关联移植被组织起来。在某些数据描述语言中,数据描述(模式)能借助于它在目标系统中的解释来建立。

数据可移植类型对应于语义、关联和代码化数据的含义。数据仅能以语法形式被移植,或者数据能由一个语义描述来翻译(包括数据关联和嵌入),而数据的含义则由使用它的应用去解释。

现举例说明之。在应用中,数据有两种情况。

(1) 数据与应用是紧密耦合的,如控制数据、菜单和错误正文等。此时,紧密耦合的数据可与应用一起被移植,且主要由程序设计语言给以包装。

(2) 数据与应用是松散耦合的,即结构化是应用的需要,但是可能被其他应用使用。松耦合数据要经由外部界面来访问,或者外部界面必须接受数据格式(例如分布式数据库系统中某一个场地上的数据库所产生的数据),这些都将影响所有使用松耦合数据的应用的可移植性。

由上述分析可知,数据的可移植性随着与一起被移植的数据描述级别的提高而增强,同时可移植性也伴随描述的可辨认性和数据分离程度的增强而提高。

3) 人员可移植性

人员可移植性应考虑以下情况:

(1) 有不同人类工程学特性要求的某些用户类,需要使用相同应用;

(2) 对于具有良好定义的人类工程学特性需求集的用户,必须能使用不同应用。

人员可移植性目标如下:

(1) 节省用户重新培训和教育的时间;

(2) 防止由于任务间的不一致性引起混乱;

(3) 避免因先前经验的差异而导致错误。

人员可移植性的前期要求是,根据所要求的应用人类工程学特性书写用户特征规格说明。这些特性包括对认知(cognitive)用户特征的支持、行为用户特征的支持、物理用户特征的支持、任务的应用适宜性、用户对应用期望的支持、应用的自描述性、个性化能力和对初学者支持。

在不同应用间建立可移植的用户界面一般有两种方法:

(1) 建立直观标准或它的一个"可驱动性子集",并将其置于相关的应用之中;

(2) 提高封装程度,使应用不再影响界面的直观性。

5.4.2 应用可移植性界面

由前所述,一个应用平台是由支持一个应用运行的硬件和软件资源集组成。要把一个应用成功地从一个平台移到另一个不同的新平台,新平台必须提供原有平台所具有的服务和界面,且要满足用户的需求。这就是说,为了使应用的移植获得成功,人们关心的不仅仅是作为一个对象(例如编译器、由当前结构到新结构的变换等)的那个应用的移植进程,而且要求对象的基本行为(功能和事件两者形成一个对象行为)必须在所移植的应用中予以保留。因此,从用户观点看,所谓一个应用的移植是成功的包含两个方面:

(1) 在新环境中,成功地保留应用和应用平台的复合行为;

(2) 移植结构的效耗比。

那么,如何才能保留应用和应用平台的复合行为呢?我们先来看一下应用与应用平台的关系,如图5.17所示。

从图5.17可知,一个应用所要求的界面和服务必须由运行应用的平台所提供,应用并不需要知道在平台上的软件和硬件的具体细节,也不需要知道它们是如何执行服务的。例如,当平台的软件或硬件发生故障时,平台系统可以动态地重构使其恢复运行。我们把图5.17中的界面称为应用可移植性界面(IAP)。因此,使一个应用成功地从一个平台移到另一个不同的新平台,新平台必须提供原有平台所具有的服务和界面。为了进一步说明问题,现把图5.17展开成图5.18。在图5.18中,IAP包括API和平台的外部环境界面(PEI),即前述OSE/RM中的EEI。

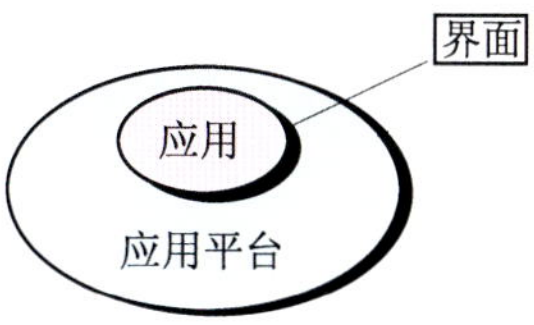

图5.17 应用与应用平台间的关系

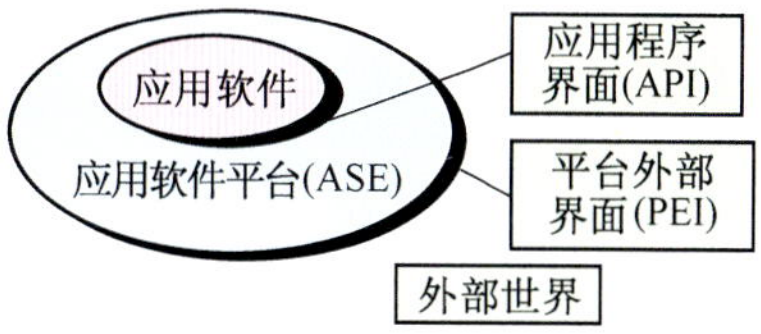

图5.18 图5.17细化

从图5.18可知,为了支持应用可移植性,应用平台必须具备以下特征。

(1) API和界面提供的服务应尽可能封装在由应用平台指定的和标准所定义的硬件和软件中,以便于用户能透明地使用。

(2) 应用平台支持由标准定义的PEI和界面提供的服务。

(3) 应用平台必须能标识下列可移植性的特征。

① 用户特征。包括技术成熟度、文化背景、人员因素、不利条件。

② 请求操作特征。包括性能、不间断行为、恢复、安全、分布透明性、国际化(跨文化)、用户应用调整(修改)能力、多用户应用、实时、交互作用模型、系统性管理、维护性。

③ 系统功能特征。包括用户界面(如字符、图形、映像、窗口、声音、输入设备)、存储信息访问(如文件、数据库、数据字典、目录)、通信访问、事务处理、并发、计时服务、子例行程序库、系统查询、存储管理、例外处理和程序语言。

④ 数据表示特征。包括数据类型(数据结构(如数据库格式))、数据表示(文档描述(如ODA,SGML)、映像描述(如TIFF,CGM)、声音描述(如MIDI,PCM))、字符集(如字符表、字符表示法、排序(collation sequence)、代码表)、控制功能表示、介质指定的数据结构和字节/位顺序。

⑤ 硬件体系特征。包括算法行为(算术精度(范围)、定点行为、浮点行为)、编址(定位(alignment)、目标大小(object size)、统一性(uniformity))和硬件资源(设备可用性、与应用指定的设备的交互作用、专用处理器(如矢量、并行)、硬件资源局限性)等。

从前述可知,IAP标准的制定是极其重要的。IAP(包括API和PEI)标准建立是应用可移植成功的关键部分。下面简述一个IAP标准必须考虑的几个方面。

(1) 标准必须体现源码可移植性、用户界面、操作系统界面、数据管理服务、数据可移植性、文档可移植性、通信服务、软件工具界面、国际化。

(2) 现有标准是应用可移植性的基本成分;评估现有标准和建立新标准,在IAP开发中均是十分重要的。

(3) 应该遵照有关IAP标准编写应用,以保证应用符合性和那些标准实现的可检验。

(4) 采用的有关IAP标准应该是对应用界面影响最小且重新培训用户所花时间最少。

(5) 建立相关的IAP标准应强调促使那些标准的运用,为了扩充功能,必须考虑现有应用可移植性的良好工程化。

(6) 为了推广标准使用,有关 IAP 标准的开发应该是公开的。

(7) IAP 标准应允许能有效地实现并被使用。

一个应用平台的实现定义了 API 和 PEI(即 OSE/RM 中的 EEI)职能,API 和其提供的服务决定了应用软件和人员的可移植性,PEI 和其提供的服务可支持系统和应用的互操作性以及数据和人员的可移植性。一个应用能否成功地被移植,除了 API 和 PEI 外 ,通常对平台特征还有某些要求。有些要求很容易在很多平台上找到,例如最低性能或一定的存储规模的要求;但是有的选择就受到严重的限制,例如高安全准则、故障间冗长的平均时间。故挑选和建立一个满足应用可移植性的环境不是轻而易举的事,必须郑重对待。下面将介绍应用可移植的进程活动。

5.4.3 应用可移植性进程活动

应用可移植性进程是指将一个应用平台上运行的应用转移到一个或多个与其不同的新的应用平台(即目标平台)上,并验证被移植的应用在目标平台上运行的正确性和有效性。

1) 应用可移植性参考模型(RM-AP)

图 5.19 表示 RM-AP 开发的一个建模过程,其步骤如下。

(1) 建立应用可移植性的一般模型。此阶段主要是对企业应用和应用可移植性的需求进行分析,将其特征进行抽象,并在此基础上构建适合于企业需求的应用可移植性的一般模型。但必须注意的是,在建模过程中,一定要认真地考察模型的动态行为,其中包括功能、对象和事件之间关系。我们知道,信息系统是试图帮助人们完成某些事,目的是利用信息来辅助一个活动或几个相关联的活动。从这个背景出发,活动是焦点,信息系统是机制。这是系统的两个方面,即辅助一个活动的系统观点和作为对象的系统观点。一个活动可以进一步分解为功能和事件两个部分:功能是对一个对象所参与的一组活动的描述,是以活动间所定义的依赖为前提;事件是指一个对象参与一个活动的即刻指定的具体值。功能和事件两者形成一个对象行为。因此一个对象的行为可表示为一个模型,它指出了对象所执行的功能以及这个对象参与的事件集之间的关系。图 5.20 显示出了对象、事件和功能之间的关系。因此,我们在建模过程中,必须全面地分析功能、对象和事件之间关系。

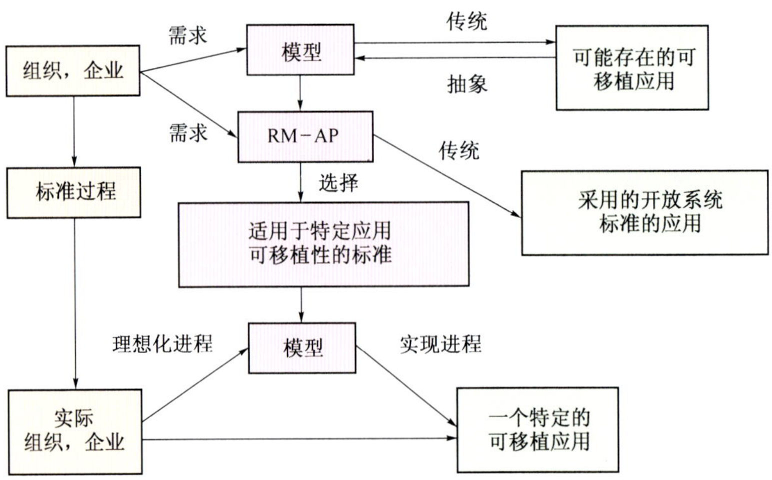

图 5.19 应用可移植性进程活动

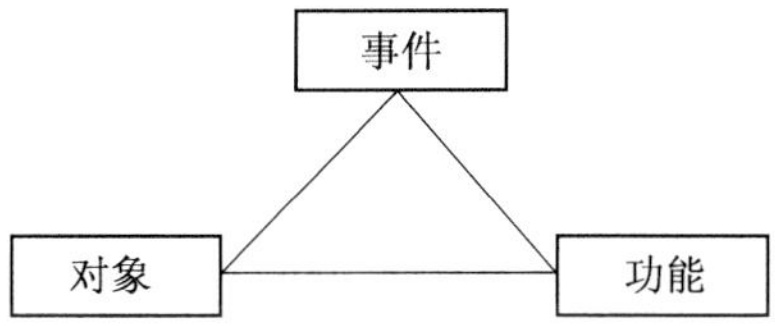

图5.20 对象、事件和功能之间的关系

(2) 选择相关模式的约束条件,以保证由 RM - AP 所导出的应用可移植标准将符合 OSE 的要求。

(3) 建立特定(专用)的模型,使其覆盖组织、企业的可移植应用的全部需求。但此模型是限制在 RM - AP 所给定的概念集和一般功能之中。

因此,我们有必要标识、修改或实现为特定应用而建立的标准,使其能普遍地适用于更广泛的应用范围;有必要标识、修改或建立为满足特定的应用所需要的专门功能的实现标准。应用可移植性进程始终体现在独立产品和应用系统设计的不断进化和延续之中。

2) 多种模型

由于用户要求的可移植性是出自于不同理由和不同级别的需求(例如功能级、源码级),为了描述和分析所有不同需求的应用可移植性的事实,人们需要建立不同模型。每个模型都是代表原先所讨论问题的需求的抽象集。通常有四种典型的分析模型。

(1) 概念操作模型。该模型根据企业单位和组织的需求,描述一个给定企业单位和组织的操作和活动,实际上是一个需求分析的建模过程。它适用于终端用户和那些模型化的应用的可移植性。

(2) 逻辑系统模型。它用于检验标准集(例如 ISO/OSI),检验语义的一致性和完整性。该模型描述支持企业、机构和组织的操作的逻辑系统,是概念操作模型的逻辑实现和描述。

(3) 物理技术模型。它描述构建应用系统的支持部件(成分),以及与逻辑系统模型相关的规范和专门技术的有效性,是逻辑系统模型中某些关键技术的模拟实现。

(4) 应用和应用平台模型。它是在上述三种建模基础上建立的。该模型主要确定构造符合用户可移植性需求的应用和应用平台是由哪些部件(或成分)组成的,其中哪些部件(或成分)是必须开发的,哪些是可以选购的。

在应用可移植性进程活动中,不同阶段、不同目的使用不同的模型,其好处是使企业操作运行与当前技术的可用性分离。这样,一旦技术进步和变化,就可以采用物理技术模型来判断新技术的潜在有效性,无须重复分析概念操作模型和逻辑系统模型,从而真正做到系统的概念分析、逻辑设计与系统的物理实现的分离,提高系统构造的灵活性和易维护性。

3) 模型的规格语言

描述或指定应用行为的任何规格语言必须有能充分地表达相关的数据规格、行为规范和应用特性的能力。应用系统规格的需求分析可以标识新特性,这些新特性应能得到现有的规格语言的支持。目前规格语言有 Estelle、VDM、COBOL 和 C 等。

4) 应用可移植性进程

图5.21 表示应用可移植性进程与实现进程之间的关系。图5.21 的应用可移植性进程目标模型可借助于设计指南、模型模板和 RM - AP 工作所导出的标准来构建。这个模型的构建不仅依赖于环境和技术约束,而且也可依赖于当前硬件/软件的约束。如果人们考虑模型的实现包括软件的编译、数据的变换和新配置所要求的修改,则应用可移植性进程仅为实现

进程的一部分,或者等价于实现进程。从图5.19也可看出,应用可移植性进程的成功改进是独立产品和应用系统设计的延续。下面介绍一种保护投资的实用化方法(图5.22),它就是延续思想的具体体现。

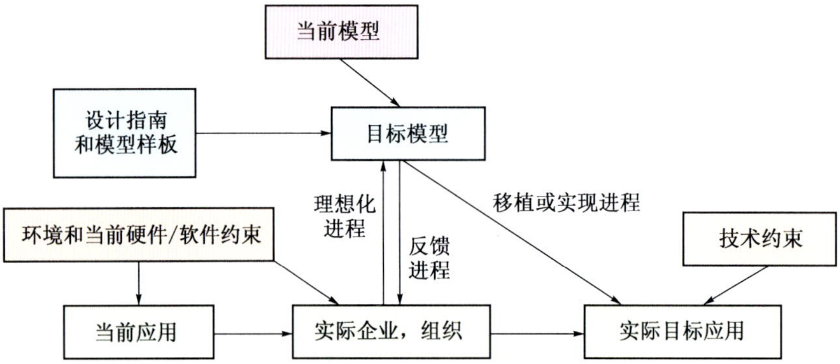

图5.21　应用可移植性进程

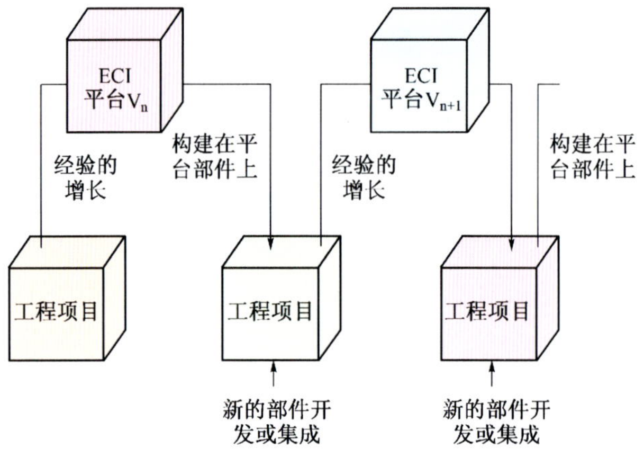

图5.22　投资的一个实用方法

在图5.22中,ECI平台V_n是基于平台V_{n-1}基础之上,而平台V_{n+1}是基于ECI平台V_n基础之上。这个事实告诉人们,随着经验的增长和新技术、新需求的发展,在原有系统上扩展是最精简、有效的方法。但是前提是原有应用平台(如ECI平台V_n)应该满足开放系统的三个基本特征,并且扩展后的ECI平台V_{n+1}也应该符合开放系统的特征。

5.4.4　用户对应用可移植性的要求

计算机系统的开放性已经引起各国的重视。例如:美国国家标准与技术研究所针对联邦政府的应用提出了应用开放系统轮廓(APP OSE/1 V2.0,参见5.3.1节)的描述;美国国防部1992年10月发布"命令918",要求陆、海、空三军的信息系统采购机构和数据处理中心都归属于国防信息系统局统一领导,并把原有的1700个数据处理中心合并成20个大中心,在现有100个分离的广域网之外,建立一个更加协调的网络基础结构。"命令918"的目的是集中操作控制,以实现10000多个局域网和650000工作站的互操作性和高可靠性。又如,美国国防部为其联合参谋部建立一个JSAN项目,旨在提高全球通信能力和信息分析能力,并建成一个完善的指挥自动化系统。计划耗资9160万美元,用8年时间将过去已有的专用系统全部改造成开放系统。这一切充分说明,在现代高技术信息战中,为了保证所建设的军事系统能有效地打击敌人,保存自己,一定要重视计算机系统的开放性,做到真正的应用可移植性。那么用户对应用可移植性到底有什么要求呢?

概括地说,用户对应用可移植性的要求为:

(1) IAP 标准应能满足跨越系统不同体系结构、操作系统、性能、配置等广泛的应用可移植性范围;

(2) 不仅程序源码可移植,而且数据和文档也应该可移植;

(3) 人员可移植,即应用从一个平台移到另一个(不同的)平台时,花在人员重新培训的时间最少,或无须重新培训;

(4) 当应用被移植时,应用界面受到的影响应该最小;

(5) 应该有能力改变信息表达,即从一国语言或文化背景到另一国语言或文化背景,无须修改应用体;

(6) 操作系统应该基于非专利规格;

(7) 标准在它们完成或实现前后均不应该变成失效;

(8) 对标准实现的符合性应该是可检验的;

(9) 应该制定鉴别和选择信息技术部件的制度和标准。

提高应用可移植性和保护用户投资是不可分割的两个方面。IAP 标准是达到应用可移植性的关键部分。关于界面和服务可以从四个领域来考虑:用户领域、系统/进程领域、信息领域、通信领域。

计算机系统的开放性已经引起各国的重视。例如,美国国家标准与技术研究所针对联邦政府的应用提出了应用开放系统轮廓(APP OSE/1 V2.0,见5.3.1节)描述;美国国防部1992年10月发布"命令918",要求陆海空三军的信息系统采购机构和数据处理中心都归属于国防信息系统局统一领导,并把原有的1700个数据处理中心合并成20个大中心,在现有100个分离的广域网之外,建立一个更加协调的网络基结构。"命令918"的目的是集中操作控制,以实现10000多个局域网和650000工作站的互操作性和高可靠性。又如美国国防部为其联合参谋部建立一个 JSAN 项目,旨在提高全球通信能力和信息分析能力,并建成一个完善的指挥自动化系统。计划耗资9160万美元,用8年时间将过去已有的专用系统全部改造成开放系统。

随着网络技术和通信技术的发展,专用网正朝着整合和互联的方向发展,这种整合的专用网与公用网和 Internet 的互连形成了信息高速公路的基础设施,在人类社会进步的大舞台上为计算机应用铺垫了更加绚丽多彩的场景,计算机应用将进入一个前所未有的新的发展时期。我们可以肯定,随着全球性网络互连、互通、互操作的实现,计算机应用将根本改变人类生活、交流和工作方式。表现在军事上,以计算机技术和微电子技术为代表的高技术的发展,已在世界上引发了一场军事革命。现代战争是高技术战争,而信息战争则是高技术战争的一个重要发展阶段,计算机和通信技术的优势将对战争的胜负起着极为重要的作用。在信息战争中,计算机是敌我双方系统对系统、体系对体系对抗中关键的子系统和神经中枢。为了保证所建设的军事系统能有效地打击敌人,保存自己,一定要重视计算机系统的开放性,确保其具有开放系统的基本特征,不要盲目轻信销售厂商的商业宣传。在研制和采购中,一定要密切关注所研制、开发和采购的系统,能否成功地从原有应用平台移植到新的应用平台上,并保证正确、有效地运行。

5.5 小结

开放系统是一个环境。应用此环境中的部件所构成的系统是一个非专用环境,它不依赖于具体厂商,且能为用户提供选择性价比最佳的应用环境的依据。开放系统是一个符合软件可移植性、系统的互操作性、系统的集成性(也可叫整合性)三个基本特征的应用平台环境,其目的是解决应用可移植性。

开放系统的基本成分包括用户环境、数据库、语言与工具、网络服务、操作系统、硬件和应用接口,它几乎覆盖了当今计算机技术的各个方面。

开放系统的互操作性、软件可移植性以及系统集成性是保证应用程序可移植性和保护用户投资、减少重新培训的基础。开放系统是独立在一系列公认的标准之上,标准仅是达到应用可移植性的基本成分;而应用可移植性界面标准(包括 API 和 EEI)是达到应用可移植性的关键部分,它涉及到用户、系统/进程、信息和通信四个领域。应用可移植性是相当复杂的工作,它极大地依赖于用户类型(例如从一个机构管理到一个终端用户)、程序规模、系统组织的复杂性(例如从小的单一用户到分布式系统)以及新老平台差异和新平台上运行应用的难易程度。本章给出的联合技术体系结构(JTA)是理解开放系统思想在军事上应用的一个很好的实例。

第6章 软件工程——软件质量保证与控制

软件发展大体上分为三个阶段，即程序设计时代、软件时代、软件工程时代。软件工程是1968年在联邦德国召开的国际会议上提出的。软件工程一词是生产软件的工程，它以短时间、高质量、低成本地开发软件为目标。在此之前，软件开发好像一个手工艺品艺术家进行艺术创作，一个软件就像一件艺术作品。每一个人所开发的软件的风格和技巧均不相同，别人很难读懂它。一个软件如果发生了问题或需要增加功能，往往除了作者之外，别人很难进行工作。随着软件规模越来越大，一个软件开发往往需要很多人的通力合作，花很长时间才能完成，那种手工艺式的作坊生产显然不合时宜。这自然导致人们试图把传统的工程设计思想和产品生产方式用于软件生产，引出了"软件工程"概念。我们必须采用的软件工程方法主要有：

(1) 采用工程化方法和工程途径来研制与维护软件；

(2) 采用先进的技术、方法与工具来开发与设计软件；

(3) 采用必要的组织管理措施。

什么是软件工程？简单地说，软件工程是用于生产软件的理论、方法、技能和工具的总和。它是一门涉及面相当广的学科，诸如计算机、系统工程、市场学、统计学、审计、法律等；同时软件工程又是一个开发过程，即采用系统工程方法组织人力、物力资源，按用户需求进行定义、开发、设计、测试和考核，以预定的成本向用户提供运行程序、文档和有关设计文件、操作指南等。

软件工程包括三个要素：方法、工具和过程。

软件工程的方法为软件开发提供了"如何做"的技术。它包括多方面的任务，如项目计划与估算、软件系统需求分析、数据结构、系统总体结构的设计、算法的设计、编码、测试以及维护等。

软件工具为软件工程方法提供了自动或半自动的软件支撑环境。

软件工程的过程则是将软件工程的方法和工具综合起来，达到合理、及时地进行计算机软件开发的目的。过程定义了方法使用的顺序、要求交付的文档资料、为保证质量和协调变化所需要的管理,及软件开发各个阶段完成的里程碑。

软件工程的内容就是包含上述方法、工具及过程的内在步骤。

软件质量控制与保证是中大型软件和实时软件可靠运行、维护和扩充的基础。本章从软件工程角度出发讨论软件生存期全过程质量控制与保证的一些方法和措施。

6.1 传统的开发方法

如同任何事物一样,软件也有一个孕育、诞生、成长、成熟和衰亡的生存过程,一般称其为计算机软件的"生存期"。软件生存期模型是从软件项目需求定义直至软件经使用后废弃为止,跨越整个生存期的全部过程、活动和任务的框架。

到目前为止,已经提出了多种生存期模型,如瀑布模型(由 Boehm 提出,又称生存周期模型),快速原型模型(由 Jackson 与 Brooks 提出,又称样机模型),螺旋模型等。

6.1.1 瀑布模型

瀑布模型如图 6.1 所示,主要特点如下。

(1) 软件是由文档和程序两部分组成,文档是整个开发过程中不可缺少的。

(2) 整个开发过程分为两大阶段:逻辑设计与物理设计。逻辑设计是从需求分析到实现编码之前的一个过程,此过程只考虑目标系统的逻辑模型,不涉及具体的物理实现,所完成的文档均是独立于具体设备的抽象逻辑模型。从编码开始是物理实现阶段。这种区分逻辑设计与物理设计的思想保证了软件物理实现的正确性。

(3) 阶段间具有顺序性和依赖性。这就是说,前一阶段工作完成之后,才能进入后一阶段工作;前阶段的输出文档是后一阶段的输入文档。一旦某一阶段发现问题,有可能要追溯到它之前的各阶段,必要时还要修改前面各阶段已经完成的文档。

(4) 坚持阶段评审。瀑布模型就好似水已经从瀑布顶部流淌到底部以后,再想使水返回到高处就需要付出极大能量,因此一定要坚持阶段评审,确保错误的早期发现。

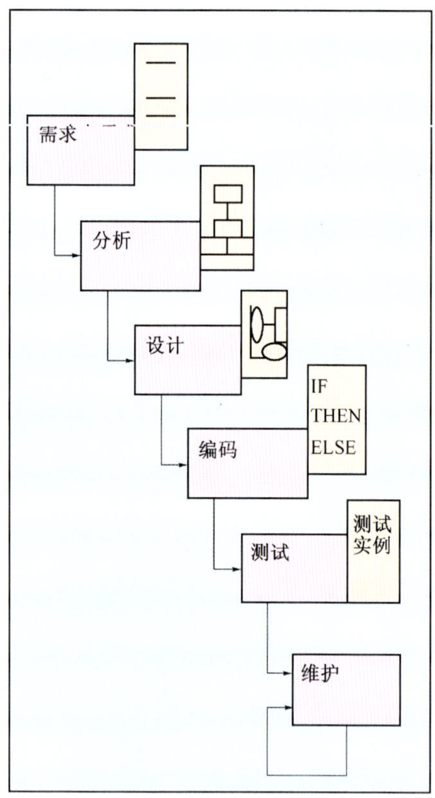

图 6.1 瀑布模型

瀑布模型的最大贡献之一,就是使应用开发者又一次进行分工:系统分析员,按用户需求撰写规格说明书;高级程序员,按规格说明书进行逻辑设计和功能划分;程序员,按逻辑模型和功能划分进行编程测试。

三类人员各司其职,用自己的术语和表示方法编写文档。

当应用开发者对用户需求有充分了解并有较高素质的分析、开发和设计能力时,瀑布模型开发方法是合适的。但是,往往用户首次看到系统运行时,通常就是开发的最后结果。如果用户不满意此结果,或者如果要改变需求,此时为了适应任何变化就必须往前一步检查错误和修改相应文档,这就要花费较大代价。

6.1.2 快速原型模型

传统的生存周期方法(瀑布模型)强调循序渐进、自顶向下分阶段开发,在实际的开发时期之前必须预先严格定义对软件的需求。但是,实践表明,在系统建立之前往往很难仅仅依靠分析就确定出一套完整、一致、准确、有效的应用需求,并且这种预定义需求的策略更不能适应用户随时间不断变化的需求。鉴于这种情况,原型模型诞生了。

快速原型模型的基本思想是:首先建立一个能反映用户主要需求的原型系统,让用户在计算机上运行,试用这个原型系统,提出修改意见,根据这些意见快速修改原型系统;然后用户再次试用修改后的原型系统;经过对原型系统的反复修改、改进,最终建立起完全符合用户需要的新系统。

原型模型能突出一个"快"字,其基本过程如图6.2所示。

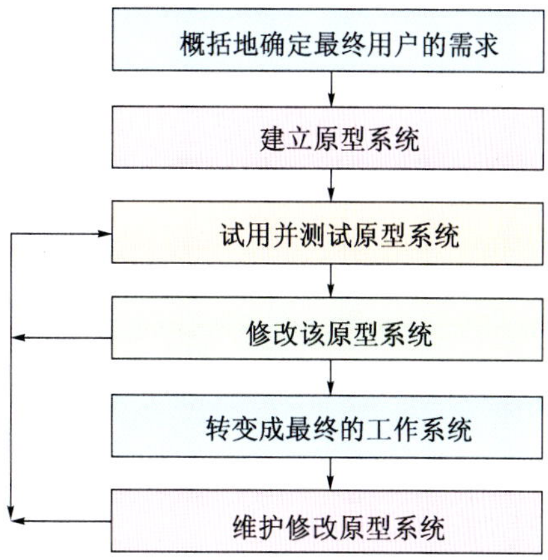

图6.2 原型模型基本过程

我们必须注意,如果最初所建立的原型系统在许多方面都不符合用户需求,甚至完全不适用,在这种情况下,与其对这个原型系统修改不如干脆抛弃它,重新建立一个新的原型系统。

6.1.3 螺旋模型

螺旋模型(图6.3)包括五个开发阶段。

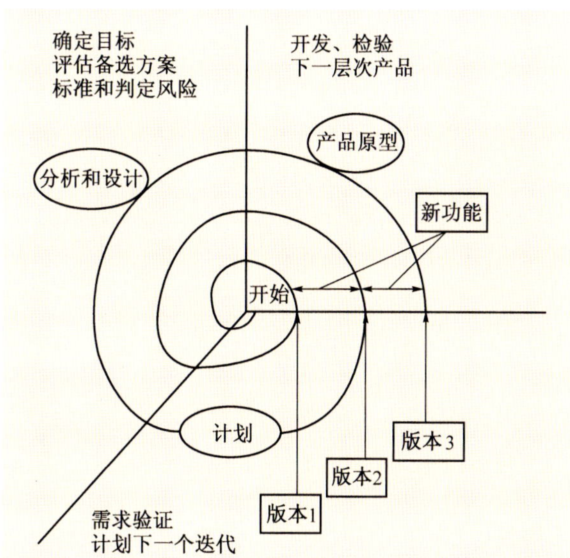

图6.3 螺旋模型

(1) 计划;

(2) 确定目标;

(3) 实现风险分析;

(4) 产生一个原型解;

(5) 验证原型对当前目标的符合性。

再一次实施开发全过程,直到一个产品和能力的需求被用户满意为止。

步骤(1)是模拟需求阶段,步骤(2)和(3)表示分析和修改阶段,步骤(4)和(5)对应实现/产生和建立/测试阶段。

螺旋模型改善了瀑布模型缺陷,使原型技术和开发过程充分结合,而用户的早期参与,减少了用户与开发者之间对目前系统期望值的差距。此模型把需求、分析、设计、编码、测试和运行紧紧地整合在一起,并且是一个反复迭代过程,大大缩短了开发时间,保证了开发质量。

螺旋模型是应用开发的动态方法,适于中等以上规模的软件计划,并适用于以下情况:

(1) 对所求解问题并不完全了解;

(2) 所求解问题的需求在开发周期中有可能发生变化;

(3) 求解本身在现实世界有一个未知结果;

(4) 管理的焦点是质量和功能,而不是财政控制。

利用原型计算的螺旋模型是继瀑布模型之后成为当今主导的开发模型,它的实施建立在CASE工具(见6.4.3节)和软件复用技术基础上。

6.2 软件质量控制与保证

6.2.1 基本概念

我们首先介绍一下软件及软件质量的基本概念。

软件(根据ISO 2382—1和GB/T 6583)指与数据处理系统操作有关的程序规程、规则以及相关文档的智力创作。软件独立于它的载体。

软件产品(根据ISO 2382—1和GB/T 6583)指交付给用户的一整套指定的计算机程序规程以及相关的文档和数据。

软件质量(根据ISO 9000)指满足需求说明书的软件及其服务。

为了生产出高质量的软件产品,我们必须对软件自身的特点、用户对软件质量的要求以及软件在开发过程中会遇到的困难有所了解。现在就这些问题作一个简要的介绍,以帮助读者了解在软件开发过程中软件质量控制的困难性与必要性。

1) 软件自身的特点

软件作为一种高科技产品,不同于其他产品,有其自身特点。软件不同于机器硬件,它是计算机系统中的逻辑部件而不是物理部件。在写出程序代码并在上机运行之前,软件开发过程的进展情况较难评价,是一种“无形”的产品,故管理和控制软件开发过程相当困难。此外,软件在运行过程中不会因为使用时间过长而被“用坏”。若运行中发现错误,很可能是遇到了一个在开发时期引入的、在测试阶段未检测出的故障,因此,软件全生命周期内的质量保证是极其重要的。而且,随着软件规模扩大,软件质量保证就更为复杂。

2）软件质量的用户观点

用户一般会从如下三个方面对软件质量提出要求，即软件的运行特性、软件的修正特性及软件的转移特性。

（1）软件的运行特性：

① 正确性（correctness）。软件能满足其规格说明及完成用户提出任务要求的程度。

② 可靠性（reliability）。软件能按规定的精确度履行其预期职能的程度。

③ 健壮性（robustness）。在硬件发生故障、输入的数据无效或操作错误等意外情况下，系统能作出适当响应的程度。

④ 效率（efficiency）。为完成预定的功能，系统需要的计算资源的多少。

⑤ 安全性（security）。控制未经允许的人员使用软件或数据的能力。

⑥ 易用性（usability）。对用户而言是否容易掌握。

（2）软件的修正特性：

① 可维护性（maintainability）。找到软件错误发生的位置并加以修正所付出的工作量。

② 灵活性（flexibility）。修改某个运行软件要付出的工作量。

③ 可测试性（testability）。为确保软件履行其职能而进行测试的程度。

④ 易扩展性（extendibility）。增加新功能时，软件是否提供可以良好扩展的接口。

（3）软件的转移特性：

① 可移植性（portability）。允许从一个硬件和/或软件系统环境下把一个程序转移到另一个环境下的程度。

② 可重用性（reusability）。某个软件可以在其他项目中再次利用的程度。

③ 互操作性（interoperability）。某个软件与另一个软件联合起来协调工作的能力。

3）软件开发过程中的特有困难

（1）软件变动及其开发过程的抽象性和不可预测性。由于软件产品是逻辑产品，是一种看不见、摸不到的特殊产品，在它的开发过程中的一些修改、变动对其产品质量的影响只有通过上机运行才能确定，甚至某些修改的副作用影响也是难以预料的。

（2）软件是一种智力性和团队性劳动产物，软件中错误的隐蔽性给软件的维护带来了很大困难。

（3）用户难以准确描述需求。用户往往对自己所需要产品概念模糊，难以明确描述自己所需要的是什么，常要在见到运行原型后才能提出准确的意见，逐步澄清自己的真实需求。

（4）到目前为止，没有一种工具和方法来度量软件质量和软件开发工作量。

（5）对软件产品进行穷尽测试很困难，在某些情况下甚至是不可能的，故大部分软件产品都只经过部分测试。

4）ISO 9000—3 简介

由于软件自身及软件开发过程的特点，导致保证高质量软件产品生产具有极大的复杂性，不仅涉及到许多技术问题，更重要的是必须有严格的科学管理，这便是软件质量保证体系所要做的工作。建立质量管理系统（QMS）时要采用国际通用软件质量保证规范，一方面使软件质量可用一个国际公用的标准进行衡量与保证，另一方面也提高了软件产品的通用性。

在此仅列出软件开发、供应及维护的 ISO 9000—3 的内容，使读者对软件质量标准有一个概括的认识（图 6.4）。

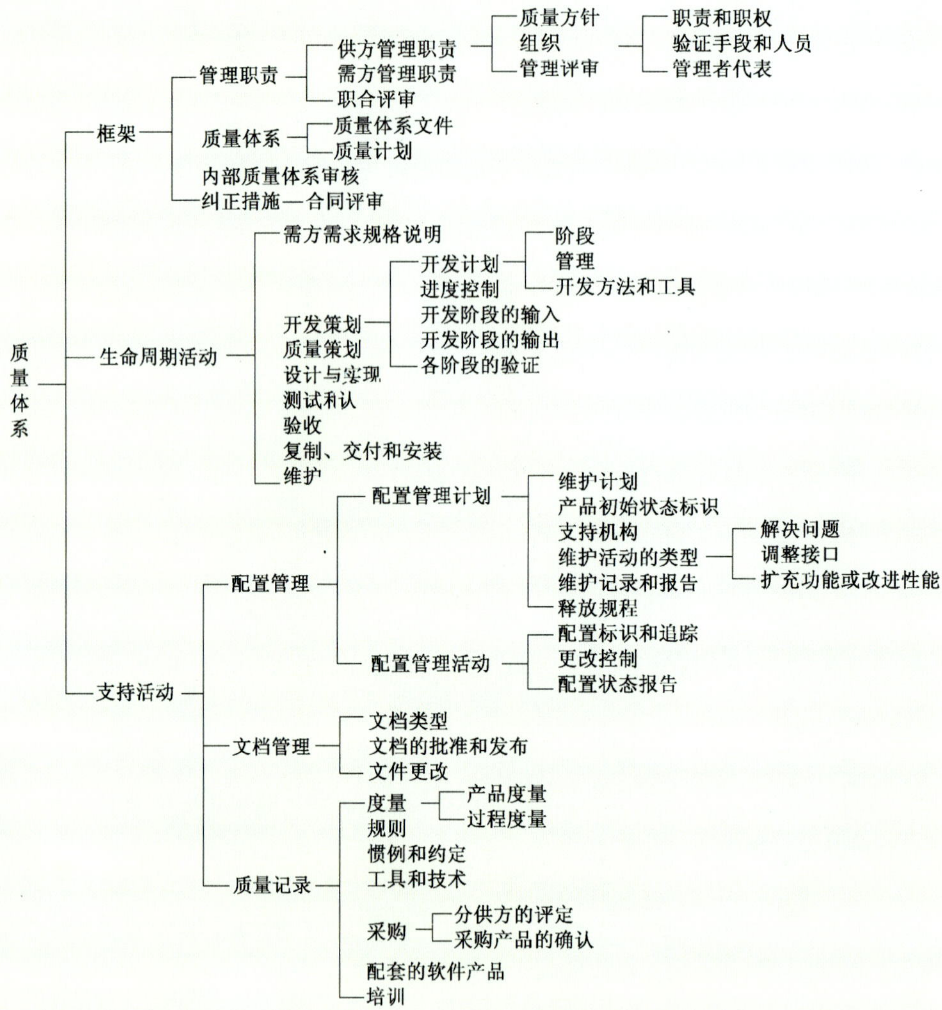

图 6.4 ISO 9000—3 软件质量标准

6.2.2 质量管理体系概述

质量管理体系简称为 QMS。QMS 是一种质量管理机制,通过协调与控制功能以求达到产品/服务所要求的质量。QMS 是 ISO 9000—3 在软件开发过程中的实际应用。

QMS 主要包括 QMS 的基本结构、软件开发活动框架、软件质量活动框架以及一定的管理活动。其中:QMS 的基本结构是对 ISO 9000—3 中的质量体系的整体概述;QMS 的软件开发活动框架对应于 ISO 9000—3 中生命周期活动中的各阶段过程;而软件质量活动框架对应于 ISO 9000—3 中生命周期活动中的测试和确认以及验收等具体执行方法;软件开发过程管理对应于质量体系的支持活动。QMS 的结构如图 6.5 所示。

图中的功能、阶段、提交文档、标准与过程、指导意见与工具分述如下:

功能:在项目开发生命周期中由个人或开发小组所承担的特定行为,如市场调研、项目开发等。

阶段:一个软件项目从开始到结束的一系列步骤,如需求定义等。

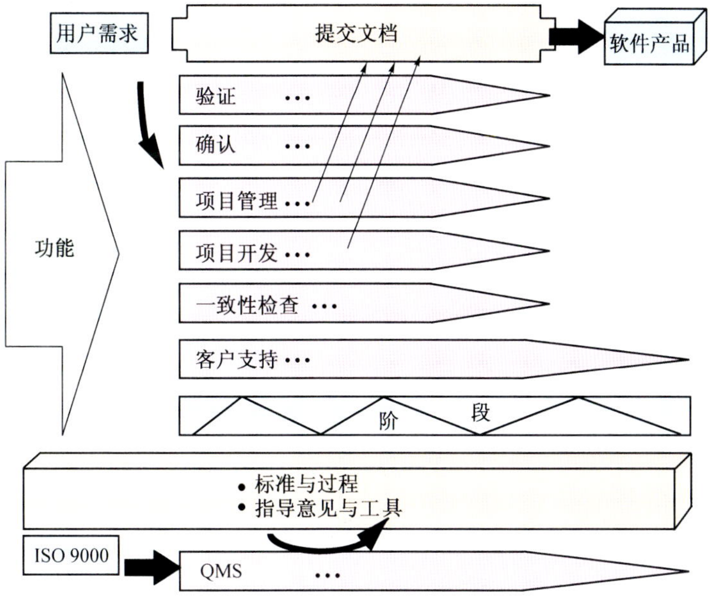

图 6.5 QMS 结构

提交文档:在项目生命周期和阶段需要的特定文档,如外部设计说明书、内部设计说明书等。

标准与过程:指导机构做什么与如何去做。

指导意见与工具:协助机构执行其各项活动。

在 ISO 9000 标准要求下,QMS 的执行过程是:用户向开发者提供需求说明,开发者需有一套完整的机构功能(确认、验证、项目管理、项目开发、质量保证、用户支持等)来维护产品开发;在软件开发的各阶段,要严格遵守各自的标准,可以利用各类工具加以协助开发,通过提交各类文档完成软件产品的开发。

6.2.2.1 软件开发活动框架——软件生命周期

软件生命周期是表明开发软件产品的一种渐进步骤。对于高质量的软件开发过程,软件生命周期不仅有软件开发生命周期的概念,还有软件质量保证生命周期的概念。在软件开发生命周期中,主要完成的是项目的计划与具体的执行;而在质量保证生命周期中,主要完成的是测试与评审。软件开发生命周期与软件质量保证生命周期是两个相辅相成的过程。一方面,只有通过软件质量保证生命周期的执行,才能保证按软件开发生命周期开发软件的质量;另一方面,只有按照软件开发生命周期的步骤来开发的软件,才能使软件质量保证生命周期发挥其应有的作用。

在严格的软件开发过程中,常以两个并行小组的形式进行开发活动:一个是开发小组,另一个是质量检测小组。开发小组的任务是严格按软件工程要求的过程进行软件开发,及时提交各阶段文档;检测小组的任务是按软件质量保证要求对开发小组各阶段所完成的工作进行阶段评审与测试。两个小组之间的联系主要是通过开发小组提交的各阶段文档资料进行的,由此可见,文档在软件开发过程中的重要性。图 6.6 将显示出软件开发过程中各个阶段开发小组与检测小组的主要任务与阶段成果。

软件开发生命周期是产生高质量软件产品的形式保证,而在实际开发过程中质量保证还需要具体的技术措施,这便是我们将要谈到的软件质量活动框架。

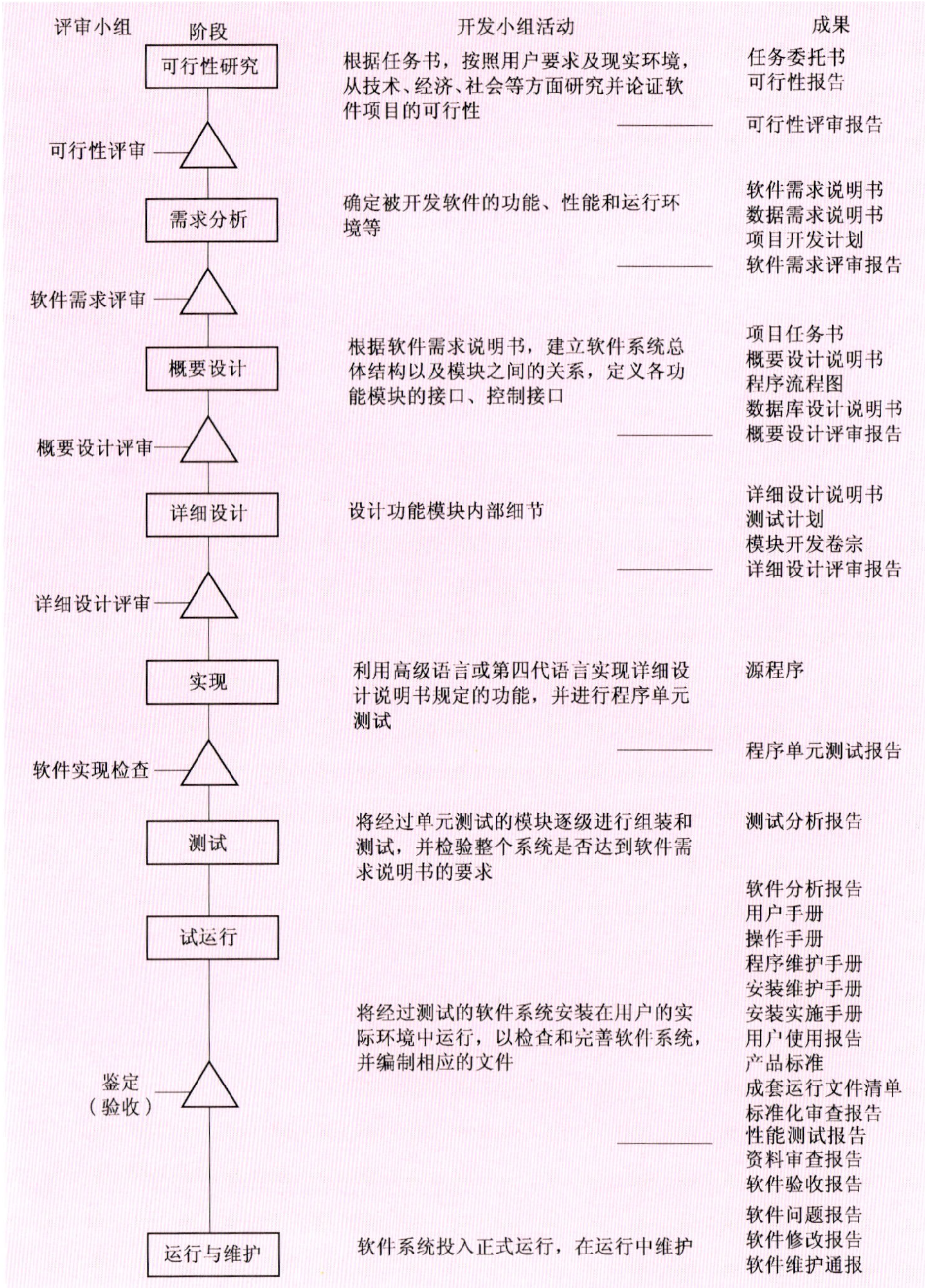

图 6.6　开发小组和质量检测小组各个阶段主要任务与成果

6.2.2.2　验证和确认

验证(verification)通常指保证软件正确执行一项功能的一系列手段,也就是确定我们所开发软件是否正确。

确认(validation)则指保证软件开发符合用户需求的一系列措施,也就是确定我们所开发软件是否符合用户需求。

验证贯穿在软件开发整个过程中每一步,包括软件开发生命周期中每一阶段的评审、检测、验收等工作,从保证每一步的正确性来保证整个软件产品完成后的正确性;而确认则主要在测试阶段进行,它运用一系列软件的测试技术和手段,以保证软件自身的正确性。

1) 软件测试技术(testing)

软件测试是 V&V 技术中的一个成分,无论怎样强调软件测试的重要性都不过分。软件测试是保证软件质量的关键。它的工作量往往占软件开发总工作量的40%以上。在极端情况下,测试那种关系到人类生命安全的软件(如核反应堆监控系统)的成本,可能相当于软件工程其他步骤总成本的3倍~5倍。

软件测试中的原则如下:

(1) 测试前应预先确定测试的目标、实例和结果;

(2) 编程人员尽可能避免测试自己的程序,程序开发小组也应尽可能避免测试本小组开发的程序,有条件的应建立独立的软件测试小组或测试机构;

(3) 测试用例的设计必须兼顾有效输入与无效输入;

(4) 不仅检验一个程序是否做了该做的事,还要检验程序是否做了不该由它做的事,尤其对无效输入可能产生的危害性要有足够的重视;

(5) 测试工作限于人力和物力条件,只能进行到一定程度,适可而止,穷尽测试是不可能也是不必要的;

(6) 测试完成后,应该注意保存测试用例。

图6.7给出的测试信息流能够大致反映出整个测试工作的主要活动。由图6.7可知,软件测试需要两种信息:

(1) 软件配置,即被测文件,包括被开发软件的需求规格说明书、设计说明书以及源程序等;

(2) 测试配置,包括测试工作如何进行的测试计划,给出测试数据的测试用例以及控制测试进程的测试程序。

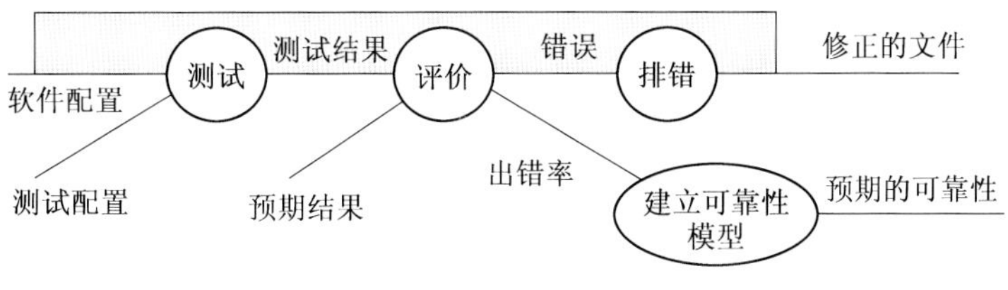

图6.7 软件测试信息流

2) 软件测试的方法——黑盒测试和白盒测试

黑盒测试也称功能测试或数据驱动测试,它是在已知产品所应具有的功能的基础上,通过测试来检测每个功能是否都能正常使用。在测试时,把程序看做一个不能打开的黑盒子,在完全不考虑程序内部结构和内部特性的情况下,测试者在程序接口进行测试。黑盒测试只检查程序功能是否按照需求规格说明书的规定正常使用,程序是否能正确地接收输入数据而产生正确的输出信息,并且保持外部信息(如数据库或文件)的完整性。

黑盒测试主要用于软件确认测试。方法有等价类划分、边值分析、因果图、错误推测等。

白盒测试也称结构测试或逻辑驱动测试,它可通过测试来检测产品内部动作是否按照规格说明书的规定正常进行。白盒测试按照程序内部的逻辑来测试程序,检验程序中的每条通路是否都能按预定要求正确工作,它不顾及程序的功能。

白盒测试的主要方法有逻辑覆盖、基路测试等,主要用于软件验证。

3) 软件测试策略

软件测试的策略,就是测试行为实施的步骤(图6.8)。

首先,系统工程为软件开发规定了任务,把它与硬件要完成的任务明确地划分开;接着便是进行软件需求分析，决定被开发软件的信息域、功能、性能、限制条件并确定该软件项目完成后的确认准则；沿着螺旋线向内旋转，则进入软件设计和代码编写阶段，从而使得软件开发工作从抽象逐步走向具体化。

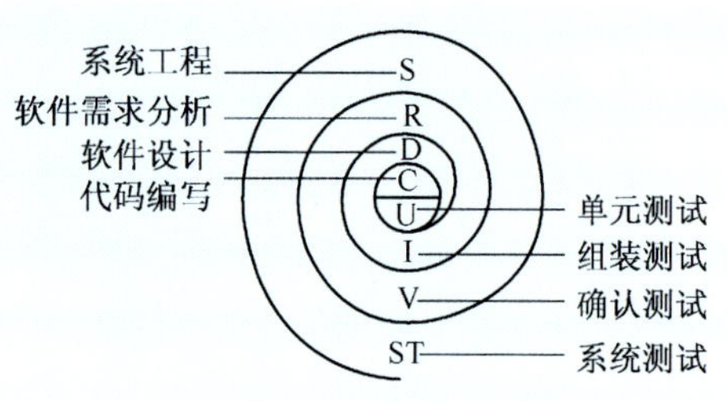

图 6.8　软件测试策略

软件测试工作也可从这一螺旋线上体现出来。在螺旋线的核心点针对每个单元的测试完成后，沿螺旋线向外前进。开始针对软件整体构造和设计的组装测试；而后是检验软件需求能否得到满足的确认测试；最后，螺旋线的最外层是把软件和系统的其他部分协调起来，当做一个整体，完成系统测试。这样，一个高质量的软件就产生出来了。

以上用螺旋线表明的测试过程，按四个步骤进行，即单元测试、组装测试、确认测试和系统测试，如图 6.9 所示。

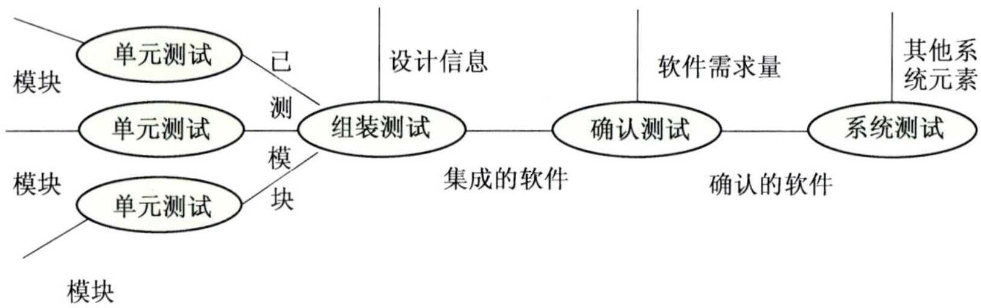

图 6.9　软件测试步骤

(1) 一开始是分别完成每个单元的测试任务，以确保每个模块能正常工作。单元测试大量地采用了白盒测试方法，尽可能发现模块内部的程序差错。

(2) 然后，把已测试过的模块组装起来，进行组装测试，目的在于检验与软件设计相关的程序结构问题。这时较多采用黑盒测试方法。

(3) 完成组装测试以后，要对开发工作初期制定的确认准则进行检验。确认测试是使所开发的软件满足所有功能和性能需求的最后保证手段，通常采用黑盒测试方法。

(4) 完成确认测试后，给出的应该是合格的软件产品，但为检验它能否与系统的其他部件（如硬件、数据库及操作人员）协调工作，需进行系统测试。

6.2.2.3　软件评审技术

1) 软件评审简介

一项大型软件开发工程需要花费大量人力、物力和金钱；投入运行后，需要的维护费用通常大大超过开发费用，因此必须慎重对待。软件质量保证的一个基本方法就是在软件开发生命周期的每一个阶段结束前都要进行正式的技术评审（reviewing）和管理复审，从保证每一阶段的质量入手，来提高软件产品整体质量，从而达到降低软件维护费用的目的。

管理复审的任务是在软件生命周期每一阶段结束时，对工程项目的成本、实际支出的经费、投资回收的前景、项目的进度等经济因素从管理角度进行审查。复审中发现的问题必须及时采取措施加以解决。如有必要，甚至可以取消该项软件开发工程，以避免更大的损失。

从技术角度看，技术评审是保证软件质量的重要措施。我们知道，由于人的认识不可能百分之百符合客观实际，而在软件生命周期的各阶段是相互联系依次向下，前一阶段的成果是后一阶段工作的基础，前一阶段的错误自然会导致后一阶段相应的错误，因此会造成错误的积累。又因为后一阶段工作一般是前一阶段的结果具体化，因此，前一阶段中的一个错误可能造成在后一阶段中出现几个错误。也就是说，软件错误不仅有积累而且有“放大”效应，这种扩展给后期工作带来很大的被动：一方面，很难发现总的根源；另一方面，由于影响域的扩大也难以全面排除。图 6.10 形象地说明了错误的积累与“放大”效应。

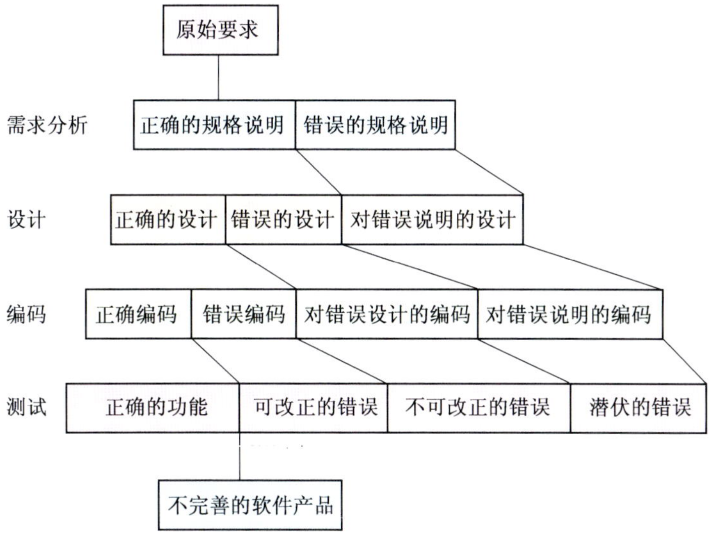

图 6.10　错误的积累与“放大”

由于后期改正一个错误比早期改正同一个错误需要付出高 2 个 ~ 3 个数量级的代价，所以错误越在早期发现越容易改正，代价越低。可见，阶段技术评审是降低软件成本的一个重要措施。对于某些持续时间很长的开发阶段，不仅在阶段结束时要进行正式的技术评审，在阶段中间还要根据需要进行多次正式的或非正式的技术评审。图 6.11 ~ 图 6.13 形象地表示了进行评审与不进行评审的软件产品中错误数的传递情况。

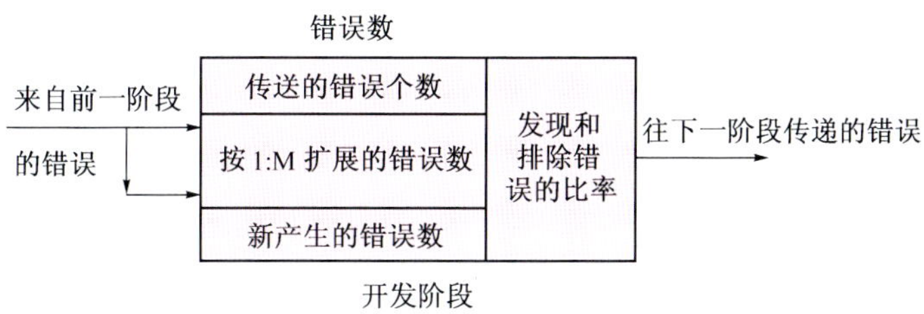

图 6.11　软件错误扩展模型

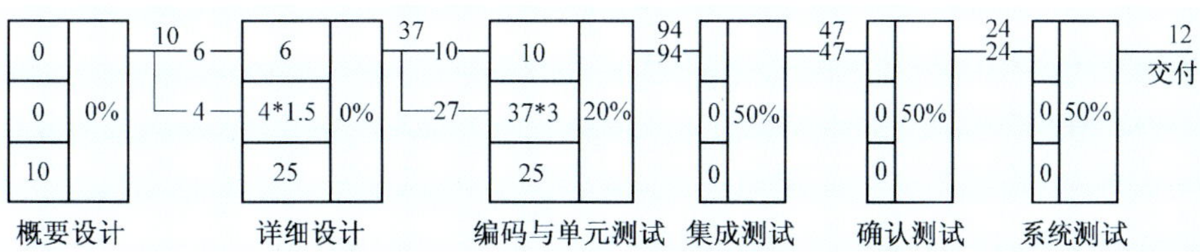

图 6.12　未经软件评审的错误扩展

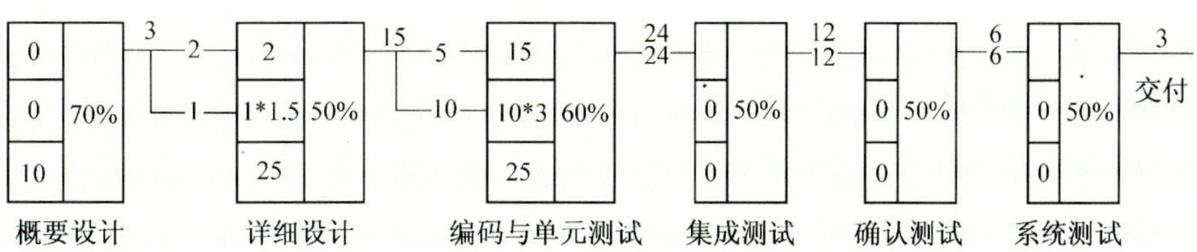

图 6.13　经软件评审的错误扩展

软件评审可以配合测试工作有效地揭露软件错误。例如，设计活动常带来整个软件工程50% ~65% 的错误，组织正式评审最多可以找出 75% 的错误。同时，通过软件评审尽早发现错误、纠正错误，就可以降低编码测试成本以及软件维护成本。IBM 的统计分析表明：在设计阶段纠正一个错误花 1 个货币单位的成本；同一个错误在测试开始时发现和纠正，要花 6.5 个单位；在测试的中期发现将花 15 个单位；而在测试结束，软件交付用户以后再发现和纠正，将要花费 67 个单位的成本！由此可见，软件评审具有重要意义。

2）软件评审的主要活动

从组织形式上看，软件评审活动可以有多种方式。比如，以逐行逐句查源程序的代码为目标的、由程序开发人员主持并聘请其他程序人员或分析员参加的程序审查会（code reading review）；以审查某些开发阶段成果为目标的、由参加人员（可能包括程序人员、测试人员和用户，甚至是维护人员）轮流主持的评审活动（round - robin review）；与程序审查会类似，但要求与会者按指定的数据以人工方式运行被检查程序的程序遍查会（walkthroughs）；还有由个人阅读程序，依照查错表逐项检查程序或桌面检查（desk checking）等。

从评审内容上划分，软件评审形式又可分为产品需求评审、开发计划评审、外部设计评审、内部设计评审、阶段计划评审、编码评审、测试实例评审、测试设计评审、印刷计划评审等。在软件开发特定阶段的某些时刻，都将执行评审，对产品文档与功能进行检测。对任一阶段而言，评审过程是必不可少的。

完整的技术评审过程（表 6.1），包括准备、简要介绍情况、阅读被评审的文档、评审、返工、复查等阶段。参与评审会的人员又可分为协调组长、作者、读者、记录员。

表 6.1 评审过程

阶段	工作内容	目的
准备	建立进度表，分配评审员，索取评审资料	保证进度表与评审员确定，评审材料准备完毕
简要介绍情况	作者提供评审内容的概要描述、一些背景材料等	提供理解原材料的学术背景资料
阅读被评审的文档	个人阅读各自的评审材料	让评审员有时间准备，以寻找错误
评审	评审的正式过程	寻找错误
返工	改正在评审会中发现的错误	产品修正
复查	验证评审会中所有发现的问题是否已有满意的解决方案	产品确认

评审的主要目的是发现错误而不是改正错误，所有与会人员都应认真审查文档资料，任何人既有权也有义务指出发现的错误。与会者在会上可提出各种问题要求开发人员给予解答，同时也可提出评论性意见或建议。评审会设有专人负责记录，特别应该把发现的问题或差错以及意见或建议逐条详细地记录下来。发现的错误记录在“错误记录”上，记录中应该包括对错误的简要描述、对错误严重程度的估计。评审会的时间不宜太长，一般在 2h 左右。

评审结束之后，由评审小组组长与开发人员一起讨论评审的结果，分析每个错误并估计改正这个错误需要的返工时间。开发人员负责实际的改正工作。改正一个错误之后应该把实际使用的返工时间记录下来。积累这些历史数据对于提高以后估计的准确度是大有好处的。返工后评审小组组长与开发人员再次聚会，对返工结果进行复查。如果组长表示满意，则评审活动结束；如果不满意，组长可以要求开发人员重新返工并且再次复查，必要时组长可以要求重新评审。

图6.14为一个软件开发与评审的参考模型。

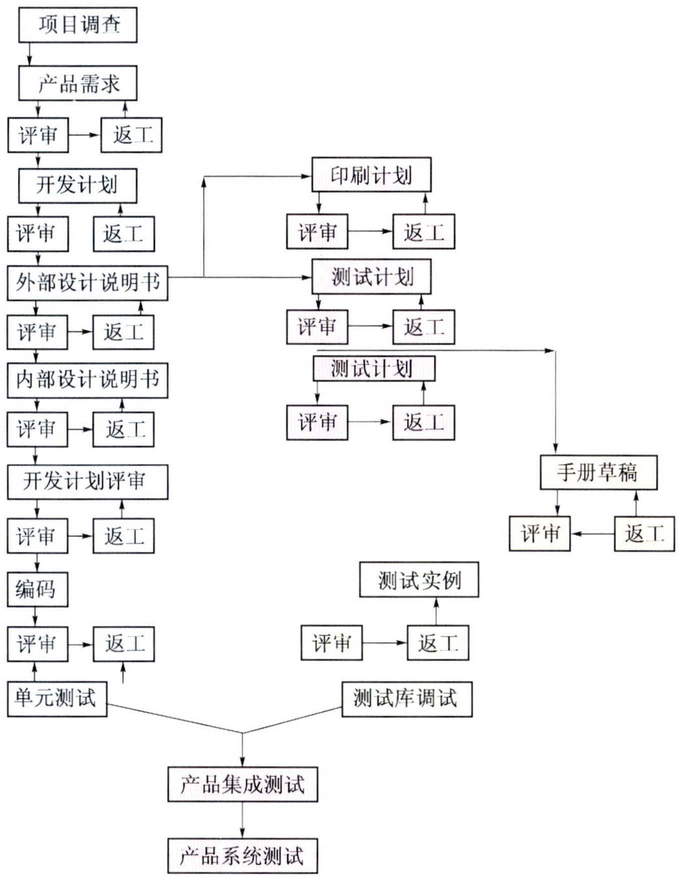

图6.14　软件开发与评审参考模型

6.2.3　软件开发过程的管理

1）管理工作的重要性

现代工程项目日趋庞大、复杂，要靠一个或几个人的智慧和能力来实现是完全不可能的，因此只能把这些项目当做集体项目来完成。项目经理的任务是领导和协调项目组人员，熟练地进行组织协调和管理控制工作，使项目的复杂性得以解决。但由于软件开发自身的特殊性质，如智力密集、可见性差、单件生产、软件工作渗透了人的因素等，造成软件开发过程的管理与其他管理方法的不同。

软件开发过程中的一些主要管理行为及其相互关系如图6.15所示。

2）制定计划

制定计划就是规定需要完成的任务、要求、资源、人力和进度等（其中主要有成本估计与进度计划）。计划应力求完备，要考虑到一些未知因素和不确定因素，考虑到可能的修改；计划应力求准确，尽可能提高所依据数据的可靠程度；计划应力求合理，使计划确有可实施性。

针对不同的工作目标，软件计划可能有以下多种类型：

（1）项目实施计划或软件开发计划；

（2）质量保证计划；

（3）软件测试计划；

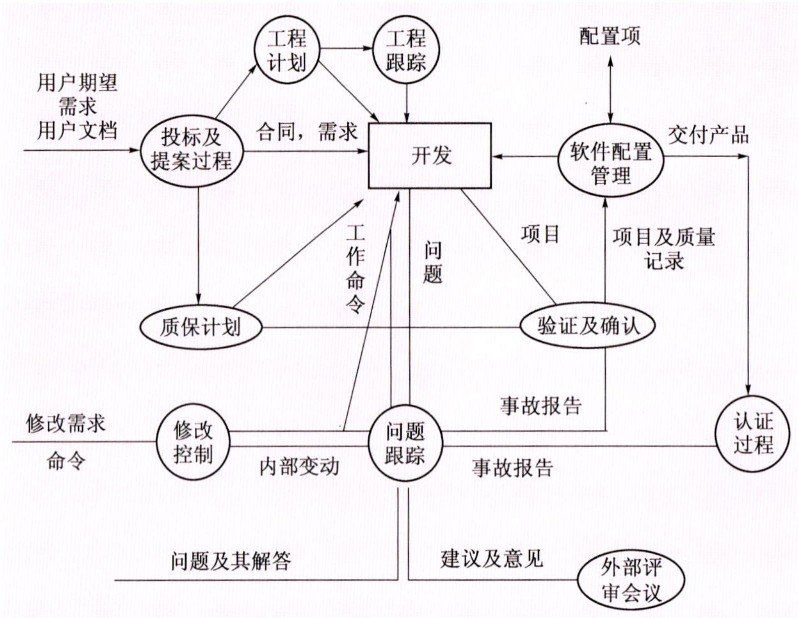

图 6.15　软件开发过程的主要行为

(4) 文档编制计划；

(5) 用户培训计划；

(6) 综合支持计划；

(7) 软件分发计划。

3) 组织及人员配置

如何将参加软件开发的人员组织起来，使他们发挥最大的工作效率，这对成功地完成软件项目极为重要。建立组织的原则是尽早落实责任、减少接口并使责权均衡。

图 6.16 形象地表明在生命周期的不同阶段人员参与项目的程度。

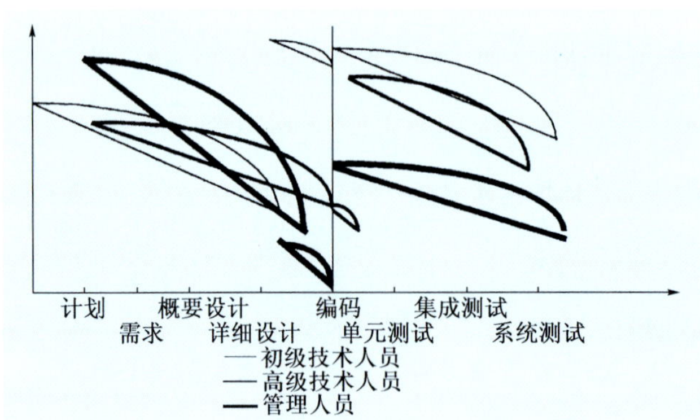

图 6.16　开发过程中的人员配置情况

4) 软件配置管理

软件配置管理的主要任务是建立软件文档的书写标准，规定一个文档标识的方案；进行变更控制；审定并且记录各种软件配置的变更；对已完成的文档能够准确地跟踪和受控存取；对软件配置进行不断的检查。图 6.17 列出配置管理过程。

软件配置是一个动态的概念。一方面，随着软件生命周期的向前推进，文档逐渐增多；另一方面，对文档又会有新的变动产生，形成多种版本。这使变动控制变得重要起来。

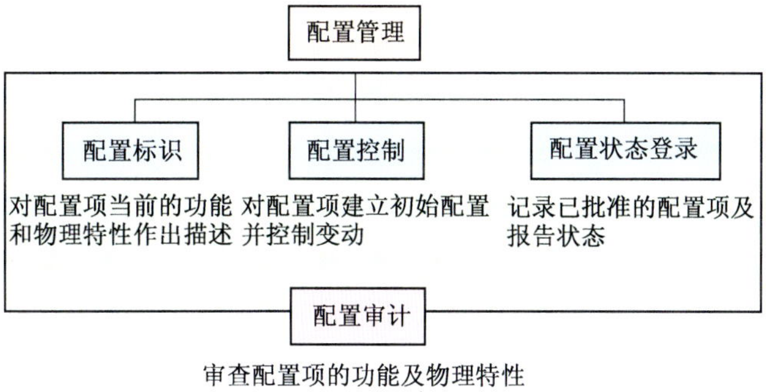

图 6.17 配置管理过程

6.3 软件生产与管理模型——SEI - CMM 简介

6.3.1 SEI - CMM

美国软件工程研究所(SEI)为美国国防部(DOD)开展了评估军用软件承包商能力的评估方法研究。1991 年颁布了"能力成熟度模型"(CMM)的 SEI - CMM1.0 版本。1993 年发布了 SEI - CMM1.1 版本。此项工作为选定承担大型军事工程软件的开发单位提供了一定的定量评估标准。

CMM 的结构(图 6.18)包括以下内容。

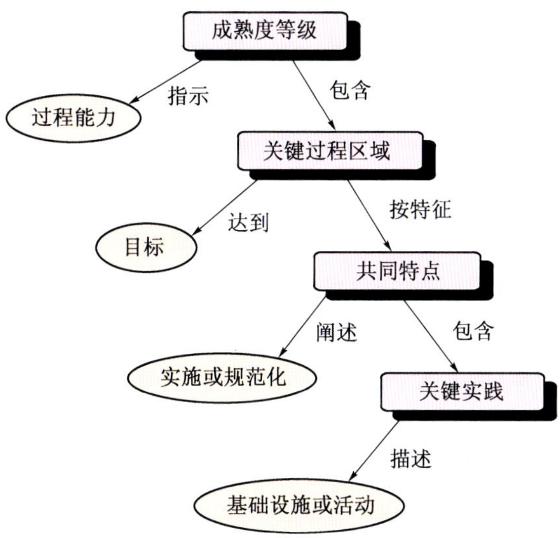

图 6.18 CMM 结构

(1) 成熟度等级(maturity levels)。一个成熟度等级是在朝着实现成熟软件过程进化途中的一个妥善定义的平台。五个成熟度等级提供 CMM 的顶层结构。

(2) 过程能力(process capability)。软件过程能力描述通过遵循软件过程能实现预期结果的程度。

(3) 关键过程区域(key process areas)。每个成熟度等级由若干关键过程区域组成。每个关键过程区域标识出一串相关的活动,当它们作为群体完成时,就达到一组目标。这组目标对建立该过程成熟度等级是至关重要的。关键过程区域分别定义在各个成熟度等级之上并与之关联在一起。例如,等级 2 的一个关键过程区域是软件项目策划。

(4) 目标(goals)。目标概括一个关键过程区域中的关键实践,并可用于确定一个软件机构或项目是否已有效地实施该关键过程区域。目标表示每个关键过程区域的范围、边界和意图。例如,“软件项目策划”关键过程区域的一个目标是“软件估计已文档化,供策划和跟踪软件项目使用。”

(5) 共同特点(common features)。关键实践可分别被纳入下列五个共同特点中:执行约定、执行能力、执行的活动、测量和分析、验证实施。共同特点是一种属性。它能指示一个关键过程区域的实施和规范化是否是有效的、可重复的和持久的。执行的活动这个共同特点描述实施活动。其余四个共同特点描述规范化映射。它们使得过程成为软件机构文化的一部分。

(6) 关键实践(key practices)。每个关键过程区域用若干关键实践加以描述,当实施这些关键实践时,能帮助实现该关键过程区域的目标。关键实践描述对关键过程区域的有效实施和规范化贡献最大的基础设施及活动。例如,软件项目策划这个关键过程区域的一个关键实践是“按照已文档化的规程制定项目的软件开发计划”。

6.3.2 CMM 成熟度等级的定义

CMM 成熟度等级定义了一个有序的尺度,用以测量软件机构软件过程成熟度和评价其软件过程能力。CMM 成熟度分为五个等级,这些等级还能帮助组织对其改进工作排出优先次序,如图 6.19 所示。

(1) 初始级。软件过程的特点是无次序的,个别甚至是混乱的。几乎没有什么过程是经过定义的,成功依赖于个人的努力。

(2) 可重复级。已建立基本的项目功能过程去跟踪成本、进度和功能性。必要的过程纪律已经就位,使具有类似应用的项目能重复以前的功能。

(3) 已定义级。管理活动和工程活动两方面的软件工程均已文档化、标准化、并集成到软件机构的标准化过程。全部项目均采用供开发和维护用的软件机构标准软件过程的一个经批准的剪裁版本。

(4) 已管理级。已采集详细的有关软件过程和产品质量的度量。无论软件过程还是产品均得到定量了解和控制。

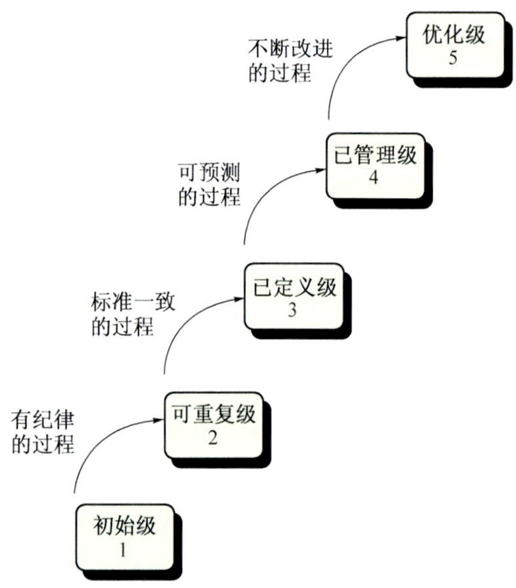

图 6.19 软件过程成熟度的五个等级

(5) 优化级。利用来自过程和来自新思想、新技术的先导性试验的定量反馈信息,使持续过程改进成为可能。

上述五个等级描述了软件变革的历史阶段,以及从低级向高级进化的合理测度,指出了过渡性改进目标及渐进的测度,明确了从低级向高级过渡需要做的工作。CMM 成熟度等级划分的最基本目标是实现一个可控可测过程的科学管理模式。

6.3.3 成熟度等级的关键过程区域

CMM 是一个框架,可勾画出向试图提高其软件过程能力的软件机构推荐的一条改进途径。每一个成熟度等级是一个妥善定义的、朝着实现成熟软件过程目标进化途中的平台。CMM 并不详细描述所有与开发和维护软件有关的过程区域。但是,有一些过程区域是决定过程能力的关键因素,这就是 CMM 所称的关键过程区域。CMM 的关键过程区域表示一种描述组织如何成熟的方法。关键过程区域是达到一个成熟度等级的必要条件。

除等级 1 外,每个成熟度等级被分解成几个关键区域,指明软件组织为了改进其软件过程应重视的区域。关键过程区域指明了要达到某个成熟度等级所必须着手解决的问题。关键过程区域是在总结了多年来在软件过程和软件管理方面经验以及在软件过程评估和软件能力评价方面经验的基础上确定下来的。

每个关键过程区域识别出一串相关活动,当这些活动全部完成时,能达到一组对增强过程能力至关重要的目标。每个关键过程区域按定义存在于各个成熟度等级上,如图 6.20 所示。

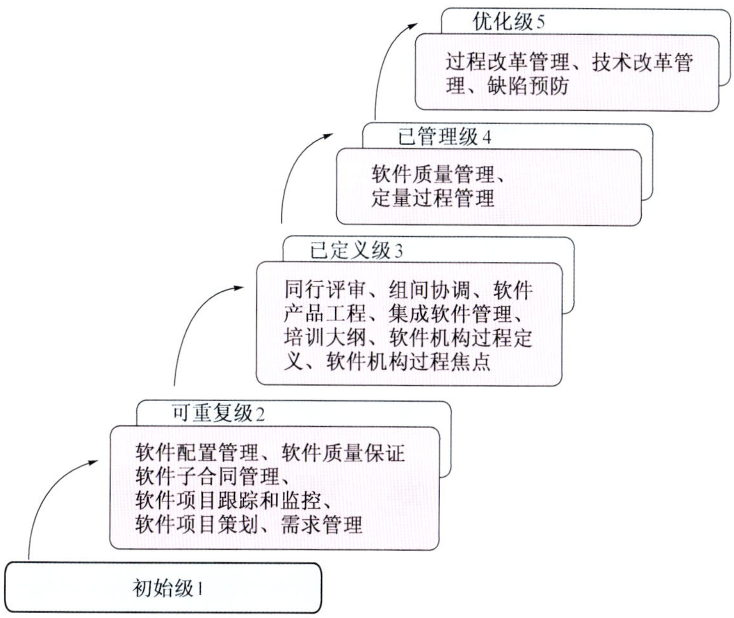

图 6.20　按成熟度等级排列的关键过程区域

按定义,每个关键过程区域仅与单个成熟度等级有关。可是在关键过程区域之间存在着一定的关系,而且某些特定的管理或技术区域方面的改进并不必限定在单个关键过程区域,图 6.20 显示了这些关系。有些组织,在它们达到某个较低成熟度等级之前可能工作在较高等级的关键过程区域,而且甚至在已达到较高成熟度等级的关键过程区域时,还必须继续关注较低等级的关键过程区域。

图 6.21 也表示关键过程区域的过程分类:管理过程、组织方面的过程和工程过程。管理过程类包括项目管理活动,它们从等级 2 上建立基本项目管理控制的策划和跟踪进化,到等级 3 上按已定义的软件过程进行管理,到等级 4 上的定量管理,到等级 5 上在经常变化环境中的创新管理。组织方面的过程类包括随着组织逐渐成熟而变化的跨项目的职责,开始在等级 3 上是对过程问题的关注,既而在等级 4 上是对过程的定量理解,最后在等级 5 上是在不断的过程改进环境中对更改的管理。工程过程类包含技术活动,诸如需求分析、设计、编码和测试等。这些活动在所有等级上都有进行,但是它们又是不断进化的,即朝着等级 3 的工程学科、等级 4 的统计质量控制和等级 5 的已测量的不断改进进化。

过程分类等级	管理软件、项目策划、管理	组织方面的高级管理者评审等	工程的需求分析、设计、编码、测试等
5优化级		技术改革管理	技术改革管理
		过程更改管理	缺陷预防
4已管理级	定量过程管理		软件质量管理
3已定义级	集成软件管理	组织构成焦点、组织过程定义、培训大纲	软件产品工程 同行评审
2可重复级	需求管理 软件项目策划 软件项目跟踪和监控 软件子合同管理 软件质量保证 软件配置管理		
1初始级	无序过程		

图 6.21　关键过程区域的过程分类

6.3.4　运用 CMM

CMM 描述一个成熟的、有能力的软件过程的特征。这个模型还按成熟度等级描述了从一个不成熟的、不可重复的软件过程到成熟的、已妥善管理的软件过程的进展状态。CMM 建立了一组有效描述成熟软件的软件机构特征的公用准则。运用这些准则软件机构能改进开发和维护软件的过程,政府或商业软件机构能评估与一特定公司签订软件项目合同时的风险。

下面主要介绍两种 SEI 研制的用以评估软件机构实施软件过程的成熟度的方法:软件过程评估和软件能力评价。

(1) 软件过程评估。用于确定一个软件机构的当前软件过程的状态,确定软件机构应最优先考虑的与软件过程有关的问题,以及获得软件机构对软件过程改进的支持。

(2) 软件能力评价。用于识别合格的能完成软件工作的承包商,或者监控现有软件工作中所运用的软件过程的状态。

CMM 是软件过程评估和软件能力评价的共同基础,可是这两种方法的目的完全不同,因此在具体方法上存在着重大差异,但是两者又都基于 CMM 模型及从它导出的产品。CMM 和基于 CMM 的产品一起,使得可靠而一致地使用这些方法成为可能。图 6.22 给出了软件过程评估和软件能力评价的共同步骤。

总之,软件过程评估和软件能力评价方法均采用成熟度提问单作为现场访问的出发点;采用 CMM 作为指导现场调查研究的路线图;利用 CMM 中的关键过程区域生成识别软件过程强项和弱项的调查发现;在对关键过程区域目标满足情况进行分析的基础上,推导出一个剖面;根据调查和关键过程区域剖面,向合适的对象提出结论意见。

CMM 提问单涉及七个方面,包括软件机构结构资源、人员及培训、技术管理文档化、标

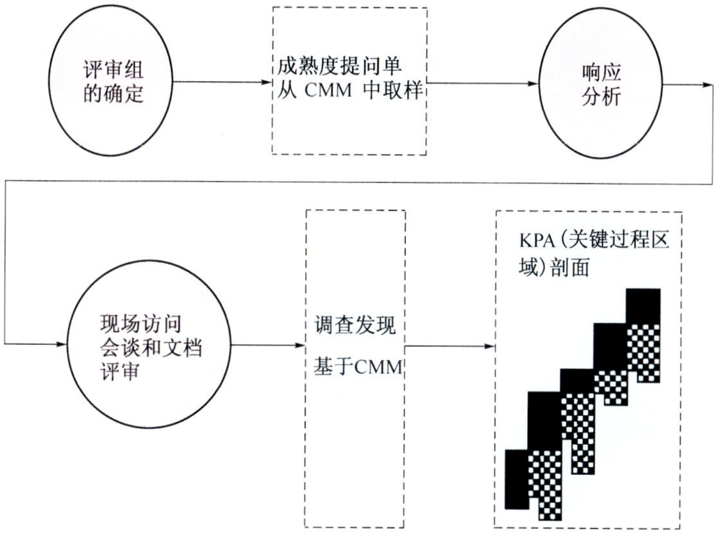

图 6.22 软件过程评估和软件能力评估的共同步骤

准、工作步骤的过程度量、数据管理和数据分析过程控制。每个问题都可针对特定的被评估软件机构给出肯定或否定的回答。

限于篇幅,在此不便于将全部成熟度提问单给出。为便于读者理解其主要内容,下面给出部分二级提问单中的问题:软件质量保证活动是否独立于软件开发的项目管理?在接受委托开发合同以前,是否有严格的步骤进行软件开发的管理评审?是否有严格的步骤用以估计软件的规模?是否有严格的步骤用以编制软件开发的进度?是否有严格的步骤用以估计软件开发的成本?是否对代码错误和测试错误做了统计?高层管理结构是否有一种机制对软件开发项目的状态进行正规的评审?是否有一种机制能够控制软件需求的变更?是否有一种机制控制代码变更?

6.4 面向对象的软件工程方法简介

面向对象的有关概念,读者可参阅本书第 3 章,在此不再讲述。

面向对象的软件工程(OOSE)方法包括六个部分(图 6.23):使用 CASE 模型、领域对象模型、测试模型、分析模型、设计模型和实现模型。

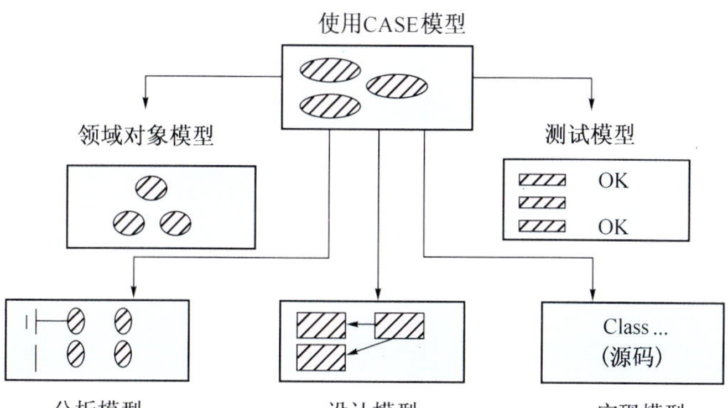

图 6.23 OOSE 模型

OOSE 把 CASE 模型和相关联的模型化方法结合起来。OOSE 方法关键是正确地完善地定义领域中对象、类，定义对象上的操作，利用 CASE 定义和构造对象之间关系、交互和通信。OOSE 是最近几年才发展起来的方法论，它是以软件 CASE 工具为核心，集设计、分析、实现、测试和对象技术为一体的软件工程方法。下面介绍与 OOSE 相关的面向对象方法和 CASE 工具的基本概念。

6.4.1 面向对象的建模

1）基本概念

一个应用系统的开发大致经历分析、设计和实现三个阶段，每个阶段既各有自身职责，又相互联系。从广义来讲，分析是指对所要求解的问题的描述，回答的是“做什么”（what）；设计是描述问题的解法即算法，全面地回答“如何做”（how）；程序设计是实现阶段的主要工作之一，描述问题求解过程的实现，详细地回答“做”的步骤和实现过程设计。

分析、设计、程序设计活动在全生命周期方法中有严格顺序。在前面介绍的用原型模型同螺旋模型相结合的方法中，程序设计员运用对象（代表现实世界中事物）概念，同用户讨论所建立的原型，并不断地改进它直到用户满意。在该方法中，分析、设计、编程和测试几乎在同一时间内可以同时进行，向用户解释需要通过原型模型。这种同原型相结合的方法对于小规模或研究类型的项目较为适用，对于大型项目较为困难。

在对象技术中，面向对象的分析（OOA）和面向对象设计（OOD）对于大型应用项目就较为适用。

2）OOA 和 OOD

在对象技术中，不同模型在分析和设计中的深度和详细程度也不同。OOA 是对现实世界系统的分析，其结果是由许多对象组成的一个方法。在模型中，每个对象对应于在现实世界中的对象，也就是有一个从问题域到模型域的自然图，模型中的某些对象是显然的而且是易标识的；但是有些对象则不然。我们把不在域分析中所标识的对象称为语义对象（semantic objects），因为这些仅仅从域的角度是有意义的。

分析模型是对系统进行简明、正确和抽象的描述，描述系统必须“做什么”，而不是描述“如何做”。在模型中的对象应该是应用域概念（application - domain concepts），而不是程序设计概念（如数据结构）。一个好的模型能被应用专家而不是程序员所理解和评价，因此建模是最重要的活动。OOA 通常被用于面向对象的建模方法。

OOD 是基于对象基础上的软件系统设计，包括把整个软件体系结构、数据结构和主要对象的算法翻译成软件系统。OOD 是紧随在 OOA 之后，如果不经过 OOA 而直接进入 OOD，就会发生严重问题。在设计阶段，新对象（不是域驱动而是面向实现方法）是可以被定义的。

图 6.24 表示 OOA 和 OOD 之间的关系，语义对象将作为应用对象去实现，附加的对象有所要求的界面对象和实用（程序）对象。在这个阶段完成一个实际的计算机实现。

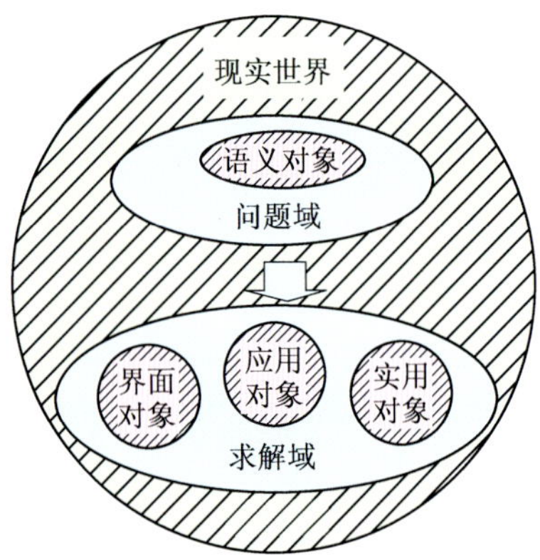

图 6.24 OOA 和 OOD 之间的关系

面向对象的建模为应用开发提供一种无缝方法（seamless approach）。因为各种概念集和记号能适用于工程的全生命周期，这使得从分析到设计和从设计到实现的转换变得方便。但是，人们要在分析和设计两个阶段之间划一条明显的区分界线是极其困难的。

面向分析和设计可以概括成以下几个步骤：

(1) 收集需求；

(2) 描述典型的需求背景；

(3) 标识候选对象，对象是什么，对象的职责是什么；

(4) 建立对象间关系和对象行为的描述；

(5) 重复上述过程；

(6) 改进反映面向对象概念，例如，聚集(aggregation，指部分—整体关联，即对象间的紧耦合联系)、关联(association，指一般关系，也就是对象之间彼此某种场合上的松耦合联系)和继承的关系的定义；

(7) 说明对象的内部细节、描述方法和变元；

(8) 标识现有类与对象层次关系；

(9) 生成对象；

(10) 迭代，重复上述过程。

步骤(1)~(5)是建立一个问题域的完整描述，它以对象和对象间的基本交互作用为依据。

步骤(6)~(10)是以足够详细的方式定义对象，避免在实现中产生两义性。这些步骤的进行基于步骤(1)~(5)，来自于对指定应用环境需求分析的结果。我们强调迭代，重复上述过程，目的是帮助人们达到所要求功能和允许对用户需求进行正确的描述和实现。

为了支持上述过程，必须选定某些方式，这些方式必须能表示所有面向对象的基本概念和对象行为(静态和动态)与对象的基本特性。

6.4.2 面向对象开发方法

面向对象的方法把问题域的实体抽象为对象。具有相同的属性和动作的一系列对象组成对象类。类之间具有一定的层次关联。面向对象模型特别强调抽象、信息掩蔽、继承以及层次等概念。在OOA阶段，通过自顶向下或自底向上的方法逐步建立系统模型，再加上界面要求、性能限制等构成软件规格说明。在OOD阶段，则从OOA的结果直接得到软件系统的面向对象(O-O)的模块分解。

面向对象的方法有一些独到的好处。

(1) 由于O-O模型的基本构件是对象，它将数据(属性)和在该数据上的合法操作封装在一起。这种以对象为构件、以组合分类结构为构造的方法符合人们通常的思维方式，有助于组织软件的内在复杂性。

(2) O-O的一个重要机制是继承，使一些公用的代码可以避免重写。重用成为很自然的事，从而提高了表达力。

(3) O-O数据是基于较稳定的对象而不是易变的操作，易于修改和进化。因此，这种方法开发的系统更加直接、可靠。

近年来，出现了许多种O-O开发方法，比较典型的有Booch方法及Rambaugh的OMT方法。这些开发方法在开发的各阶段、使用的技术、产生的模型、采纳的记号等方面，都有许多不同，但其实质内容存在着大量相似之处。

1) Booch方法

Booch首先研究O-O软件开发的基础问题，他认为O-O开发方法根本不同于传统功能设计方法。研究表明，用O-O方法开发的软件的可理解性、可扩展性和可维护性会更强。Booch方法学中包含各类模型，其中涉及到软件系统的对象、动态、功能等各方面，其O-O模型特别强调以下因素：

(1) 抽象(abstraction)；

(2) 封装(encapsulation)；

(3) 模块化(modularity)；

(4) 层次结构(hierarchy)；

(5) 类型化(typing)；

(6) 并发(concurrency)；

(7) 永久对象(persistence)。

它用类图(class diagram)、对象图(object diagram)、模块图(module diagram)和进程图(process diagram)来表示系统的静态结构，再用状态迁移图(state transition diagram)和交互图(interaction diagram)表示对象行为及其交互。类图表示了系统中存在的类及其相互联系，是系统的类结构；状态迁移图表明某给定类的状态空间、事件状态变化引起的动作；对象图是系统逻辑涉及时的对象及相互关系；交互图跟踪对象图中脚本(scenario)的执行，与 Rambaugh 的事件追踪图类似；模块化表示的是系统物理涉及时的类和对象在模块中的分配。

在分析阶段，产生对象图(通过脚本表示系统的行为)、类图(表示代理的角色和责任)、状态迁移图(代理的事件顺序的行为)。在设计阶段，则产生所有六种图表。

Booch 把开发过程分为宏过程(macro process)(图 6.25)和微过程(micro process)(图 6.26)。微过程作为交互和增量开发的框架；宏过程作为微过程的控制框架。微过程可看做为单个开发者或小的开发小组的日常活动，这里，传统的分析和设计阶段的区别是模糊的。

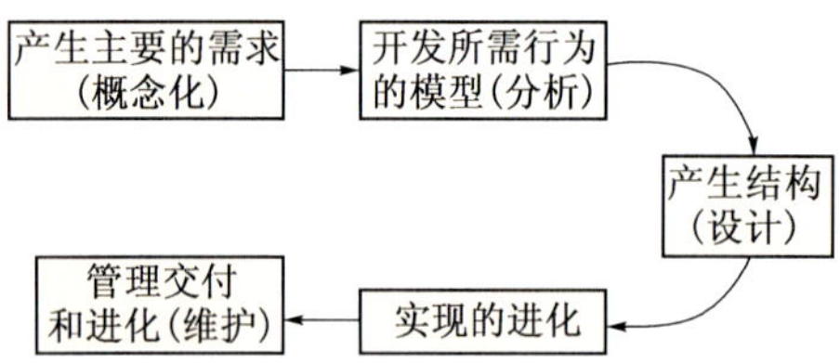

图 6.25　Booch 开发方法的宏过程

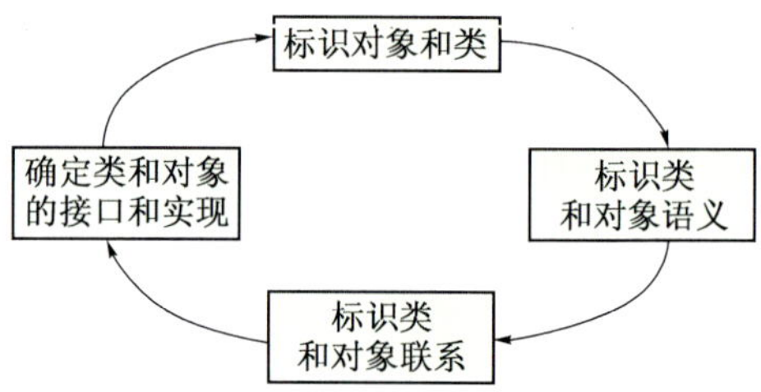

图 6.26　Booch 开发方法的微过程

2) OMT 方法

Rambaugh 提出的面向对象建模技术(OMT)从三个不同但又相关的角度来进行系统的建模。

(1) 对象模型(object model)。描述了系统中对象及其相互关系，用对象图来表示。

(2) 动态模型(DM)。描述的是系统中与事件和操作次序有关的系统属性——触发事件、事件序列、事件状态、事件与状态的组织等。动态模型用状态图来表示。状态图上的事件在对象模型中成为对象上的操作。

(3) 功能模型。描述与值的变化有关的系统属性——功能、映射、约束及功能依赖条件等。功能模型用数据流图来描述。

各模型之间是相互联系的。对象模型描述了动态模型和功能模型中操作的数据结构，对象模型中的操作对应于动态模型中的事件及功能模型中的功能；动态模型描述对象的控制结构；功能模型描述了由对象模型中对象唤醒和动态模型中行为唤醒的功能，功能对对象模型中指明的数据值进行操作。功能模型也可以表示对象值上的约束。对于任何大系统来说，这三种模型是必不可少的，它们用不同的观点抓住了系统的实质，全面反映了系统的需求。

OMT 方法学支持整个生命周期的开发。

（1）分析阶段。获取对问题的陈述后，构造对象模型、动态模型、功能模型，并对它们重复、完善、细化，得到分析文档。形象地说，分析文档 = 问题陈述 + 对象模型 + 动态模型 + 功能模型。

（2）设计阶段。系统设计是设计的第一阶段，需要选择解决问题的基本方法，必须为以下各方面制定策略。

① 将系统分解成子系统。系统一般可以分成水平层次和垂直块。水平层次定义了不同的抽象级，每层利用下层的服务，并为上层提供服务。垂直的块执行一种一般服务。大多数系统是水平层次和垂直块的混合物。

② 确定问题所固有的并发性。如果一些对象不可能同时动作，则它们可以在一个处理器中实现。因此，必须确定哪些对象是同时动作的，即并发的，哪些是相互排斥的。

③ 将子系统分配给各处理器和任务。各个并发子系统必须分配给某个硬件单元，这时系统设计者必须完成对性能要求和资源需求的表示，对实现子系统软、硬件的选择；将软件子系统分配给各处理器单元以满足性能要求和极小化处理器之间的相互通信，并决定实现各小系统的物理单元的连接。

④ 选择数据存储管理的手段。系统的内、外部数据存储是子系统和友好性接口之间的清晰分界点。各数据存储可以将数据结构、文件、数据库或者辅助设备组合在一起，并在访问时间、容量及可靠性之间作出折中。

⑤ 处理对全局资源的访问。全局资源包括物理资源（如处理器、磁带驱动器等）、空间、逻辑名（如对象 ID、文件名）、共享数据的访问。系统设计员应确定全局资源并制定访问全局资源的策略。

⑥ 选择软件中实现控制的方法。软件系统中存在着两种控制流：外部控制和内部控制。外部控制是系统中对象之间外部时间的事件流，包括过程驱动序列、事件驱动序列和并发序列；内部控制是一个处理内部的控制流，只存在于实现中。传统内部的控制，如程序调用或事务调用等，是在程序的控制下并且是可结构化的。系统设计员应选择软件控制的方法。

⑦ 处理边界方法。虽然设计中大部分的工作与稳定的状态行为有关，但仍必须考虑边界条件，如初始化条件、终止条件和失败处理。

⑧ 设置优先级。系统结构的本质是在时间和空间之间、软硬件之间、简单化和一般化之间、效率和可维护性之间作出折中。这些折中策略取决于具体应用的目标。系统设计员必须说明权衡策略的优先级。

经过这几个步骤，获得系统设计文档。系统设计文档 = 系统基本的（体系）结构 + 高层决策策略。

系统设计确定实现策略后，开始对象设计。这时应确定实现要用的类、关联的完整定义以及接口的形式、实现操作方法的算法。主要步骤如下。

（1）将三种模型结合起来以得到类上的操作。对象模型是组织对象设计的主要框架，设计者必须将动态模型中的动作以及功能模型中的处理转换成操作，加入到对象的类中。

（2）设计实现操作的算法。算法用来说明如何执行操作。必须确定算法的选择、算法的数据结构、必需的内部类和操作，并将操作响应赋给合适的类。

（3）优化数据访问路径。基本设计模型使用分析模型作为实现的框架。分析模型概括了系统的逻辑信息，但设计模型必须加入详细内容以支持有效的信息访问。效率低但语法正确的分析模型应该进行优化，使实现更为有效。

（4）实现外部接口的控制。系统设计时为实现动态模型选择了基本策略，在对象设计中,必须完善这一策略。

(5)调整类结构以提高继承。为了提高继承的数目,可以重新修正和调整类和操作,从类组中抽取公共行为,使用委派来实现共享。

(6)设计关联。关联是对象模型的纽带,提供了对象之间的访问路径。如果关联是单向遍历的,可以用指针来实现;如果关联是双向遍历的,可以根据实际情况选择用属性或独立的关联对象来实现。

(7)确定对象表示。对象大多是直接实现的,但设计者必须决定何时使用基本类型来表示对象,何时将相关对象组合起来。

(8)将类、关联打包到模块。O-O 语言存在程度不同的打包。在大项目中,将整个实现仔细地分成多个软件包(或其他形式)是重要的一步,它将允许不同的用户围绕同一程序共同工作,这时得到的系统设计文档 = 组化的对象模型 + 组化的动态模型 + 组化的功能模型。

(9)实现阶段。根据设计文档的描述,编制应用源程序,然后经过编译、调试、运行等阶段。

6.4.3 CASE 工具

CASE 即计算机辅助软件工程。CASE 工具是指以 PC 机和工作站等为工作平台的、支持软件开发整个生命周期全过程的开发工具,它应该具有可移植性和互操作性,并提供工具数据的维护和重用。CASE 是 20 世纪 80 年代后期迅速发展起来的一个软件开发技术领域。

CASE 工具应用于软件开发生命周期的全过程。它是帮助软件开发人员、维护人员和管理人员建立合理的软件生产过程的工具。它通过对整个过程提供良好的支持和有效的控制,可提高软件开发过程的自动化程度,减少手工劳动比例。CASE 工具可以简单到只是一个支持特定软件工程活动的单个工具,也可以复杂到是一个包括工具、数据库、人、硬件、网络、操作系统、标准和大量其他成分的完整 CASE 开发环境,同时它还可以是项目管理工具。

下面简要介绍各类 CASE 工具的特性。

1) 分析、设计工具

主要包括结构化分析和设计工具。此类工具主要用于软件开发的前期,覆盖软件开发的分析阶段、概要设计阶段及详细设计阶段,主要目的是帮助项目设计者分析、确定项目开发的目的、内容等,提取软件程序流程的基本思路和方法,从而为编码提供比较好的分析、认识基础。该阶段的工具与设计者所使用的分析、设计方法联系紧密。由于设计方法的不同(如面向结构化的 SE 方法,面向对象的 OMT、Booch、OOSE 等),所适用的工具也有所改变,因而不能简单套用。此类工具可以自动地进行设计内容一致性和正确性检查,从而避免人工分析与设计时由于各种原因(如记忆混淆等)造成的前后不一致,减少错误发生,避免错误扩散至实现阶段。它的主要缺陷是必须熟悉所使用的开发方法,了解国际通用表示方法,对使用人员素质要求较高。

2) 编程工具

各类编译工具、编辑工具、调试工具均属于此类,如我们常用的 VC、VB、PowerBuilder 等都属于此类,是我们最常用的 CASE 工具。

3) 测试工具

用于对已开发的源代码的软件产品进行质量评测,主要是验证源代码的正确性,以及所开发的产品是否符合用户的需求和软件产品的性能指标等。测试工作是保证软件正确的重要方法。但是,传统方法要设计人员自己手工设计测试用例,人工进行测试,而使用这类工具就可以根据系统的分析、设计结果,自动生成测试用例,对产品进行自动测试,从而大大减少了测试的工作量，并且能保证测试的全面性，而不会像人工测试那样有所遗漏。

4）维护工具

用于已交付使用的成型产品的维护和改进工作，主要包括逆向工程工具与再工程工具。

所谓逆向工程工具就是根据已有产品的源代码，以逆向方式（即与软件开发过程相反的方向）生成设计信息，构造出设计模型，帮助开发与使用人员理解源代码的编程思路，便于在此基础上对原有设计进行维护、改进、提高。

再工程工具又分为代码重构工具和数据再工程工具。代码重构工具是接收编写风格结构不好的源代码为输入，进行逆向分析后，重新构造成代码结构良好的代码。数据再工程是用来评价数据定义或数据库的设计，它首先将数据描述转换为图形表示以供分析，然后通过人机交互修改数据库的逻辑结构，再自动生成新的数据库物理设计。

5）项目管理工具

主要帮助管理人员进行人力和费用估计，定义工作分解结构，规划项目进度，跟踪项目需求，提供软件开发生产率和产品质量情况。

6）支持工具

对软件产品开发全过程提供辅助技术支持，主要是在文档和配置方面。

详细记录开发软件过程，提供完备的文档，也就是对编程思路的记录，对其他编程人员及用户的后期理解源代码、改进源代码都很有帮助。软件支持文档工具可以帮助人们从分析、设计、测试等方面自动提取内容形成文档，避免手工书写的不规范与不完备。

在配置方面，主要是对版本和资源的管理。通过资源管理，可以在团队开发中避免两个编程人员同时修改同一资源（如文件、内存等）问题的发生，消除团队开发中获取资源的不一致性；通过版本管理，可以统一当前开发所使用的版本，避免团队开发中开发人员因使用版本的不一致性所造成的混乱。

软件工程是用于生产软件的理论、方法、技能和工具的总和。从软件生产管理的角度来讲，软件工程大致包括：软件需求定义和分析技术；软件设计和设计审查技术；软件设计表现技术；软件测试技术；软件可靠性理论及其评价方法；软件质量控制和管理；软件扩充和维护；软件成本估算等。其中软件设计表现法是软件工程区别于其他工程的主要之点，这是因为软件工程产品是由语言信息所组成，它不同于其他产品，所以软件设计表现技术是软件工程所独有的领域。软件可靠性理论及其评价方法、软件质量控制和管理则贯穿于软件工程各个阶段，这是软件工程研究中较为关键的部分。

软件工程是一个相当复杂的综合学科。1983 年 B. W. Boehm 提出的软件工程中保证质量的七条基本原理可用来总结本章内容。

（1）用分阶段的生存周期计划进行严格管理。Boehm 认为，在软件的整个生存周期中应该制定并严格执行六类计划（项目概要计划、项目控制计划、产品控制计划、验证计划、运行维护计划），并指出不成功软件项目中有一半左右是由于计划不全造成的。

（2）坚持阶段评审。根据 Boehm 等人的统计，设计错误占软件错误的 63%，编程错误仅占 37%。错误发现与改正得越晚，所付出的代价越高。

（3）实现严格的产品控制。采用基准配置管理方法，是指经过阶段评审后的软件配置成分和一切有关软件修改建议，尤其是基准配置的修改建议，均需进行严格评审，并在获准后才能修改。

（4）采用现代程序设计技术，不断提高软件开发和维护效率。

（5）对所取得的结果应能清晰地审查。这意味着提高软件开发的可见性。要达到这一目标，必须实施目标管理。根据软件开发的总目标、完成期限以及各个阶段的里程碑，规定开发组织的职责和有关标准,最大限度地达到结果定量化审查。

(6) 开发小组人员应该少而精。

(7) 承认不断改进软件工程实践的必要性。

这七条基本原理是软件质量保证的最小集合。

CASE 工具是支持软件开发生命周期全过程的开发工具,它应具有可移植性、互操作性特征,否则将直接影响应用开发的可移植性。读者在选择软件 CASE 工具时,切勿盲目地听信厂商的宣传,一定要以应用可移植性为选择的出发点和归宿。

6.5 软件复用和构件库

软件工程的目标是致力于提高软件生产率和软件质量,摆脱手工作坊的开发方式。软件复用是一条提高软件生产率和软件质量的切实可行的解决方案,其出发点是应用系统的开发以已有工作为基础,充分利用已有系统在开发中所积累的经验进行新的开发。消除包括分析、设计、编码、测试等在内的许多重复劳动,避免了重新开发可能引入的错误和不当,从而提高了软件的质量。这样,软件开发的重点就可以集中于应用系统中特有的构成成分上。本节将介绍有关软件复用及其相关技术。

6.5.1 软件复用的概念

1) 应用系统的构成成分

应用系统的本质通常包含三类成分:

(1) 通用基本构件。它是特定于计算机系统的构成成分,如基本数据结构、用户界面元素等,可以存在于各种应用系统中。

(2) 领域共性构件。应用系统所属领域的共性构成成分,存在与该领域的各个应用系统中。

(3) 应用专用构件。是每个应用系统特有的构成成分。

上述的三类构成成分中,前两类的构成成分往往存在着重复开发,而软件复用是在软件开发中避免重复劳动的最佳的解决方案。其出发点是应用系统的开发不再采用一切“从零开始”的模式,而是以已有的工作为基础,充分利用已有的开发成果,如需求分析结果、设计方案、源代码、测试计划及测试案例等,从而将开发的重点集中于应用的特有构成成分。因此,避免了由于重新开发而可能引入的错误和不当,提高了软件的质量。

2) 软件复用定义

首先,我们要分清软件复用和与软件复用相关的概念。

软件复用是指重复使用“为了复用的目的而设计的软件”的过程。

可复用软件是指为了复用目的而设计的软件。

软件的可复用性(reuseability)是指软件构件可以被复用的程度或范围。它遵循一个适当的设计和编码标准以增强构件的可复用性。

可复用软件构件(RSC)是指可以被复用的软件实体;它可以是设计、代码或软件开发过程的其他产品。RSC 有时称为“软件资产”。

构件库(library)是可复用软件构件的集合,包括向用户提供构件时所需要的过程和功能。

重复使用软件的行为还可能是重复使用“并非为了复用目的而设计的软件”的过程,或在一个应用系统的不同版本间重复使用代码的过程。但这不属于严格意义上的软件复用。

可移植性(portability)是指原来在一台计算机和操作系统上开发的软件构件可以在另一

台计算机和(或)操作系统上适应的程度。若构件可移植性好,则它的复用潜力大。

上述这些概念的区分,可以从软件演化来说明。在软件演化的过程中,重复使用的行为可能发生在三个维上。

(1) 时间维。使用以前的软件版本作为新版本的基础,加入新的功能,以适应新需求,即软件的适应性维护。

(2) 平台维。以某平台上的软件为基础,修改其和运行平台相关的部分,使其运行于新平台,即软件移植。

(3) 应用维。将某软件(或其中构件)用于其他应用系统中,新系统具有不同功能和用途,即真正的软件复用。

这三种行为中都重复使用了现有的软件,但是真正的复用是为了支持在应用维的演化,使"为复用而开发的软件(构件)"能更好、更快地开发新的应用系统。

3) 产品复用和过程复用

依据复用的对象,软件复用分为产品复用和过程复用。

(1) 产品复用。指复用已有的软件构件,通过构件集成(组装)得到新系统。它是目前现实的、主流的途径。

(2) 过程复用。指复用已有的软件开发过程,使用可复用的应用生成器来自动或半自动地生成所需系统。它依赖于软件自动化技术的发展。目前只适用于一些特殊的应用领域。

4) 复用的方法——黑盒复用和白盒复用

(1) 黑盒复用:指对已有构件不需要作任何修改,直接复用。这是一种理想的方式。

(2) 白盒复用:指已有构件并不能完全符合用户需求,要根据用户需求进行适应性修改后才可以使用。大多数应用的组装过程中,构件的适应性修改是必需的。

5) 软件复用的三个基本问题和两个相关的过程

软件复用的三个基本问题是:

(1) 必须有可以复用的对象;

(2) 所复用的对象必须是有用的;

(3) 复用者需要知道如何去使用被复用的对象。

软件复用的两个相关的过程是:

(1) 可复用软件(构件)的开发。

(2) 基于可复用软件(构件)的开发的应用系统构造(集成和组装)。

只有解决好上述的问题才能实现真正成功的软件复用。

6) 复用的优越性

(1) 提高生产率,这是最明显的好处,减少开发代价;

(2) 减少维护费用;

(3) 提高互操作性;

(4) 支持快速原型;

(5) 减少培训开销。

7) 复用的维(NATO 复用标准)

(1) 组装式复用与生成式复用。

① 组装式复用。利用库中的底层构件自底向上地开发系统,关键是要解决构件的分类和检索技术,以及开发出一个自动化系统以支持组装过程。

② 生成式复用。是特定于应用领域的,它采用标准的领域构架(architecture)模型(类属的构架)和一致的构件接口,目的是根据一个适当的参数规约生成新的系统。目前,商业的

4GL可被认为是生成式复用的一个例子。此方法在成熟的领域中十分有效,但在开发初始模型时需要很大的努力。

(2) 小规模复用与大规模复用,这是可复用构件的规模维。

① 小规模复用(例如使用数学函数库)。现在已得到广泛的应用,但个别地复用节省的开销并不大,必须普遍地复用才能获得收益。

② 大规模复用。针对的是整个子系统(例如飞机导航或消息处理子系统),这时个别地复用即可获得很大的收益。但对特定的大构件来说,复用的机会是非常有限的。

(3) 原样复用与带修改的复用。构件既可以原样复用,也可能需要修改。一般来说,要求可复用的构件应设计得比较有弹性,例如可以设计成参数化的构件,但为了满足复用者的需求,适当修改也是必要的。易修改性(软件构件易于修改的能力)是可复用软件中尤为重要的性质。

(4) 通用性和性能。在构件的通用性和性能之间常存在折中。设计灵活的和通用的构件时,往往为了支持通用性而增加的额外开销。

6.5.2 实现软件复用的关键因素

实现软件复用的关键因素(技术和非技术)(图6.27)主要包括:

(1) 软件构件技术(software component technogy);

(2) 领域工程(domain engineering);

(3) 软件构架(software architecture);

(4) 软件再工程(software reengineering);

(5) 开放系统(open system);

(6) 软件过程(software process);

(7) CASE技术;

(8) 非技术因素等。

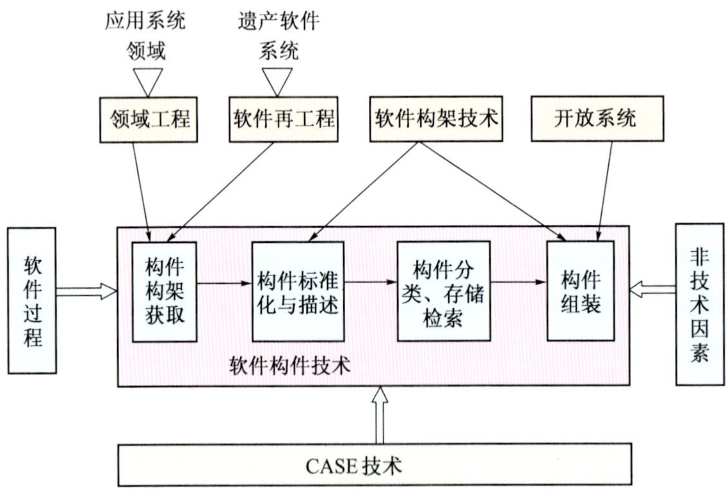

图6.27 实现软件复用的关键因素

领域(domain)是一类相关的软件应用。领域可以划分为“垂直的”和“水平的”。“垂直的”领域包括某个应用范围内的所有开发层次(如MIS领域);“水平的”领域是一种特定类型的、不限于某类应用的软件过程(如堆栈的操作)。一般来说,构件在同一领域中的复用的潜力很大。

1）软件构件技术

（1）构件——应用系统中可以明确辨识的构成成分。

（2）可复用构件——具有相对独立的功能和可复用价值的构件。它应具备以下属性：

① 有用性，即必须提供有用的功能；

② 可用性，即必须易于理解和使用；

③ 质量，即自身及其变形必须能正确工作；

④ 适应性，即易于通过参数化等方式在不同语镜中进行配置；

⑤ 可移植性，即能在不同的软、硬件平台上运行。

（3）主要研究内容包括：

① 构件获取，即有目的的构件生产和已有系统中挖掘提取构件；

② 构件模型，即研究构件的本质特征及构件之间的关系；

③ 构件描述语言，即以构件模型为基础，解决构件的精确描述、理解及组装问题；

④ 构件分类与检索，即研究构件分类策略、组织模式及检索策略，建立构件的有效管理；

⑤ 构件复合组装，即研究组装机制，包括源代码级的组装和基于构件对象互操作性的运行级组装；

⑥ 标准化，即构件模型的标准化和构件库系统的标准化。

2）软件构架

软件构架是对系统整体结构设计的刻画。包括：全局组织与控制结构，构件间的通信、同步和数据访问的协议，设计元素间的功能分配，物理分布，设计元素集成，伸缩性和性能，设计选择等。

（1）研究软件构架的意义在于：

① 有利于发现不同系统在较高级别上的共同特性；

② 获得正确的构架，对于进行正确的系统设计是十分重要的；

③ 从构架的层次上表示系统，有利于系统较高级别性质的描述和分析。

在基于复用的软件开发中，为复用而开发的软件构架可作为一种大粒度的、抽象级别较高的软件构件进行复用，而且软件构架还为构件的组装提供了基础和上下文，对于成功的复用具有非常重要的意义。

（2）软件构架研究的是：如何快速、可靠地从可复用构件构造系统的方式，着重于软件系统自身的整体结构和构件间的互连。主要包括：软件构架原理和风格，软件构架的描述和规约，特定领域软件构架，构件向软件构架的集成机制等。

3）领域工程

领域工程是为一组相似或相近系统的应用工程建立基本能力和必备基础的过程，它覆盖了建立刊物复用软件构件的所有活动。领域是指一组具有相似或相近软件需求的应用系统所覆盖的功能区域。领域工程包括三个主要阶段。

（1）领域分析。主要目标是获得领域模型。该模型描述领域中系统之间共同的需求。本阶段主要活动包括：确定领域边界；分析领域中系统的需求；确定哪些需求是被领域中的系统广泛共享的，哪些是可变的，从而建立领域模型。

（2）领域设计。目标是活动领域构架。活动领域构架描述的是在领域模型中表示需求的解决方案，它不是单个系统的表示，而是能够适应领域中多个系统需求的一个高层次的设计。在建立了领域模型以后，就可派生出满足这些被建模的领域需求的活动领域构架。由于领域模型中的领域需求具有一定的变化性，活动领域构架也要相应地具有变化。

(3) 领域的实现。主要行为是定义将需求翻译成由可复用构件创建的系统的机制。根据所采用的复用策略和领域的成熟与稳定程度,这种机制可能是一组与领域模型和活动领域构架相联系的可复用构件,也可能是应用系统的生成器。

这些活动的产品(可复用的软件构件)包括领域模型、领域构架、领域特定的语言、代码生成器和代码构件等。

4) 软件再工程

软件再工程是一个工程过程,它将逆向工程、重构和正向工程组合起来,将现存系统重新构造为新的形式。再工程的基础是系统理解,包括对运行系统、源代码、设计、分析、文档等的全面理解。但在相当多的情况下,只能对源代码进行理解,即程序理解。

5) 开放系统技术

开放系统技术的基本原则是在系统的开放中使用接口标准,同时使用符合接口标准的实现。当前,以解决异构环境中的互操作为目标的分布对象技术是开放系统技术中新的主流技术。开放系统技术为软件复用提供了良好的支持,尤其是同分布对象技术一样的符合接口标准的构件可以方便地以"即插即用"的方式组装到系统中,实现黑盒复用。这样,在符合接口标准的前提下,构件就可以独立地进行开发,从而形成独立的构件制造业。

6) 软件过程(又称软件生存周期过程)

基于构件复用的软件开放过程和传统的一切从头开始的软件开发过程有着实质性的区别,探讨适应于软件复用的软件过程成为迫切的问题。当前已出现了一些实用的过程模型标准,如 CMM、ISO9001/TickIT 等。

7) CASE 技术

CASE 技术中与软件复用相关的主要研究内容包括:在面向复用的软件开发中,可复用构件的抽取、描述、分类和存储;在基于复用的软件开发中,可复用构件的检索、提取和组装;可复用构件的度量等。

8) 非技术因素

非技术因素包括:开发人员组织;开发工作的管理;人员的心理因素;知识产权;投入以及标准化问题等。

6.5.3 构件库技术

构件库是可复用构件的集合,包括用户提供构件所需的过程和功能。构件库提供的构件管理的工具从使用角度可以分为两类:构件库工作人员(系统管理维护人员)使用的构件库管理维护工具和普通用户的查询检索工具。构件库系统必须具备以下基本功能:存储构件,提供一种发现构件的机制,获取构件和维护构件。

1) 构件库主要种类

(1) 子程序库和类库。类库是面向对象程序设计中不可缺少的组成部分,例如 SUN 的 Java 类库。子程序库是最早出现的构件库形式,例如数学程序库就是非常成功的子程序库。

(2) 领域专用构件库。用于存储和管理某一特定领域的构件库。例如,Ada 软件库存储的是可复用的 Ada 源代码。

(3) 软件资产库。20 世纪 80 年代末 90 年代初,研究人员认为软件开发过程中分析、设计、编码、测试阶段一切有复用价值的软件成分都可以称为构件,此类构件也被称为软件资产,软件资产库用于存储这些广义范围的软件构件。

（4）构件检索系统。检索构件和获得构件是构件库的重要功能。构件检索系统是支持可复用软件构件分类和检索的自动化工具。

2）构件库技术的内容

目前，与构件库相关的技术研究主要包括构件的描述与分类、验证、存储、检索、评估与反馈以及构件库的互操作等。一般来说，构件入库到被用户复用需要经过如图 6.28 所示的流程。

（1）构件的描述与分类。构件库中的构件来自软件生命周期各个阶段的可复用产品，具有记忆多形态、多层次以及多种表示形式等特点。对单个构件的复用可以划分为构件的识别与检索、构件理解和适应性修改三部分，复用公式为

复用成本 = 检索成本 + 理解成本 + 修改成本

要减少复用成本，使复用者能较正确地理解构件，更好地复用软件构件，就需要对构件进行描述和分类。构件在入库前需要提供以下信息（称为构件的元数据）：

①构件的特性、安装、验证和使用的完整手册；
②构件的摘要信息；
③构件的分类信息；
④实际要复用的部分；
⑤构件的测试计划、目标、脚本和预期的结果；
⑥相关构件及其关系。

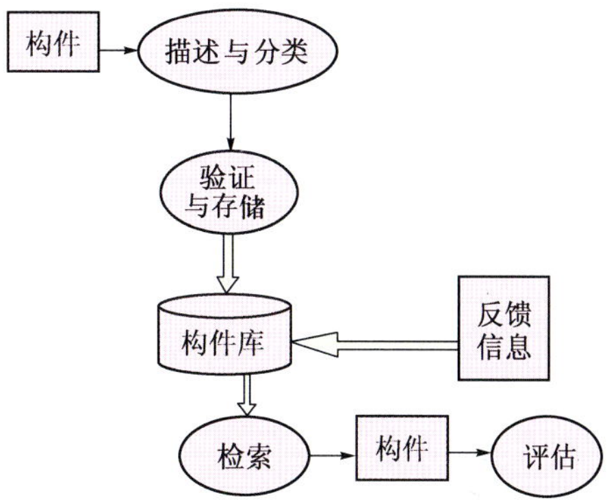

图 6.28 构件管理流程

构件分类方法有人工智能方法、超文本方法和信息科学方法。较为实用的是信息科学方法。信息科学方法又分为基于受控词汇表（如枚举、刻面）分类和基于不受控词汇表（如关键词）分类两种形式。其中，关键字分类、枚举、属性/值、刻面分类是构件库中较为常用的分类方法。各种分类都有自己的优缺点。构件库需要支持多种分类模式。

（2）构件的验证与存储。构件库需要对每个推荐入库的构件进行定性和定量的评价，主要目的是为了在一定程度上表明构件能满足的需求，预测构件将带来的收益等，以达到保证库中构件的质量和规范性，此过程称为验证。目前，构件库基本上都没有提供自动验证的机制，一般都是进行人工验证。

（3）构件的检索。检索方法可以归纳为三类。

① 基于外部索引的检索。如常见的关键词检索、刻面检索和基于属性的检索等。这类检索大多采用控制词典、属性等外部索引对构件进行检索。但是，在实现时往往采用支持多种基于分类方法的检索。

② 基于内部静态索引的检索。根据构件自身的结构元素进行检索构件，其中构件规约的语法和语义匹配、结构匹配技术等是主要方法。构件规约是构件描述信息的特殊组成部分，用形式化的方法描述了构件功能的语法和语义。基于构件规约的检索包括语法匹配和语义匹配两方面内容。

③ 基于内部动态索引的检索。利用构件的可执行特性（如构件的输入与输出空间）进行检索，基于行为的检索是目前较常见的方法。

（4）构件的评估与反馈。构件的评估与反馈是为构件复用者提供辅助分析决策支持的机制。为用户提供多种的检索机制，帮助构件复用者正确评估和从检索到的构件中选取最符合自己需求的构件，协助构件库管理员管理构件、调整构件库中的构件组织结构，以及对后期度量进行处理等。

(5) 构件库的互操作。互操作的目的是解决不同构件库之间数据共享的问题。目前,主要的解决策略是建立一个构件库所共同遵循的数据模型。RIG 的一个技术委员会提出了一个数据模型 BIDM,并在此基础上提出了 BIDM 的超集——UDM,定义了在支持互操作性的库之间交换软件构件所需要的信息。UDM 提供了一个标准的数据模型作为构件库的无缝互操作的基础,各个库可以将它作为自己数据模型的中间表示,用来和其他库交换使用符合各自数据模型的数据。

综上可知,构件库是支持基于构件的软件开发的基础设施。在构件复用的过程中需要一个实用的、有效的工具来支持构件的管理、存储和检索。对于开发人员来说,一方面需要有一个构件提交的场所以发布自己开发的构件;另一方面需要在软件开发的过程中尽快检索到所需的构件,这就需要有一个强有力的构件库的支持。我国构件库的研究和建设也取得了不少成绩,其中比较突出的是北大的青鸟构件库管理系统,它是一个基于 Internet 的软件资产库管理系统,提供了关键词、刻面、规约等多种检索方式。采用"用户—人员组—构件子库—构件"四级模式来实现用户在构件库中的职责和权限,可以存储和管理广义的构件,采用数据库管理系统存储构件描述信息,文件系统存储构件实体。另外,复用的标准化是研究重点。

6.6 小结

软件工程是用于生产软件的理论、方法、技能和工具的总和。它包括三个要素:方法、工具和过程。软件工程的方法为软件开发提供了"如何做"的技术;软件工程的工具为软件工程的方法提供了自动或半自动的软件支撑环境;软件工程的过程则是将软件工程的方法和工具综合起来,达到合理、及时地进行计算机软件开发的目的。过程定义了方法使用的顺序、要求交付的文档资料、为保证质量和协调变化所需要的管理,以及软件开发各个阶段完成的里程碑。因此,也可以说,软件工程就是方法、工具及过程的内在步骤。软件质量控制与保证是中大型软件和实时软件可靠运行、维护和扩充的基础。

本章从软件工程角度出发讨论软件生存期全过程质量控制与保证的一些方法和措施。质量管理体系(QMS)是一种质量管理机制,通过协调与控制功能以求达到产品/服务所要求的质量。QMS 是 ISO 9000 - 3 在软件开发过程中的实际应用。QMM 能力成熟度模型是美国国防部评估军用软件承包商能力的评估方法,它分为五级:初始级、可重复级、已定义级、已管理级和优化级。

OOSE 是以软件 CASE 工具为核心,集设计、分析、实现、测试和对象技术为一体的软件工程方法,它包括六个部分:使用 CASE 模型、领域对象模型、测试模型、分析模型、设计模型和实现模型。

软件复用是一个提高软件生产率和软件质量的切实可行的解决方案,其出发点是以应用系统开发的已有工作为基础,充分利用已有系统开发中所积累的经验进行新的开发。实现软件复用的关键因素(技术和非技术)主要包括软件构件技术、领域工程、软件构架、软件再工程、开放系统、软件过程、CASE 技术和非技术因素等。

构件库是支持基于构件的软件开发的基础设施。在构件复用的过程中,需要一个实用的有效的工具来支持构件的管理、存储和检索。对于开发人员来说,一方面需要有一个能提交自己开发的构件的机制和组织;另一方面需要在软件开发的过程中尽快检索到所需的构件,这就需要有一个强有力的构件库的支持。

第7章 分布式计算与网格计算

7.1 概述

7.1.1 分布式系统的定义

分布式计算机系统(以下简称分布式系统)是指通过网络互连,可协作执行同一任务的独立计算机的集合。独立计算机是指那些彼此之间不共享内存或程序执行空间的计算机。这些计算机系统既相互协同又高度自治,能在全系统范围内实现资源管理,动态地进行任务分配或功能分配,并能并行地运行分布式程序。

7.1.2 分布式系统的特征

(1) 独立计算机的协同性。分布式系统中采用协同自治的管理方式,即各个独立的计算机处于平等自治的地位,并在统一协调配合下自主的参与协同作业。

(2) 执行的并行性。分布式系统中每个独立计算机都具有自己的 CPU 和存储器,其上被指派任务的执行是同时发生的。

(3) 可靠性。当分布式系统中的一部分部件、单元、设备出现故障或失效时,整个系统仍能继续工作,并不影响系统功能。也就是说,可将故障机上的应用迁移到其他计算机上继续工作。

(4) 健壮性。系统中资源的冗余和自治控制方式使系统具有动态重构能力,能适应环境变化的需要。

(5) 异构。分布式系统可以使用各种各样的技术实现,可采用多厂商生产制造的设备、多厂商的软件产品。

(6) 可扩展性。分布式系统可以通过增加新的独立计算机来扩大规模,提供更高的功能与性能。

(7) 透明性。任务在系统中的执行对使用者是透明的,使用者无须关心其任务在哪里执行,也不必知道在任务哪里执行。

7.1.3 分布式系统实现的关键技术

分布式系统实现的关键技术是中间件。由于不同厂商制造的硬件系统和设备,包括 PC 机、工作站、小型机和巨型机等,都互不兼容,而在其上运行的操作系统也千差万别,同时这些设备也可能置放在不同的网络架构上,要将这些异构的系统集成到一起是相当困难的。例如,UNIX 工作站和 PC 机互通信息,或将 Novell 网与另一个 DECnet 连在一起,麻烦层出不穷。为了解决用户面临的异构和分布问题,厂商们提供了一些拥有标准编程接口和协议的分布式系统服务,这些服务就成为中间件服务。

随着中间件技术的发展和中间件产品的不断推出,中间件的地位越来越重要。在用户和开发人员中,中间件已比 OS 和网络服务更为重要。例如,现在的许多新的应用经常是基于关系数据库而非直接基于 OS 文件系统。一般来说,中间件正在使用网络的分布式功能(如分布式数据库、远程文件访问、RPC 等)替代 OS 中的非分布式功能。对于许多应用系统来说,中间件提供的编程接口定义了该程序的计算环境,如 4GL、事务处理(TP)监测器(IBM 的 CICS、Digital 的 ACMSxp)和办公自动化架构(Lotus Notes、Digital 的 LinkWorks 等)。

7.1.4 分布式系统的评价

分布式系统将各类独立计算机集成起来,协同工作,其技术核心与基础是实现不同计算机间的通信。因此,分布式系统主要是通过与通信相关的参数进行评价的。

1) 平均通信路径长度 P

若两台计算机直接连接,则 $d(M_1, M_2) = 1$,假设一个分布式系统由 n 台计算机 $M_1, M_2, M_3, \cdots, M_n$ 组成,则平均通信路径长度为

$$P = \sum \sum d(M_i, M_j)/n(n-1)$$

2) 通信并行度 C_p

并行度是指在网络的通信线路上,同时最多容许多少个信包传递。如一条公共总线上有 n 台计算机,则 P = 1、Cp = 1;如为环型(单环型)结构,则 $P = n/2$、$C_p = n$。

3) 通信接口数 I

系统中的计算机是通过接口同通信线相连接的。通信接口多所带来的问题是系统开销大,实现困难。例如:对于星型结构,则 P = 1、Cp = n − 1、I = 1。

4) 路径算法复杂度 C_{pc}

分布式系统中每一台计算机都有一个地址编号,当 A 机向 B 机发信时,必须根据目标地址选择路径,从目标地址算出通信路径的算法称为通信路径算法。算法越简单,通信软件开销就越小。

5) 负载均匀度 L

分布式系统不但为自己的计算机服务,还要为其他计算机承担中转的任务,有时会由于不能及时中转而产生拥挤现象,通信负载不均也影响系统的效率。

6) 可靠性 R

结构的可靠性是指当系统中若干台计算机失效时,能继续维持其他计算机通信的性能。

一个好的分布式系统结构应具有以下特征:平均通信路径短,通信并行度高,通信接口少,路径算法简单,通信负载均匀,可靠性强。

7.2 分布式计算范型

7.2.1 范型和抽象

1）抽象

在软件工程中，抽象是指将任务底层具体的实现细节隐藏起来，并封装为简单的接口实现。例如，VC++等高级编程语言就提供了一种抽象，允许编程人员无须了解操作系统本身的细节，就可以实现相应的系统级操作。

2）范型

范型可定义为“一种模式、例子或模型”。常见的分布式应用范型包括消息传递、客户机/服务器、peer-to-peer、RPC、远程方法调用（RMI）、网络服务、对象请求代理、移动 Agent 等。如图7.1所示，按抽象程度不同，将各种分布式应用范型分为多个层次。

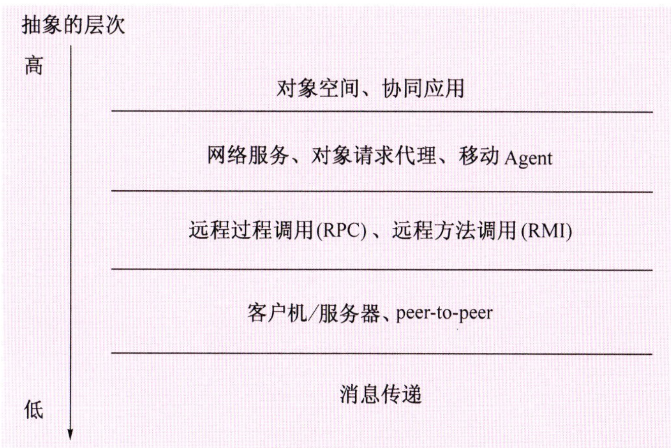

图7.1 各类范型的抽象层次

7.2.2 分布式应用范型

1）消息传递范型

消息传递是分布式应用中最基本的范型，也是进程间通信的基本途径。在该范型中，数据以消息的形式在发送和接收两个进程间交换。发送进程发送代表请求的消息，该消息被传送到接收进程进行处理，并发送一条应答消息。随后，该应答可能触发下一个请求，并导致下一个回答，等等。图7.2表明了一个消息传递范型的示例。

消息传递范型所需的基本操作是发送和接收。对于面向连接的通信来说，还需要连接操作和非连接操作。这些操作封装了操作系统层进程间通信的细节，程序员可以使用这些操作发送和接收消息，而不必与低层的细节打交道。

常见的消息传递范型包括两大类：一类是用于同一物理节点上不同进程间的通信，如信号、管道、命名管道、消息队列、信号灯、共享内存和内存映像等；另一类是用于不同物理节点上进程间的通信，最典型的如 Socket 通信等。

2）客户机/服务器范型

客户机/服务器范型是人们最熟悉的网络应用之一。该应用被分为两部分，分别驻留在分布式系统中相互通信的两台计算机上。其中客户机初始化分布式请求，并接收服务的结果;而服务器按照客户机的请求完成相应的服务工作,并把结构返回客户机。

图 7.3 表明了该范型的工作机制。

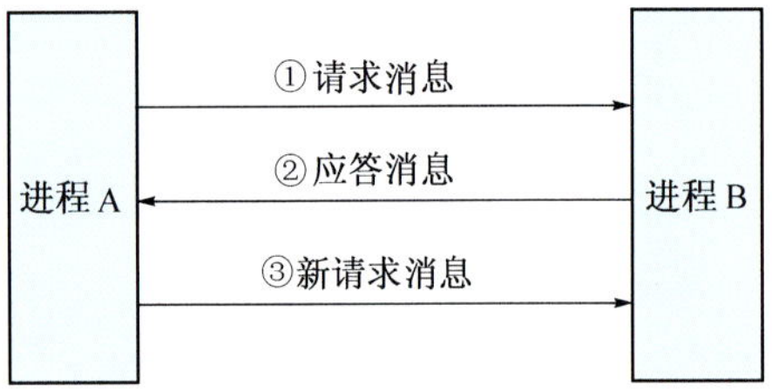

图 7.2　消息传递范型

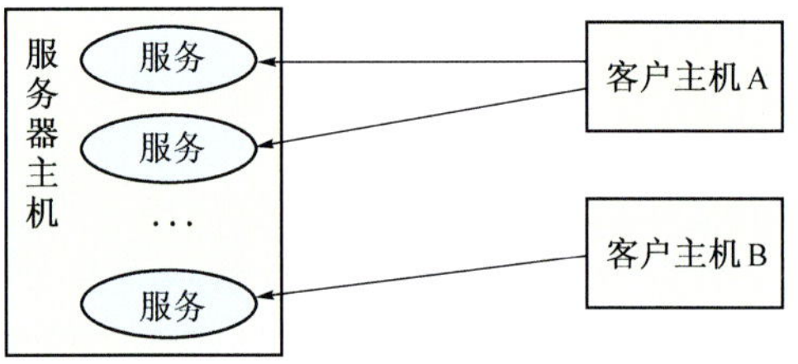

图 7.3　客户机/服务器范型

客户机/服务器范型的概念很简单,它有效抽象了网络服务的模式。在这种模式中,所需的操作包括:服务器进程监听、接受请求并发送响应,客户进程发起请求和接受响应。

客户机/服务器范型往往构建在 Socket 通信的基础上,并规定了客户、服务器双方协作的语法和语义(协议),提供较高程度的分布式应用抽象。

有许多 Internet 服务都支持客户机/服务器应用。这些服务通常根据它们所实现的协议命名。比较著名的 Internet 服务包括 HTTP,FTP,Telnet、DNS 和 finger 等。

3) peer - to - peer 范型

在客户机/服务器范型中,各参与进程扮演着不同的角色:客户进程发起请求,服务进程则被动地侦听服务请求,并在响应时提供客户所请求的服务。

而在 peer - to - peer 范型(图 7.4)中,各参与进程的地位是平等的,都具有相同的性能和责任,因此称它们为 peer。每个参与者都可以向另一个参与者发起请求和接收响应。peer - to - peer 范型可以采用任何消息传递的工具来实现。

客户机/服务器范型用于集中式的网络服务;peer - to - peer 范型更适合于诸如即时消息、peer - to - peer 文件传输、视频会议协同工作等应用。

4) 消息系统范型

消息系统是对消息传递机制的扩展,进程之间不再直接通信,而是将消息传送给消息系统,由消息系统转发到目的进程,如图 7.5 所示。

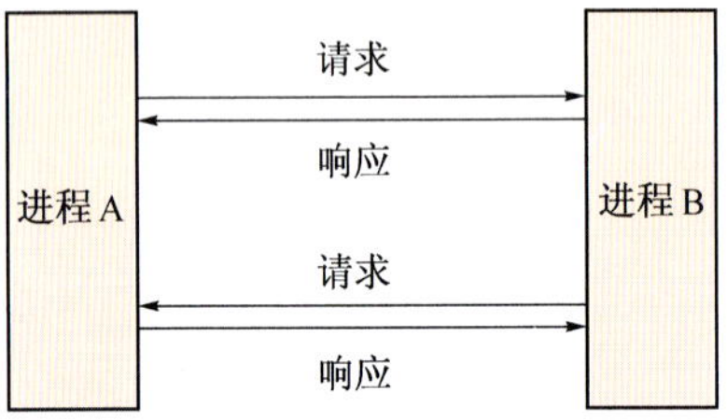

图 7.4　peer - to - peer 范型

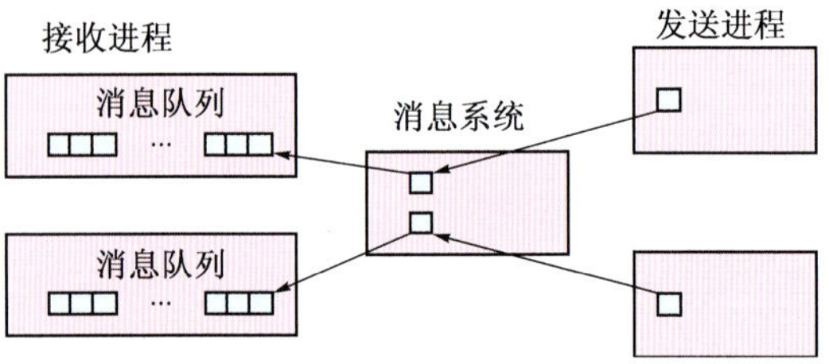

图 7.5　消息系统范型

消息系统范型包括两种消息转发模式,即点对点和发布/订阅。

(1) 点对点。在这种范型中,消息系统首先构建消息队列,并与接收进程相对应。发送进程将消息传递给消息系统,消息系统将其转发到与接收进程对应的消息队列中,接收进程主动或被动(由消息系统通知)接收消息。与基本的消息传递范型不同,消息系统范型将消息的发送和接收分离,并通过消息的存储功能,提供异步的消息通信能力。与基本的消息传递范型相比,点对点为实现异步消息操作提供了额外的一层抽象。要在基本的消息传递范型中达到同样的效果,就必须借助于线程或者子进程技术。

(2) 发布/订阅。在发布/订阅范型中,每条消息都与某一主题或事件相关。对某个事件感兴趣的应用程序可以订阅与该事件相关的消息。当订阅者等待的事件发生时,触发该事件的进程将发布一条消息来宣布该事件或主题,中间件消息系统再将该消息分发给所有订阅者。

发布/订阅范型提供了一种用于组播或组通信的强大抽象机制。发布操作使一个进程可以向一组进程组播消息;订阅操作则使一个进程能够监听到这样的组播消息。

5) RPC 范型

许多分布式系统是基于进程间的消息传递范型进行信息交换的,然而消息的发送与接收过程无法隐藏通信的存在,即无法实现分布式系统中对访问透明性的要求。RPC 范型针对访问透明性的要求,提供进一步的抽象,使得开发人员可以像编写在单机上运行的传统应用程序一样编写分布式软件系统。

RPC 涉及到不同机器上的两个独立进程,图 7.6 展示了该范型的工作原理:一个进程 A 向另一个进程 B 发出过程调用,同时传递一组参数值;进程 B 收到过程调用请求后,即开始执行被调用过程的代码;执行完毕后,进程 B 返回响应给进程 A。

比较一下可以发现,消息传递范型是面向数据的,动作是由所交换的消息触发的;而 RPC 范型是面向动作的,数据作为参数传递的。

有两种主流的支持 RPC 调用的 API。其一是基于开放式网络计算协议的 RPC(open network computing RPC),该 API 源于 20 世纪 80 年代初 Sun Microsystem 公司的 RPC API;第二个著名的 API 是开放小组的分布式计算环境(DCE)RPC。此外,还有简单对象访问协议(SOAP),它实现了支持基于 Web 的 RPC。

6) 分布式对象范型

将面向对象技术应用到分布式系统中,允许应用程序访问分布式网络上的各个对象,并通过对对象所提供方法的调用,获取对服务的访问。这即是分布式对象范型的指导思想。以下讨论的范型都基于分布式对象思想。

(1) 远程方法调用范型。远程方法调用(RMI)范型是面向对象版本的 RPC(图 7.7)。在该范型中,进程可以调用对象中的方法,而该对象可驻留于另一台机器中。

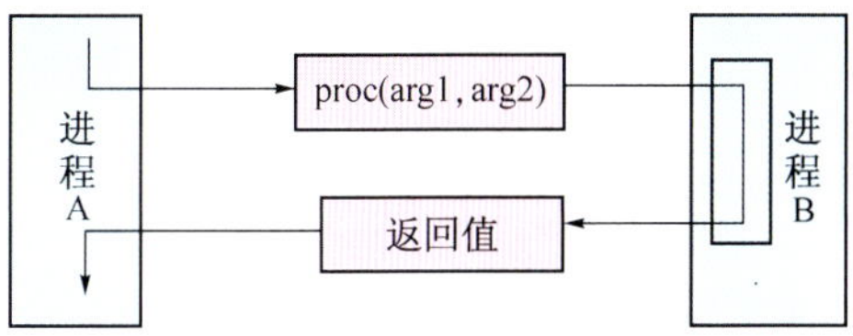

图 7.6 RPC 范型

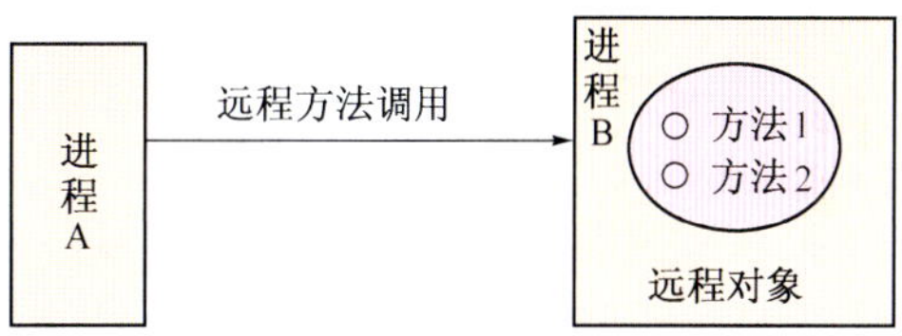

图 7.7 远程方法调用范型

与 RPC 一样,参数可随方法调用传递,在方法调用结束后,也可提供返回值。

(2) 对象请求代理范型。对象请求代理(ORB)范型是 OMG 组织提出的公共对象请求中介者体系结构(CORBA)的基础。在该范型(图 7.8)中,进程向对象请求代理发出请求,对象请求代理将请求转发给能提供相应服务的远程或本地对象。

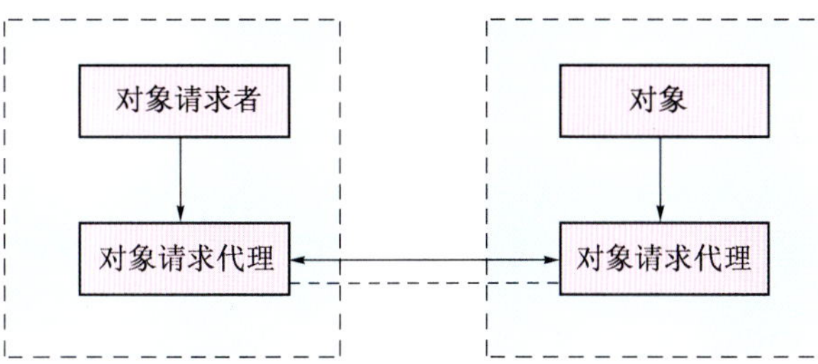

图 7.8 对象请示代理范型

在支持远程对象调用方面，该模式与远程方法调用范型非常相似。两者的主要区别在于，对象请求代理充当中间件角色，使作为对象请求者的应用程序可访问多个远程（或本地）对象。对象代理还可以作为异构对象之间的协调者，允许由不同 API 实现的对象及运行于不同平台上的对象进行交互。

常见的分布式对象模型还包括微软公司的 COM、DCOM、Java Bean、EJB（Enterprise Java Bean）等。

7）对象空间

对象空间范型是各种面向对象模式中最抽象的一种，它提出“对象空间”（object space）的概念，容许提供者将相关的对象集中放入到一个逻辑实体中，而预定该空间的请求者可以访问这些条目。图 7.9 是该范型的一个示例。

除其他模式提供的抽象外，对象空间范型隐藏了资源及对象查找细节，而这些细节是在远程方法调用、对象请求代理或网络服务等范型中必须包括的。

8）移动 agent 范型

移动 Agent 是一种可以在同构或异构网络主机间自主进行迁移的程序或对象。在该范型中，一个 Agent 从源主机出发，然后根据其自身携带的执行路线，自主的决定什么时候迁移到什么地方。它能在程序运行的任一点挂起，然后迁移到另一台主机上继续执行。

图 7.10 是对该范型的描述。

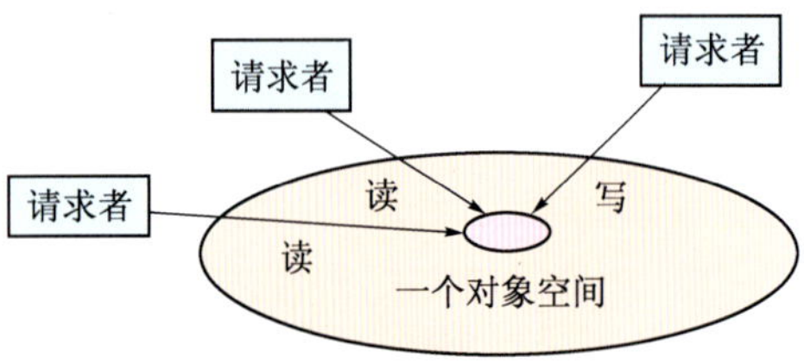

图 7.9　对象空间范型

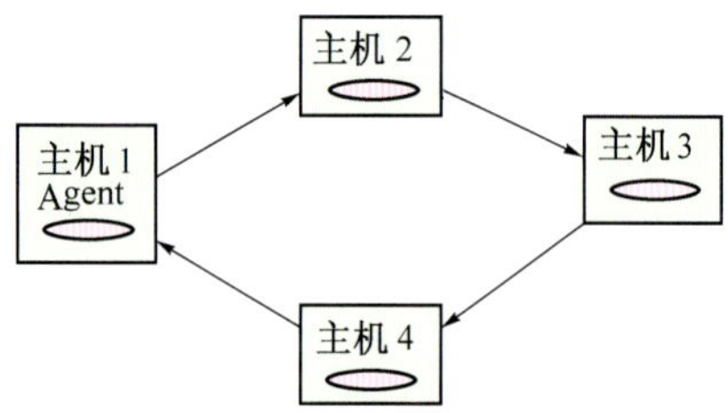

图 7.10　移动 Agent 范型

该范型为可移动的程序或对象提供了抽象。在这种范型中，不是进行信息交换，而是当程序/对象在各个参与节点间移动时，自身携带并传递数据。

9）网络服务范型

在图 7.11 展示的范型中，服务提供者将自身注册到网络中的目录服务器上。需要特定服务的进程在运行时与目录服务器联系，如果该服务可用，目录服务器将向该进程提供一个有关该服务的引用。进程利用该引用与所需的服务进行交互。

该范型本质上是对远程方法调用范型的扩展，区别在于服务对象首先在全局目录服务中注册，允许广域范围内的网络请求者查询和访问这些服务。在理想情况下，可以采用全局唯一标识符注册和访问服务。在这种情况下，范型将提供位置透明性的抽象，允许软件开发者在访问对象或服务时，无须知道对象或服务所在的具体位置。

该模型中使用了“回调方法”（callback method）。回调方法是由服务的请求者提供的方法，以便服务的提供者可以向某个特定的请求者发出调用。回调方法还可以用在其他范型（如分布式对象范型）中。

Java 的 Jini 技术就是基于网络服务范型。

10）协同应用范型

在计算机支持的协同应用范型中，参与协同会话的各进程形成一个组。每个参与进程都可以使用组播技术向部分或全部组成员发送数据，或采用虚拟画板（sketchpad）、白板（whiteboard）允许每个参与者在共享显示区中读取或写入数据。图 7.12 示出了两种群件范型。

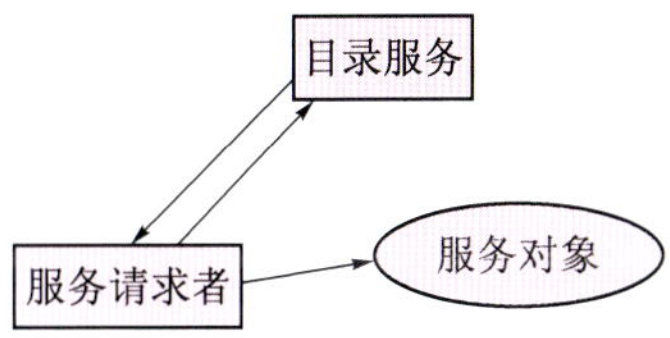

图 7.11 网络服务范型

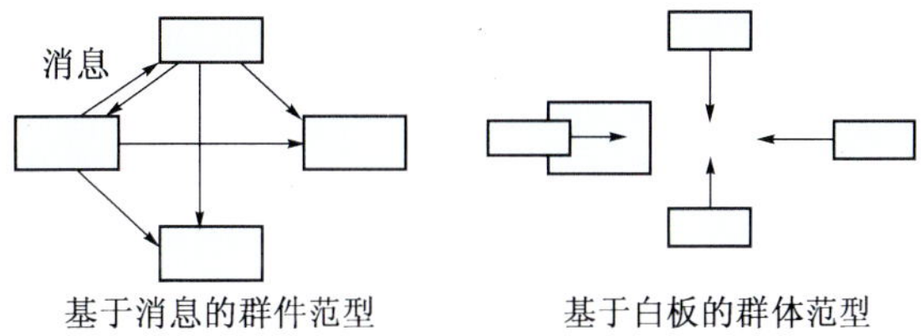

图 7.12 协同应用范型

协同应用范型是大量现存群件系统(如 Lotus QuickPlace)的基础。支持基于消息共享的群件范型的应用程序接口包括 Java 组播 API 和 JSDT、NetMeeting、Groove 等。

7.2.3 对各种范型的评价

任何给定应用都可以采用任何一种范型来实现,而每种范型或者工具都有优于其他范型的一些特点,同时也存在某些缺陷。因此对各类范型进行评价,是十分重要的。对各类范型的评价主要从以下几个方面进行。

1) 抽象层次和开销的比较

对各类分布式计算范型而言,抽象程度越高,用户编程实现就越简单,但它所耗费的系统资源就越多,相对效率就较低。因此,对于要求快速响应或需要较少系统资源的应用,采用抽象程度低的分布式计算范型较为适宜。

2) 可伸缩性

随着参与进程或对象的增加,分布式应用的复杂性呈现指数级增长。抽象较高程度的分布式计算范型往往屏蔽了这种底层的复杂处理,基于它们实现的系统能适应这种参与者的增长的情况,而不会增加系统复杂度。

3) 跨平台支持

作为抽象模型,范型本身是平台独立的,而基于范型的实现工具集则可能是依赖于平台的。支持异构平台的开发工具更加复杂,其编程语法也更烦琐。

除了这些权衡因素外,在选择工具时,还应考虑软件工程方面的一些问题。其中包括工具的成熟度和稳定性,工具提供的容错性,可维护性,代码复用能力等。

7.3 分布式计算环境

7.3.1 DCE 概述

随着计算机技术和通信技术的结合,网络技术开始进入高速发展时期,导致各计算机厂商的产品千差万别,无论是硬件还是软件都难以兼容,这给跨平台的应用带来了许多困难。另外,应用领域的扩大对分布式计算环境(DCE)的要求也更为迫切,仅解决资源共享、实现互连的计算机网络系统,并不能满足互操作的要求。

开放软件基金会(OSF)致力于建立一个大的通信环境,并提供相应的服务和工具,用于支持异构计算机环境下分布式应用的创建、使用与维护。这个通信环境就是 DCE。

DCE 经过多年的发展,于 1994 年推出了 1.1 版,对许多功能进行了改进,并发展为一个事实上的工业标准,在大型分布式系统中得到了广泛应用。由于 DCE 采用的是过程技术,为了使其具有较强的生命力,它不断同发展中的技术相结合。例如,HP 公司应用面向对象技术推出了面向对象的分布式计算环境(OODCE)。随着 Internet 的发展,DCE 又同 Web 技术相结合，许多 Web 产品都能利用 DCE 的目录、安全和其他服务。

7.3.2 DCE 体系结构

DCE 提供了一个开发和运行分布式应用的环境，其部件可以分为两类：一类是用于开发分布式应用的工具，包括 RPC 和 DCE 线程；另一类是为运行分布式应用提供的各类支撑服务，如 DCE 目录服务、安全服务、分布式时间服务等。DCE 的体系结构如图 7.13 所示。

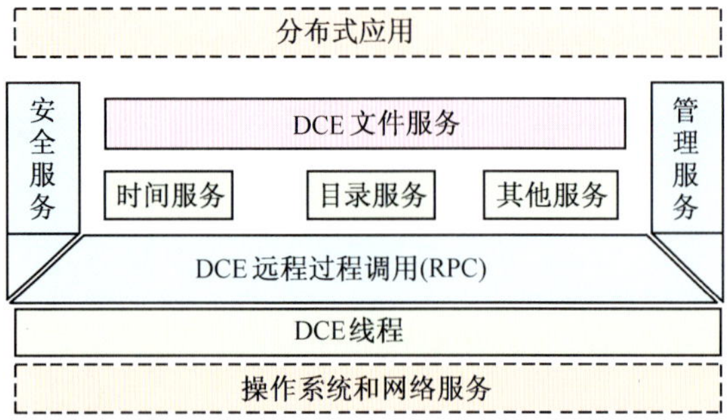

图 7.13 DCE 体系结构

最底层是操作系统层，操作系统本身提供了基本的网络服务。在操作系统以上是 DCE 的工具——DCE 线程。如果本地操作系统已具有合适的线程功能，那么，DCE 的线程库起到的作用只是将它的接口转换为标准的 DCE 接口。DCE RPC 层是库例程的集合。RPC 以上的各种服务模块（如时间、目录、安全等）作为分布式环境中共用的基础设施，并不需要在每台机器上运行，而由系统管理员根据需要，部署在某一台机器上运行即可。安全服务为 DCE 提供安全通信和对资源的访问控制，支持注册、验证和授权机制。其贯穿在各类服务的操作中。其他标准的服务包括时间与目录服务。在服务层以上是 DCE 文件服务，该层为各种分布式应用提供直接支持。

DCE 不仅提供了用于开发和运行分布式应用的工具与服务，而且这些部件很好地集成在一起。DCE 除了支持分布式应用的开发外，还针对分布式系统特有的数据一致性、时钟同步等问题提供了很多服务，并提供了很多分布式环境下的管理工具。

7.3.3 DCE 服务

DCE 本身提供了多个服务，包括目录服务（DS）、安全服务、分布式时钟服务（DTS）和分布式文件服务（DFS）。

1）DS

DS 是分布式系统的资源信息库，用来跟踪系统中所有资源的位置，提供位置透明能力。典型的资源包括用户、机器、数据及基于 RPC 的服务等，它们分布在不同的地域内。DS 允许一个进程在不了解某个资源所在位置的情况下请求这些资源。

DS 由单元目录服务（CDS）、全局目录服务（GDS）、全局目录代理（GDA）和目录服务编程接口组成。其中：CDS 管理 DCE 单元中的资源信息数据库；GDS 实现了一个国际标准的目录服务（ISO X.500），提供全局名字空间，并把 DCE 单元连接到全球的广域网；GDA 是一个在单元和 GDS 之间的服务代理。

2）安全服务

安全服务在分布式系统中对所有类型的资源进行保护，提供安全通信和对资源的控制存取。DCE 安全性有三个方面:注册、验证和授权。它们由以下部分实现:注册服务、验证服务、授权服务、访问控制列表(ACL)和登录机制。

注册是用户在进入系统时向系统提供身份标识符和登录口令;验证是指在用户请求存储或使用资源时,验证用户是否具有这些权限;而授权是指授予用户存储和使用特定资源的权力。授权访问通过 ACL 进行,管理员只要修改 ACL 即可设定用户的权限。

3) DTS

DTS 可以使位于不同机器上的时钟保持全局同步。它要求主机的时钟同世界标准时同步,以协调事件发生的顺序,避免因为时钟的漂移造成误操作,甚至引起系统崩溃。DCE 中的每个单元都有若干个 DTS 服务器装在几台主机上,DTS 服务器之间互相校对时间,其他的主机向服务器校对时间。每个单元中还应有一个专门负责提供标准时间的时间提供者,它可以是一台机器,也可以是管理员。

4) DFS

DFS 是一种全球规模的文件系统,可以提供一种透明的访问方式,允许使用相同手段访问系统中的任意文件。DFS 既可以建立在主机的本地文件系统上,也可以用来代替本地文件系统。

DFS 具备以下特性:使用客户机/服务器范型;提供位置透明性;采用 Cache 达到本地性,减少网络堵塞和延迟;具有较好的性能;提供与其他文件系统基本一致的程序和用户界面。

DFS 包括物理文件系统和局部文件系统。

DFS 的功能包括:复制数据;崩溃后迅速恢复日志文件;文件夹管理;将文件及目录与 ACL 相结合。DFS 结构如图 7.14 所示。

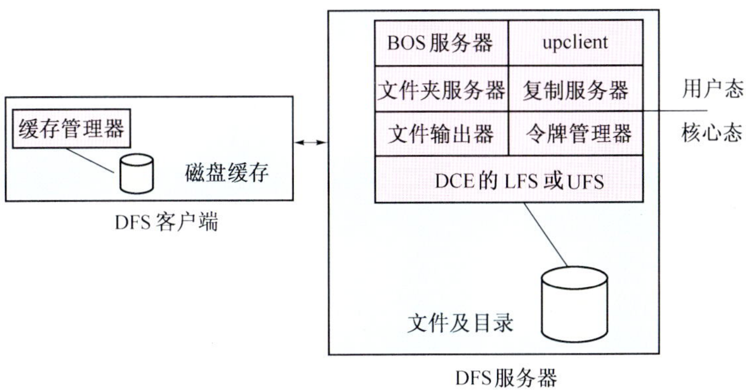

图 7.14 DFS 系统

7.4 分布式对象技术

7.4.1 分布式对象

在软件工程中,对象是一个抽象体,它将相关的服务和数据封装在一起。对象服务以函数的形式提供,是对数据进行的操作,被称为对象的方法,如图 7.15 所示。

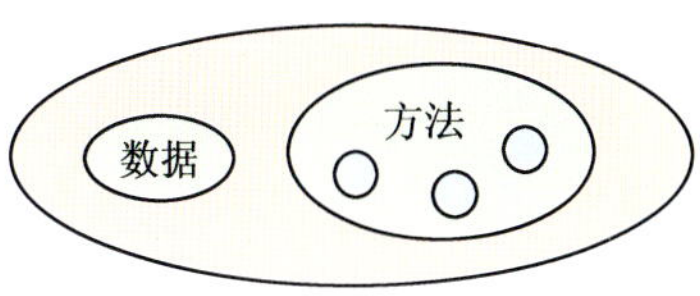

图 7.15 对象

而分布式对象是一种特殊的对象,其方法可以被远程进程所调用。它的出现是 RPC 与对象技术结合的结果。

下面介绍几种常见的基于对象的分布式系统。

7.4.2 通用对象请求代理体系结构

为了解决 DCE 中不同硬件设备和软件系统的互连，增强网络间软件的互操作性，解决传统分布式计算模式中存在的不足等问题，OMG 于 1991 年提出了通用对象请求代理体系结构（CORBA），以增强软件系统间的互操作能力，使构造灵活的分布式应用系统成为可能。

CORBA 是一种应用软件体系结构和对象技术规范，其核心是一套标准的语言、接口和协议，以支持异构分布应用程序间的互操作性及独立于平台和编程语言的对象重用。CORBA 的目标是达到平台无关、编程语言无关以及网络传输协议无关的互操作。

COBRA 规范主要分为三个层次：对象请求代理、公共对象服务和公共设施。最底层是对象请求代理（ORB），它规定了分布对象接口定义和语言映射，实现对象间的通信和互操作，对象可以透明地发出请求和接收响应，它是分布对象系统中的“软总线”；在 ORB 之上定义了很多公共对象服务，这些对象服务是为使用和实现对象而提供的基本服务集合，可以提供诸如并发服务、名字服务、事务（交易）服务、安全服务等各种各样的服务；最上层的公共设施则定义了组件框架，提供可直接业务对象使用的服务，规定业务对象有效协作所需的协定规则。

7.4.2.1 CORBA 概述

CORBA 是以一组客户和对象服务器的形式组织的，其体系结构如图 7.16 所示。

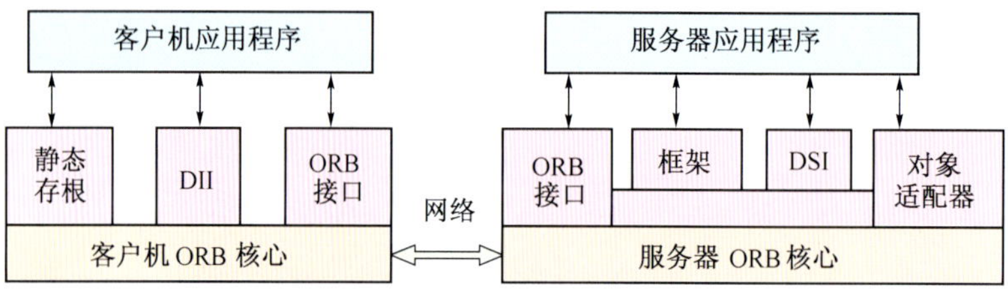

图 7.16 CORBA 体系结构

在图 7.16 中，客户应用程序提出请求，服务器应用程序接收这些请求并作出响应。请求流由客户应用程序向上提交，通过 ORB 上传到服务器应用程序。该过程可由以下几种形式实现。

（1）客户机提出请求。客户可以通过静态存根或动态调用接口（DII）来提出请求，不论选择哪种方式，客户机都直接将请求传送到与该进程连接的 ORB 核心。

（2）客户机 ORB 核心通过网络将请求传送给与服务器应用程序相链接的服务器 ORB 核心。

（3）服务器 ORB 核心将这些请求分配给对象适配器，由它产生目标对象。

（4）对象适配器进一步将请求分配给实现该目标对象的服务程序。与客户机一样，服务器可以选择静态框架或动态框架接口（DSI）用于服务程序。

（5）服务程序执行完请求后，返回结果给客户应用程序。

1）ORB

ORB 是 CORBA 体系结构的核心，它是客户应用程序调用远程对象方法的一种机制。ORB 的主要任务是实现客户和 CORBA 对象之间的通信，同时隐藏与分布式和异质有关的问题。请求发送给对象的过程中，客户端 ORB 截获请求，将调用的名字、参数等编码成标准的方式，通过网络传输到服务器；服务器 ORB 接收到客户请求后解码，然后根据对象引用来定位对象，把请求传递给相应的对象，在需要时激活对象。在服务器执行请求后，ORB 通过同样的方式将应答传递回客户端。

2）请求调用

CORBA 中，请求的调用方法有两种，即静态调用和动态调用。

对于静态调用，OMG 接口定义语言（IDL）被翻译成静态存根或框架，它们提供编程语言类型的静态信息和由远程对象的 IDL 映射成的函数静态信息。静态存根放在客户端，它对调用请求进行编码，使之像平常的本地调用一样，同时也对应答进行解码；静态框架放在服务器端，它解码请求消息中的参数，并将服务器接收到的调用请求调度给合适的伺服程序，产生应答后对应答进行编码。

对于动态调用，CORBA 请求的结构和调度过程是在运行时进行，而不是在编译时生成的。运行时请求的创建和解释需要访问服务程序，由它们提供有关的接口或类型信息。DII 和 DSI 是动态调用过程中用来支持客户在不知道服务器对象的接口情况下也能调用它们。客户使用 DII 动态调用远程 CORBA 对象时，从接口仓库中获取关于给定 CORBA 对象中可用方法的必要信息，利用这些信息构造带有合适参数的调用，然后发送到服务器端；服务器端的 DSI 在接收到调用后，检查请求的内容以查找相应的目标对象，然后调用目标对象。

3）接口定义语言（IDL）

CORBA 中，调用对象的一个操作是通过对象接口完成的，对象接口是由 IDL 来定义的。IDL 不是编程语言，它只用于描述对象接口，定义对象通信的数据结构，不用于描述实现，是一个纯说明性的语言。IDL 的目的是以与任何具体的编程语言无关的形式来描述对象接口，这使得以不同的编程语言实现的应用程序之间也可以互相通信。如客户端和服务器端完全独立，各自使用自己的开发环境、语言映射和 ORB 实现，它们唯一的连接就是所使用的 IDL 定义。IDL 实现了 CORBA 与语言无关的特点。

4）对象适配器

对象适配器是伺服程序和 ORB 之间的纽带，它们为创建 CORBA 对象和对象引用，以及调用合适的伺服程序请求提供服务。CORBA 2.2 版之前的版本都使用基本的对象适配器（BOA），它实现了对象适配器的一些核心功能，但由于其自身的缺陷，逐渐被淘汰。CORBA 2.2 版引入了可移植的对象适配器（POA），它提供了一整套特性和服务，开发人员可以利用它们来编写可扩展、高性能的服务器应用程序。服务器 ORB 在接收到客户端的请求时，会将它们发送给 POA，并在 POA 中创建目标对象，然后 POA 调度请求给实际目标对象的伺服程序，由伺服程序执行请求。

5）ORB 间协议

为了满足远程 ORB 应用程序之间能相互通信，CORBA 2.0 版引入了通用 ORB 间协议（GIOP）。GIOP 是一种通信协议，它规定了客户端和服务端的通信机制。GIOP 规范包括传输假设、消息格式、公共数据表示（CDR）三个方面的内容。

GIOP 对于传递消息的底层传输的假设包括：传输是面向连接的、连接是全双工的、连接是对称的、传输是可靠的、传输能提供比特流概念等；GIOP 的公共数据表示确定了 IDL 类型的二进制格式，使得发送方和接收方在数据的二进制表示上取得了一致；GIOP 定义了客户机和服务器端通信的八种消息类型：请求（request）、响应（reply）、定位请求（locate request）、定位响应（lcate reply）、取消请求（cancel request）、关闭连接（close connection）、消息错误（message error）、片段（fragment）。其中，请求和响应是实现 CORBA 基本的远程调用语义所必需的，其他的用于控制消息或支持某种优化的消息。

GIOP 与具体的传输无关，它是一类抽象的协议，只是描述了特定的协议如何进行创建才适用于 GIOP 框架，本身不可直接用于 ORB 之间的通信。应用最广的 InternetORB 间协议（IIOP）就是 GIOP 的一个具体实现，它指定了 GIOP 如何在 TCP/IP 上实现。

6）对象引用

ORB的互用性要求标准化的对象引用格式，对象引用是客户机获得目标对象的唯一途径。对象引用对于应用程序来说是透明的，它们包含了一些ORB必需的信息，以便建立客户机和目标对象之间的通信。标准的对象引用格式也称为可互操作的对象引用（IOR），它可以灵活的存储几乎所有可以想象到的ORB间协议信息。一个IOR包含三个主要信息：仓库ID值、末端信息和对象密钥。仓库ID值用于在运行时定位接口仓库中接口描述的细节，ORB也可使用仓库ID值来实现向下的类型安全性；末端信息包含要建立与实现这个对象的服务器的物理连接ORB所需的所有信息，它指定使用何种协议，并包含使用与某一具体传输的物理寻址信息；对象密钥包含了专有信息，它与末端信息的组合可以在一个ORB中出现多次，这种多末端—密钥对被称为多组件配置文件，它使得一个IOR以很高的效率支持多个共享的网络协议和传输。

7.4.2.2　CORBA服务

CORBA服务提供了能在广大应用领域使用的通用机制，它们包括命名服务、事件服务、通知服务、事务服务、安全服务以及交易服务等。

（1）命名服务。命名服务是最简单、最基本的CORBA服务，它提供从对象名称到对象引用的映射，“名称-引用”的关系称为名称绑定。同一个对象引用可以使用不同的名称被多次存储，但是每个名称只能确定一个对象引用。命名上下文就是存储名称绑定的对象，即它实现了一个从名称到对象引用的映射表。服务器以名称的形式公告对象，客户机就可以利用命名服务通过名称来定位对象。命名服务消除了依靠带外机制传递字符串化的对象引用的必要，可以提高系统的可靠性和易维护性。

（2）事件服务。事件服务允许事件提供者传递通知给消息使用者，其实现的核心是事件通道。事件通道从提供者那里接收事件并将它们发送给使用者，使消息提供者和使用者之间相互隔离。事件通道同时支持推和拉两种模型的事件发送。推即由提供者将事件通知给使用者，事件提供者是事件的主动发起者，使用者只是被动地等待接收事件；拉是由使用者从提供者那里拉，事件使用者是事件的主动发起者，而提供者则被动地等待事件被拉走。事件服务不支持事件筛选，所有事件都传递给所有使用者，而不管使用者是否需要这些事件。

（3）通知服务。通知服务保留了事件服务的所有特征，同时又扩展了该服务。通知服务增加了以下一些新功能：通知可以定义为数据结构；事件使用者可以使用过滤器来说明它们对哪些事件感兴趣；事件提供者也可以发现使用者对哪些事件感兴趣；可以配置通道、代理某个事件的属性；可以额外增加事件类型仓库等。

（4）事务服务。事务服务允许客户在一次事务处理中定义一系列对多个对象的方法调用，该服务支持平面事务和嵌套事务。客户将事务描述成一系列RMI调用，以begin开始、由commit或rollback终止，ORB将事件标识符附加到每个远程调用上，并处理begin、commit和rollback请求。事务服务中可以使用并发控制服务中的锁定机制。

（5）安全服务。安全服务为CORBA应用提供安全性，它的实现类似于Kerberos之类的安全系统，可以提供身份验证、授权、审计、安全通信等服务。

（6）交易服务。交易服务为客户机提供了动态定位对象的机制，允许客户机选择最合适发送某个服务的对象。与命名服务相似，交易服务也存储对象引用，不过它不是存储每个对象引用的名称，而是存储每个引用所提供的服务的描述。客户机执行动态查找服务，此服务基于查询服务描述，这种机制就是动态绑定。

7.4.2.3　CORBA的优势及应用

CORBA规范的推出，重新调整了客户机与服务器之间的关系。客户机可以向服务器提出事务请求,同时也可以为下一个请求充当服务器角色。由于 CORBA 系统引入了中间件的概念,由中间件完成客户机与服务器之间的通信,使得服务器对于客户机的位置相对透明,取消了原有分布式计算模型中客户机、服务器之间的一一对应关系。CORBA 客户机可以在运行时动态获得服务对象的位置,并且可以对多个服务对象提交事务请求,因此,极大地推动了分布式计算的发展。

CORBA 规范约束采用面向对象的分布式软件的构造方法,以接口定义语言的形式实现对象内部细节的完整封装,从而降低了软件系统的复杂程度,增加了软件功能的可重用性。CORBA 提供到 C/C++、Java、SmallTalk 等高级语言的映射,很大程度地减小了对程序设计语言的依赖性,使软件开发人员可以在较大范围内共享已有成果。

目前,CORBA 主要适合于分布式跨平台的信息管理应用,比较典型的应用是大规模的企业信息管理和事务处理,以及行业解决方案(数据库中的中间件技术)和在网管系统中多厂商互连、互通的解决方案。

7.4.3 DCOM 模型

微软公司的分布式 COM(DCOM)是对组件对象模型技术(COM)的扩展。当 COM 于 1993 年首次发布时,客户和对象必须运行在同一台机器上。DCOM 解决了这个问题,客户可以跨越套间边界、进程边界以及机器的边界访问 COM 对象。目前,有很多工具可以用来创建 DCOM 构件,比如 Visual C++、Visual Basic、Delphi 以及 PowerBuilder。

1) DCOM 体系结构

图 7.17 给出了结合类对象、对象和代理使用的 DCOM 的完整体系。在客户端,一个进程可以访问服务控制管理器(SCM)和注册表,帮助查询并绑定一个远程对象。这个客户将被提供给一个用于实现对象接口的代理。对象服务器将包含一个存根用于编组和解编那些发往实际对象的调用。客户与服务器之间的通信通常由 RPC 方法完成,同时也提供其他通信原语。

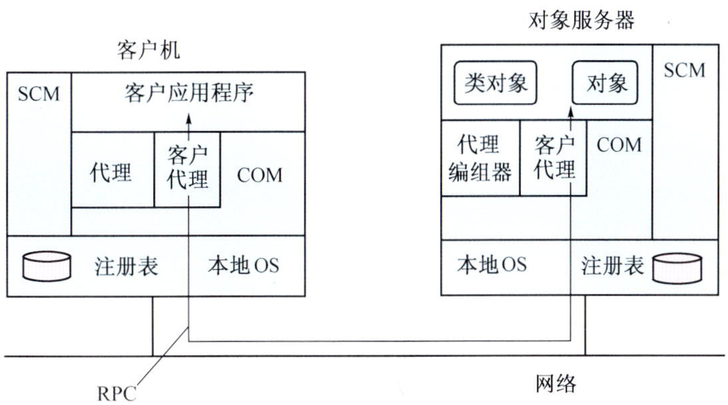

图 7.17 DCOM 体系结构

(1) 注册表。为了激活一个对象,也就是保证它被创建并放置在一个可以使用它接受方法调用的进程中,DCOM 使用 Windows 注册表并使之与一个叫做服务控制管理器的特殊进程结合。注册表用于记录一个从类标识符(CLSID)到包含该类实现的本地文件名的映射。

(2) SCM。SCM 是一个负责激活对象的进程。当一个对象要在远程主机上执行时,可遵循不同的路线。在这种情况下,客户要与那个主机的 SCM 进行联系。远程主机上的 SCM 在其本地注册表中查询与这个 CLSID 有关的文件,随后为这个对象开启一个进程。服务器的接口指针被编组并被返回给客户,然后解编给一个代理。

(3) 类对象。一个 DCOM 的对象是作为一个类的实例创建的。为了进行这一操作,这个类必须是可用的。为了达到这个目的,DCOM 有类对象(class object)。在形式上,这样的对象可以是能实现 IclassFactory 接口的任何东西。这个接口包括 Create Instance 的方法,与 C + + 和 Java 中 new 操作符类似。对类对象调用 Create Instance 操作,结果是建立了一个 DCOM 对象,包括与类对象有关的接口实现。

2) DCOM 的二进制接口

与 CORBA 相似,DCOM 对象模型是以接口的实现为中心的。但是,DCOM 只有二进制接口(binary interface)。每个 DCOM 的接口都有一个唯一的 128bit 标识符,叫接口标识符(IID)。每个 IID 都是全局唯一的:没有任何两个接口有相同的 IID。

3) DCOM 的类型库

DCOM 有一个与 CORBA 的接口仓库等同的库,称为类型库(type library)。类型库通常与一个应用程序或其他较大的包含各种对象类的组件有关。库本身存在于一个独立的文件中,或者可以作为应用程序中的一部分。在任何情况下,类型库都是主要用于寻找一个将要被动态调用的准确特征。除此之外,编程工具也要使用类型库来帮助程序的开发,比如将界面方便地显示在屏幕上。

7.4.4 DCOM 与 CORBA 的比较和发展

DCOM 作为对 COM 的一个扩展,用于分布式计算,是微软公司开发设计的。CORBA 表示通用对象请求代理体系结构,是由 OMG 开发的。DCOM 和 CORBA 都是用面向对象的方法,都支持分布式计算,并且提供对交互操作性和有限的可移植性的支持。它们各有优点和不足,是客户机/服务器世界中进行分布式应用系统开发时的两个竞争对手。

(1) 开发目标不同。CORBA 的目标主要是为不同的软件生产商提供一个标准框架,是他们使用不同的语言、操作系统和硬件开发出来的应用系统,同样具有可移植性和互操作性。DCOM 的主要设计目标是改善性能,支持基于网络的交互,允许通过网络进行进程处理,同时与组成早期 Windows 系统的版本兼容。

(2) 对象模型不同。CORBA 使用通用而一致的对象模型,对于客户来说,很难看到本地和远程对象的不同。对象有状态,能够被全局识别,其引用能很容易地在不同机器间传递,同时支持暂态对象和持久对象。DCOM 的对象模型比 CORBA 模型简单得多,DCOM 对象是暂时的,没有全局标识符,甚至在一些情况下没有状态。

(3) 提供的服务不同。CORBA 提供了完备的服务,而 DCOM 提供自己的混合服务的同时也依赖于环境提供的服务。比如,CORBA 为对象命名和引用提供了很多服务,有独立的命名服务;而 DCOM 本身没有命名服务,它依赖于其环境提供的已有服务。

(4) 接口定义不同。CORBA 的 IDL 是基于语言的,它要提供从 IDL 到各类编程语言的标准映射,CORBA 在编程语言层实现了互操作性。DCOM 只有二进制接口,对象接口的定义独立于编程语言,不需要提供 IDL 到编程语言的标准映射。

(5) 安全服务不同。CORBA 为远程对象提供完整的安全性体系结构,安全性本身依赖于可由应用程序配置的策略对象提供,对策略对象的调用使用截取调用的机制。DCOM 的安全性可由声明方式支持,即在注册表中确定对象激活、访问控制和身份验证的要求。另外,DCOM 也可以让应用程序设置安全层次,让应用程序在不同的安全服务间进行选择。

(6) 其他不同。CORBA 依赖于 GIOP 进行远程对象通信;DCOM 则依赖于对象远程过程调用(ORPC)达到相同的目的。CORBA 体系结构是基于对象请求代理的;DCOM 则以 COM 作为它的基础。CORBA 规范不是针对特定厂商的,因此 CORBA 应用能运行于不同的硬件平台上;DCOM 则是由微软公司制定的体系结构,并且只能运行于微软操作系统支持的硬件平台上。CORBA 支持多继承;DCOM 仅支持单继承。DCOM 使用内建的垃圾收集功能;CORBA 则不提供内建的垃圾收集方法。

7.5 中间件技术

7.5.1 中间件的定义

顾名思义,中间件是处于应用软件和系统软件之间的一类软件,是客户方与服务方之间的连接件,是需要进行二次开发的中间产品。但是,中间件正处在迅速发展之中,目前尚不能精确定义。比较流行的定义是:中间件是一种独立的系统软件或服务程序,分布式应用软件借助这种软件在不同的技术之间共享资源,中间件位于客户机服务器的操作系统之上,管理计算资源和网络通信。

中间件存在几条技术主线,包括 EJB、DCOM、CORBA 和 DCE,但各有特点和长处,均有其自身的生命力。目前,较公认的看法是,多种技术还要共存一段时间,主张百花齐放,让其自然发展。当然这种多技术共存的局面,也为集成带来更多的投资和技术要求。另外要关心的问题是,互操作性、安全性和可管理性。为减少集成的困难,工业组织有个开放集团(open group),它有个互易操作性保证程序(IAP),保证不同厂商间的产品容易集成。

借助于中间件的开发,使得分布应用开发变得简单和可能,同时也促进了应用的集成,当一个应用的信息或服务需要被多个应用系统调用时,采用共同的中间件,可使开发更简单,避免重复开发,通过具有标准接口的中间层作隔离,就能实现多平台的互易操作性。如原先只能使用在一个特定数据库上的应用系统,而现在能轻松地移植到多种数据库上。

7.5.2 中间件的分类

按照 IDC 的分类方法,中间件可分为六类。

1) 终端仿真/屏幕转换

用以实现客户机图形用户接口与已有的字符接口方式的服务器应用程序之间的互操作。

2) 数据访问中间件

适用于应用程序与数据源之间的互操作模型,客户端使用面向数据库的 API,以提请直接访问和更新基于服务器的数据源,数据源可以是关系型、非关系型和对象型。这类中间件大都基于 SQL 语句,采用同步通信方式。此类中间件使应用开发简单,但如果是透过广域网使用,会带来严重的效率问题,因为在低速网上来回交互 SQL 语句会使通信流量过大,同时对数据压缩、加密带来不便。

3) RPC 中间件

RPC 机制是早期开发分布式应用时经常采用的一种同步式的请求应答协议。它扩展了过程语言中的“功能调用/结果返回”的机制,使得它可以适用于一个远程环境。当编译一个采用 RPC 机制的客户方应用时,编译器告之代表远程功能调用的句柄,客户方需要调用远地的过程时,引用相应的功能调用的句柄,由 RPC 机制来负责客户方程序实时地调用到远地的过程。服务器上的过程返回后,客户方的程序得到结果并继续往下进行。在采用 RPC 机制时,调用远端的过程只需去引用它,而不必告之网络地址或其他底层信息。RPC 机制可用以构造客户—服务器方式的应用,但由于它是同步方式,因而在工作的时候,要求客户方和服务方均能正常工作，这样才能很好地运行，若有一方不能工作将导致 RPC 失败。在网络故障、机器故障存在的情况下，这一要求是很难保证的。还有一点值得注意的是，不管客户方能做什么或做得多快，它必须依靠服务方才能有效工作。有些恢复机制可以在一个远程调用阻塞时转而去调用另一个服务器上的过程，但这种路由方式也会影响效率。也有的 RPC 机制采用异步方式，客户方非阻塞地调用远端的过程，但这种方式不太标准而且很难采用。另外，由于大多数 RPC 机制很难建立点对点的关系，因而也很难用在面向对象的编程当中。

4）消息中间件

越来越多的分布式应用采用消息中间件来构建，通过消息中间件来把应用扩展到不同的操作系统和不同的网络环境中。基于消息的机制更多地适用于事件驱动的应用，当一个事件发生时，消息中间件通知服务方应该进行何种操作。事件可以是一个请求，也可以只是一种警示，警示到来后，即可进行某种处理，但不需等待应答。使用消息中间件编程采用的是消息中间件的 API，因而可以很好地扩展到不同的操作系统和硬件平台上。消息中间件的核心安装在需要进行消息传递的系统上，在它们之间建立逻辑通道，由消息中间件实现消息发送。消息中间件可以既支持同步方式，又支持异步方式，实际上它是一种点对点的机制，因而可以很好地适用于面向对象的编程方式。中间件领域目前最热门的技术是异步的消息中间件。异步中间件技术比同步中间件技术具有更强的容错性，在系统故障时可以保证消息的正常传输，因而在过去的两年里应用增长迅速。

5）交易中间件

交易中间件是专门针对联机交易处理系统而设计的。联机交易处理系统需要处理大量并发进程，处理并发涉及到操作系统、文件系统、编程语言、数据通信、数据库系统、系统管理、应用软件，是一个相当艰巨的任务，但是工作的难度可以通过采用一个交易中间件来简化。交易中间件就是一组程序模块，用以大大减少开发一个联机交易处理系统所需的编程量。X/OPEN 组织专门定义了分布式交易处理的标准及参考模型，把一个联机交易系统划分成资源管理（RM）、交易管理（TM）和应用（AP）三部分，定义了应用程序、交易管理器、多个资源管理器是如何协同工作的。资源管理器是指数据库和文件系统，交易管理器可归入交易中间件。交易中间件管理包括应用声明和提交的交易，并通过两阶段提交协议等方式保证分布式交易的完整性、控制并发、实现交易路由和均衡负载。

交易中间件理论上相对成熟，功能和性能界定清晰，基本上适用于联机交易系统，如银行业务系统、定票系统等。尽管交易信息也是消息，交易中间件也是基于消息的传输，也可支持同步和异步方式，但与消息中间件的定位差距较大，属于一种较专用的中间件。

6）对象中间件

面向对象的技术一直是软件界努力追求的目标，传统的对象技术通过封装、继承及多态提供了良好的代码重用功能。但是这些对象只存在一个程序中，外面的世界并不知道它们的存在，也无法访问它们。面向对象的中间件就是要解决这些问题，它提供一个标准的构件框架，能使不同厂家的软件通过不同的地址空间、网络和操作系统互相交互访问。该构件的具体实现、位置及所依附的操作系统对客户来说都是透明的。例如，我们通过简单的组装或扩展已有的构件就可以建立一个客户机/服务器结构的信息系统。面向对象的中间件技术的目标就是为软件用户及开发者提供一种应用级的“即插即用”的互操作性，就像现在使用集成块和扩展板一样。

有关对象中间件的标准相继问世，像 OMG 组织的 CORBA、微软公司的 COM 以及 IBM 公司的 SOM 等，这些标准都极大地促进了对象中间件技术的发展。随着面向对象的应用系统的逐渐增长,对象中间件的需求也在逐年加大。对象技术的优势和对象中间件的标准化,促使对象中间件的功能将最终涵盖其他几类中间件的功能而成为中间件产品的主流。

7.6 分布式系统的应用

7.6.1 计算机支持协同工作

我们生活在一个群体性、交互性和分布性的社会之中,随着社会的进步和科学技术的发展,专业分工不断细化,个人的工作越来越依赖于他人的支持与协作。1984 年,麻省理工大学的 Iren Grief 和 DEC 公司的 Paul Cashman 提出了计算机支持协同工作(CSCW),其含义是一个地域分散的群组借助于计算机相关技术的支持,共同协作完成一项任务。CSCW 将把社会科学(包括社会学、心理学、人类学和群体组织理论)与自然科学(包括计算机技术、通信技术和多媒体技术)紧密地结合起来,为用户提供了一种全新的交流方式。而现代计算机技术的飞速发展对 CSCW 应用系统也起到了巨大的推动作用。于是,CSCW 作为一个先进的工作支持手段,成为 DCE 的一个重要研究领域。

7.6.1.1 CSCW 的分类与应用

CSCW 主要有两种分类方法。

1) 时空分类法

根据 CSCW 的时空特性,CSCW 应用系统可分为集中式同步、集中式异步、分布式同步和分布式异步四种类型,如表 7.1 所列。

表 7.1 CSCW 的时空分类

	同 步	异 步
集中式	桌面会议	工作流
分布式	远程会议	电子邮件

(1) 集中式同步。用于支持面对面(face to face)的室内会议系统。用户通过运行收集和管理会议信息的应用程序,就能参与会议进行讨论。这种 CSCW 能为室内会议提供一个包括意见收集、发言、优先级设置、群组编辑、投票和最终裁决能力的工具箱。

(2) 集中式异步。用于支持工作流系统。工作流是指在多人参与的办公事务中所使用的一系列操作,这些操作可以是顺序或者并发执行的。工作流应用程序将事务处理过程逐段分解为若干个相对独立的子任务。当一段子任务结束后,管理系统会自动引入下一段子任务,并同时完成与上一子任务的信息交换,从而加速与事务有关的文档的处理速度,提高工作效率,以实现办公室事务处理的自动化。

(3) 分布式同步。用于支持远程会议系统,提供视频/音频接口、共享视窗和远程信息交换的功能。目前,许多公司已经在其工作组软件产品中集成了远程会议功能,通过一个"人所共见"(what you see is what I see)的共享窗口,分布在不同场地的群组成员可以共享同一段文本、数据或图像,并进行交互操作。

(4) 分布式异步。有时群组成员并不需要进行实时交互,这时电子邮件是最常采用的形式,如 Microsoft Mail 和 Lotus 的 cc: mail。目前,Lotus 正与 Apple、Borland 公司合作开发独立于开发商的信函应用编程接口(vendor independent mail application programmer's interface)。通过标准的 API 接口,开发人员就可以开发基于电子邮件的应用程序。

一个完善的 CSCW 应用系统不能简单地归入时空矩阵的某个象限中去,而应当能够满足全部四个象限的需求。

2) 应用分类法

根据 CSCW 的不同应用角度,可以进行如下的分类。

(1) 会议室。支持群组成员面对面地进行实时协作。

(2) 工作流。将办公事务分解成多个相对独立的子任务,像流水线一样进行自动化处理,实现办公自动化。

(3) 合作编辑与设计。为在不同工作场地的用户提供同步和异步的协同工作能力,使他们能够协作完成多媒体文档编辑和产品设计,如美国密歇根大学的 DistEdit 协作编辑系统。

(4) 多媒体计算机会议。将各个不同会场与会成员的活动情况、会议内容以及有关的数据和信息及时地传递给每个与会者,实现多媒体信息交互,进行实时讨论。多媒体会议利用现代计算机强大的信息处理能力,可以有效地进行协同工作,成为一种快速、高效的新型会议工具,如欧洲开发的 MICE 系统。

(5) 远程教育。为分布式用户提供虚拟的现场学习功能。

(6) 会议日程安排。通过共享的日记本提供对会议安排的管理。

7.6.1.2 CSCW 的体系结构

出于对 CSCW 部件标准化和可重用性的考虑,研究人员为 CSCW 应用系统确定了以下几项性能要求:模块化、安全性、可移植性和分布式计算。

CSCW 的体系结构模型(图 7.18)由三个部分组成。

1) 任务件(taskware)

在任务件中,包含了对任务目标和实现方法的描述。为了完成任务,可以在任务件中嵌入一个结构化的任务处理模块,其中内建了一系列的检测机制以确保开发出的产品符合结构化的要求。根据不同的检测控制机制,可以将任务件分成三类。

(1) 限制性任务件。要求进行自顶向下的设计。

(2) 引导性任务件。建议但不强制自顶向下的设计。

(3) 柔性任务件。允许开发人员自由设计。

2) 工作组件(teamware)

为了完成群组的共同任务,CSCW 应用系统向群组成员提供对原始材料和工作成果共享的支持,以协调群组成员的合作,包括进行存取权限管理、信息共享和监控。图 7.19 给出了工作组件的环境模型。

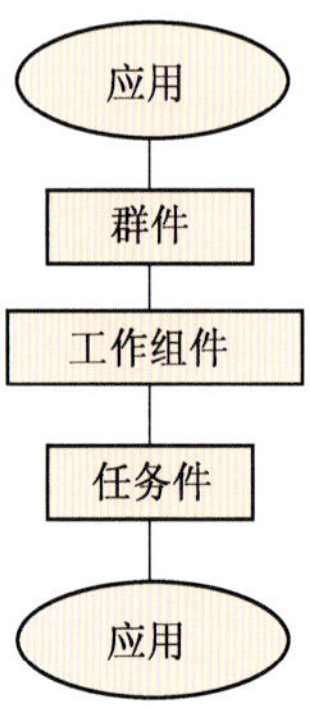

图 7.18 CSCW 体系结构模型

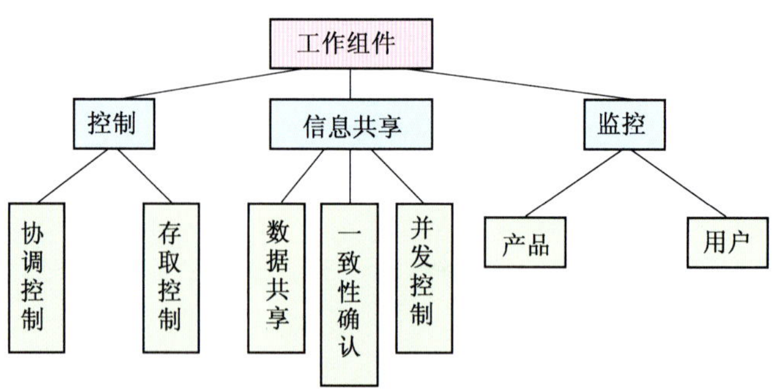

图 7.19 工作组件的环境模型

(1) 控制。包括:存取控制,赋予群组成员不同的数据访问权限,通过支持用户认证与存取控制列表来进行存取控制;协调控制,CSCW 的基本特征就是为群组成员提供一个协调控制的机制,使其协同工作。表 7.2 给出了工作组件的控制需求。

(2) 信息共享。是群组成员之间的间接通信方式。群组成员通过共享工作成果来进行间接交流,而不直接发送消息。表 7.3 给出了工作组件的信息共享需求。

表 7.2 工作组件的控制需求

存取控制
对数据的存取控制
设置不同的数据访问权限级别
赋予用于不同的数据访问权限
协调控制
用户对工作流的了解
用户对群组结构的了解
支持群组的动态改变
支持群组的动态工作方式

表 7.3 工作组件的信息共享需求

数据共享
支持分步式应用共享同一窗口
对数据的共享存取
多种开发
一致性确认
向用户报告某个影响其工作变动的发生
保护用户的设计不被改变
并发控制
支持多用户并发操作
支持多用户对同一数据的访问
支持多个任务对同一数据的访问

① 数据共享。通过复制技术,把复制数据在整个系统内分布,使数据共享成为可能。

② 并发控制与一致性确认。数据共享模型默认系统的客户机/服务器工作方式,用户可以将数据的一个本地拷贝(复制数据)保持在该客户机系统上,而原始数据源仍然驻留在服务器上。如果用户改变了本地数据,它将在一定的时间间隔后通过一个特定进程与服务器保持一致。

在 CSCW 系统中,可能引起数据不一致的原因主要是多用户对共享数据的并发存取以及数据存放场地故障。为了保证数据的一致性,必须解决以下三个方面的问题:

① 数据对象内部的一致性问题;

② 由对同一共享数据对象的并发写操作所引起的数据一致性问题;

③ 共享数据多个拷贝间的一致性问题。

在传统的分布式数据库和并行处理系统中所广泛使用的数据主拷贝、时戳和多重协议同步等并发控制方法,可以有效地解决数据一致性问题。然而,由于 CSCW 系统的高度传播时延敏感性,需要设计新的并发控制协议以提高响应速度并屏蔽传播时延。

3) 群件

CSCW 是以计算机网络技术为基础,为支持完成同一任务而工作的一组人员协同工作的技术。如果将帮助用户实现与合作伙伴的直接交互作为支持协同工作的基本需求,那么满足此需求的 CSCW 一般具有群体感知特征,典型的有电子会议系统、合作著作系统。但这类系统一般还不具有组织特征,即不存在对一组用户的协同行为加以领域的约束。如果将某类组织机构或大型工程的组织形态作为支持协同工作的特殊需求,那么满足此要求的 CSCW 一般具有组织特征,典型有工作流管理系统和任务调度系统等。我们把具有群体感知特征和组织特征的 CSCW 的有关软件产品称为群件。

4) 监控

分为产品监控和用户监控两个部分。CSCW 应用系统要求对系统所作的任何改动都必须是可追踪的,而且在系统日志中必须记录对系统所作的所有改动。用户监控包括监控群组成员在网络上的登录和注销、群组成员的文件区状态、用户存取权限和登录时间。表 7.4 给出了工作组件的监控需求。

表 7.4 工作组件的监控需求

产品监控	用户监控
每个系统都必须是可追踪的	用户登录/注销的监控
记录所有的系统变化	用户文件区、访问权限和登录时间的监控

7.6.1.3 CSCW 的支撑环境

CSCW 涉及到广泛的研究领域,可以将它们分为两个部分:支持群组协作的相关技术研究和群组协作机制研究。

1) 支持群组协作的相关技术研究

(1) 通信服务。信息交换是协议的基础,因而通信服务是 CSCW 中最重要的应用需求,其必须具备:

① 包括异步传输模式(ATM)和综合业务数字网(ISDN)的多种网络连接;

② 广泛的开销/性能选择范围;

③ 多媒体通信和多点通信能力;

④ 能动态满足带宽要求的网络结构;

⑤ 网络的可扩展性。

(2) 共享服务。提供一个共享的工作环境,使群组成员可以基于一个共享信息集合(如多用户数据库)进行协同工作,确保信息共享和消息传递的安全性。

(3) 管理服务。CSCW 必须提供一套完善的管理机制以维护协同工作,管理服务应当具备以下功能:

① 对不同网络连接的有效管理;

② 群组的创建和管理能力;

③ 用户透明性;

④ 用户形象服务。

2) 群组协作机制研究

(1) 群组结构及其社会性;

(2) 群组成员个性与群组共性的协调;

(3) 群组成员间的交互方式;

(4) 群组工作任务的分解。

7.6.1.4 CSCW 的现状和展望

CSCW 作为一门新兴的多学科交叉研究领域,不仅需要计算机网络与通信技术、多媒体技术等计算机技术的支持,还需要社会学、心理学、管理科学和人类学等社会科学领域学者的支持,因此 CSCW 应用系统的开发是一项复杂的工作,在研究的过程中,会遇到技术性和非技术性两类问题。在大型项目的合作开发过程中,主要障碍是群组成员的组织协调等非技术问题,此时必须从社会科学的角度进行研究,理解群组的工作机制,即群组的系统开发需求是什么,如何在群组成员之间分配子任务,群组成员如何协调自己的工作以配合共同的开发工作,群组成员如何进行交互等。在这些问题上,由于人们协作方式的复杂性,目前的 CSCW 研究人员尚未达成共识来建立一个统一的标准,这也是制约 CSCW 取得进一步发展并走向产品化的主要因素。而在一些面向小群体应用的系统开发过程中,其面对的主要障碍则是在技术方面,特别是计算机通信网络的支持。

WWW 信息服务技术与协同工作技术的结合是 CSCW 的一个新的研究方向,同时也会促进 WWW 技术的发展。目前,它们的结合体现在以下几个方面:

（1）利用 CSCW 技术来扩展 Web 服务器的功能；

（2）利用 Web 服务器、Web 浏览器和 HTTP 传输协议支持 CSCW 技术；

（3）使用 HTTP 协议作为 CSCW 应用系统的通信协议；

（4）利用 WWW 友好的人机交互界面，把 WWW 作为用户接口环境用于 CSCW 研究的开发环境。

CSCW 是信息社会的必然产物，它的存在与发展是以现代计算机和通信技术的发展为条件，以高度细化的专业分工对协作的需求为背景，以广泛的应用领域为前提。CSCW 改变了人们传统的工作方式，成为符合信息时代要求的工作支持手段，是计算机应用领域的一次开拓和发展。相信随着 Internet 和 Intranet 技术的发展以及人们对协同工作特性认识的深入，CSCW 应用系统必将在各个应用领域发挥出重要的作用。

7.6.2 分布式系统在军事上的应用

DOD 根据世界范围内各军事对抗形势的变化，以及将来的战争以局部战争为主，即局部冲突代替全球冲突的时代特征，高度重视和依赖于建模和仿真（M&S）等信息技术，采用了一种行之有效的方法，用模拟潜在技术的应用代替制造样机。尤其是随着网络和分布式计算的发展，大大扩展了其适用的空间范围，为和平时期指挥人员提供实际合成战场所有单元（从机械化作战部队、直接和远红外火力到作战飞机）的环境，使 DOD 能够以令人激动的新方法应用 M&S。这个方法的好处是：

（1）可在设计初期把新设备的模拟结合到训练演习中，让军事人员（最终用户）在新设备投入战场前有机会获取有关新系统的使用经验；

（2）最终用户的经验可以及时反馈给系统开发人员，有助于改进设计；

（3）更加经济有效。

DIS 是基于 T3（45Mbit/s）ATM 的网络，专用于支持 DOD 的分布式模拟演习。DIS 包括许多民用和军用的信息技术，如高性能计算机系统、WAN、微型计算机系统、计算机图像系统、分布式处理、LAN、DBMS、光纤通信、IC、工程设计模型、作战游戏模拟、大型分布式系统、可重配置模拟器、半自动兵力、安全网、DOS 规程、装备范围系统、DOS 数据库人类行为模型、环境模型等。

1）战争合成示范场（STOW）

STOW 是 ARPA 发起的项目，这个基于 DIS 的合成示范场能模拟联合任务兵力（JTF）级演习的 10 万个目标，相当于在“沙漠风暴”中投入的兵力。开始的目标是通过连接人工模拟器、SAF、作战游戏系统和传动设备建立解决目标级细节的混合模拟。该项目今后将把这种混合系统结合到 JTF 级的无缝的高保真模拟演习中，以提供下一代的军事模拟能力。STOW 项目分为三个阶段：首先是欧洲 STOW，它在 1994 年 11 月举行的一系列军事演习中提供了大规模的军事模拟；第二阶段将是 STOW97，它在约 5 万个目标组成的 JTF 演习中演习混合模拟系统；第三阶段是 STOW2000，定在 21 世纪初，具有演习 10 万个目标的能力。

2）组合装备战术训练器（CATT）

CATT 是一组连网的仿真系统，它支持装甲防务（近战战术训练器——CTT）、陆军飞行、空防、火力支援和工程等操作可能是 DOD 目前最主要的分布式模拟应用项目。DIS 是其内部结构的核心和连接各 CATT 节点的通信规程。CATT 将替代目前装备于世界各地主要陆军培训和开发设施的 SIMNET 设备。

3）联合战术作战训练系统（JTCTS）

1995 年 3 月确定的 JTCTS 是海军战术作战训练系统和陆、空军联合空战训练系统相结合的产物，用于为海军和空军提供最先进的 DIS 训练系统，这种系统把飞行于训练区域的飞机等活动目标跟战场连接起来。

4）联合仿真系统（JSIMS）

JSIMS 是 DOD 的下一代作战游戏仿真系统。JSIMS 是 DOD 启动的一个新的项目，既没有完成产品规范的制定，也没有规定好如何与各军种相结合。项目的目的是为了跟 ARPA 的 STOW 项目一起，为各军种提供开发下一代大型作战游戏系统所必需的核心模拟部件。

5）装甲/反装甲先进技术展示（AIATD）

AIATD 的用途是开发和展示一种得到检验、证实和认可的 DIS 能力，以支持陆军的坦克和其他装甲车辆系统的研究和开发。该项目不仅提供一种得到检验、证实和认可（VV&A）的开发环境，而且还提供工具来评估所输出的模拟结果。

分布式系统无论在军事方面还是在其他方面的应用，实质上都是 CSCW。上面提到的那些 DIS 技术在国防部门的应用，其信息处理系统都是分布式系统，系统结构是以网络为基础的分布式结构。为了使分布式系统在军事上能成功地应用，必须解决系统的互操作性、应用和软件的可移植性以及系统集成性等关键问题。

7.7 网格计算

网格是构筑在互联网上的一门新技术，它通过通信手段将地理上位置分散的资源无缝地集成为一个有机的整体。通过网格提供的虚拟计算平台，客户的请求和提供的资源的能力被合理地匹配，各种资源也得到充分的集成。网格把分布的资源集成为异态能力巨大的超级计算机，提供计算资源、存储资源、数据资源、信息资源、知识资源、专家资源、设备资源的全面共享。资源共享是网格的根本特征，消除资源孤岛是网格的奋斗目标。

网格技术发展至今经历了三个阶段。

第一代网格大致是 1995 年以前的网格，典型代表是 FAFNER 和 I－WAY 两个项目，元计算的概念就是在这个时期提出的。

第二代网格的时间大致是 1995 年到 2000 年，典型代表是 Globus、Legion 等项目，尤其是 Globus 工具集的开发和应用，对网格的研究和发展起到了显著的推动作用。这个时期的网格要解决的问题设计网格的异构性、可扩展性、适应性等，网格安全也被提到了很高的高度。

第三代网格的典型代表是万维网服务和开放网格服务结构。万维网服务是面向商业领域的计算框架，作为万维网服务框架中的基本技术，简单对象访问协议（SOAP）、万维网服务描述语言（WSDL）和统一集成、描述和发现（UDDI）规范获得了业界的普遍支持。这个阶段网格的主要特点是面向服务的网格结构。

7.7.1 网格计算环境的结构及基本功能

网格计算环境的构建层次从下至上依次包括如下部分。

（1）网格节点。由分布在 Internet 上的各类资源组成，包括各类主机、工作站甚至 PC 机，它们是异构的，可运行在 Unix、Windows NT 等各种操作系统下，也可以是上述机型的机群系统、大型存储设备、数据库或其他设备。

（2）中间件层。网格计算的核心，为了使网格计算和现有的结构兼容，这个中间件层屏蔽网格资源层中计算资源的分布、异构特性，向网格应用层提供透明、一致的使用接口。网格的中间件层也称为网格操作系统，负责提供远程进程管理、资源分配、存储访问、登录和认证、安全性和服务质量（QoS）等。

(3) 开发环境和工具层。提供用户编程接口和相应的环境,以支持网格应用的开发,更好地利用网格资源。

(4) 应用层。提供系统能接受的语言,如 HPC + + 和 MPI 等。可配置其他一些支持工程应用、数据库访问的软件,还可提供 Web 服务接口,使用户可以使用 Web 方式提交其作业并取得计算结果。

网格计算环境要求不影响各节点本地的管理和自主性,不改变原有的操作系统、网络协议和服务,保证用户和远程节点的安全性,允许远程节点选择加入或退出系统,尽量使用已存在的标准的技术,以便与已有的应用兼容,并能提供可靠的容错机制。一个理想的网格计算应类似当前的 Web 服务,可以构建在当前所有硬件和软件平台上,给用户提供完全透明的计算环境。对用户而言,它把众多同构、异构的资源变成了同构的虚拟计算环境。为此,网格计算环境设计需要有以下主要特征。

(1) 管理层次。确定管理层次体系,管理域按区域层次划分,决定管理信息流的流向。

(2) 通信服务。随应用目的的不同提供不同的服务,包括可靠的点对点通信和不可靠的组播通信,支持各种通信协议,提供通信链路延迟、带宽和可靠性等指标。

(3) 信息服务。提供方便可靠的机制,获得不断变化的各节点信息和状态。

(4) 名字服务。提供全局统一的名字服务,典型的有国际通用的 X. 50 标准或 Internet 上 DNS 标准。

(5) 文件系统。提供一个分布式文件系统机制、全局存储和缓存空间。

(6) 安全认证。应包括登录认证、可信赖、完整性和记账等方面的安全性,这是网格计算的难点,也是系统成败的关键。

(7) 监视系统。提供监视系统资源和运行情况的工具。

(8) 资源管理和调度。提供透明的资源调度,高效地利用可利用的资源是系统的核心。

(9) 资源交易机制。为鼓励不同组织或资源拥有者加入系统,应提供一种计算资源的交易机制,允许提供资源者获得利益,使系统能动态地取得最好的性价比资源。

(10) 编程工具。必须提供丰富的用户接口和编程环境,提供最常用的语言,如 C、C + + 、FORTRAN、MPI、PVM 以及分布式共享存储器和一些函数库等。

(11) 用户图形界面。提供直观的用户访问接口,包括 Web 方式,使用户可以在任何位置、任何平台上使用系统资源。

7.7.2 网格计算的关键技术

(1) 网格协议。Globus 的网格计算协议是建立在互联网协议之上的,以互联网协议中的通信、路由、名字解析等功能为基础。该协议分为五层:构造层、连接层、资源层、汇集层和应用层。上层协议可调用下层协议的服务。网格内的全局应用都通过协议提供的服务来调用操作系统。

(2) 网格节点。网格节点就是网格计算资源的提供者,它包括高端服务器、集群系统、MPP 系统大型存储设备、数据库等。这些资源在地理位置上是分布的,系统具有异构特性。

(3) 宽带网络系统。宽带网络系统是在网格计算环境中,提供高性能通信的必要手段。通信能力的好坏对网格计算提供的性能影响甚大,要做到计算能力"即连即用"必须要高质量的宽带网络系统支持。用户要获得延迟小、可靠性高的通信服务也离不开高速的网络。

(4) 资源管理和任务调度工具。计算资源管理工具要解决资源的描述、组织和管理等关键问题。任务调度工具的作用是根据当前系统的负载情况,对系统内的任务进行动态调度,提高系统的运行效率。它们属于网格计算的中间件。

(5) 监测工具。高性能计算系统的峰值速度可达10^{14}次/s,但是实际的运算速度往往与峰值速度有很大的距离,其主要原因在于高性能并行计算机的并行程序与传统的串行程序有很大差异。而高性能计算应用领域的专家对编程技术并不擅长,很难充分利用各种计算资源。如何帮助使用人员充分利用网格计算中的资源,这就要靠性能分析和监测工具。这对监视系统资源和运行情况十分重要。

(6) 应用层的可视化工具。网格计算的主要领域是科学计算,它往往伴随着海量的数据,面对浩如烟海的数据想通过人工分析得出正确的判断十分困难。如果把计算结果转换成直观的图形信息,就能帮助研究人员摆脱理解数据的困难,这就要研究能在网格计算中传输和读取的可视化工具,并提供友好的用户界面。

为了促进网格计算的广泛应用,实现让用户随心所欲地共享网格计算中的各种资源,还必须解决以下问题:目前互联网的数据传输能力不足的问题;人机通信的问题;网格上资源共享中的知识产权问题;保障网格计算安全性的问题。

7.7.3 网格计算项目

由于网格计算环境可以连接广域范围内不同标准的异构“孤岛”,形成庞大的全球性计算体系,是Internet发展的高级形式,因此,受到世界各国和组织的高度重视,已经开展了许多论坛、实验环境和研究项目,它们大多数都是在网上共享的,极大地方便了人们研究和利用有关资源,如网格计算论坛旨在促进推广相关的技术。较有代表性的网格计算项目包括实验床、Globus项目、Legion项目、Globe项目、NetSolve项目、Javalin项目等。下面简单地介绍几种。

1) Globus项目

提供基础的软件集成分散的异构资源,形成一个单一的计算环境。其核心是Globus元计算工具包(GMT),这是一个构筑网格计算环境的中间件,提供基本的资源定位、管理、通信和安全等服务。GMT是模块化的,允许用户按自己的需要定制环境。一种简单的Globus配置包括如下部分。

(1) 客户端。配置远程计算的API接口库、访问信息和通信等接口。

(2) 服务端。资源分配管理器(GRAM)、资源监视器。

(3) 集中服务。目录服务、认证服务、信息收集监视器等。

2) 基于Java的网格计算

Java语言和相关技术成功地解决了困扰网格计算的几个关键问题,如异构性和安全性;另一个重要的优势是Java程序的最小执行环境可以在Web浏览器中执行而不需要另外安装软件。因此,理论上全球任意一台装有Web浏览器的机器都可以进行全球计算。尽管Java平台还存在效率低等问题,但它无疑将大大影响网格计算模式的发展,使实现全球分布式计算已不再是一个梦想。

Java结构建立在Internet网络层上,通过扩展HTT PServer的功能来实现下述功能:

(1) 客户节点向HTTP服务器上载包含有任务Applet的HTML主页;

(2) 客户节点向集中服务器登记相应的UML地址;

(3) 服务节点向集中服务器请求任务,得到相应任务的URL;

(4) 服务节点从HTTP服务器下载HTML页,运行嵌入的Applet;

(5) 客户节点得到回送的执行结果。

3) 国家高性能计算环境

1999年底—2001年初,中国科学院计算所联合国防科学技术大学、江南计算所和清华大学等十几家科研单位,共同承担了国家863重点项目“国家高性能计算环境”的研究和开发任务。国家高性能计算环境(NHPCE)建立了一个计算资源广域分布、支持异构特性的计算网格示范系统。该项目于2000年底在北京、西安、长沙、武汉、合肥、上海和成都等地利用国产高性能计算机(银河、曙光和神威等)建立了九个计算节点,进行统一的资源管理、信息管理和用户管理,并在此基础上开发了多个需要高性能计算能力的网格应用系统,取得了一系列研究成果。

NHPCE网格信息系统的主要特点在于利用了目录服务的层次结构,提供全网格统一的资源信息模型和视图,以及全网格统一的资源信息管理,包括资源信息的组织、资源信息的查询、网格资源的分配等。

7.7.4 网格面临的挑战及其发展趋势

网格技术的兴起和发展得益于技术进步和应用需求的驱动,目前已经从支持科学计算为主向市场更大和应用面更宽方向发展,归纳起来,我们可以看到其中的一些发展趋势和特点。

(1) 走开放标准路线。国际上网格技术的研究基本上采用了Internet的开放标准路线,以层次化开放式为基础,在多个层次上建立横向技术标准和平台,以满足不同层次资源和应用集成的需要。这些标准中最主要的是Globus和OGSA。平台化也是网格的一个重要特征。

(2) 多技术融合。许多网格应用和系统是综合网格技术和其他多种主流技术建立而成的,这些技术包括中间件技术、P2P、Web Service等。事实上,网格技术解决了网格应用面临的一些问题,而现行的许多技术很好地解决了系统集成的各种问题。同时,网格作为一种信息基础设施,其必然要综合使用各种技术来建立这种设施及其各种应用。

(3) 构建网络操作系统。网格和多种技术的结合为利用网络资源提供了一个类似操作系统的管理平台。这个平台屏蔽了异构资源的差异和地理上的分布性,管理分布的计算、储存、网络等资源,提供实现应用之间的可交互性和互操作性的工具,提供用户开发网络应用的环境和网络应用的基本功能构件,支持各种应用的开发和按需服务的能力。

(4) 形成信息综合服务商。网格作为一种IT基础设施已经得到众多公司和学术界的一致认同。如何构建、管理、维护和运营这种能够按需提供服务的基础设施,如何在这个平台上开发应用,成为网格服务和产业发展的关键。在这样一个环境下,将出现结合软件和计算机硬件的系统综合服务提供商,并在网格产业的发展上起到关键作用。

(5) 服务网格是重要产品方向。采用Web服务器和网格计算技术,遵循OGSI的Grid服务器的标准,面向企业集成、支持服务连接、管理、集成优化和运行的服务网格将成为商业网格系统的一个重要发展方向,它为实现多企业或部门之间广域分布业务应用的集成和协同提供了按需服务、系统互操作和可监控等方面的有力支持。

7.8 小结

本章介绍了分布式计算机系统的基本定义、特征、实现的关键技术和评价的基本概念,以及分布式计算范型、分布式计算环境(DCE)、分布式对象技术、中间件技术和网格计算。

分布式计算范型给出了分布式应用的各种范型,具体包括消息传递、客户机/服务器、Peer-to-Peer、消息系统(点对点,发布/订阅)、RPC、分布式对象(远程方法调用,对象请求代理,对象空间)、移动Agent、网络服务、协同应用等。这些应用范型提供了不同程度的抽象,从而使开发人员摆脱了对进程间通信及事件同步等具体细节的了解,使开发人员把主要精力集中在宏观的设计上。

DCE 是构造分布式系统的一种方法。DCE 中主要引入了两种新概念和机制。其一是线程，它是一种轻型进程，允许在一个进程中存在多个控制流；其二，RPC 是 DCE 中的一个进程通信的机制，实现了 DCE 中客户机/服务器之间的调用。DCE 为客户提供四种主要服务：时间、目录、安全和文件服务。

分布式对象技术中，系统地介绍了 CORBA 基本概念、互操作性、安全性和 ORB 结构，讨论了 CORBA 调用过程和请求服务过程。此外，还讨论了 DCOM，以及 DCOM 与 CORBA 的比较。

中间件给出了中间件的定义、分类，并分别对六类中间件进行了简单的描述。

网格计算是构筑在互联网上的一门新技术，它通过通信手段将地理上位置分散的资源无缝地集成为一个有机的整体。网格计算提供计算资源、存储资源、数据资源、信息资源、知识资源、专家资源、设备资源的全面共享。资源共享是网格的根本特征，消除资源孤岛是网格的奋斗目标。

第8章 Agent技术

Agent 技术，特别是多 Agent 技术，为分布式开放系统的分析、设计和实现提供了一种崭新的方法。著名的 Agent 理论研究者 Jennings 教授和 Wooldridge 博士甚至把它誉为是“软件开发的又一重大突破”。Agent 技术已经被广泛应用到各个领域。从相对简单的个人电子邮件过滤器到复杂的空中交通控制、柔性制造系统（FMS）、工业过程控制、远程医疗、远程教育、信息提取和各类军事系统等大系统，都是 Agent 大显身手的地方。限于篇幅，本章主要围绕计算机领域，概要地介绍 Agent 的基本概念，Agent 的结构，多 Agent 系统，移动 Agent 系统以及 Agent 的通信、协作，Agent 间的行为协调和 Agent 的应用举例等。

8.1 基本概念

Agent 源于人工智能（AI），其最大的特点是具有一定的智能和良好的灵活性和坚定性，特别适合对复杂、协同和难以预测的问题的处理。Agent 的研究可以划分为两个主要阶段。

第一阶段始于 1997 年，主要起源于分布式 AI，集中于具有符号式内在模型的思考型 Agent 的研究，所涉及的是：Agent 间的通信与交互，任务的分布与分解，以及冲突检测与解决等微观性问题。

第二阶段始于 1990 年，由于 Agent 的研究迅猛发展，出现了多种 Agent 类型，并逐渐从思考型转向行动型，从内在推理向远程操作发展。在这一阶段，出现了各种各样的应用及方法。在计算机领域内，由于计算机应用领域的深入和扩展，软件复杂程度不断增长，数据和应用的动态性与开放性、分布性的增强，都要求软件不仅有被动地响应信息需求的能力，而且能以一定程度的智能，主动地预测、适应乃至积极地寻找途径以支持用户需要，这就要求各个系统的软件能自动地合作以完成更加复杂的功能。这主要体现在两个方面：一是开放、异构、分布的复杂性；二是直接操作人机界面（DMI）的局限性。面向 Agent 方法(AOA)就可以较好地适应上述的需要,人们把面向 Agent 程序设计称为是“软件发展的下一个重大突破”和“新的软件革命”。

8.1.1 Agent 的概念

Agent 的产生,是分布式 AI 和现代计算机、通信技术发展的必然结果。给 Agent 下一个确切的定义很困难。有关 Agent 的定义产生于很多的学派。无论是哪个学派的定义,均有自己的理由。如 Russell 等认为:“Agent 是任何能通过传感器感知(perceive/sense)环境并通过执行器对环境进行动作(act)的东西。”这个定义可以说是最宽的。任何东西,只要能从环境中获取信息并对环境进行操作的均可以认为是 Agent。如果把人的眼、耳等器官当做传感器,把人的手、脚、嘴等当做执行器,人也是 Agent。M. Coen 认为:“Agent 是可以进行对话、协商的软件。”对话即 Agent 与环境(包括其他 Agent)的交互,其实质也是感知和动作,只是措辞不同而已。协商的目的是为了使各方达成共识,协商必然要用到通信,即与其他 Agent(也可能包括人)进行通信。最经典和被广泛接受的是 Wooldridge 等人的“弱定义”和“强定义”。弱定义为:Agent 一般用以说明一个具有自主能力、社交能力、反应能力和预动能力的软、硬件系统。强定义为:Agent 不仅具有以上的特性,而且具有知识、信念、目的、义务等人类才具有的特性。Agent 还具有流动性、诚实性、仁慈性、理性等。AI 研究者倾向于从狭义角度出发,认为除上述属性外,还应对 Agent 赋予特定的含义,并采用通常用于描述人的概念,如心智状态中的信念、意图、承诺等。Agent 的强定义试图模拟人的思维方式与智能表现。强定义的基础就是基于符号 AI,认为 Agent 是一个符号推理系统,包含关于环境与期望的行为的符号表示。

计算机工作者更多地从广义角度考虑。认为 Agent 表示基于硬件或者基于软件的计算机系统,并具有自主性、反应性、社会性与主动性等特征,如自包含的软件进程或软、硬件机器人等,并从软件设计范式的演化提出了面向对象的软件工程到基于 Agent 的软件工程,对于复杂软件系统的分解与抽象,强调主动、灵活的分布式计算能力,交互、协作机制,计算模型与软件体系结构、设计模式等。Agent 典型的定义有两种。

(1) 标准化组织 FIPA 下的定义为:“Agent 是驻留于环境中的实体,它可以解释从环境中获得的反映环境中所发生事件的数据,并执行对环境产生影响的行为。”在此定义中,Agent 被看做是在环境中的“生存”的一种实体,它既可以是硬件,也可以是软件。

(2) 软件 Agent 的研究者对软件 Agent 下的定义是:“Agent 是能为用户执行特定的任务,具有一定程度的智能以允许自主执行部分任务,并以一种合适的方式与环境相互作用的软件程序。”

尽管从不同的角度对 Agent 加以定义。一般而言,可以认为:“Agent 是在一个特定的、复杂的动态环境中,能自治地感知环境的变化并能执行动作以作用于环境,灵活、自主地运行以实现其赋予的任务或目标的、自主的硬件或软件系统。”

8.1.2 Agent 的特性

由于不同的研究者对 Agent 定义时所使用的术语或所侧重的方面不同,因此,对于 Agent 应具备哪些基本属性,也尚无定论。Wooldridge 和 Jennings 提出 Agent 应具有自主性、反应性、社会能力与主动性四个基本特性。Sargent 认为 Agent 的最基本特性应包括反应性、自主性、面向目标性和针对环境性。White 认为运行于 Internet 中的 Agent 应当是可移动的。L . Foner 着重于从人机交互方面探讨 Agent 的特性,提出了用户的期望、人机对话及用户接口的类人化等问题,而且还从风险与信任以及协作等方面研究了 Agent 的特性。事实上,这些众多的定义并不影响人们对 Agent 的研究和应用。因为 Agent 定义是一个分析系统的工具,而不是用来将世界分为 Agent 和非 Agent 两大类。当然把握 Agent 的基本特性是必要的。Agent 的基本特性归结如下。

(1) 自主性。Agent 的运行不受人或其他 Agent 的直接控制,对自己的行为与内部状态有一定的控制能力。也就是说,一个 Agent 能在没有与环境的相互作用或来自环境的命令的情况下自主执行任务。这是 Agent 区别于普通软件程序和其他抽象概念,如进程、对象的一个重要属性。

(2) 反应性。Agent 能够感知所处环境,并通过动作(行为)对环境中相关事件做出适时反应。

(3) 主动性/面向目标。Agent 对环境做出的反应是目标导向的主动行为,即行为是为了实现其目标。Agent 并不是简单的针对周围环境和其他 Agent 的信息做出反应,而是主动地与环境交互。在某些情况下,Agent 能够主动地产生目标,继而采取主动的行为。这种自身采取主动的能力需要 Agent 有严格定义的目标。

(4) 社会性。即可通信性。Agent 与其他 Agent(也可能包括人)进行通信(交换信息),协同完成自身问题求解或者帮助其他 Agent 完成相关活动。Agent 间通过某种通信语言相互交换各种信息,是 Agent 协同和学习的基础。

(5) 协同性。Agent 能相互间协同工作完成复杂任务。协同性是 Agent 社会性的具体表现,是 Agent 最重要的属性。

(6) 适应性。Agent 能够对环境的变化做出反应,在适当时候能够采取目标的行动,以及从自身的经历、所处的环境和其他 Agent 的交互中学习。

(7) 学习性。Agent 能从周围环境和协同工作的成果中学习,进化自身的能力,是 Agent 智能的具体体现。

(8) 可推理性。Agent 能够根据以前所积累的知识、当前的环境和其他 Agent 的状态以理性的方式进行推理和预测。

(9) 进化性。Agent 能通过学习进化自身,繁衍后代,并遵循"优胜劣汰"的自然选择原则。它是 Agent 学习性的具体体现。

(10) 可移动性。Agent 应具有在网络中自主移动的能力,且自身状态保持不变。

(11) 持续性。Agent 是持续的,不是暂时的,即它的状态在运行时应保持一致。

(12) 诚实性。也可称可靠性,即 Agent 不会有意去欺骗使用者。

(13) 理智性。Agent 所采取的行动及其所产生的后果不会损害自身和用户的利益。

特性(4)和(5)是指 Agent 通信、合作和协调,是 Agent 群体中应具有的社会属性。

特性(6)~(9)体现了 Agent 智能性所应具备的特性,即内部知识库、学习或自适应能力以及基于知识库内容的推理能力和进化法则。

此外,Agent 还具有一些人类才具有的特性,如信念、意愿、承诺、情感等,也就是可以将人类自身的一些知识、思想和感念应用于 Agent。

尽管 Agent 具有多种属性,但是,在开发活动中没有必要构建一个包含上述所有属性的 Agent 系统,而应该根据需求,开发选择包含上述若干属性的 Agent 系统。例如 Agent 移动性的要求通常是体现在异质环境中,典型的如 Internet。Agent 的自适应性或学习能力也不是每个 Agent 必须具备的。在多 Agent 系统(MAS)中才要求 Agent 是可通信(社会性)和协同性,尤其是需要协同和协商的 MAS 中,Agent 的协同性和社会性是极其重要的。Agent 可推理性也不是必需的,有些 Agent 可以完全不用推理,如 Brooks 提出的非推理的智能。但是,自主性、反应性、主动性和协同性是 Agent 的最基本属性。自治性是 Agent 的运行不受人或其他 Agent 的直接干涉,Agent 对自己的内部状态和动作有一定的控制权。尽可能准确地理解用户的真实意图,包括:提供用户方便、准确地描述和表达任务意图;采取各种由目标驱动的、积极主动的行为,如社交(通信)、学习、推理、合作等感知,适应并运行于复杂的和不断变化的动态环境;有效地利用环境中各种可以利用的数据、知识、信息和计算资源;为用户提供迅捷、准确和满意的服务。

8.1.3 Agent 的分类

有关 Agent 的分类像 Agent 的定义一样,至今没有统一的概念。目前的分类都是以 Agent 的某几个关键属性进行分类。下面举几个分类方法的实例。

(1) 根据 Agent 的工作环境。它可分为人工生命 Agent 和软件 Agent。人工生命 Agent 则"生存"于一种人造的环境中,如计算机屏幕等。软件 Agent"生存"于计算机操作系统、数据库以及网络环境中,我们平时所提到的 Agent 常常是指软件 Agent。软件 Agent 与程序不同,所有的软件 Agent 均是程序,但是并不是所有的程序均是软件 Agent,只有满足 Agent 最基本属性(自主性、反应性、主动性、协同性)的程序才能称为软件 Agent。现在许多软件 Agent 都是相当脆弱和特殊的,没有一个能在一般意义下符合软件 Agent 的定义。因此,目前的软件 Agent 最好被视为一种统一的代名词,用以概括诸多特定条件下带有局限性的 Agent 类型。

Nwana 将目前的研究概括为七类:协作 Agent、界面 Agent、活动 Agent、信息 Agent、反馈 Agent、混合 Agent 和智能 Agent。

(2) 根据 Agent 的控制结构和方法分类。根据控制机制,Agent 可以分为基于规则的 Agent、基于规划器的 Agent、基于神经网络的 Agent、基于机器学习的 Agent、基于模糊逻辑的 Agent 等,或分为集中控制 Agent 和分布控制 Agent。

(3) 根据 Agent 移动属性,可以分为静止 Agent 和移动 Agent。

(4) 也可以依据 Agent 拥有的理想和基本的属性进行分类。例如 Nwana 根据 Agent 三大属性,即自主性、协同性、学习性将其分为四类:协同型 Agent、学习型 Agent、界面型 Agent 和智能型 Agent,如图 8.1 所示。

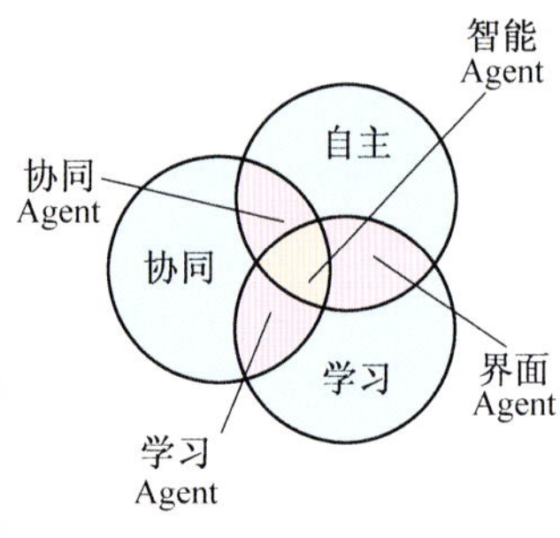

图 8.1 Agent 分类示意图

从上述举例可知,视角不同,对 Agent 的分类也就不同。但是,Agent 分类最基本的标准是 Agent 的属性。

8.1.4 Agent 的体系结构

体系结构就是对要完成的特定任务进行特定分解的一般方法学。Agent 体系结构研究的是,如何为构造 Agent 而按一定方法将 Agent 分解成各种功能模块。Agent 基本体系结构如图 8.2 所示。Agent 可以看成一个黑箱,通过传感器感知环境,通过效应器作用环境。Agent 软件通过字符串编码作为感知和作用。大多数 Agent 不仅要与环境交互作用,更主要是处理和解释接收的信息,达到自己的目的。从 Agent 体系结构所基于的理论基础出发,通常单 Agent 体系结构分为思考型 Agent、反应型 Agent 和混合型 Agent。

1) 思考型 Agent

思考型 Agent 是一个具有信念—愿望—意向(BDI)结构的 Agent,通常对其任务、协作、行为等进行周密细致的规划,能够对其局部行为和对 MAS 的整体行为的影响进行推理,形成对其他 Agent 行为的预期,或对 Agent 相互之间的矛盾和冲突进行合理的解释和可能的修复,其行为的基础是思考。思考型 Agent 的基本结构如图 8.3 所示。

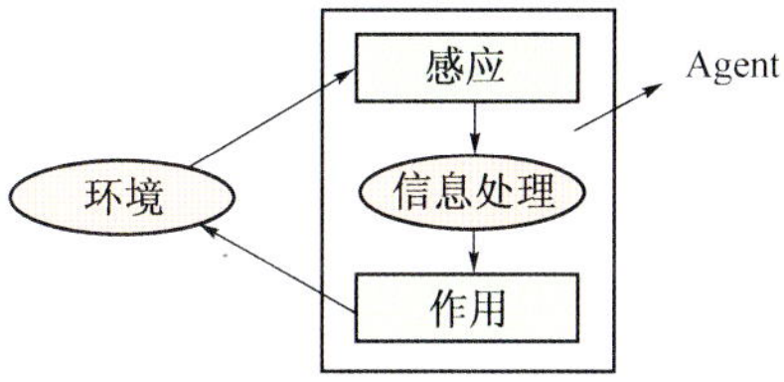

图 8.2 Agent 基本体系结构

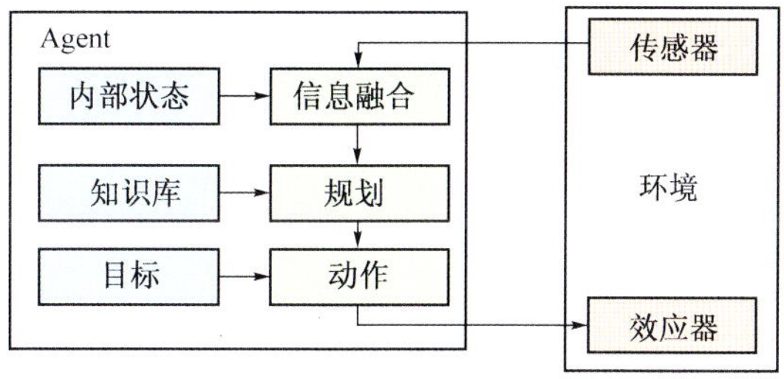

图 8.3 思考型 Agent 基本结构

思考型 Agent 的基础是 Bratman 的哲学观,即认为只有保持信念、愿望和意向之间的理性平衡才能解决问题。BDI Agent 最初起源于 Bratman 等人设计的受约事资源的智能机器体系结构 IRMA 结构及 Georgeff 和 Lansky 设计的过程推理系统 PRS 结构,这两个系统都是针对单 Agent 设计的。

Bratman 是最早提出用 BDI 等概念来描述 Agent 系统的,他们设计的 IRMA 结构(图 8.4),也称为 BDI Agent 结构模型。BDI 模型成为思考型 Agent 系统的基础。

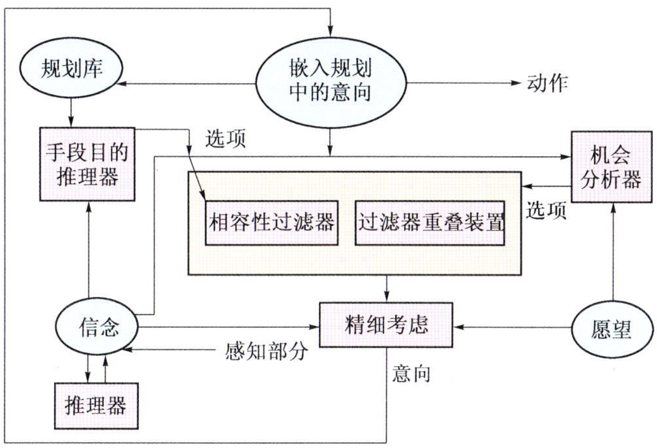

图 8.4 IRMA 结构(源于 Bratman 等,1998 年)

IRMA 由不同的信息库和处理过程组成。信息库包括信念、愿望、规划库和嵌入规划内的意向。一旦一个意向形成,则手段目的的推理器被唤醒,分析现成的规划,产生子规划来完成此意向;如果一个规划一旦变得没有条理,手段目的的推理器就被唤醒,从已存在此意向的规划中提出新的选项作为子规划。

PRS(图 8.5)是一个过程推理系统,它由美国 NASA Space Shuttle 工程中一个反应控制系统发展起来的,这个工作是基于 Rao 和 Georgeff 提出的一个完备的理论。PRS 由数据库、目标、知识域库、意向结构和解释器组成。在 PRS 中,信念、愿望和意向等观念在任何给定时刻都被明确地表示出来,并合并在一起共同决定此系统的动作,这些观念被一个推理机制所推理并且动态地被修改。

1993 年,Jennings 将联合意向(joint intention)和联合责任(joint responsibility)的概念引入到 BDI 结构中,创建了 GRATE * 结构,从而使 BDI Agent 的研究进入多 Agent 时代。GRATE *(图 8.6)在电力传输管理上已经被实施并得到验证。GRATE * 在很多方面基于 IRMA,是第一个把 BDI 结构应用到联合心智状态上的结构。

在 BDI 模型中,信念、意向和愿望之间的关系如下。

(1) 信念和意向的关系如下。

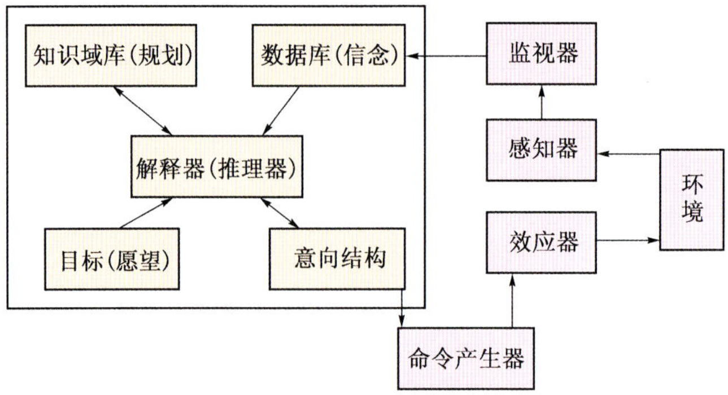

图 8.5　PRS 结构(源于 Gerogeff and Ingrand,1989 年)

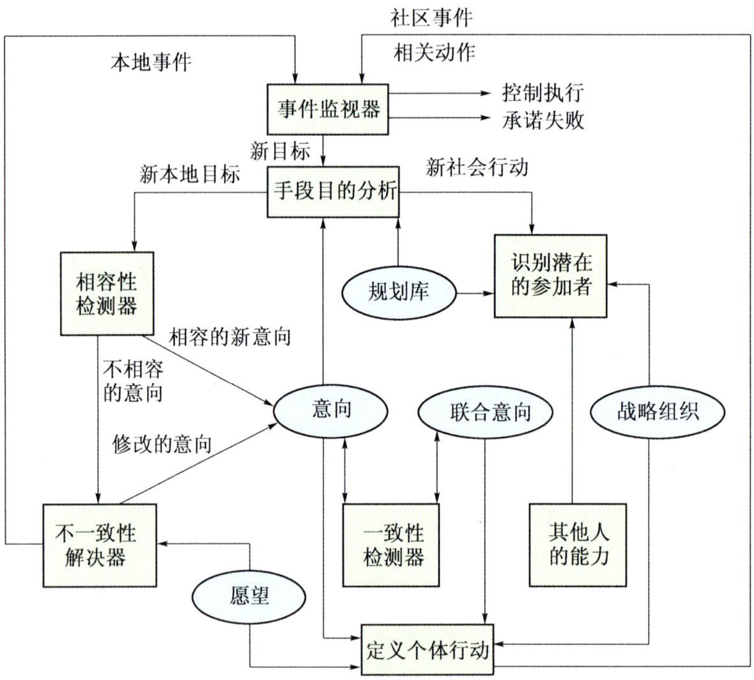

图 8.6　GRATE* 的功能结构(源于 Jennings,1993 年)

① 意向与信念一致性。Agent 应相信它的意向的可能性,相信在正确的条件下可以达到目标。

② 意向与信念不完全性。Agent 对其意向持不完全的信念是理智的。

③ 副作用。Agent 有意向做动作 A,若其相信做 A 必做 B,则不必要它有意向做 B。

(2) 愿望与意向的关系如下。

① 内部一致性。Agent 要避免拥有冲突的意图,但可以拥有冲突的愿望。

② 手段与目的分析。意向要求 Agent 思考未来要提出的问题,而愿望则不必。

③ 跟踪成功与否。意向可视为愿望加行动与实现的承诺,所以必须跟踪意向成功与否,失败时应重新规划。

2) 反应型 Agent

反应型 Agent 与思考型 Agent 不同。反应型 Agent 内部预置相关的知识,在外界刺激符合一定条件后,Agent 不进行逻辑推理,直接调用预置的知识,产生相应的输出。图 8.7 为反应型 Agent 的基本结构。反应型 Agent 结构基于的思想是:一个 Agent 的行为是许多试图控制该

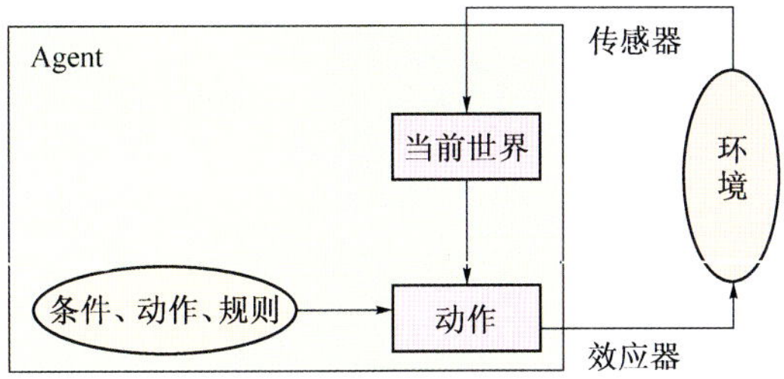

图 8.7 反应型 Agent 基本机构

Agent 行为的实体相互竞争的结果，其行为的基础是竞争。在这种 Agent 中，同一时刻只能允许一组冲突任务中的一个任务被激活（任务是一个高级的行为序列，而行为是能够被直接执行的低级活动）。

反应型 Agent 不对环境进行描述，它采用应激响应的行为方式对其所处环境的当前状态进行响应，不考虑历史情况，也不为未来制定计划。只要反应型 Agent 之间进行简单地交互，就能组织复杂的全局行为，这样，一群反应型 Agent 在完成任务时不会因为某个 Agent 的失败而失败。并且，当环境发生变化时，也不需要修改它们的世界（环境）模型。因而反应型 Agent 具有如下特点：坚定性和容错性，以及响应速度较快，适用于实时环境。

反应性 Agent 在处理有限的任务时优于思考型 Agent。然而，反应型 Agent 也有两个主要弱点。

（1）由于反应型 Agent 的决策是以局部信息为基础，不能考虑整体和其他部分的信息，也无法预测自己的局部行为将对全局行为的影响。在多 Agent 系统中，其没有远见性的行为将可能导致系统行为的不可预测性和不稳定性。

（2）在反应型 Agent 中，其个体行为、环境以及系统的整体行为之间的关系是不可了解的，因而，使 Agent 完成指定任务的工作变得十分困难，设计人员必须经过艰苦的实践、试验和修改错误的过程，才能设计出一个较好的 Agent 系统。

3）混合型 Agent

在实际应用环境中，仅有上述两种结构是不够的，对于既需要有一定推理又需要满足实时要求的复杂系统，我们可以综合两种 Agent 结构的优点，即称为混合型 Agent 结构。通常混合型 Agent 采用一个层次结构，底层以反应型 Agent 为主，高层以思考型 Agent 为主。在分层结构中要解决的问题是：各层采用什么样的控制框架以及各层之间应如何交互。混合型 Agent 结构的一个典型实例是 PRS（图 8.5）结构，它是一个在动态环境中推理和执行任务的 BDI 系统。

从当前研究和应用来看，思考型 Agent 占主导地位，反应型 Agent 目前尚处于初级阶段。在所有有关思考型 Agent 理论和结构研究中，BDI 结构是使用最多的 Agent 结构。思考型与反应型各自针对不同的问题领域。但是，由于求解问题自身的多元性，人们往往采用混合型 Agent 结构，因为它集中了思考型 Agent 和反应型 Agent 的优点。当然，在实际复杂问题选择 Agent 设计体系时，通常要根据问题领域特点来确定使用何种 Agent 体系结构。

8.1.5 Agent 与相关领域的关系

1）Agent 与 AI

智能 Agent 主要源于 AI 的研究工作，也有人把 AI 定义为构建智能 Agent。实际上，AI 中的智能与 Agent 中所寻求的智能是有所不同的。AI 中的智能常常包含学习功能、推理功能等；而 Agent 中的智能要求的是，它能根据环境等因素决定下一步要执行的动作，至于是否要具备学习、推理的功能，则要依据领域问题的需求来定。所以有人认为：“智能 Agent 是 99%

的计算机科学和1%的人工智能”。但是AI中有些技术无疑是构建Agent的最好方法。

2）Agent与面向对象技术

面向对象技术已经成为软件开发的主流技术。Shoham在面向对象程序设计（OOP）的基础上提出了面向Agent的程序设计（AOP）技术，并将AOP视为一种特殊的OOP。但是，OOP与AOP两者是有区别的。下面从应用角度来说明它们之间的区别。

（1）与对象相比，Agent包含更强的自治性的概念，尤其是，Agent能自己决定是否接收其他Agent的请求并执行一个动作。

OOP最基本的特征之一是封装，但对象只封装了其内部状态，而没有封装其行为（在OOP中表现为方法），它不是完全自治的。例如，如果一个对象a的方法m被指定为可以被其他对象调用（指定为public），则其他对象可以在任何希望的时候调用方法m，对象a对m在何时被执行没有控制权。也就是，一个对象必须把它的方法提供给其他对象，否则就不能由这些对象构造系统。在一般情况下是不存在问题的，因为要设计一个系统，则设计的对象要在其中运行，可以假设它们有“共同的目标”。但是，在MAS中，尤其是包含由不同组织和个人设计的Agent系统，不能假设有“共同的目标”。若Agent x想让Agent y执行动作z，则y有可能执行，也有可能不执行动作z（拒绝x的请求）。Agent对其行为有完全的控制权。Agent是不同于对象，Agent是同时封装了内部状态和行为，因此，不能认为Agent是互相调用的方法，而是请求要执行的动作。在面向对象的系统中，决定权在调用方法的对象；在Agent系统中，决定权在接收请求的Agent。我们必须搞清，在用面向对象的技术实现Agent时，人们可以建立某种决策机制以决定是否在一个方法中执行这个方法，从而使对象有很强的自治性，但关键是这种自治性并不是基本的面向对象的组成部分。

（2）Agent具有良好的反应性和面向目标的特性，但这些要求不在标准的对象模型的要求之列。

（3）MAS中的每个Agent均有它们各自的控制线程（并发OOP也可以有多条控制线程），这实际上也是Agent和对象两者自治程度不同的体现。

主动对象是拥有自己的控制线程的对象。主动对象是自治的，它们显示出的行为不是由其他对象操作产生的。因此，主动对象基本上是一个Agent，但是不一定具有上述（2）中的灵活的自治行为能力。

总之，传统的面向对象的概念与Agent的概念是有明显的区别。但OOP常常作为AOP开发的有效工具，即用OOP技术实现AOP的思想。借鉴OOP的某些成熟特性（如封装、继承、多态等）和方法，也有人把它看做OOP的特例。一个完整的AOP系统包括三个部分：约束的形式语言、解释的程序语言和形成可编程Agent的机制。

3）Agent与专家系统

专家系统（ES）是人工智能技术向实用化发展中一个十分引人注目的领域。一个典型例子是MYCIN专家系统，此系统可以协助医生处理人类的血液感染问题。MYCIN通过与用户交互使系统得到一系列（符号表示的）事实，系统就可以推出结论。它不直接对人类进行操作，也不直接对任何环境产生作业。又如斯坦福大学的DENDRAL系统，他根据质谱仪的显示结果和有关数据推出复杂有机化合物的分子结构。DENDRAL也是不与环境发生直接地交互，它们不是从传感器而是从用户获得数据。归纳起来，Agent与专家系统的主要区别如下：

（1）“经典”专家系统是与现实分离，即它与任何环境没有直接联系，把用户作为“中间人”发生作用。

（2）专家系统一般不采用反应式的、主动的行为。

（3）专家系统一般没有社会行为能力，不能进行合作、协调和协商。

(4) 专家系统通常一般不要求操作的实时性。

综上,Agent 区别于传统智能系统的最显著的特征是:Agent 具备与其所处的环境、其他 Agent 和人进行交互、协调和协作的能力。

8.2 多 Agent 系统

8.2.1 多 Agent 系统概念

多 Agent 系统(MAS)是指一些 Agent 通过协作完成某些任务或达到某些目标的计算系统。更一般的含义为:MAS 是由多个自主或半自主的构件所构成的各种大型的系统。MAS 具有如下主要特性。

(1) 社会性。在 MAS 中,Agent 可能处于多个 Agent 构成的社会环境中,拥有其他 Agent 的信息和知识,并能通过某种 Agent 通信语言与其他 Agent 实施灵活多样的交互和通信,实现与其他 Agent 的合作、协调、协商、竞争等,以完成其自身的问题求解或帮助其他 Agent 完成相关的活动。例如,空中交通管制系统中,代表飞机、机场、气象部门、控制中心的多 Agent 相互合作、共同完成飞机的管制任务。

(2) 自主性。在 MAS 中,一个 Agent 不能强制另一个 Agent 提供某项服务。也就是,一个 Agent 发出服务请求后,其他 Agent 只有同时具备提供此服务的能力与兴趣,才能接收动作委托。

(3) 协作性。在 MAS 中,具有不同目标的各个 Agent 必须相互协同、协商,共同来完成问题的求解。通常协作有资源共享协作、生产者/消费者关系协作、任务/子任务关系协作等。

MAS 主要涉及 Agent 模型、Agent 体系结构、交互和通信、一致性与协调性、Agent 规划和冲突处理等技术。

自主性与合作性是 MAS 的两大特性,但它与传统的分布式系统有所不同,主要表现在:

① MAS 要求系统中每个 Agent 及 Agent 间的交流具有智能或自组织能力(如推理、规划、学习等),并且 MAS 的特点体现在每个 Agent 的自组织能力和各个 Agent 之间的协同能力两个方面;

② 在 MAS 中数据是分散的,计算是异步的,没有系统的全局控制;

③ MAS 提供了一种适合于分布式计算和不确定问题求解的新方法。这是因为 MAS 放松了对集中式、规划、顺序控制的限制,提供了分散控制、应急和并行处理的能力。

由于 MAS 具有对现实应用要求的广泛适应性、设计的简单性和所设计的系统在运行中表现出来的良好性能等优点,MAS 被应用在诸多领域,如计算机集成制造、通信、航空管制、信息管理系统、远程诊断、商业过程诊断等。

8.2.2 多 Agent 系统体系结构

MAS 是 Agent 群体,其中各 Agent 通过相互协商与合作来实现 MAS 的功能。因此,MAS 体系结构分为 Agent 个体体系结构和 Agent 群体社会结构两部分。其中,Agent 个体体系结构是指在 MAS 中单个 Agent 的构造结构,它与单 Agent 体系结构研究内容联系紧密;Agent 群体社会结构通过定义角色和相互关系为 Agent 提供了一种交互框架。单 Agent 体系结构在 8.1.4 中介绍过。MAS 体系结构有以下三种。

1) 层次型结构

在 MAS 中一般是三层结构(图 8.8),最底层是反应层,中间层是逻辑层,最高层是合作层

(或社会层)。合作层主要刻画和处理 Agent 之间的合作。具体地说,它要接收其他 Agent 的消息,将其转换成 Agent 的内部表示,并进行一定的推理以决定执行某些动作和对该消息做出反应。另外,怎样合作与交互在具体的结构中有不同的实现方法。逻辑层用逻辑将环境表示成 Agent的心智状态,并进行熟练的推理。反应层能对环境中不需要推理的事件直接做出反应。

2) 分布式结构

在这种结构中,系统中的所有 Agent 可相互共享信息和知识,每个 Agent 都具有协商通信能力。当某一个 Agent 需要其他 Agent 服务时,它可直接向该 Agent 发出请求信息,该 Agent 接到该信息时,对该请求进行评价,并与发出请求的 Agent 进行信息交互,最终这些 Agent 之间签订"合同",共同完成任务。

分布式结构的 MAS 局部自治性好,结构简单,但不易达到全局优化的目标。该结构较适用于规模较小的系统。当系统规模较大,Agent 数量增加时,系统的通信量也将随之增多,系统结构将会变得非常复杂。

3) 联邦式体系结构

联邦式结构是将系统中的 Agent 根据某种方式(一般是根据通信距离的远近)划分成一个个 Agent 联邦,联邦与联邦之间的关系与网络结构中 Agent 与 Agent 之间的关系相仿。联邦式结构的 MAS(图 8.9)中引入了基于中介子(mediator)的协调机制。中介子的作用是将一组 Agent 聚集成为 Agent 集合,集合内的 Agent 只与中介子进行通信,中介子负责对集合内的 Agent的行为进行协调,同时代表整个 Agent 集合与系统中的其他中介子或 Agent 进行通信和行为协调。

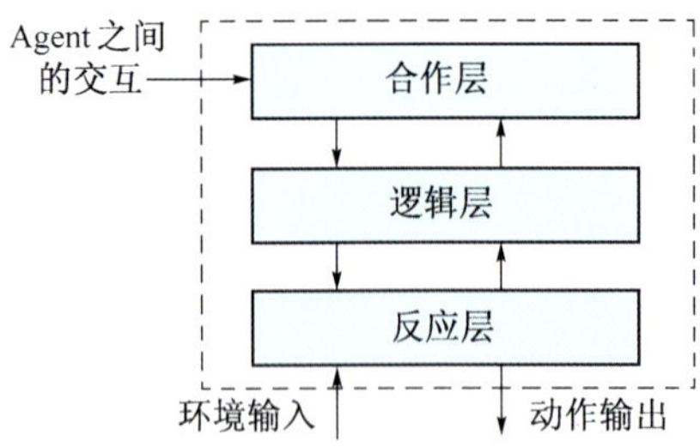

图 8.8 层次型 Agent 体系结构

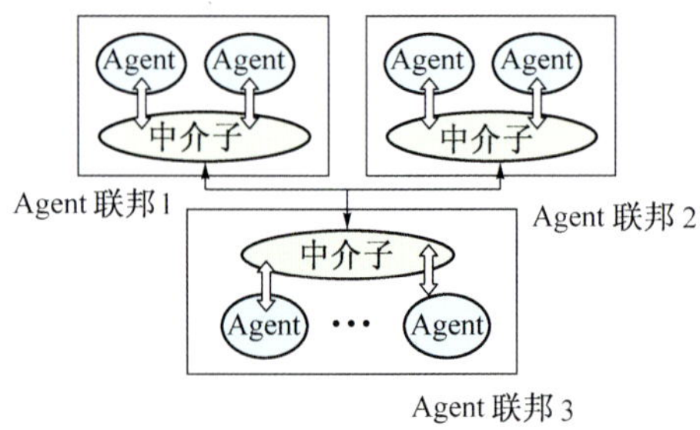

图 8.9 联邦式 Agent 体系结构

联邦式结构与分布式结构的 MAS 相比,它简化了通信与控制的复杂性,能使复杂问题变得较简单。但是,中介子必须提供相应的服务,帮助系统发现合作者和请求者,正确地传送消息,处理可能出现的问题。

8.3 Agent 系统的通信

Agent 之间的交互行为是 Agent 社会性的重要表现,是 Agent 与外界环境相互作用的一种方式。通信是 Agent 间传递信念和意图的重要形式,它可以使 Agent 能协调它们的行动和行为,使得系统更加和谐一致。下面就通信相关的内容做一介绍。

8.3.1 Agent 系统通信和交互层次模型

MAS 通信和交互层次模型结构(图 8.10)包括三个层次:传输层、通信层和交互层。处于下层的交互行为为上层交互行为服务,上层交互行为的实现建立在下层交互行为的基础上。三层之间的层次关系构成了一种层次式的服务关系。

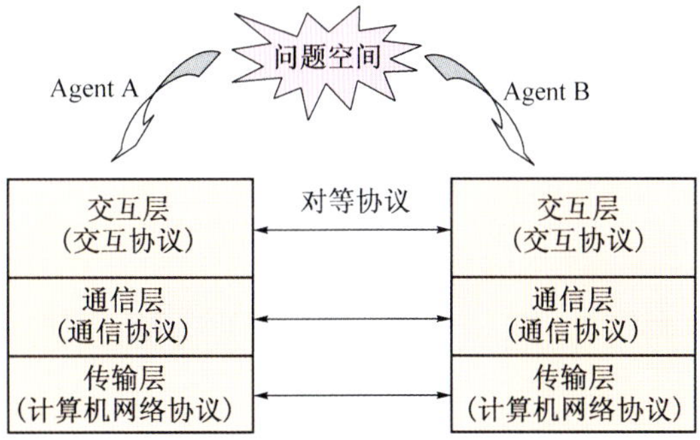

图 8.10　MAS 的通信与交互层次模型

(1) 传输层,即计算机网络协议层。它是面向最终应用的层次,负责将通信层的消息通过某种具体的计算机网络协议(例如 TCP/IP、HTTP 等)表达出来,从而保证 Agent 之间各种交互行为的最终实现。

(2) 通信层。主要作用是保证 Agent 之间能够相互交换和理解消息(在此,消息大都蕴涵有明确的意图,如指示、承诺、提议、拒绝等),并能够反映 Agent 作为一种意识系统的主观能动性。通信协议一般都建立在语言行为理论的基础上,被广泛接受的 Agent 通信语言有 ARPA 的 KQML 以及 FIPA 的 ACL。

(3) 交互层,即交互协议层。它的作用是保证 Agent 之间能够进行具有一定结构的消息交换。目前较为成功的交互协议,如黑板结构、合同网协议、投票协议和拍卖协议等。

8.3.2　Agent 通信

Agent 间通信的困难主要表现在两个方面:

① 在一个动态的、开放的环境中,Agent 可以是高度异质的,各个 Agent 之间存在着差异,这种差异导致了 Agent 对同样的事务可能用不同的解释,除了采用中介 Agent(例如图 8.9)方法来屏蔽差异外,还存在各个 Agent 如何与中介 Agent 间的相互通信的问题;

② 由于 Agent 的自主特性,使 Agent 忽视了其他 Agent 的内部结构,所以各个 Agent 间的沟通,也必须有一个相互认同的通信机制。因此,Genesereth 把软件 Agent 定义为:任何使用 Agent 通信语言进行通信的系统。也就是说,我们必须建立标准的 Agent 通信机制以解决 Agent间的互操作性。

目前,Agent 通信的标准化工作主要体现在四个方面。

(1) Agent 通信语言(ACL)。Agent 间需要传递的消息必须有一个良好的语义学的定义,并且是可见的、可计算的、标准化的 ACL,使得 Agent 间的相互协作以及对 ACL 的不同实现在关键部分保持一致。通过定义 ACL,人们可以很方便地对发生在 Agent 之间通信的基本元素进行编码。

(2) 消息传输机制。在 Agent 的环境中,各种消息必须是可调度的,并且是事件驱动的。消息可以使用同步模式或者异步模式来发送。传输机制可以支持统一(unique)地址,基于角色(role-based)的编址方式;还可以支持单播、多播和广播,以及支持如广播行为、日志记录等服务。

(3) 基于本体的通信(ontology communication)。Agent 之间的通信都隐性地假设各种"概念"成为 Agent 通信内容的一部分。但是,各个 Agent 可能对相同的概念有不同的术语,或者对不同的概念有相同的术语,或者有不同的分类方法。于是,我们需要一个公共的本体来表示所涉及不同领域的知识。

(4) 会话策略。会话策略是 Agent 之间的交互方式,它是使相互合作的 Agent 朝着共同的目标行进。例如,如果要形成一个一致的计划 Agent,则必须能够重新组织它们的子目标交互,同时,或者避免或者解决它们之间的冲突。会话策略与交互协议相关,不同的交互方式都是为了保证对话过程的组织性,以及体现交互各方的意图,并能达到预定的目的。

8.3.2.1 Agent 通信语言

目前,有两种流行的设计 ACL 的方法:过程方法和声明方法。

1)过程方法

它是基于通信是可以由过程指令的交换来模拟的思想。如 TCL、Telescript 等都是基于这种方法。过程通信语言的缺点是:设计过程有时候需要接收者的信息,而发送者却不具备这些信息;另外,过程是单向的,而 Agent 共享的许多信息应该是双向可用的。如有时候我们要求从 a 求 b,有时候又要从 b 求 a。

2)声明方法

它是基于通信是可以由声明语句(如定义、假设等)的交换来模拟的思想。R. Neches 等定义的 ACL 就是基于声明的方法。ACL 由三部分组成:词汇、知识交换格式(KIF)和知识查询和操纵语言(KQML)。

(1) ACL 词汇。它是由一本大规模的开放的词典给出的。词典中每个词都有人类使用它时对其意义理解的描述,也有程序中使用的该词意义的形式解释(用 KIF 语言书写)。词典的开放性有利于对它的扩充,人们可以把特定领域或新的应用领域的新词添加到词典里。

(2) 知识交换格式(KIF)。KIF 以 LISP 语言为基础,采用一阶谓词逻辑的扩展形式来表达某个命题的内容。最初开发的目的只作为表述特定领域属性特征的公共语言。它不是作为表示消息本身的语言,而主要是形成 KQML 消息的内容部分,即为其提供一种语法形式。KIF 是一阶谓词演算的前缀形式,为提高其表达能力而做了许多补充。它提供了简单数据、约束、否定、选言、规则、量化表示、元信息等的编码。尽管人们可以设计一个通信框架,其中所有信息都采用 KIF 语句的形式,但这将导致低效,因为 KIF 语义的上下文独立性,每条消息都不得不包括诸如发送者、接收者、消息历史时间等明确信息。为了提高通信效率,ACL 提供了上下文相关性的语言层,这就是 KQML。

(3) 知识查询和操纵语言(KQML)。KQML 最初是作为 DARPA 知识共享计划的组成部分提出来的,它定义了信息交互过程的最小单元——消息的结构、语法和语义等。ACL 提供的 KQML 是基于消息的 Agent 通信语言,它定义了一种 Agent 之间传递信息的标准语法以及一些动作,这些动作主要是从言语行为(speech act)理论中演化来的。KQML 对信息定义了公共的格式,提供了一套标准的通信原语,使得使用这种语言的 Agent 之间都可以进行交流和共享知识。KQML 的消息可以大致认为是一个对象(从这种意义上讲,它是一个面向对象的程序设计);每条消息有一个语用词(可以被认为是消息的类)以及多个参数(属性/值对可以认为是变量的例化)。

在概念上,KQML 也是一种层次结构语言,它可以分为三层:通信层、消息层和内容层。

① 通信层。它描述了与通信双方有关的一组属性参数,例如发送方和接收方的身份和与此通信相关的唯一的标识等。

② 消息层。是构成 KQML 语言的核心,确定可以与使用 KQML 的 Agent 进行交流的类型。消息层的基本功能是确定传送消息所使用的协议,并由发送方提供一个与内涵相关的行为原语,用于指明消息中的内涵为确认、询问、命令或是其他已知的原语类型。

③ 内容层。是消息所包含的真正的内容,用程序自身的表示语言(representation language)来表示。KQML 可以采用任何形式的表示语言,如 ASCII 字符或二进制形式。因此,

KQML 是一种最通用的 Agent 通信语言,它规定了消息格式和消息传送系统,为 MAS 通信和协作提供了一种通用框架。

KQML 是一种被广泛使用的 ACL,但缺少普遍接受的形式语义。FIPA ACL 语言有了较大改进。FIPA ACL 由五级构成。

① 协议。定义构造 Agent 间对话的社会规则。

② 通信动作。定义被执行的通信类型。

③ 基本消息。定义关于 Agent 消息的元消息。

④ 语言内容。定义表达消息的语法和相关语法。

⑤ 本体机制。定义在语法表达中使用的术语和概念的词汇和意义。

8.3.2.2 基于本体的通信

本体(ontology)是从哲学领域中借鉴过来的概念,在 AI 中,本体就是对知识体的形式定义。有关本体的一个简单的定义是:一个本体是概念化(conceptualization)的一个规范说明(specification)。即认为本体是一个有关概念及其关系的系统化的描述,这些概念和关系是有关一个 Agent 或者 Agent 集合体的。所谓概念化,就是人们为了某种目的而想要表示的世界的一种抽象的、简化的视图(view)。每一种知识库,基于知识的或者知识层次的 Agent 都显式地或隐式地遵从于某种概念化。在 AI 中,本体总是与存储有特定领域知识的知识库相关。本体理论与知识库不同之处在于语义部分,本体理论的所有公理在基础概念的任何世界里都必须是成立的。如果本体和知识库使用相同的语义,它们之间并没有明显的界限。

本体是对知识体的形式定义,构造时使用的最一般类型的本体,包括一个结构部分、基本的分类和子集关系,以及联系的事物之间关系的定义。实际上,本体通信就是各个 Agent 以一种一贯的方式来使用共享的一组术语所达成的协议。如果两个 Agent 就某个领域的问题通信,那么,它们必须在描述这一领域使用的术语方面取得一致。例如,一个 Agent 想从另一个 Agent 购买一台 PC 机。购买者(Agent)必须能够完全肯定地向卖方(另一个 Agent)说明所需要 PC 机的特性(如 CPU 主频、内存和二级存储的大小、磁盘容量等)。这就要求 Agent 间对特性术语的含义取得一致。本体就是对这些术语集合的说明。

定义本体语言最著名的例子是 Ontolingua 服务器(图 8.11)。Ontolingua 服务器是基于 Web 的服务,目的是提供一个公共平台,在这个平台上不同小组的本体可以共享,或就这些本体达成共识。Ontolingua 服务器中的核心是用基于 KIF 的 Ontolingua 本体定义语言表示的本体库。该本体库可以通过服务器用几种不同的方式访问:直接编辑(通过基于 Web 的接口)或者通过 NGFP 接口远程连接服务器的程序。Ontolingua 服务器还可以把用单一格式表示的

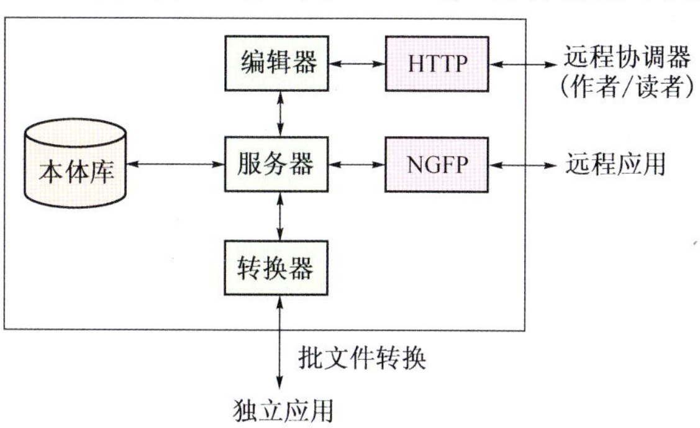

图 8.11 Ontoligua 服务器结构图

本体自动转换成多种其他格式(如 CORBA 接口定义语言,IDL)。

关于本体的标准化,FIPA 定义了标准的 Agent 管理本体,本体分为三类:对象描述本体、功能描述本体和例外描述本体。这些本体是 FIPA 管理 Agent 在管理通信中所必需的。

(1) 对象描述本体。指在实施 Agent 管理过程的对话中所涉及的一些对象,内容包括Agent标识符描述、服务描述、搜索约束和属性模板等。

(2) 功能描述本体。包括在实施 Agent 管理过程中所涉及的一些操作,主要指 Agent 注册、Agent 撤销和 Agent 注册修改等。

(3) 例外描述本体。指包括在实施 Agent 管理过程中所发生的一些例外事件,主要有不理解例外、拒绝例外和失败例外等。

8.3.2.3 会话策略

会话策略与交互协议相关。Agent 交互协议直接反映了 Agent 交互的目的和交互规则,与 Agent 内部的推理机制也紧密相关。针对不同的任务,Agent 之间的会话经常会遵循固定的模式,消息的发送和接收具有特定的次序。这种典型的消息交换方式就是交互协议。

交互协议通常可以分为两类。

(1) 根据交互协议的作用时间来分,有长期协议、中期协议和短期协议等。长期协议规定了 Agent 在很长一段时间内的交互规则。如在 MAS 组织中,Agent 对扮演角色的承诺实际上限制了 Agent 的交互模式和内容,从而在角色之间形成了一种长期的交互协议。Agent 在扮演角色时期,必须按照这个角色的要求进行活动和交互,并履行这个角色对应的承诺。短期协议给出的是 Agent 在某个具体任务中的交互规则,甚至可能是一次性的,如合同网协议等。中期协议的作用时间处于前面两者之间,一般是基于规划交互的协议,如局部广域规划等,它强调 Agent 之间首先将未来一段时间的活动规划进行交互协商,形成一个涉及各方的广域规划(合同,协商),并按照广域规划修正自己的局部规划,以指导自己的行为。

(2) 根据交互的目的来分,有基于协调的交互协议、基于协作的交互协议和基于协商的交互协议。基于协调的交互协议,其目的是在多 Agent 的行为间实现一致性。基于协作的交互协议,其目的是帮助协作的各方互相合作以达到共同的目标,协议例子如合同网、黑板结构就常用于协同问题求解。基于协商的交互协议是一种竞争性的或自利性的交互协议,采用该协议的目的是追求自身利益的最大化,协议例子有投标机制、拍卖机制、交涉机制、辩论机制等。这些协议与 Agent 之间的关系联系紧密。下面介绍 MAS 基于协作的交互协议中影响最广泛的合同网协议。

合同网协议是 Davis 和 Smith 为了求解分布式问题而提出的,后来被广泛地应用于 MAS 的协同中。图 8.12 给出了合同网系统中节点的结构。本地数据库包括与节点有关的知识库、当前状态的协同和问题求解策略的信息,另外三个组件利用本地数据库执行任务。任务处理器是对实际任务进行处理和求解。它从合同处理器接收所要求解的任务,利用本地数据库进行求解,并将结果送到合同处理器。合同网工作时,可以将任务划分为一系列子任务(如

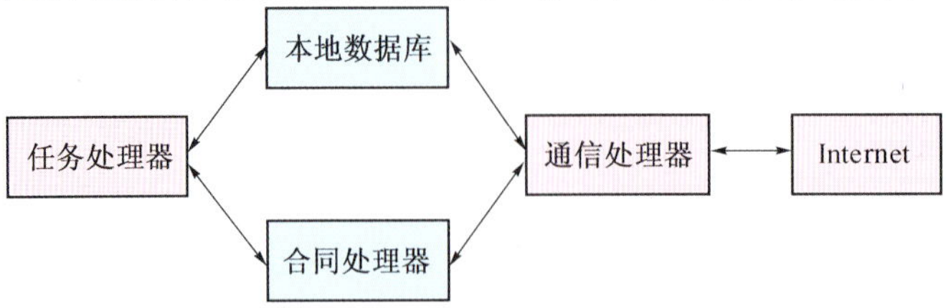

图 8.12 合同网节点结构

果有必要)。通信处理器与其他节点进行通信。合同处理器判断标书所提供的任务,发送应用以完成合同。它也分析和解释到达的消息。合同处理器执行全部节点的协同。合同网的交互协议如图8.13所示。

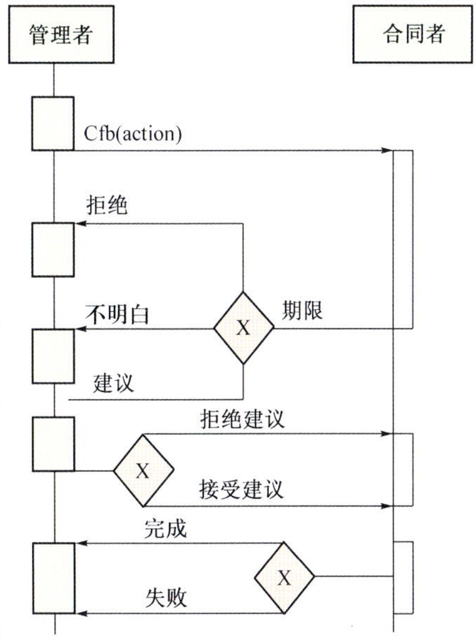

图8.13 合同网的交互协议
Cfb—发布招投标书。

在合同网协议中,Agent被动态地分配为两种角色:管理者和合同者。管理者仅为一个,当一个Agent接收一个任务,从而成为管理者后,其他Agent自然成为合同者。管理者首先将任务分解为需要共同完成的若干个(子)任务(如果有必要)的合同,它使用合同网协议定义的消息结构。标书对所有的Agent都是开放的,通过合同处理器进行求解。使用本地数据库求解当前可用的资源和Agent知识。合同处理器决定该公布的任务申请是否需要做。如果要做,就通知管理器。然后管理器必须选择节点,利用合同网协议向具有能力执行这些(子)任务的Agent发送任务,且请求投标。接收到发送任务的Agent根据自身的状态和能力以投标形式,通过通信节点发送确认消息给管理者,以表明它完成该任务的能力和意图。管理者在规定的期限内收集所有投标者的信息,根据投标者的承诺,把任务分派给最好的投标者。当投标者接收任务就成为中标者,以执行由管理者所分派的(子)任务,(子)任务求解阶段完成,承诺的节点完成(子)任务求解,从而完成合同,并通过消息节点通知管理器。

在传统的合同网协议交互过程中,存在两个明显的不足。

(1)在进行交互同时,由于没有对承诺进行约束,所以在交互过程中就会存在反复协商的过程,这就造成信息的大量冗余和资源浪费。如果在合同的协商过程中加入约束,就可以减少不必要的信息交互。

(2)在合同网协议中,没有对合同的违约进行处理,它认为所有做出承诺的Agent都能够承担所投标的任务,投标Agent一旦投标,就会遵守承诺,完成合同。事实上,只有承诺,而没有解除承诺的合同网协议不符合实际的应用。T. Sandhoim和V. Lesser针对传统的合同网协议,引进了不遵守承诺的惩罚措施:当一个Agent接收合同后,就要遵守合同的规定,一旦其不能对合同继续执行,就需要及时将情况报告给合同指令者,由合同指令者对其进行违约处理。我们把作了改进的协议称谓改进的合同网协议。

合同网协议与改进的合同网协议实际上是一种基于协作的交互协议,它强调交互的各方具有一致的或暂时一致的利益关系,协议的目的是帮助它们互相合作以达到共同的目标。除了合同网协议与改进的合同网协议外,还有黑板结构也常用于协同问题求解。

事实上,交互协议的分类没有严格的标准。为了某种目的,Agent设计者也可以采用一些综合性的交互协议。总之,会话策略所选择的交互协议的目的是,要保证对话过程的组织性,从而体现出交互各方的意图,并达到一定的目的。

8.3.3 任务分派

任务分派是把任务和问题求解资源分配给一个Agent。在任务分派过程中,一个重要工作是最小化任务的相关性,包括:

① 减少问题求解 Agent 之间的通信量,提高问题求解效率;

② 减少潜在的冲突,提高解的一致性的概率。

MAS 的任务分派通常采用由 Davis 和 Smith 提出的合同网模型(图 8.12、图 8.13)。合同网模型是根据协商概念建立的一个分布的自主 Agent 系统中实现的协作控制模型,合同网由若干个节点组成,每一个节点代表一个 Agent,这些节点可以分为三类。

(1) 招标方。招标方负责把当前应该完成的任务分配给其他节点(符合条件的投标方)。

(2) 投标方。投标方是空闲的节点,它具有完成一定任务的能力。

(3) 合同者。合同者是中了标的投标者节点,它拥有必须完成任务的能力。

合同网求解过程描述如下:招标方把需要其他节点协同完成的任务在招标信息公告牌(TBB)上公布,一些空闲节点(投标方)意识到自己的能力能胜任招标要求,便向招标方发出标书。一个任务可以有若干个投标者,招标方对所有的投标者进行评价,选择其中一个符合招标要求的投标者,并给它发出中标通知,中标者就变为合同者,于是一个合同就在招标方和合同方之间建立了联系。一旦合同方完成任务后,就应向招标方报告结果,然后,招标方向合同者发出终止合同的信文,宣告合同结束。当招标方收到所有的合同方完成任务的报告,则招标方完成所招标的任务,终止该任务的合同。如果合同方需要其他节点协助完成其合同时,也可以建立招标方与其他节点缔结合同。

合同网协议实现了动态任务分配,允许 Agent 在同一时间为多个任务进行投标,提供自然的负载平衡(忙的 Agent 不必投标)。它的局限性是:不能识别和解决冲突;对被拒绝的投标者,招标方(管理者)不予通知;在任务的执行过程中没有优先机制等。

8.3.4 消解冲突

由于 Agent 的自治性,在问题求解过程中会按自己的目标、知识与能力进行活动,Agent 常常会发生冲突。冲突大致可以分为三类:资源冲突、目标冲突和结果冲突。尽管冲突是一个较为复杂的问题,但造成冲突的原因不外乎是各方同时争夺同一资源,存在不协调的目标或不一致的结果。例如,两个 Agent 同时需要使用一个不能共享的资源,或者由任何形式的共享造成了一个 Agent 不能获得所需要的资源。由于多数情况下,资源是有限的,因此利用冲突消解技术来避免冲突是十分必要的。

消解冲突的方法有多种,例如,通过简单的定义抢占行为和优先规则来消解冲突,甚至采用直接消除发生冲突的对象来解决冲突。通常是采用仲裁法、协商法、惯例法、回溯法或专门构造一个 Agent 来消除冲突。在多 Agent 中,经常采用仲裁和协商方法来消解冲突以防止系统整体性能降低。

仲裁就是通过定义行为的规则来约束 Agent,以防止冲突,起到保护个体和群体的作用。在 MAS 中,约束 Agent 行为的规则,基本上已经固化在 Agent 内部。

协商机制通常是基于对策论,如 J. S. Rosensechein 的工作。它假定 Agent 是无所不知的,并根据最大化效用的原则选择自己应采取的行动,并且 Agent 的效用矩阵是共享的知识。但是,现实世界中的协商是不完全信息条件下进行的,它应该根据多准则,而不是单一的效用准则。协商者并非无所不知,其效用并非共享而是私有的。也有人提出,借助建立社会规则来避免冲突的设想,也就是模拟人类社会。人类社会不能没有规则,但即使人人都遵守规则,也总是难免有冲突发生,因为社会在发展变化的某一个时期制定的规则不可能适应所有变化了的情况,况且规则很难完善,所以现实中的协商是必要的。在 MAS 中,协商的例子有投票机制、拍卖机制、交涉机制、辩论机制等。不管何种协商机制,它们的共同的特征是:

① 使用参与的 Agent 的语言;

② 草案由 Agent 的协商来决定；

③ 在决定过程中，每个 Agent 决定它们自己将达成的一致立场、让步以及标准。多 Agent 协商机制包括三部分：协商的协议、协商策略和协商处理。下面对三个特征作简要说明。

(1) 协商的协议。主要内容是 ACL 的定义、表示、处理和语言解释。协商的最简单的形式是(<协商原语>,<消息内容>)的一条协商通信消息。其中，协商原语即消息类型；消息内容包括消息的发送者、接收者、消息号、发送实践，以及与协商应用的具体领域有关的信息描述。

(2) 协商策略。协商策略是 Agent 决策和选择协议和通信消息的策略，包括一组与协商策略相对应的元级协商策略和策略的选择机制或函数两部分内容。协商策略很多，但有意义的协商策略只有竞争型策略和协商型策略。竞争型策略有合同网协商模型、劳资协商、基于对策论的协商过程等。

(3) 协商处理。协商处理包括协商算法和系统分析两部分。协商算法描述 Agent 在协商过程中的行为(包括通信、决策、规划和知识库操作等)。系统分析的任务是分析和评价 Agent 协商的行为和性能，回答协商过程中的问题，求解质量、算法效率以及系统的公平性和死锁等问题。

理想的协商机制通常应该具有的特性是：

(1) 简单性。协商机制应降低对企业、组织的计算和频率宽度的需求。

(2) 有效性。Agent 在达成一致时，不浪费资源。

(3) 分布性。协商机制不需要一个中心决策者。

(4) 调和性。不允许由于独裁或不合理的理由对 Agent 产生偏见。

(5) 稳定性。Agent 没有偏离已达成一致的策略的动机。

总之，对于 MAS 而言，动态的冲突管理是十分必要的。当然，我们设计 MAS 时应该设法避免冲突，这也是不可以忽视的。

8.4 移动 Agent

8.4.1 移动 Agent 定义

我们已经知道，软件 Agent 是一个能在特定环境下连续、自主地实现，并同时与相关 Agent 和进程相联系的软件实体。这个定义可从两个方面来看。从最终用户角度看，Agent 是一种程序，它代表用户，是用户实现其意图的软件助手。它因用户向它指派工作而起作用。从系统角度看，Agent 是一个软件对象，生存于一个执行环境，并拥有以下基本特征：

① 自主性，即执行动作的自我控制；

② 反应性，即对环境变化的感知能力和应变能力；

③ 主动性/面向目标，即行为预知；

④ 持续性，即运行动作的连续性。此外，还有社会性、移动性、学习性和可靠性(诚实性)。

移动性是 Agent 能在主机站点之间转移，但是并非所有的 Agent 都必须移动。Agent 可以静止不动，用通常方式和周围环境交互，如各种形式的 RPC，以及消息传递，这种不能或不需要移动的 Agent 称为静止 Agent。相反，移动 Agent 不囿于它开始执行的系统，可在网络的各主机间自由移动，在某个执行环境中被初建后，移动 Agent 可携带自身运行状态和代码在网络中转移到另一个环境中去，并可以在该环境中恢复执行。其中“状态”是指 Agent 在异地目标环境中恢复执行时所需要的属性值。“代码”是Agent执行的必要条件。据此,我们可以给出移动Agent的定义:“移动Agent是一个能在异构网络中自主地从一台主机迁移到另一台主机,并可以与其他Agent或资源交互的程序”。传统的RPC客户和服务器间的交互需要连续的通信支持;而移动Agent可以迁移到服务器上,与之进行本地高速通信,这种本地通信不再占用网络资源。移动Agent的内容包括其代码和运行状态。运行状态可分为执行状态和数据状态:执行状态主要指移动Agent当前运行时状态,如程序计数器、运行栈内容等;数据状态主要指与移动Agent有关的数据堆的内容。按所迁移的运行状态,移动Agent的迁移可以分为强迁移和弱迁移。强迁移是同时迁移移动Agent的执行状态和数据状态,但这种迁移的实现较复杂;弱迁移只迁移移动Agent的数据状态,其迁移速度比强迁移快,但不能保证移动Agent的完整运行状态。

8.4.2 移动Agent的移动性

移动Agent是一段程序代码,它能够在异构网络内的不同移动Agent平台间进行自主迁移,同时可以与其他Agent实体进行通信及交互,以完成所需任务。它的移动性是主动的,是该Agent显式请求的结果,这是由Agent的自主性所决定的。

从系统的角度来看移动Agent的结构,一个移动Agent应包括代码、状态和属性三个部分。

(1) 代码。它用来实现移动Agent的各项功能。为了使移动Agent的代码在它能到达的任何主机上以相同的方式执行,通常采用直接解释型(例如,Tcl、VBScript等)或者编译成中间代码(例如Java)的基于解释型的语言编写。用这些语言编写的代码不需要重新编译就可以运行,但必须调用解释器来执行。

(2) 状态。为了保证运行的连续性,移动Agent必须在移动之前的一些状态信息(包括执行状态和数据状态),例如Agent的一些全局变量、代码重入点、运行栈和数据堆的内容等,这样,移动Agent在移动到另一个主机后,可以复位到移动前的状态,重新开始工作。

(3) 属性。属性描述移动Agent自身的一些特性,包括Agent标识符、所有者、起始点地址和起始时间等;此外,移动Agent还带有用于确认用户的认证信息。

我们必须清楚地认识到,移动Agent的移动性与负载平衡系统中的移动性有所不同。负载平衡系统允许作业或进程在网络上重新定位或迁移,但这种操作是由操作系统或相关的负载平衡应用程序决定的,被迁移的作业或进程根本无法知道,即负载平衡系统要求迁移的透明性。移动Agent的移动性与此相反,移动Agent能减少网络负载,降低网络延迟,更好地解决网络异构问题,支持异步自主执行。

8.4.3 三种分布计算模式

我们已经知道,移动Agent的移动性与负载平衡系统中的移动性有所不动,移动Agent的移动性是由Agent的自治性决定的。为了进一步了解移动Agent的移动性,下面介绍三种相关的分布计算模式,并作比较。

1) 客户机/服务器模式

在客户机/服务器模式中,计算机环境中的处理器资源(计算资源)、软件资源和信息资源都集中在服务器上,其实现服务的代码也驻留在本地服务器上,它们得到的技术支撑有RPC、CORBA和RMI等。

此种模式隐含了一种严格的依赖关系,客户完全依赖于服务器所提供的服务而工作;客户发出请求,然后,在服务器上完成任务,最后服务器将处理结果返回到客户机。再加上网络带宽等原因,当客户请求很多时,服务器的效率会大大降低,客户请求的响应时间也会增大。服务器和客户之间的通信是通过消息的传递协议来完成,这就要求程序员自己解释消息的格式和内容,从而给程序员带来繁重的编程工作。

2) 按需传送模式

针对客户机/服务器模式中资源过于集中的缺点,按需传送(code - on - demand)模式使用了代码移动的技术,即在需要远程服务时,首先从远程获得该服务的代码。例如,一台主机A最初由于没有代码而不能执行任务,但网络中另一台主机B可提供需要的代码。一旦A获得B中代码,A就同时拥有处理器和本地资源,计算就可在A中完成。与客户机/服务器模式不同,A无须知道远程主机的情况,因为可以下载所需要的代码。按需传送模式最典型的例子是Java中的applet(应用小程序)和servlet。applet下载到浏览器中在本地运行,而servlet上载到远程Web服务器上运行。

3) 移动Agent模式

按需传送模式虽然能进行代码移动,但这种移动不是主动的,而且代码不得多次移动。移动Agent模式克服了客户机/服务器模式和按需传送模式的不足。移动Agent可以(在一定范围内)随意移动到提供服务的目标主机上,这种移动是自主的,且是可以连续的。同时移动Agent是一个独立运行的程序,它自身具有特定的功能,但不依附于任何程序体。

在移动Agent模式中,原来客户机/服务器模式中的客户和服务器的界限消失了,取而代之是统一的"主机"的概念;原来按需传送模式中的代码有了自治性,而且可以进行多次移动。典型地,Java中的applet和servlet被统一为移动Agent,从而移动代码有其明显的优势。

本质上,移动Agent是Agent技术与分布式计算技术的混血儿。移动Agent不同于远程执行,移动Agent能够自主地根据自己的选择从一个网络位置移动到另一个位置。移动Agent不同于applet:applet只能从服务器向客户单向移动;而移动Agent可以在客户和服务器之间双向移动。移动Agent也不同于进程迁移:通常的进程迁移系统不允许进程选择什么时候和迁移到哪里;而移动Agent带有状态,所以可以根据应用的实际需要在任意时刻移动,可以移动到用户想要去的任何地方。

8.4.4 移动Agent技术的优势

移动Agent是指能够在网络中移动,并执行、完成某些功能的Agent,即具有跨地址空间持续运行的Agent。图8.14表示了移动Agent的工作机制。移动Agent在被派遣以前驻扎在派遣端(图中Agent服务器A),通过与本地的信息源(服务器A上)进行链接,获取本地的相关信息;当移动Agent被派遣(到Agent服务器B)时,将本地信息和操作发送到目的主机,在目的主机上执行相关操作,并与目的主机的信息源进行链接,获取相关信息,完成操作以后返回操作结果,并终止目的主机上被派遣移动Agent的运行。

移动Agent技术具有以下优势。

(1) 降低网络的负载和克服网络的延迟。本地和远地机器之间的交换不需要连续的通信支持,移动Agent可以直接迁移到目的机上进行本地高速通信。当需要大量处理远地机上的数据时,这些数据不再需要通过网络传输,而是将移动Agent派遣过去,使其在远地机上进行数据处理,最后携带处理结果返回本地机。这一个特性不仅概括了基于移动Agent的分布式计算的特点,即将数据移往数据,而非将数据移往计算,从而也消除了网络延迟所带来的隐患。

(2) 可以异步自主运行。通常移动设备上的计算皆依赖于昂贵而脆弱的网络连接,它要

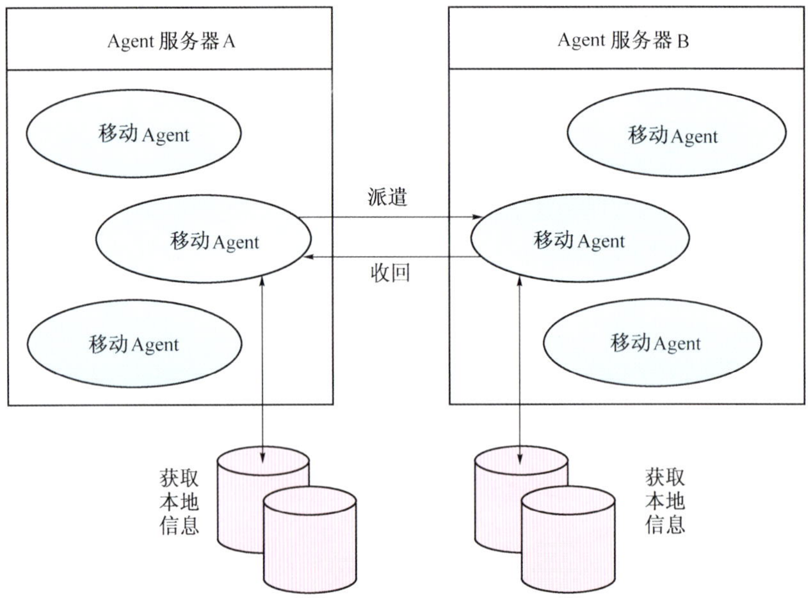

图 8.14 移动 Agent 工作机制示意图

求在移动设备和固定网络之间建立持续的连接，这种要求从经济和技术的角度来讲都是不易实现的。首先把此种任务嵌入到移动 Agent 中，然后再将它通过网络派遣出去。此后，移动 Agent 就独立于生成它的进程，并可以异步自主操作了。移动设备则可在稍后的时间里再连接并回收 Agent。

图 8.15 显示了移动 Agent 的离线计算模式。

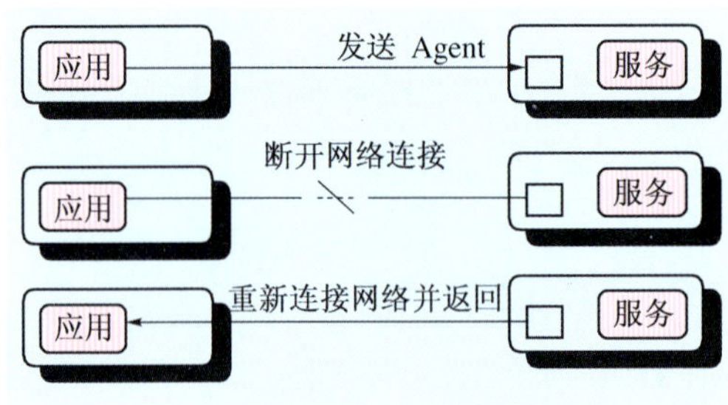

图 8.15 移动 Agent 的离线计算模式

(3) 具有自然的异构性。移动 Agent 通常独立于计算机和传输层协议，而仅仅依赖于它们的运行环境(已屏蔽掉各平台的差异)，因此为系统的无缝集成创造了条件。

(4) 提供实时的远程交互。在一些远程控制系统中，如外太空探测器的控制，网络的时延使得远程实时控制变得不太可能，发送 Agent 程序实行远端的本地控制可以解决该问题。

(5) 具有动态适应能力。移动 Agent 具有对系统环境、用户请求的自适应能力，它可以根据不同的请求以及用户系统环境来采取相应的对策，使系统运行时达到最优状态。

(6) 坚定性和容错性。移动 Agent 具有对非预期状态和事件的应变能力。当关闭一台主机时，所有正在该主机上运行的 Agent 会得到警告，并有足够的时间转移到另一台主机上继续进行。

尽管上述优点并不是移动 Agent 技术所特有的，用传统的方法也可以实现，但移动 Agent

技术提供了能满足全部要求的体系框架,并且具有实现层次清晰、结构灵活、便于扩充和维护的优点。

8.4.5 移动 Agent 系统的安全性

8.4.5.1 移动 Agent 系统模型框架

一个典型的移动 Agent 系统包括 Agent 本身、主机(host)以及连接各主机间的网络。图 8.16 展示了一个简单的移动 Agent 系统模型框架,这个模型框架包括四个部分:①由操作系统和计算机构成的主机;②计算环境(CE)(指为 Agent 提供运行环境支持,例如主机上运行的服务程序 agent server 等);③移动 Agent;④通信子系统(CS)。

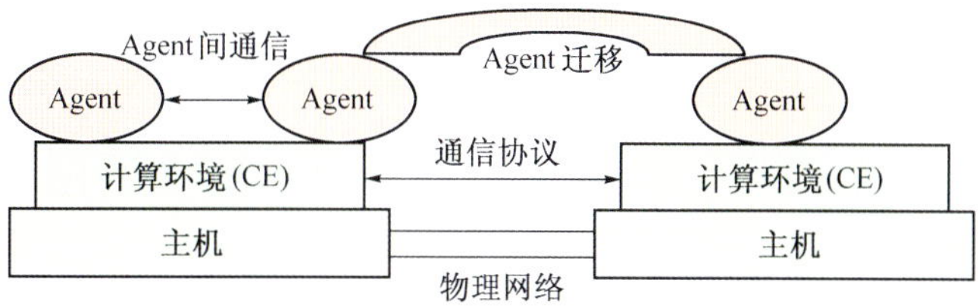

图 8.16 移动 Agent 系统的模型框架

从图 8.16 可知,移动 Agent 之间的交互,是指一个 Agent 进入到它欲与之交互的另一个 Agent 所在的 Agent 系统之中,彼此调用对方所提供的操作的过程。

移动 Agent 可以主动地或被动地通过 CS 迁移到其他的主机上,然后 CE 为此 Agent 创建一个进程或线程。当 CE 接收此 Agent 时,它需要对 Agent 进行认证以决定其所拥有的存取控制权限。一旦 Agent 被创建以后,它就可以与 CE 或主机进行交互,也能与本地或异地 Agent 进行通信。当任务完成后,它可以迁移至另一主机上或结束运行。

实际上,图 8.16 中的主机和计算环境共同构成 Agent 运行和执行操作平台,在下面的讨论中统称为主机。

8.4.5.2 移动 Agent 系统可能面临的安全威胁

从上述分析可知,移动 Agent 的优势在于:①它能减少网络负载,降低网络延迟,更好地解决网络异构问题;②移动 Agent 异步交互和自主迁移的特性保证了系统用户离线情况下,Agent仍能继续完成其“使命”。然而,移动 Agent 的自主性也给移动 Agent 系统带来了众多不安全因素,例如,由于 Agent 可以在多个移动平台间迁移,将会受到恶意 Agent 平台的攻击;而未经授权的 Agent 也有可能会对所登录的未受保护的移动 Agent 平台造成破坏;同时,在一个 MAS 中,Agent 与 Agent 之间也存在安全威胁。总之,种种这些不安全因素都将可能对移动 Agent造成致命的破坏,从而限制移动 Agent 系统在一些重要应用领域中的应用。因此,我们完全有必要对移动 Agent 系统可能面临的安全威胁进行分析。

移动 Agent 系统安全性威胁表现在以下方面。

(1) 恶意 Agent 对其他 Agent 的威胁。指某些 Agent 在与其他 Agent 进行通信或操作时,对同一主机甚至其他主机上运行的 Agent 进行攻击,导致这些 Agent 被破坏或不能正常工作,此类攻击主要有伪装欺骗、拒绝服务、非法访问、否认与抵赖。其中否认与抵赖是指 Agent 间发生了某次操作、通信交易后,某个 Agent 单方面否认此处操作、通信或交易的存在,或者抵赖自己曾经参与本次事件过程。恶意 Agent 可以在从其他 Agent 处获得服务或利益,或者对其他 Agent 进行恶意攻击后,完全否认整个过程,从而使其他合法 Agent 蒙受不必要的损失,甚至造成整个 Agent 系统内 Agent 间的不信任。

(2) 恶意主机对 Agent 的威胁。指某些主机采取某种非正常手段使得运行其上的 Agent

所包含的代码或信息的正确性及保密性得不到保证,从而使系统的安全性受到威胁。其主要攻击手段有非法窃听、信息篡改、复制和克隆(copy and replay)以及伪装欺骗和拒绝服务等。

(3) 恶意 Agent 对主机的威胁。指某些 Agent 利用 Agent 系统平台的安全缺陷,对所登录的主机或 Agent 平台进行攻击,致使系统主机的信息泄露、篡改甚至导致系统的瘫痪。例如,在计算机安全史上的一个著名攻击案例——Unix 的“蠕虫”病毒。它就是利用在主机上执行 sendmail 程序过程中的漏洞,将病毒代码嵌入 sendmail 程序,对运行邮件服务的 Unix 系统进行攻击。我们可以将“蠕虫”病毒比做 Agent,由于主机可能执行从非信任节点上迁移来的 Agent,或者即使 Agent 来自于信任节点,也不能保证 Agent 行为的安全性,因此主机可能受到 Agent 攻击,使其运行出错,从而对主机造成安全威胁。具体攻击包括伪装欺骗、拒绝服务和非法访问等。

(4) 其他外部实体对 Agent 系统的威胁。即使整个 Agent 系统内部所有主机和 Agent 都正常运行,但是 Agent 系统外部和内部的其他实体对 Agent 系统的威胁也不容忽视。例如,网络非法窃听是网络应用中长期存在的安全问题。由于 Agent 需在开放环境中移动,而支撑主机间通信的互联网络和传输协议的安全性都没有特别有效的安全保障机制,因此 Agent 可能受到网络中其他 Agent 或程序的被动或主动攻击,从而导致 Agent 私有信息被泄露或被篡改。这都将对 Agent 系统的安全性造成威胁。

上述移动 Agent 系统安全性威胁所造成的危害归纳起来为:①拒绝服务(DoS),即阻止合法的用户访问 Agent 或 Agent 系统;②非法访问和使用 Agent 或 Agent 系统所提供的操作;③非法修改和破坏 Agent 或 Agent 系统的数据信息。攻击者可以运用的攻击手段有伪装身份、施放特洛伊木马、重放(replay)、窃听以及异常频繁的访问等。

8.4.5.3 对付安全威胁的策略

不少移动 Agent 系统,由于考虑到 Agent 的移动性的要求,通常都采用支持移动代码的语言(例如 Java)作为它们的编程语言。事实上,现有的基于 Java 的移动 Agent 系统基本上都采用 Java 的沙箱模型作为其安全机制实现基础,沙箱是一种基于软件的错误隔离方法。但是 Java 安全模型存在明显的缺陷:①现有的支持 Java 的浏览器,如 Netscape Navigator、Microsoft Internet Explorer 都存在各种安全问题,并且没有正式定义任何的安全策略,这违背了“系统必须具备定义明确的安全策略”的安全原则;②Java 系统没有定义任何审计能力;③目前的 Java 运行系统有很大部分的代码是用 C 语言编写,使系统容易受到缓冲区溢出的攻击等。

为保证 Agent 系统的安全性,必须为 Agent 制定一组安全规则,以约束 Agent 的活动。Agent系统的安全策略的内容如下。

(1) 系统可以对 Agent 特定的能力进行限制或授权。包括创建新的 Agent、进行移动等。

(2) 设置 Agent 的访问控制权限。Agent 系统的系统管理部件应能够控制和决定是否允许其他系统中的 Agent 进入到系统内部,以及该 Agent 所能调用的操作和能访问的数据资源。

(3) 设置 Agent 资源使用限制。Agent 系统的系统管理部件应能够对 CPU 使用率、内存和磁盘用量、新创建的 Agent 数量以及允许的网络连接数量进行限制。

根据上述的分析,移动 Agent 系统应提供以下安全性服务。

(1) 认证性(authentication)。Agent 在迁移过程中必然涉及到 Agent 及主机身份问题。Agent 必须向 CE 与主机说明身份,以便应用不同安全策略;而主机也必须向 Agent 说明其身份,特别是当 Agent 携带某些重要信息或 Agent 为特定客户服务而需迁移到特定主机上时。

(2) 保密性(confidentiality)。安全移动 Agent 系统要求保证主机信息的保密性,以防恶毒 Agent 的攻击;同时保证 Agent 信息的保密性以防恶意主机的攻击,并且要保证 Agent 在迁移过程中的传输保密性。

(3) 完整性(integrity)。既要保证 Agent 执行过程中主机信息的完整性,也要保证代理传输过程的完整性。

(4) 反拒认(non - repudiation)。移动 Agent 系统在包括电子商务等的许多领域都有着广阔的前景。因此,确保接收移动 Agent 系统服务的客户,不能否认其曾接收过的服务是很重要的。

(5) 授权访问(authorization)。移动 Agent 系统中存在不同安全级别的用户,因此代表他们的 Agent 在主机中运行时必须有相应的存取控制模型,该模型可在主机中实现或扩展操作系统中的功能以支持它。

8.4.5.4 移动 Agent 系统安全措施

我们可以从保护对象——Agent 和主机两方面来进行讨论。

1) 针对主机的保护技术

主机是移动 Agent 执行代码的平台,对主机实施保护是指对运行于其上的移动 Agent 进行验证和选择,防止恶意 Agent 的攻击与破坏。常用的主要技术有沙箱技术、代码验证技术、状态评估技术、数字签名技术和安全代码解释技术等。

(1) 沙箱技术。它是一种基于软件的错误隔离(software fault isolation)方法。沙箱技术通过软件为各 Agent 的不同执行模块开辟独立的执行域,这样就把各个 Agent 执行代码限制在给定的虚拟地址空间中独立执行,以防止 Agent 执行代码相互干扰,即使在运行时出现问题,也可缩小对整个主机的影响范围。同时,沙箱技术也为每个执行域都分配有单一的标识符,通过此单一标识符,可以对各个 Agent 使用系统资源的情况进行有效管理。例如,现有一些基于 Java 的移动 Agent 系统基本上都采用 Java 的沙箱模型作为其安全机制实现基础。

与沙箱技术相似的技术是名字空间技术。即主机平台为 Agent 分配单独的名字空间,Agent的任何非法操作所产生的影响限制在 Agent 可见的资源空间内。

(2) 代码验证技术。代码验证指 Agent 代码的编制人员通过正式的方式给出此 Agent 代码完全可靠或符合某种安全策略的保证,在 Agent 代码执行之前,主机必须对代码附带的安全保证进行验证,通过验证的 Agent 代码可认为至少对此主机不会造成危害,无须加以限制。现在已有一些系统采用此技术实现安全的运行环境。例如,Java 就使用了类文件校验器,用来保证载入的类文件具有正确的内部结构。类文件校验器校验的过程可以分为两个阶段。

第一阶段,发生在类文件刚被载入后,类文件校验器就检查类文件的内部结构,包括校验所含的字节码的完整性;然而即使经过第一阶段校验,仍不能保证类文件是安全的,因为 Java 程序中存在状态数据结构。

第二阶段,发生在字节码执行的时候,字节码校验器要确定符号引用的类、域和方法是否存在。虽然,通过附加的代码验证,可以防止恶意代码对主机的攻击,但安全保证的产生和验证难以实现。

(3) 状态评估技术。状态评估与代码验证技术类似。状态评估用于检验状态发生改变的 Agent 是否遭到破坏。它要求 Agent 代码的编制人员在 Agent 中附带一个状态评估函数,此函数将表明 Agent 的状态情况和相关联的操作的权力范围。当 Agent 登录主机前,主机可以使用 Agent 提供的状态评估函数判断当前 Agent 的状态是否正常,代码是否被篡改,是否有服务和资源的使用限制。由于目前还没有统一的 Agent 状态标准,以及 Agent 状态的多样性,因此状态函数技术的运用和实现存在一定的难度。

(4) 数字签名技术。Agent 代码的编制者,Agent 的所有者或 Agent 代码的验证者,都可以对 Agent 代码进行数字签名,签名信息包括移动 Agent 的创建时间、创建者和发送者等。主机根据签名的相关信息确定 Agent 相应的安全级别。由于数字签名的存在,签名者将不可对自己的签名进行抵赖,它能有效防止恶意代码的产生。数字签名技术只能检验状态是否发生改变,而不能检验该变化是否合法。此方法是有缺陷的:首先是不能保证移动 Agent 是无害的,因为运行环境对移动 Agent 的信任是建立在他人承诺的基础之上的;其次,它限制了移动Agent的自由移动,即其只能迁移到它所注册的主机上去,为在规模庞大的网络上的所有移动 Agent 建立一套账户系统是不现实的。当然,我们可以依照 WWW、FTP 方式在每一台主机上都开设一个匿名账号,允许移动 Agent 以匿名账号登录,虽然移动 Agent 可以使用,但操作的资源会受到很大限制。

(5) 安全代码解释技术。在某个平台上认为安全的代码在其他平台上可能被认为存在安全隐患,这需要有一种标准对代码的安全性做出统一的解释,即安全代码解释技术。此技术对由解释性脚本语言(如 Javascript)或其他编程语言(如 C)编写的 Agent 的程序进行解释,例如 Safe Tel 就是针对 Tel 脚本语言的安全解释器。因此,安全代码技术能增强异构计算机环境下对 Agent 平台的支持。

2) 对 Agent 的保护技术

由于 Agent 执行受到主机行为的约束,因此保护 Agent 不受攻击比较困难。目前常见的技术有数据加密技术、数字签名、限时黑箱技术、错误恢复技术、共享秘密和互锁与执行跟踪技术等。

(1) 数据加密技术。在移动 Agent 中,并不是所有的代码和数据都是隐私的,人们可能只对其中的关键数据和算法感兴趣。因此,只要对移动 Agent 中部分关键数据和算法进行加密即可,使得 Agent 即使运行在不可靠的环境下仍不用担心信息的泄露。加密函数的选取是加密技术的关键,但选择一个容易实现而难以破解的加密函数十分困难。Sander 和 Tschudin 提出了加密函数 CEF 计算方法。为了说明此算法的思想,先举一个简单的例子加以说明。

设 A 有一个评价某事务的方案 E,要在 B 上利用 B 的数据 x 来评价该事务,但 A 不希望 B 了解他的方案,因此 A 找了一个可逆矩阵 S,并计算出 $N = SE$。A 将 N 送给 B,B 计算 $y = Nx$,并将 y 送给 A。A 通过计算 $S^{-1}y$ 就得到了真正的评价值 Ex。通过这种方式可以使 A 的评价方案不至于暴露给 B。

在上例中,S 为 A 所选取的一个加密函数。下面来介绍 CEF 算法。

我们把要解决的问题描述为:A 用一个程序来计算函数 f,B 有一个输入 x,并且要求 B 在执行 f(x)时不需要与 A 打交道,则解决问题的步骤如下:

① A 加密 f 成 E(f);

② A 建立一个程序 P(E(f))来执行 E(f);

③ A 将 P(E(f))发送给 B;

④ B 执行 P(E(f)),其输入为 x;

⑤ B 将结果 P(E(f))(x)(也为加密的)返回给 A;

⑥ A 对 P(E(f))(x)解密得到 f(x)。

该算法的关键是要为任意一个函数 f 找到一个加密方法,目前 CEF 还没有通用的解决方案,但是对多项式和有理函数是完全可行的。

(2) 数字签名。数字签名技术也同样适用于 Agent 保护。大多数数字签名系统是将公钥密码和散列算法结合使用。公钥密码系统经常使用接收方公钥加密,然后接收方使用相应的私钥解密;反之,也可以用私钥加密,只要用相应公钥才能解密。判断签名是否可信任,通常是通过 PKI 完成。

(3) 限时黑箱技术。此技术类似于数据加密。基本思想是,将原始 Agent 代码依据某种混淆算法(转换算法)打乱(可以认为对整个移动 Agent 进行加密),形成一个与原始 Agent 功能属性完全相同的可执行副本,即可执行的副本与原始 Agent 具有相同的输入和产生相同的输出。这样如同一个黑箱,攻击者难以了解其内部情况,从而使恶意的攻击者难以在短期内对杂乱无章的代码进行破解。为了提高安全性,对黑箱中内容设置时限,超过时限后,黑箱中所有代码数据都将被更新,原有的过期信息全部失效,这样即使攻击者将原有代码还原,得到的也是无效信息,从而有效地防止信息的泄露。当然,此法也不是不可破解的。事实上,目前也存在有针对黑箱的测试攻击,通过不断地对输入/输出结果进行分析比较,仍有获得 Agent 某些特性的可能。

对于限时黑箱技术,目前存在两个未解决问题:①移动 Agent 在某主机上的运行时间长短无法预先确定;②怎样从已使用的转换算法推算出其能提供保护的最短时间。

(4) 错误恢复技术。错误恢复指当 Agent 受到攻击不能正常工作时,能保证在最短时间内恢复 Agent 正常工作。其方法很多,最常用的是定期对 Agent 进行复制,通过 Agent 备份的方法防止单个 Agent 复制件丢失。一旦当前 Agent 出错,对其进行回收,并使用备用的 Agent 继续执行其任务。该项技术的难点是,如何选择适当的时机对 Agent 进行复制,以及原始和备份 Agent 执行任务的传递。

(5) 共享秘密和互锁。由两个或两个以上的移动 Agent 来完成一项任务,每个移动 Agent 保持部分秘密,只有当它们达成协议时才能最终完成任务。

(6) 执行跟踪技术。主要用于发现 Agent 在其所在的主机平台上未经授权的修改。其基本思想是,在各主机上建立 Agent 的活动日志,通过读取各个主机上所建立的 Agent 日志,Agent可以对自身执行的操作和状态进行追踪,当发现有 Agent 代码或数据信息未经授权而被修改时,可以很方便地发现和进行相应的处理。但当 Agent 数量增多后,各主机上的日志数量也急剧增大,并随着 Agent 活动的增多,自身日志的查询工作也是相当烦琐,因此该方法一般很少使用。

3) 传输中移动 Agent 的保护技术

Agent 在主机间传输时不仅涉及通信安全问题,还涉及到应用于各个 Agent 上的安全策略问题。在一般系统中,通信安全策略是基于每个通信通道的,但在移动 Agent 系统中的 Agent传输时,安全策略是基于每个 Agent 的,即基于通信通道中的数据而不是通道本身,通过使用给定的数据加密算法对 Agent 代码中的数据信息进行加密,使得 Agent 即使运行在不可靠的环境下,仍不用担心信息的泄露。为增强传输中的安全性,发送方与接收方必须进行一定的协作。其实现方法有两类:即收发双方采用相同策略和收发双方采用不同的策略。

(1) 发送方与接收方采用相同的安全策略,指在 Agent 传输过程中双方用相同的、特定的加/解密算法(即对称密钥)对 Agent 进行加/解密。为保证传输的完整性,通常采用数据摘要算法,以便接收方验证其完整性。

(2) 发送方与接收方基于不同安全策略,则发送方必须知道接收方安全策略,否则,它不能提供相应信息给接收方。但是接收方则不必知道发送方的安全策略,由于 Agent 在接收方接收的信息是发送方所发送的信息,因此可用 Agent 本身增强发送方的安全策略,这就是所谓非对称密钥的思想。例如,若发送方想增强 Agent 的保密性,它可加密 Agent 的某些部分,在接收方,携带加密部分的 Agent 可向主机请求标识主机身份的特定信息以解密计算部分;若发送方想要防止接收方拒认,它可使 Agent 令接收方向某登记中心请求某些信息与接收方自己的信息结合,以解密 Agent 的计算部分。而对违反安全策略的接收方,Agent 将认为它们是不可信任的。发送方与接收方采用的不同安全策略将为移动 Agent 系统提供更多灵活性。

上述简单地介绍了移动 Agent 系统中安全的一些概念,实际上移动 Agent 的安全性研究尚未完全成熟,尤其是针对 Agent 的保护目前还处于研究阶段,再有,已经实现的移动 Agent 系统的安全保护机制也不是十分理想,有待于进一步完善。除了技术角度对移动 Agent 系统的主机和 Agent 实施保护外，还可以通过非技术手段（如法律法规和各种规章）进行保护。事实上，只有通过技术的和非技术两个方面综合起来，才能提升保护的强度。

8.4.6 几种典型的移动 Agent 系统

目前为止，已成型的移动 Agent 系统有好几种，主要从安全角度出发，介绍几种典型的系统供读者参考。

1）Aglets 系统（具体参见 8.4.7 节）

该系统是由 IBM 日本研究院研制的基于 Java 的移动 Agent 系统，系统为用户提供图形操作界面，是目前最流行、使用最广泛的系统之一。在 Aglets 中，采用事件机制来增强 Agent 的移动能力，通过事件的触发回调来保证系统的安全性。系统采用基于域的认证机制，对主机的保护是通过代理对象实施访问控制，传输通道采用对称算法，但不支持对 Agent 的保护和数字签名。然而，由于缺少访问控制，用户间的事件回调容易混淆，一个用户可能会回调另一个用户的 Agent 而造成一定的安全隐患。

2）Telescript 系统

该系统是 General Magic 公司开发的第一个商用移动 Agent 系统，它包括一组面向对象的专用 Agent 编程语言。在 Telescript 中，提供了指令级的强移动机制。系统通过一套访问控制机制来保证系统的安全性，每个 Agent 和主机通过授权建立相互关联，并基于授权进行访问控制决定。系统还采用基于 RSA 认证技术，以及基于 RC4 加密技术，但是不支持对 Agent 的保护，也不支持数字签名。

3）Jumping Beans 系统

该系统是由美国 Ad Astra 工程技术公司设计的一个支持可移动 Java 应用程序构造和运行的系统平台。通过该系统，移动应用可以不需要预先安装在各个客户设备上，系统主机会自动将所需代码数据资源迁移复制到目的主机上。系统提供了四层安全保障体系结构，当有恶意程序攻击其中一层时，其他三层依旧共同对系统实施保护。系统中每个移动 Agent 均带有一个安全事件日志，用于记录此 Agent 生命周期内的所有活动。Jumping Beans 系统还使用特有的智能认证技术来防止系统数据丢失或被窃取。

8.4.7 移动 Agent 平台——Aglet

一个移动 Agent 系统至少应该满足三个基本要求，即分布性、开放性以及功能与应用的无关性。分布性中的一个重要特征是位置透明性，它是指 Agent 从一个站点移动到其他站点后，它本身并不需要关心与它通信的 Agent 在什么物理位置或站点，也不需要关心通信行为是怎样发生的，更不需要关心信息的传递是基于何种网络协议。开放性是保证系统具有可伸缩性、互连互通性和互操作性的实现。关于互操作性，OMG 发布了 MASIF 规范，符合该规范的移动 Agent 系统可以在一定程度上实现互操作。功能与应用的无关性是确保应用的可移植和移动，是移动 Agent 特有的要求。下面介绍一个移动 Agent 的实用平台——Aglet Workbench。

Aglet 是由 agent 和 applet 两个字所合成的，意指具有 agent 行为的 Java applet 对象，但是 Aglet 不同于 applet。Aglet 同时传送代码及其状态，而 applet 只传送代码；Aglet 以线程的形式产生于一台机器上，可随时暂停执行工作，而后整个 Aglet 可被分配到另一台机器上，再重新启动执行任务。因为 Aglet 是线程，所以不会消耗太多的系统资源。Aglet 系统框架如图 8.17 所示。

从图中我们可以看到，Aglet 系统结构主要由移动 Agent（Aglet）、Agent 运行环境（Aglet Runtime）和 Aglet 传输与通信接口（包括 agent 传输协议（ATP）等）等组成。所有的移动 Agent

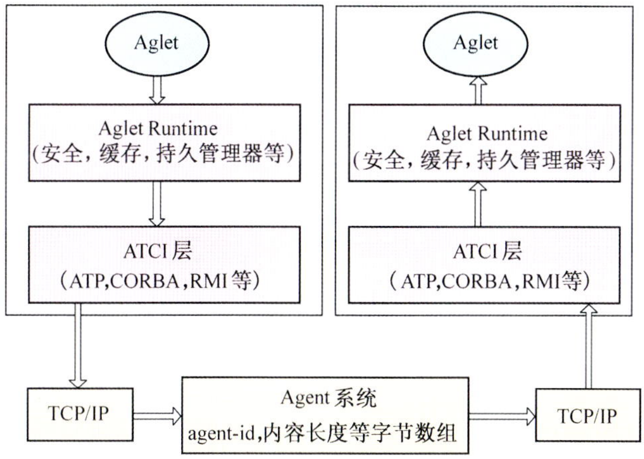

图 8.17　Aglet 系统框架示意图

拥有一个相同的超类——ibm. aglets. aglet。当一个 Aglet 要从一个站点移动到另一个站点时，它执行 aglet. dispatch(URL url)方法。在另外的站点，运行环境负责接收该 Agent 并为其提供运行环境。

现在我们来直观地描述 Aglet 执行过程。首先，一个正在执行的 Aglet 想要将自己移动到远端时，它就向 Aglet Runtime 层发出请求；Aglet Runtime 层收到后，把 Aglet 的状态信息与代码转化成序列化的字节数组。如果请求成功，系统将该序列化的字节数组传送至 Agent 传输和通信接口(ATCI)层处理，此层提供可使用的 Agent 传输协议(ATP)等接口；然后，系统会将字节数组附上相关的系统信息，如系统名称以及 Agent 的标识符 id 等，并通过 TCP/IP 传送到远端机器上。远端机器利用 ATCI 层提供的 ATP 接口，接收到传来的字节数组及系统信息；Aglet Runtime 层对字节数组反序列化，最后得到 Aglet 的状态信息与代码，此时 Aglet 可在远端机器上执行了。

Aglet 系统基于对象模型(图 8.18)，提供了一个上下文环境(context)管理 Aglet 的基本行为，如创建 Aglet、复制 Aglet、分派 Aglet 到远端机器、召回(retract)远端 Aglet、暂停和唤醒 Aglet，以及清除 Aglet 等。

Aglet 与 Aglet 之间的通信是采用消息传递的方式来传递消息对象。从安全角度考虑，引入一个代理(proxy)，使 Aglet 通过一个代理提供的接口与外界沟通，如图 8.19 所示。也就是说，Aglet 想要与远端的 Aglet 通信时，只要在本地主机的上下文环境中产生对应远端 Aglet 的代理，并与此代理沟通即可，不必直接处理网络连接与通信问题，从而真正到达了位置透明性的要求。

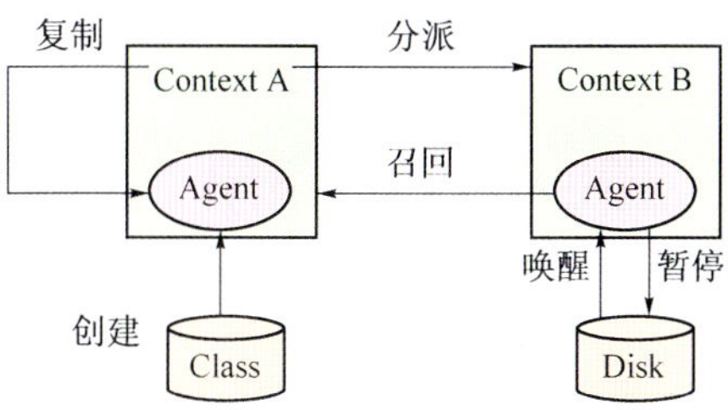

图 8.18　Aglet 的对象模型示意图

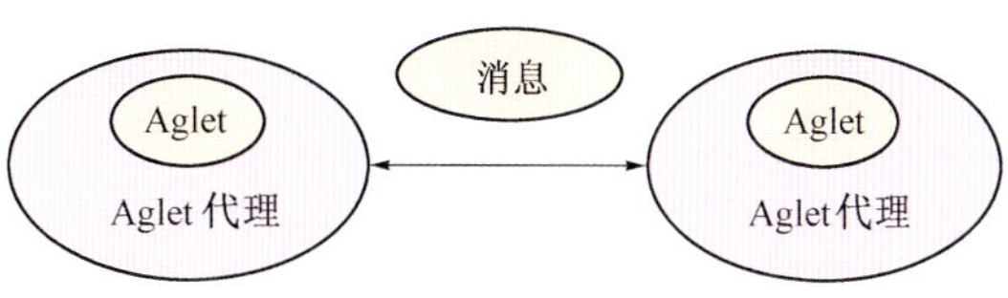

图 8.19　Aglet 基本通信模型

Aglet 系统安全性，目前主要支持主机对 Aglet 的攻击和 Aglet 之间的攻击。Aglet 具有如下安全特征。

(1) 对用户和域的认证。Aglet 认为同一域中的 Agent 系统相互信任，并根据 Agent 所具有的一定的域来认证 Agent。Aglet 中每个域中的 Agent 系统共享同一个密钥(此密钥由域授权机构统一维护),利用消息认证代码(MAC)来认证不同域中的 Agent 系统,如果认证通过,前来通信的 Agent 系统内的用户 Agent 及其凭据(credential,由 Agent 系统签发给用户 Agent)被一起发送,接收方通过此凭据来判断发送方所拥有的权限。

(2) 数据完整性检查。类似与上述的认证,即发送方利用密钥,计算消息完整性代码(MIC),然后把它和其他信息一起发送;接收方通过 MIC 和密钥来判断数据有否被篡改。

(3) 具有类似 JDK。由于 JDK 安全支持力度不够强,Aglet 还没有完全实现 Agent 的认证、授权、审计与防抵赖以及数据完整性,但已经提供了一个可以接受的(reasonable)的安全层次。随着 JDK 安全的发展会得到不断地改进。

有兴趣的读者可参考 IBM 公司的 Aglet Specification (Mitsuru Oshima 和 Guenter Karjoth,1997 年)。

从上述所介绍的几种典型的 Agent 系统中,我们可以得出一个结论,即一个完整的移动 Agent 系统应该包括三个内容:体系结构、编程语言和开发工具。体系结构又包括移动性的实现、安全性和访问控制、通信机制等内容。体系结构的选择影响异步、一致性、自主性和自适应性的程度。它决定信息的存储和共享方式,同时也决定 Agent 之间的通信方式。例如,有些体系结构允许基于内容的消息发送,有些体系结构把发送消息功能从单个 Agent 分离出来形成集中的路由器。同时,上述所有系统存在着一个致命的缺点,即 Agent 编程语言以及 Agent 间的通信缺乏完善的语义。在这些系统中,编程语言或通信是由系统开发者自己定义的,没有一个公认的语义系统作支撑。体系结构中必须有共同的通信协议或传递机制。

实际系统中的 Agent 可由不同开发者在不同时间用不同工具和技术实现,各具有不同程度的问题求解能力。实现移动 Agent 系统技术难点在于如下几方面。

(1) 克服计算环境的异构性。移动 Agent 很可能在不同的计算环境中自主地执行,因此必须首先解决移动 Agent 的跨平台问题。

(2) 实现 Agen 自主移动。Agent 自主移动应该解决三个问题:Agent 的流动规程、Agent 的通信模型、Agent 的迁移方式。

(3) 安全性。保证移动 Agent 的安全性涉及三个方面:移动 Agent 自身安全保护、移动 Agent之间通信的安全保护以及站点的安全保护。移动 Agent 的安全性是急需解决但又较难解决的问题之一,它直接影响移动 Agent 系统的实用性。

(4) 提供灵活方便的移动 Agent 环境。为用户提供一种方便的移动 Agent 编程语言以及相应的开发环境是移动 Agent 系统所要解决的问题。

8.5 Agent 应用

Agent 的应用范围是十分广泛的,例如电子商务、分布信息查询、并行处理、信息分布、监视和通知、个人助理、安全中介、远程通信网络服务、工作流应用和群件以及计算机集成制造技术等方面都有很好的应用。限于篇幅,本节仅举两个例子予以说明。

8.5.1 Agent 在分布式网络管理中的应用

网络管理就其本质是实时地对网络监测和控制。网络管理人员通过监测获得网络信息,通过控制改变网络的状态。监测是手段,控制是目的。两者相互配合,使得网络保持正常、经济、可靠和安全地运行,以满足用户对网络的有效性、可靠性、开放性、综合性和经济性的要求。

1) 基于 SNMP 的网络管理系统结构

网络管理的内容通常可用 OAM&P 来概括,即运行(Operation)、控制(Administration)、维护(Maintenance)和提供(Provision)。其基本功能包括故障管理、配置管理、性能管理、安全管理和计费管理五个方面,它们分别完成不同的网络管理功能。网络管理协议通常有三种管理标准:国际电信联盟的电信标准化部门(ITU - T)提出的专门针对电信网络管理的 TMN;ISO 为 OSI 的七层开放互连模型而设计的公共管理信息协议(CMIP);国际 Internet 组织提出的基于 TCP/IP 网的简单网络管理协议(SNMP)。目前,应用最广泛的协议是 SNMP。SNMP 由三部分组成:管理信息结构(SMI)、管理信息库(MIB)和网络管理协议。下面介绍基于 SNMP 网络管理系统结构(图 8.20)。

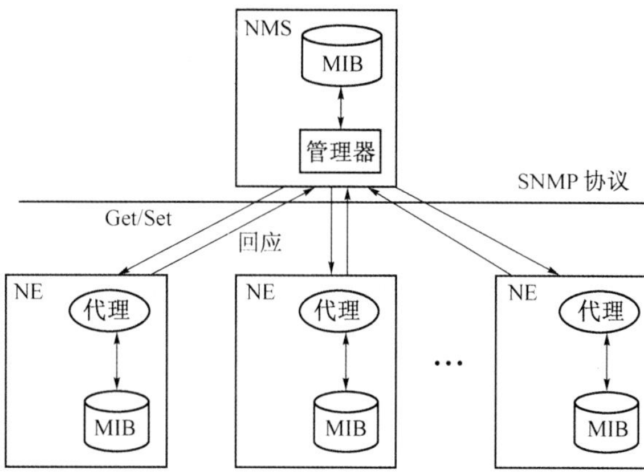

图 8.20 基于 SNMP 网络管理系统结构

SNMP 包括四个组成部分。

(1) SNMP 管理。它是一组软件程序,执行管理活动。管理者以轮询的方式从代理处取得网络结点的状态数据;接收代理发来的消息。管理者在 C/S 结构中处于 Client 的地位。

(2) 代理。它是一个软件,在被管理的网络设备中运行,代理收集所代表对象的状态数据。代理在客户机/服务器结构中处于 Server 的地位。

(3) 管理信息库(MIB)。描述被管理对象状态的管理信息库。

(4) SNMP 协议。它是管理器同 SNMP 代理之间通信的协议。

2) 基于 Agent 的分布式网络管理模型

网络环境实质上是一个分布式环境,网络的管理就是在分布式计算环境中设计的计算模式。移动 Agent 是一种可以从网络上的一台主机移动到另一台主机的代码或程序,并且可以自主地选择移动的时间和地点,因此这种代码被称之为移动智能体。基于移动 Agent 的网络管理体系结构有两类:基于移动 Agent 继承性网管体系结构和纯移动 Agent 网管体系结构。基于移动 Agent 继承性网管体系结构是建立在原有网管体系结构的基础上,保留了已有网管系统的网管协议和信息模型,移动 Agent 只是作为功能增强部分形式存在。纯移动 Agent 网管体系结构是建立一种全新的网络体系结构,目前正处于研究阶段,其难点主要有:①面向分布式网络管理的移动 Agent 平台的开发;②与其他移动 Agent 平台的互通问题;③网管系统中 Agent 的安全性问题;④如何尽量地发挥移动 Agent 的优势,提高网管的 QoS。下面以典型的基于移动 Agent 的网管系统模型(图 8.21)来说明。

网络管理站在进行管理操作时,首先新建或选择一个移动 Agent,令其移动到巡游列表中的一个被管设备。移动 Agent 到达被管设备后,开始执行管理任务。这些移动 Agent 在每一个被管理节点完成管理任务后携带相关信息返回管理站(图 8.21(a)),或依次迁移到多个被管理节点分别完成相应的管理任务后返回管理站(图8.21(b)),或遍历所有的被管理节点再返回管理站(图8.21(c))。事实上,其中存在许多变化情况,Agent移动到被管理设备后,可能长久驻留在那里收集数据,过一定时间间隔返回一次结果。有的Agent可能在途中就把结果返回,而不是到最后才返回,可能同时会有多个Agent在网络中巡游,因此需要按照实际环境和管理的需要选择适当的策略。实际应用的移动Agent网管系统要比上述模型复杂。出于性能和功能的考虑,需要增加很多其他组成部分,工作原理也会相应地变得复杂。

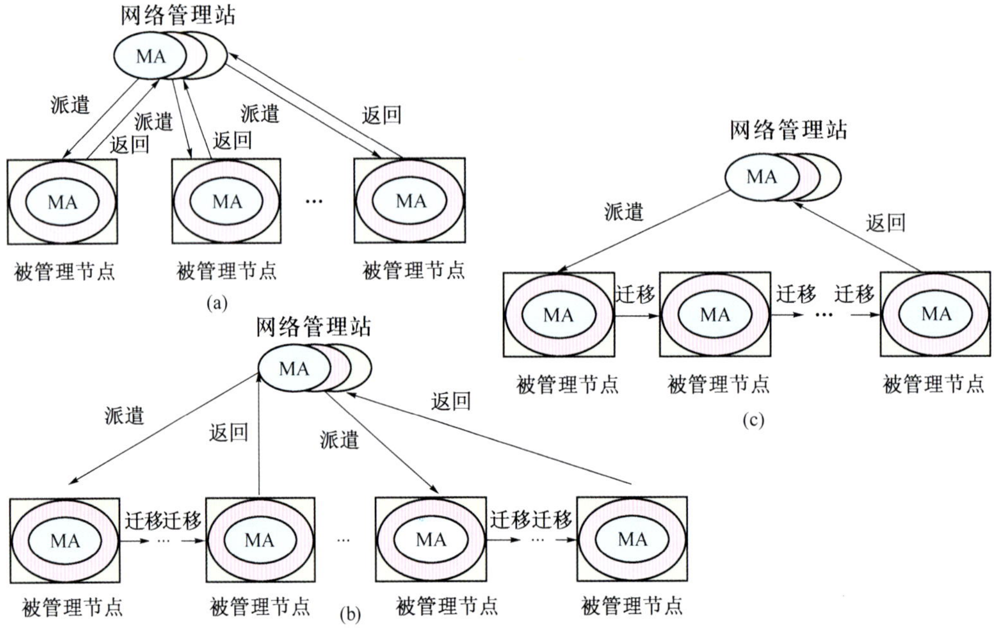

图8.21 典型的基于移动Agent的网管系统模型

用移动Agent来实现分布式网络管理任务具有以下好处。

(1) 平台无关性。开发者可在任何平台上开发,且便于移植。

(2) 大大地减轻网管系统的负担。由于Agent自身具备一定的智能性,它可以在本地完成其能力范围以内的管理操作,而只将无法处理的事件交由网管系统处理。

(3) 较少占用网络资源。

(4) 灵活性和可扩充性。由于Agent是动态生成的,并具有一定的生存周期,因此在原有的管理系统上对其功能进行修改和扩展较方便。

(5) 网络管理的自适应性。移动Agent可以依据网络管理任务,寻求最佳迁移路由及任务执行顺序,主动适应网络结构的变化,力求网管任务正常完成。

(6) 没有管理协议。在基于移动Agent的网管中,管理应用是以移动Agent的形式直接发送到设备上的,管理站和被管理设备之间不需要网络管理协议。

8.5.2 Agent在工作流中的应用

为了说明Agent在工作流中应用的优点和原理,有必要先简单地介绍一下有关工作流的基本知识和工作流参考模型。

1) 工作流参考模型

工作流管理联盟(WfMC)对工作流的定义是:工作流是一类能够完全或者部分自动执行的经营过程,它根据一系列过程规则、文档、信息或任务,在不同的执行者之间进行传递与执行。工作流是经营过程的一个计算机实现,而工作流管理系统则是这一实现的软件环境。WfMC 还给出了工作流参考模型(图 8.22)。

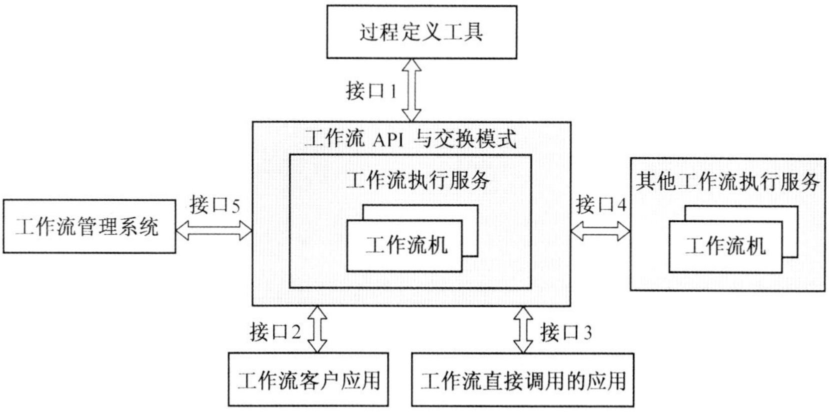

图 8.22　工作流参考模型

下面简单地介绍工作流参考模型中各个模块以及接口的功能作用。

(1) 过程定义工具。它以计算机能处理的形式定义工作流过程的模型。定义的内容包括过程的开始和结束条件、过程中所包含的活动、活动之间导航的规则、工作人员需要完成的任务、完成任务要调用的应用程序、工作流相关数据的定义等信息。过程定义工具输出的工作流过程定义应该能被工作流机解释并执行。不同的过程定义工具输出过程模型的存储格式是不同的。图 8.22 中的接口 1 的作用就是提供了一个标准的接口,不同的过程定义工具和工作流执行系统只要支持接口 1,就可以集成在一起,从而提高了不同产品间的兼容性。

(2) 工作流执行服务和工作流机。工作流执行服务是工作流管理的核心,它负责将过程模型实例化,并管理、监控过程实例的运行。工作流执行服务中包括一个或多个工作流机(也叫工作流引擎),它提供了过程实例的执行环境。工作流机是指一个为工作流实例的执行提供运行服务环境的软件模块。主要功能有:解释过程定义;控制过程实例的创建、激活、挂起、终止等;过程活动间的导航;提供支持用户操作的接口;维护工作流控制数据和工作流相关数据;提供一个用于激活外部应用程序和访问工作流相关数据接口;控制、管理和审计记录等。

(3) 工作流客户应用。工作流客户端应用功能是指用户执行任务工作流管理系统所分配任务的功能。它由工作流分配表管理器和用户共同完成。客户端接口提供的一些基本操作包括建立连接、工作流定义、过程控制、过程状态查询、任务表/任务项处理、过程监控、数据处理与管理。

(4) 工作流直接调用的应用。是指工作流直接调用相关的应用程序。这些应用程序可以与工作流机位于同一台计算机上,也可以位于不同的计算机上。由于不同的应用程序产品之间差别非常大,工作流管理系统不可能提供对所有应用的直接启动功能,因此,在工作流机和直接启动应用之间放入一个应用代理。应用代理与工作流之间的数据交互和消息传递采用标准化的 API 和数据格式完成;而应用代理与直接启动应用之间的数据交互和消息传递通过定义与开发面向特定应用的专用集成接口来完成。这样,当应用系统发生变化或需要开发新的应用时,用户只要修改应用代理和与这个特定应用之间的接口,便能提高工作流管理系统的灵活性和柔性。

(5) 工作流执行之间的互操作性。为了使不同的工作流产品之间能够协同工作,WfMC 制定了相关的互操作标准。

(6) 工作流管理与监控工具。一个良好的工具集可以提高系统的可靠性和灵活性。工作流管理与监控工具包括用户管理、角色管理、监控管理、资源管理、过程监控功能、授权或者禁止一个工作流定义的某些版本、结束所有的过程实例、改变指定类型的所有过程和活动实例的状态以及为指定类型的所有活动实例和过程分配属性等。

2）基于 Agent 的工作流系统

工作流的本质是一个由工作人员和计算机系统组成的协作系统，支持信息在合作者间的流动，多 Agent 技术和移动 Agent 技术是很适合工作流系统的。例如多 Agent 技术中的协调与协商功能非常适合应用于多个个体在执行任务的过程中相互之间进行协作的场合。又如移动 Agent 技术，除了移动性外，它还提供了工作流条目一定的自治性。每个工作流条目都可封装它所需要的行为和数据，然后在整个工作空间中流动，而不依赖于特定的应用。同时，移动 Agent 也很好地解决了负载过重问题。下面介绍一个基于 Agent 的工作流管理系统（ABW-fMS）的框架（图 8.23）就是综合了多 Agent 技术和移动 Agent 技术。

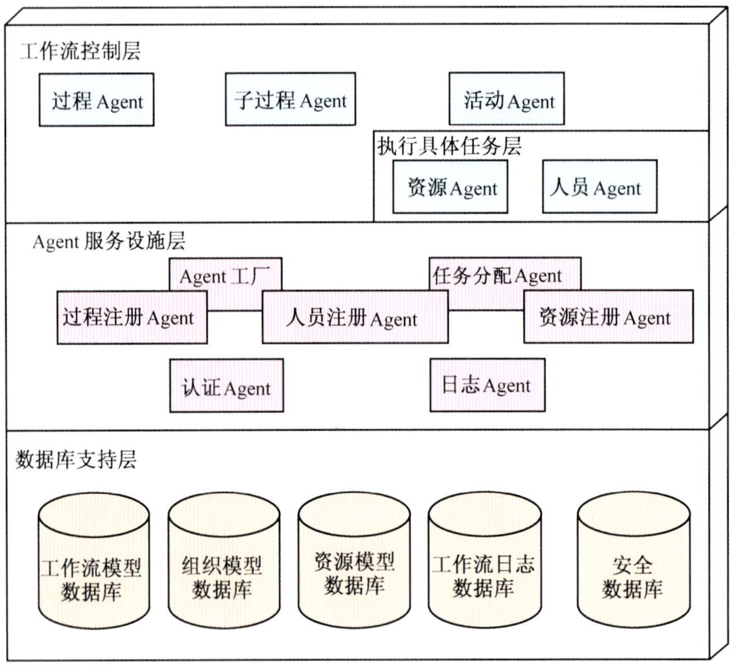

图 8.23　基于 Agent 的工作流管理系统的框架

（1）工作流控制层。此层中的 Agent 负责执行工作流过程的运行控制。

（2）执行具体任务层。位于该层中的 Agent 负责执行工作流过程中某个活动的具体任务。

（3）Agent 服务设施层。在该层中存在的一组 Agent，为工作流过程的运行提供服务。

（4）数据库支持层。本层存在一组数据库，它们主要为系统中数据的存储提供支撑功能。

该工作流系统中的共有 12 种 Agent（图 8.23），它们在系统中所具有功能是各不相同的。例如，Agent 工厂。它负责建立一个工作流过程的实例。首先它创建一个过程 Agent，然后传送过程模型的数据给这个过程 Agent。又如，过程 Agent，它相当于工作流系统中的主控工作流机，具有解释工作流过程定义的功能。控制工作流过程的执行（包括激活、暂停、恢复和终止）、活动的调度、工作流控制数据的维护以及执行中的管理和监控等功能。当启动一个工作流时，与之相对应就创建一个过程 Agent。限于篇幅，12 种 Agent 功能不一一叙述，下面通过基于 Agent 工作流系统的一些活动来了解各个 Agent 的主要功能。

(1)工作流机制的配置体系。基于 Agent 的工作流管理系统的工作流机的配置体系有两种:集中式工作流机和分布式工作流机。我们知道,在传统集中式工作流机上,如果同时运行大量的工作流过程实例,那么工作流机所在的服务器将会成为整个系统的瓶颈,而且一旦服务器出现异常情况,将导致大量正在运行的工作流过程实例发生中断。但是基于 Agent 的集中式工作流机,采用移动 Agent 的技术能有效地克服了传统集中式工作流机体系的缺陷。因为在系统中采用移动 Agent 技术,每当开始运行一个工作流过程实例时,就由服务器上的 Agent工厂(AF)创建一个过程 Agent(PrA),这个 PrA 是一个移动 Agent,它装入要执行的工作流过程模型定义后就可以根据当前的实际情况移动到其他的网络节点上执行,这个 PrA 就相当于一个工作流机,但是它只执行一个工作流过程实例。并且,采用移动 Agent 的解决方案还具有平衡系统的负载、减少网络流量和提高了工作流过程运行时的可靠性等优点。

Agent 技术也增强了分布式工作流机体系的功能。目前大多数的传统的分布式工作流机体系中各个工作流的位置都是固定存在的,各种功能也是预先配置好的,对环境的适应性很差。采用移动 Agent 技术的分布式工作流机体系克服了这些缺陷。基于 Agent 分布式工作流机的工作是:在开始阶段,由一个移动的 PrA 执行工作流过程实例,它扮演主控工作流机的角色,此时对应于这个工作流过程实例的各个子工作流机还不存在。在工作流过程实例的执行期间,PrA 会根据过程模型定义、具体的执行情况以及外界环境的情况,动态地创建子工作流机,即子过程 Agent(子 PrA)或者活动 Agent(AA),执行相关的任务。子 PrA 和 AA 具有自主执行部分工作流定义的能力,同时它也具有移动的能力。PrA、子 PrA 和 AA 组成一个动态的 Agent 联盟,PrA 是联盟中的联盟主,是一个主工作流机,它负责管理联盟中的各个子 PrA。PrA 是一个原子级别的 Agent,一般情况下它单独负责完成工作流中一个指定的活动,不能再创建它的下一级别的 Agent。但子过程 Agent(子 PrA)还可以根据实际需要再创建下一级的子 PrA 和 AA,进而成为这个子 PrA 联盟的盟主。这种动态创建子 Agent 的方法就能实现分布式工作流机体系中各个工作流机的动态配置,从而提高了对资源的利用率和对环境变化的适应性。

(2)过程中的资源分配。PrA 要执行一个工作流模型定义,就要给过程模型定义中的活动分配具体执行者(人员或资源)。这可以在工作流实例已创建但尚未开始执行前集中为过程中各个活动分配执行者。也可在工作流实例运行时动态地为下一步要执行的活动分配执行者。管理人员可以根据不同的情况采用不同的活动分配方法。

分配策略有编译型、解释型和混合型三种。无论采取何种分配策略都要涉及任务分配 Agent(ATA)或带有任务分配模块的 PrA 的资源分配活动。由于它们执行分配的原理是一样的,下面就以 ATA 来描述,在为一个活动分配任务的执行者时,各相关 Agent 的协作情况。

在任务分配过程中,ATA 与可执行具体任务 Agent(PTA)之间(人员 Agent(PA)、资源 Agent(RA))采用合同网协议(可参见 8.3.2 节)完成整个协商过程。在合同网存在一组节点(图 8.24),每个节点都包含任务处理模块、数据模块、合同处理模块和通信处理模块。数据模块包括与节点有关的知识库,协作协商当前状态和问题求解过程的信息。其他三个模块利用本地知识库执行它们的任务。通信处理器模块负责与网络上的其他节点通信;合同处理器模块判断投标所提供的任务,参加竞标和完成合同;任务处理器模块负责任务的实际处理和求解,它从合同处理器模块接收要求解的任务,利用数据模块进行求解,并将结果送到合同处理器模块中。合同网节点中有一个特定的节点叫做合同管理器,它将任务分解成一组子任务,然后将子任务向所有具有能执行任务的合同网节点进行招标,各节点通过自己的合同处理器决定是否要参加该合同的竞标。如果参加,它就用规定格式的信息通知管理器。管理器从所有竞标的解决方案中选择最佳的,并把合同分派给这个提出最佳方案的节点。

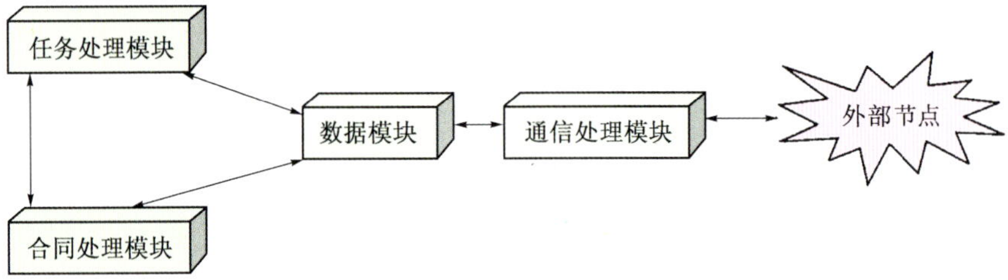

图 8.24　合同网节点的体系结构

ATA 扮演管理器的角色，PTA 扮演普通合同网节点的角色。ATA 从 PrA 处得到工作流过程定义，依次将过程中的每个活动制作成标书，并向有能力执行这项活动的 PTA 发布。在寻找 PTA 的过程中，ATA 首先要与人员注册 Agent(PRA)或者资源注册 Agent(RRA)联系，由 PRA 或者 RRA 根据 ATA 的请求条件查询自己的知识库，初步找到具有执行任务能力的 PTA，并通知 ATA。ATA 将标书以合同协议定义的消息格式发送给相关的 PTA。

图 8.25 给出了 ATA 在对人工型工作项分配资源时系统所要执行的步骤，分配自动型任务时执行的步骤基本相同。

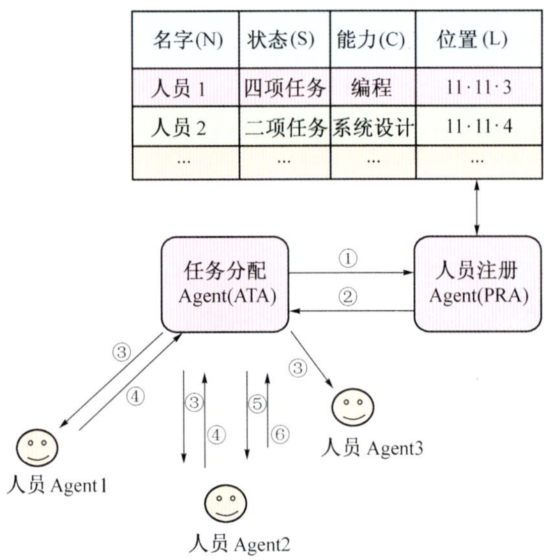

图 8.25　人工型活动分配执行者的步骤示意图

现把图中各步骤的含义说明如下：①ATA 请求 PRA 查找具有执行任务能力的人员 Agent；②PRA 返回查找到的人员 Agent 的地址；③ATA 向相关的人员 Agent 发送任务标书；④人员 Agent 向 ATA 进行任务竞标；⑤ATA 选择最适合执行任务的人员 Agent，发放合同；⑥收到合同的人员 Agent 发送确认接收合同的消息。

(3) 工作流过程实例运行时的监控。工作流过程实例运行时的监控过程如图 8.26 所示。下面对图 8.26 中的各个成分作扼要的介绍。

① 工作流过程实例运行时的监控目的是，及时掌握工作流的执行情况，以便在出现异常情况时可以采取相应的措施。一个工作流的 PrA 记载着工作流执行的进度情况。在分布式工作流机体系中，每当 AA 状态改变后，就会通知 PrA，PrA 记录下这一情况；在集中式工作流机体系中，因为 PrA 直接控制着工作流的执行，所以工作流执行的进度情况会自动地在 PrA 中反映出来。为了方便工作流系统在故障发生后能够恢复工作流的正常执行以及方便对工

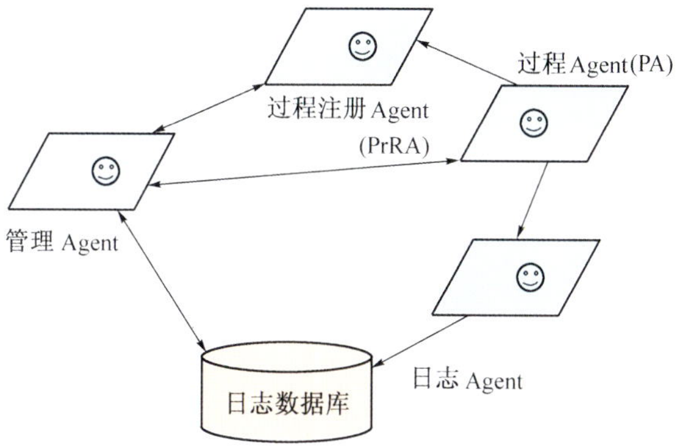

图 8.26 工作流实例运行时监控

作流执行情况的查询,每次 PrA 的状态改变后(例如一个活动执行结束),都要把当前工作流执行的进度情况通过日志 Agent,写入到所在主机的日志数据库中。日志 Agent 是负责把工作流过程实例的运行状态记录到工作流实例日志数据库中。

② 管理 Agent。管理 Agent 是一个移动的 Agent,它是用来辅助管理人员查询工作流过程实例的执行情况。当管理人员发出想要某个工作流过程实例执行进度情况的请求时,管理员工作站就生成一个管理 Agent,它携带要监控过程 Agent 的 ID 号以及其他的查询条件移动到日志数据库所在的主机上执行查询任务。管理 Agent 查询完毕后,携带得到的结果数据返回管理人员所在地的管理工作站,然后用收集到的信息更新管理人员的人机界面,管理人员可以通过这个管理 Agent 对工作流的执行过程实施实时监控。根据需要,管理员可以对正在运行的过程 Agent 发送"暂停"、"结束"等消息,使该工作流实例暂停或结束。如果对监控的实时要求较为严格,则要求管理 Agent 直接与 PrA 通信,以即时地获得过程实例执行的状态信息。系统中有一个过程注册 Agent(PrRA),移动的 PrA 每次移动到新的地点都要想 PrRA 通报 PrA 的当前位置。管理 Agent 要查找某个 PrA 的位置,只需要向 PrRA 提供该 PrA 的 ID 号,PrRA 就能找到这个 PrA 的位置,并通知管理 Agent,则管理 Agent 就能与该 PrA 进行直接通信,获得当前该过程实例执行的状态。

以上介绍了两个典型的应用实例,实际上 Agent 的应用十分广泛。例如,移动 Agent 用于分布信息查询,把移动 Agent 发往远方的信息源,直接进行查询,再把结果发送回来,而不是将大量的数据取回来再作查询,减少了网络上传输的数据量。此外,移动 Agent 也可以在创建者计算机关闭时进行远程信息查询。又如并行处理,由于移动 Agent 能够在网络环境中生成多个副本,该技术的潜在应用是管理并行处理任务。如果计算需要大量的处理能力而必须分布到多个处理器上时,支持移动 Agent 的主机构成的基础并行处理设施可以提供强大的支持。Agent 技术的应用实例枚不胜举,限于篇幅,不再累赘。

8.6 小结

对 Agent 的定义可从最终用户和运行系统两个角度来讨论。

(1) 从最终用户角度,Agent 是一种程序,它代表用户,是用户实现其意向的软件助手,它因用户向它指派工作而起作用。

(2) 从系统角度讲,Agent 是一个软件对象,生存于一个执行环境中并具有基本特性:①自主性,即执行动作的自我控制;②反应性,即对环境变化的感知能力和应变能力;③目标驱动,即行为预知;④连续性,即运行动作的持续性。除此之外,Agent 还能拥有以下特征:①通信能力，即它可与其他 Agent 进行通信；②移动性，即 Agent 可在主机站点之间转移；③学习能力，即根据经验改进自身；④可靠性，即对最终用户而言是可信任的。

不管从哪一个角度讲，Agent 定义可以表达为："Agent 是一个在特定的、复杂的动态环境中能自治地感知环境的变化，并能执行动作以作用于环境，灵活、自主地运行以实现其赋予的任务或目标的、自主的硬件或软件系统"。基于 Agent 系统是具有一定资源和能力、相对独立且相互合作的一组 Agent 组成。因此基于 Agent 的软件系统具有动态可扩性、自适应性、复杂交互合作性和自我成长性等特征。在 20 世纪 90 年代中后期以来，学术界和工业界开始关注面向 Agent 的软件开发方法的研究和应用。其中较有影响的方法有 Gaia、MaSE（Multiagent System Engineering Methodology）和 Agent UML 等方法。

面向 Agent 的软件开发方法是支持基于 Agent 开发的方法学，它提供了良好定义和结构化的过程以及相应的描述语言对基于 Agent 系统进行描述，支持软件生命周期中的需求分析、设计和实现等阶段的工作。

面向 Agent 的软件开发方法基于 Agent 元概念模型，其核心思想是：系统是由一组具有自主性、反应性、自发性和交互性等特征的 Agent 组成，Agent 之间通过社会性的行为来实现系统的整体功能和目标，Agent 间的社会性行为不同于对象技术中的消息传递，而是基于某种 Agent 通信语言的 Agent 交互以及在此基础上的复杂协同与合作。目前所提出的各种面向 Agent 的软件开发方法，无论是专用的开发方法或者是统一的软件开发方法，归纳起来有以下三类。

（1）基于角色模型。它是借助于社会学和组织学等学科方面知识，通过角色概念来理解系统中的行为参与者，将 Agent 视为承担某种角色的自主行为的实体，一个 Agent 可以承担一个角色或者多个角色，一个角色也可以为多个 Agent 所承担。代表性方法是 Gaia 方法。

（2）基于对象技术。借助于面向对象软件开发方法学的知识，将 Agent 视为具有并发和自主特征的特殊对象，通过对已有面向对象软件开发方法的扩充（尤其是 UML）来支持对基于 Agent 系统的建模。代表性工作有 UML MaSE 方法。

（3）基于知识工程。它借助于知识工程对基于 Agent 系统进行建模，代表性工作有 DESIRE（design and specification of interacting reasoning）、ADEPT（advanced decision environment for process task）。

总之，目前已经提出了许多种面向 Agent 的软件开发方法。这些方法基于不同的知识和技术背景，采用了不同的建模语言和过程支持基于 Agent 系统的开发，因而具有不同的适用范围，但缺乏通用性。

Agent 技术越来越受到人们的关注，尤其是 Agent 技术的应用已经深入到各个领域。本章有关 Agent 技术的介绍仅仅涉及一些概念、特性、方法和应用等方面的最基础的内容，有兴趣的读者可以参考相关文献、书刊。

第9章 应用系统集成

在第1章中，我们已经知道计算机应用大致经历了三个时期（对应三个计算模式），即单主机计算、分布式客户/服务器计算、网络计算。计算机已经渗透到各个领域中，今天的计算机不仅可以帮助人们诊断疾病、辅助研究、操纵飞机、指挥导弹，而且已经渗透到人们的日常生活中，例如，金融、医疗、保险和公用事业等。这些都说明IT技术已经成为一个企事业发展和生存的关键。IT技术的发展也关系到一个国家的安全和强盛。但是，随着IT技术、通信技术的飞速发展和社会的不断进步，人们也面临着一个巨大的挑战，这就是半个多世纪以来所建立的、大量地管理着核心功能和数据的传统计算体系结构，它可能会严重阻碍企事业、组织的计算机应用发展和增长。这就要求人们重视传统系统的改造、转型和集成。

9.1 系统转型的因素

推动一个企业、组织、政府部门的信息系统转型的因素包含行业需求、相关的内部业务需求、新兴的IT技术，以及各种能使企业、组织、政府更快地应对需求优先处理的业务需求的新的IT体系结构四个关键领域的转型要求，如图9.1所示。这四个关键领域是相互影响和不断变化的，这就给企业、组织、政府部门提出了一个新问题，即如何协调四个关键领域的转型要求，使企业、组织、政府部门的信息系统能为企业、组织在激烈的市场竞争中赢得胜利。

1）企业、组织、政府部门的需求、相关的内部业务的需求始终是信息系统的灵魂

我们以企业的计算机系统为例。当前，已建立的大量传统计算机信息系统都是按照分级管理的模式设计的。它们主要是处理大量的销售、客户、记账 、分配、库存管理、采购、以及相关的增加收入、节省成本的任务和会计工作。这些系统所提供的功能并不体现职能部门之间的特殊相关性，不存在职能间的数据交换。到了20世纪90年代，当企业资源计划（ERP）软件产生时，大多数ERP系统以本

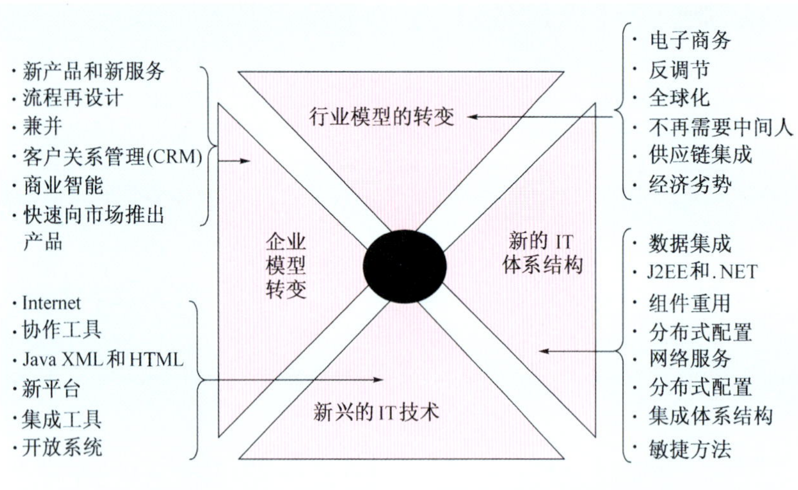

图9.1 行业、业务、IT技术和体系结构转型需求的融合

地传统系统中正在逐渐消失的常用体系结构为基础,提供职能间的数据交换。尽管如此,ERP软件包仍然是按照职能来分类。考察一下传统体系结构的发展,以及它们的企业组织结构的发展,我们会发现,企业在运用新兴IT技术的同时,如何调控这些系统,使它们更适应那些时间紧迫的业务需求,一直是企业头疼的问题。尤其是网络技术、电子商务和电子化的后勤保障系统的引入促使旧业务和IT分级组织结构的业务流程进一步集成,也促使供应链分配的业务流程集成。同时,企业、组织还要向完全崭新的业务模型转换。目前,对业务流程的要求(共性)可归纳为如下几点。

(1) 业务流程从起点流向另一点所用时间必须比传统系统中同样的流程少。

(2) 支持独立业务流程的交易导向型系统要求在更短时间以更少的人力完成任务。这个概念被称为“零延迟”,指所有事件都是瞬时进行的。

(3) 跨部门的业务流程、交易流和数据流的流动都必须在几分钟内完成,而不是几小时甚至几天。

(4) 每个部门数据库中储存的数据应该与其他部门数据库中的数据集成。

上述四点对所有的企业组织、政府和使用计算机系统的单位都是基本的要求。企业、组织、政府部门面对需求的挑战是采取IT技术措施和新的体系结构的主要动力。

2) IT新技术和IT体系结构是传统系统的改造和转型的推动力

企业的经营,组织、政府的管理一直是动态的活动,而信息体系结构则基本上是静态的。

传统系统的数据体系结构不能正确地反映业务发展的需求,也不便于访问价值链(包括内部业务部门、分配和供应链)上的任何一个程序,从而造成大多数单位的运作方式与传统体系结构功能之间的差距越来越大。传统系统中的数据通常有以下特点:

(1) 在多个烟囱式业务部门和应用程序中重复定义和储存数据,即产生不必要的数据冗余。

(2) 在多个系统中往往对相同或者相似的数据的定义非常混乱,即一个数据有不同的名称。

(3) 同样的数据专有名称会在多个应用程序和业务部门重用来定义不同的数据,即同一名称有多种不同的数据含义。

(4) 数据不具有完整性,而且储存了它不应该储存的数据信息。

(5) 用新的系统或者面向用户的查询方式很难访问数据信息。

(6) 不易在系统、业务部门以及企业之间实现稳定的、准确的数据共享。

为了解决传统系统中存在的问题,人们希望能找到一个简单的解决方案。IT 技术就一直在寻求一个能解决传统系统问题的简洁的解决方案。20 世纪 80 年代初期,为了取代传统系统,推出了第四代语言(4GL)。有人预言,用户可以很容易地用 4GL 自己编写新的系统,以后将不再需要专业的编程人员,但这个预言没有实现。20 世纪 80 年代末—90 年代初期,出现了计算机辅助软件工程(CASE),试图帮助系统分析员从业务模式出发直接开发系统。由于没有合适的方法和工具来实现,因此,这个解决方案也被放弃。20 世纪 90 年代初、中期,IT 企业试图用 C 语言将自己的系统全部重写,再把这些系统放入以工作站为基础的环境中。事实上,在没有完全理解系统的工作内容时,企业无法重写这些传统系统,所以也是行不通的途径。一直到今天,还有许多人在用常规方法或者创新的方法试图解决传统系统的问题。事实上,大多数传统系统都不能很好地与其他传统系统或者新系统进行集成,因为每个传统系统都倾向于用独有的方式来访问和处理数据。这就出现了统称为企业应用集成(EAI)的概念和方法。

EAI 技术的出现,最初是为了解决企业、组织和单位内部的不同部门应用系统之间的资源和业务流程共享。简单地讲,EAI 可以被看做是能在不影响现有传统体系结构的情况下,把前端和后端的应用程序和数据库联系起来的学科和技术的集合。也就是说,EAI 是能够满足复杂的集成和业务流程重组要求的"非侵入型"方法。广义的 EAI 概念包括 EAI、B2Bi(企业到企业的集成)以及 BPM。EAI 技术目标是帮助企业获得全面业务透视能力,试图让企业可以全面掌控业务。在早期,EAI 只是一系列 API,包括中间件及"连接"程序。但是 EAI 只是暂时的而不是长期的解决方法。仅基于烟囱式组织结构而建立的传统系统是不可能支持零延迟状态中实时和职能交叉的业务要求。因此,为了更好地理解应用系统的集成,有必要先介绍一下信息体系结构框架有关的概念。

9.2 信息体系结构框架

框架通常指能被开发人员实例化的系统骨架。它是一个系统全部或者部分的可复用设计,通常由一组抽象类和类之间的协作组成。它包含应用领域主要功能设计决策,是一个能组合系统必要功能,允许动态扩展的,并可以实例化的可用系统应用模型。

9.2.1 信息体系结构框架概述

信息体系结构是一个框架,在这个框架内,IT 技术可以定义和使用包括硬件、通信能力、应用系统、集成技术以及数据在内的各种资源。信息体系结构框架主要包括三个部分:功能体系结构、数据体系结构和技术体系结构。这三个组成部分指出了企业、组织的数据、应用程序和功能之间的关系。一个综合的信息体系结构框架构建策略应该能保证:

(1) 应用软件能有效地相互合作,以支持目前的和将来不可预见的业务需求。

(2) 支持功能设计和数据设计的技术和运行环境相互适应。

(3) 全面支持软件、通信、网络和硬件基础为目标的功能的实现。

(4) 以一定的方式组织数据,使其能够利用一个灵活的商业模型满足多变的业务需求。

(5) 在适当地方定义和应用过程和标准。

(6) 体系结构应当具有足够的灵活性,以适应不断变化的业务要求和新出现的技术要求。

在以往,信息体系结构大多局限于企业、组织的内部,往往隐式部分多于显式部分。当今,为了适应新技术的应用和经济全球化的趋势,企业、组织必须有长远的战略性规划,战略性体系结构必须同时容纳内部和外部的用户、应用程序、网络和数据;而且体系结构还必须有足够的灵活性，以适应企业、组织内外的业务和技术动态需求的变化。

一个信息体系结构框架中应该包括以下内容：

(1) 对企业业务功能和数据的使用达成的共识。

(2) 能够执行业务驱动处理过程和信息模型的环境。

(3) 理解业务模型如何指导产生功能性 IT 技术模型和数据模型。

(4) 允许企业的规划人员、所有者用 IT 系统交流并交换彼此的需求。

(5) 以一条基线为基础分布或整合应用。

(6) IT 系统应该能理解动态的商业变化对 IT 环境的影响，并对此影响作出响应。

下面介绍一个描述企业信息体系结构框架——Zachman 框架(图 9.2)。此框架描述企业规划人员和所有者如何预计 IT 的需求，以及 IT 设计人员如何在逻辑上或实际中实现需求。

	数据(什么)	功能(如何)	网络(哪里)	对象(谁)	时间(何时)	推动力(为什么)
范围(环境) 规划人员	对企业很重要的事务列表 对象：企业事务集合	企业执行的过程列表 过程：业务流程集合	企业运营的地点列表 节点：主要的企业位置	企业的主要部门列表 对象：主要的业务部门	企业的主要事件/循环列表 时间：主要的商业事件/循环	企业目标/策略列表 终点/方法：主要的企业目标/策略
业务模式(概念) 所有者	例如：语义模型 对象：企业对象 关系：企业关系	例如：业务流程模型 过程：业务流程 I/O：企业资源	例如：业务逻辑系统 节点：企业位置 连接方式：企业连接方式	例如：工作流模型 对象：业务部门 工作：生产产品	例如：控制时间表 时间：商业事件 循环：企业循环	例如：业务规划 终点：企业目标 方法：企业策略
系统模型(逻辑) 设计人员	例如：逻据数据模型 对象：数据对象 关系：数据关系	例如：应用体系结构 过程：应用程序功能 I/O：用户观点系	例如：分布式系统结构 节点：信息系统功能(处理器、存储器等) 连接方式：线路特性系	例如：人机界面体系 结构对象：作用 工作：移交存储器等 连接方式：线路特性系	例如：过程处理结构 时间：系统事件 循环：过程处理循环路特性系	例如：业务规则模型 终点：结构化判定 方法：行为判定系
技术模型(物理) 构建者	例如：物理数据模型 对象：字段/表格/其他 关系：指针/关键码/其他	例如：系统设计 过程：计算机功能 I/O：数据元素/数据集合/其他	例如：技术体系结构 节点：硬件/系统/软件 连接方式：=线路规格	例如：演示体系结构 对象：用户 工作：屏幕格式	例如：控制结构 时间：执行 循环：组件循环式	例如：规则设计 终点：条件 方法：行为
详细的描述(环境之外) 分承包商	例如：数据定义 对象：领域 关系：访问	例如：程序 过程：语言描述 I/O：控制块	例如：网络系统结构 节点：地址 连接方式：协议	例如：安全体系结构 对象：识别 工作：任务	例如：定时概念 时间：中断 循环：机械循环	例如：规则识别 终点：次级条件 方法：步骤
企业功能对象	例如：数据	例如：功能	例如：网络	例如：组织部门	例如：时间安排	例如：语句

图 9.2 Zachman 框架

图9.2中的黑体字所在行是指开发一个应用系统必须考虑的要素：数据、功能、网络、对象、时间和推动力。以下各行指开发一个系统的各个阶段的内容（结合要素考虑）：第一行、第二行是需求分析、业务建模和目标设定；第三行是逻辑设计阶段；第四行是物理设计阶段；第五行是系统详细设计。最后一行（企业功能）指出了一个功能模块是程序与业务规则的有机地融合。也就是说，一个开发成功的系统必须与企业的业务规则和需求紧密结合。另外，各个要素在不同阶段其内容和含义也不同。例如要素“功能”所在列，说明了业务流程是如何逐步细化，最终使所建立的业务流程模型能正确地反映企业所有者的业务需求。

体系结构框架只提供一个定义和运用商业（业务）、数据和技术设计模型的“环境”，它也不会先假设企业内的每个事件之间都有联系。因此，很少有企业能重视使用信息体系结构的框架，还没有把体系结构框架当做是企业——IT关系中的主要问题而受到重视。但是，如果企业想要成功地运用新兴的各种技术，必须改变这种局面。阻碍信息体系结构成功应用的因素之一是，那些非结构化且非集成化的传统基本结构。在建立信息体系结构时，必须做到：

(1) 企业分析人员对信息结构的表述必须与程序分析人员和数据分析人员的表述相对独立，而且互不相同。

(2) 应该了解如何利用程序功能来满足企业的基本需求，以保证每个项目都能获得成功。

(3) 需要了解数据的需求，同时也需要了解这些需求是如何组成或者被转换为现有数据结构和未来数据结构的。

(4) 重用技术必须在信息体系结构的功能概念、数据概念和技术概念的表述中加以描述。

(5) 要求有调和理想的信息体系结构和传统环境之间矛盾的方法，并要求此方法必须体现传统的数据、功能和新技术手段之间的映射。

(6) 信息体系结构要有弹性，这样不会因新技术、新的需求而使原来的框架作废，而只要对结构框架内的一些概念作某些修改、补充即可。

由Zachman框架的前两行可知，为了正确地反映用户的需求，必须对应用建模。

总之，一个企业、组织的信息体系结构必须有弹性和自适应的能力，在企业的整个生存周期中，通过检测需求和环境变化、调整规划和修改开发，使信息体系结构框架能不断演变，以适应变化。

9.2.2 数据体系结构

数据体系结构定义了一个企业、组织的本质。一个企业、组织的业务规则或者业务逻辑是对数据进行操作的。数据是一个业务实体的核心部分。如果没有数据，系统和企业、组织将不能发挥作用。企业想要持续发展，必须能够正确地理解、收集、运用和控制企业的数据。

传统数据存储方式是和传统应用程序同时发展的。因此，许多传统应用程序结构面对的挑战，传统数据也会遇到。每个企业中的数据结构都是由许多传统文件、数据结构和嵌入数据组成。一般数据分散于多个硬件平台和物理位置之间，并且以专有格式或者隐式格式储存。传统的数据结构，一般面临以下问题。

(1) 重复。数据通常都会在程序、硬件平台和业务部门之间被重复定义。企业的数据库中既包含有互不相同的数据，也包含了重复的用户名、地址、历史数据和相关信息。在重复现象很严重而且不确定的情况下，很难运行专门的用户程序处理数据。

(2) 分化。许多企业中的传统数据一直都是逐点维护的。指令数据依赖于库存数据的准确性，但是独立的和互不相容的数据结构均可以对库存数据进行不同的定义。这使人们很难把电子商务、用户和相关措施集成在一起。

（3）完整性。如果一个数据要素包含了其他企业方案认为非法的数据信息，那么这个数据就存在完整性问题。在企业、组织中，管理人员必须考虑数据不完整对其他方面造成的严重的间接后果，所以数据的完整性对企业、组织来说是一个很关键的问题。

（4）语义和一致性。企业使用的数据范围可以扩展至用户、供应商和协作者使用的数据，如何保证这些数据的完整性是一个重要的挑战。不同的业务部门或者第三方给相同的数据赋予了不同的意义，这样的例子有很多。计算机供应商对其出售的部件定义不一致，工厂对其库存的原材料、部件定义不一致。企业间数据意义的不一致，使数据集成和体系结构合并很难进行。

（5）可访问性。在很多情况下，没有了后端重组过程后，网络的速度已经很快，但是仍然不能尽快地访问不同的客户和供应商的资料，并将其合理化和合并。

（6）灵活性。分化、重复、缺乏完整性和一致性导致了数据系统的僵化，从而阻碍企业战略性措施的实施。传统环境中数据设计和平台的不一致性也会导致系统缺乏灵活性。如果项目的目标是提高数据灵活性，那么这个项目必须要建立在使用这些数据的关键业务需求的基础上，并由关键业务需求来推动项目的进行。

（7）安全性。在有多维系统、Intranet、Internet 和网络用户的企业中，设置多个用户可能需要五六个密码，这使它们在进入一个系统时需要登入很多次。这看起来像是安全问题，但实际上它更适合用目录服务和数据管理这类方法来解决。

上述传统数据结构存在的问题，对企业有很大影响。企业面临的最大挑战是如何把在实际工作中收集到的大量数据进行提炼、加工，以利于计算机信息系统的处理，使其变为有实际意义的信息，因此任何涉及到与数据相关的项目都要对上述存在的问题进行综合考虑。这就涉及到数据定义的合理性和规范性、同名异义词和异名同义词的调整、程序数据外部化，以及域和记录规模的可扩展性等，因而要求企业思考如何管理数据，也就是如何定义企业的数据体系结构。企业所面临的数据体系结构挑战表现在如下几方面。

（1）对企业整体数据结构、作用和关系的充分了解。

（2）对跨业务、跨部门的交互功能数据集成的要求的理解。

（3）我们从以业务数据的角度理解和描述数据转回到以物理的执行过程的角度来描述数据。

（4）使数据表述统一、规范、精练，并将数据表述融入企业目标的设计过程中。

（5）从面向对象的执行过程回到传统数据结构的处理方式。

（6）满足暂时的数据要求，并确保能够从业务的角度重新认识并接受冗余、分散而混乱的数据。

（7）如何把企业数据的使用融入功能体系结构中。

从上述思考问题可知，企业的规划人员、管理人员以及数据设计人员能保证企业从业务和逻辑角度理解企业数据的需求。对正在进行的规划过程和应用程序的执行过程来说，必须有一个合适的模型，这个模型要能描述具体的业务部门和应用采用了哪些业务实体概念并建立主题词表。主题词表可以把不同部门中名称相同、但实际含义不同的数据翻译成正确的意思，它对那些数据结构定义重复而混乱的企业有帮助。

数据体系结构是一个企业和它的 IT 技术策略的基本部件。大多数企业都把数据集成作为首要的问题。业务部门间和部门与 IT 技术之间可能会出现数据结构的矛盾，这推动了传统体系结构改造和集成项目的发展。在企业之间的集成和应用程序集成之前，建立和理解企业的数据体系结构是解释和定义一个企业功能体系结构所必需的条件,决不能轻视它。

9.2.3 功能体系结构

功能体系结构是描述企业的业务需求和信息需求,是向 IT 分析人员传达信息需求。要实现这个过程,一个方法是在建立这些需求的过程中使用模型驱动型方法。在图 9.2 中,Zachman 框架的前两行给出了业务需求的定义。这些定义在最抽象的层次(第一行),描述了企业运营过程的内容,还包括企业的工作方式、操作地点、与谁一起工作、事件发生的时间和企业目标等内容。第二行,提供了一个列表,列表中包括业务实体、过程和过程关系、工作流、后勤、事件时间表和业务目标等。框架第三行的模型替代了第二行的要求,也就是用 IT 分析人员使用的工具来描述企业的业务需求和信息需求。在这里,企业所有者和 IT 分析人员必须共同重新审视这个过程,以保证从企业角度来看,功能体系结构是合理的,可正确地反映企业的信息需求和功能需求。

总之,一个功能结构的建立和维护就是把 Zachman 框架前两行提到的业务流程和目标,与 Zachman 框架最后一行中的程序和业务规则合并的过程。企业可能认为开发各个级别的结构模型与企业的发展关系不大,但在企业所有者和信息技术应用小组之间连续发生失误时,它就会显出其重要性。功能体系结构是企业表达信息需求重要的、不可缺少的步骤。

9.2.4 业务流程建模

在 Zachman 框架中,"功能"一列说明了业务流程模型是如何反应企业所有者对于应用结构的看法。企业所有者认为应用结构就是业务流程模型。建立业务流程模型的第一步是业务流程重组(BPR),又称为事务重建或业务流程再设计。BPR 定义是运用信息技术从根本上重构事务的经营方式,并且在设计信息技术装备时不是把原来的事务流程作为约束前提,而是将其加以重新设计,从而最大限度地发挥信息技术的能力。由此定义可知,BPR 的对象是流程。所谓流程是指一系列相关联的行为,这些行为可以共同将企业输入转化为输出,即可共同为顾客创造价值。企业的事务流程通常是相当庞大的集合,BPR 的重点并非该集合的全体,主要是其中的一部分,即需要满足以下两个限定。

(1) 战略性。战略性流程就是符合企业自身限定的关键流程,即所谓的核心流程。它们是实现企业目标、前景与既定战略的关键。企业的重建只能有重点地针对战略性流程。

(2) 增值性。Manganelli 和 Klein 将企业行为划分为增值行为、传递行为和控制行为三大类。一般来说,每个传递行为都附带有分别针对传进和传出的两个控制行为。只有那些具有增值性的行为/流程才值得被重建。

信息技术是贯穿于 BPR 始终的一个关键角色。例如:采用计算机网络、数据库和多媒体等计算机建立企业级、地区级直至全球级网络。它能够加快信息传递,实现资源共享,将传统的串行工作方式改造为并行工作方式,将企业组织结构的层次由垂直变为水平,通过利用建模和仿真工具可以帮助重新设计事务流程等。

BPR 的下一个逻辑步骤是业务流程集合(BPI)。BPI 是按照业务驱动模式,而不是技术驱动模式来划分功能。业务流程管理(BPM)和业务流程自动化(BPA)是 BPI 过程的两个关键要素。BPI 使原来分散的业务部门能够以统一的方式工作,使业务部门能够把流程和外部实体集成起来,并且合并各功能间的重复流程,建立一个框架,使应用结构能支持重组的业务流程。不实行 BPI 的企业中,将由中间件把复杂的应用功能层和数据层包在一起,而不是实现两者的集成。

由 Zachman 框架的前两行可知，如何正确地反映用户需求是系统成功与否的关键所在。也就是要正确地建立一个反映用户需求的模型。通过建模，用模型的方式表达出来，以帮助软件产品开发的相关人员对其所开发的系统的行为和结构进行有效的说明（specifying）和可视化（visualizing），指导软件系统的建造（construction），并为所建造的系统进行建档（documentation）。

9.2.4.1 建模的原则

说明、可视化、建造和建档，是人们进行软件建模的四个基本目标。通过说明，可以在设计阶段为软件系统的各个组成部分规定其功能、结构和对外接口。通过可视化，可以有助于软件规格说明的表达和交流。完备定义的软件规格说明还可以进一步通过模型向代码映射，支持软件系统的建设，从而提高软件系统的开发质量和效率。完备定义的软件模型本身就是反映软件系统的结构和实现原理的重要技术资料，当软件开发完成以后，它可以作为技术档案保存，以便后续产品或相关产品能有效地复用其中的成熟技术。

为了准确而全面地描述软件系统，在建模过程中，必须遵循以下四条原则。

（1）准确的原则。模型必须准确，意味着在软件的整个开发周期内，模型必须和产品始终保持一致。

（2）分层的原则。在建模过程中，必须有不同的模型，以不同的抽象程度，反映系统的不同的侧面。例如，可用一类模型描绘系统的外部边界和行为，用另一类模型描绘系统的内部逻辑关系。

（3）分治的原则。不可能单独用一个模型来反映整个系统的任何侧面。因此，需要把问题分解为不同的子模型，分别处理。这些模型相对独立，但又互相联系，综合起来构成了此侧面的一个完整的模型。

（4）标准的原则。建模的一个基本目的是交流。因此，模型必须在某种程度上是通用的。否则，交流的时候就会发生困难，甚至失败。

9.2.4.2 统一建模语言

软件建模必须满足准确、分层、分治、标准四原则。统一建模语言（UML）就是满足这四个原则的建模语言。它可用于对软件密集型系统进行视化、说明、建造和建档。UML 是一个已被广泛接受的语言，可用于描述和记录软件系统及其相关的要求，并把它们直观地呈现出来。

1）为软件体系结构建模

UML 将软件体系结构分解为五个不同的侧面（图 9.3），称为视图。它们分别是用例视图、设计视图、实现视图和分布视图和进程视图。设计视图和进程视图又可被称为逻辑视图，每个视图分别关注软件开发的某一侧面，它们由一种或多种模型图构成。模型描述了构成相应视图的基本模型元素及它们的关系。

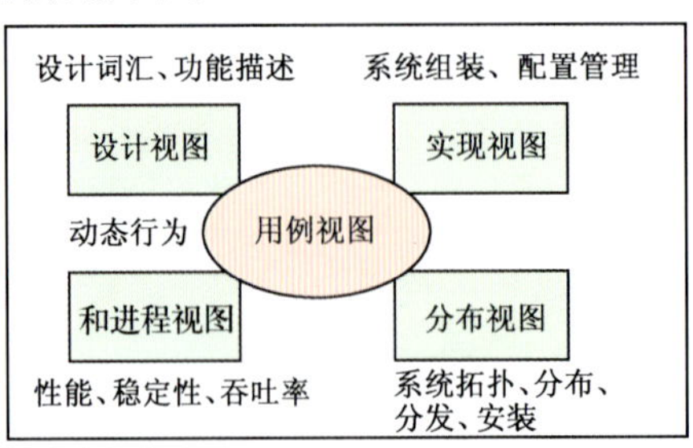

图 9.3 软件体系结构分解示意图

（1）用例视图。用例视图是用来支持软件系统的需求分析，它定义系统的边界，关注的是系统外部功能的描述。它从系统使用者的角度，描述系统外部的动态行为和静态功能的组合。系统的动态功能由 UML 的交互图（interaction diagram）、状态图（state - chart diagram）和活动图构成。

（2）设计视图。主要是指系统的逻辑设计，即逻辑视图。它定义系统的实现逻辑，描述了为实现用例视图描述的功能，在软件系统进行设计时所产生的设计概念。设计概念又称为设计词汇。逻辑视图定义了设计词汇的逻辑结构和存在于它们之间的语义联系。设计词汇包括系统的类、协同、接口及其关系。对逻辑视图的描述原则上与软件系统的实现平台无关。逻辑试图包含的模型图有类图、对象图、交互图、状态图、活动图。

（3）实现视图。当系统的逻辑结构被逻辑视图定义之后，需要定义逻辑结构的物理实现。这包括用什么文件保存相应的设计元素的源代码，各物理文件之间的关系，存放路径等。实现视图就是定义这些内容的地方。实现视图描述的是组成软件系统的各个物理部件，这些部件有不同的方式，例如：不同的源代码经过编译构成的一个可执行系统；或者不同的软件组件配置成为一贯可实际运行的系统；不同的网页文件，以特定的目录结构组成的一个网站；等等。实现视图包含的模型图有部件图、交互图、状态图和活动图。

（4）进程视图。反映系统根据用例进行调试和运行的进展情况，反映其结果能否满足用户的需求。如果不满足需求，则有两种情况：其一是设计视图或实现视图的描述错误；其二是用例视图没有正确地反映用户的需求。进程视图就应该把分析的结果正确地反映在进程视图上，并依照进程视图的记录进行相应的修改。同时，进程视图也应能正确地反映应用系统的性能、稳定性和吞吐率。因此，进程视图几乎包含了用例视图、设计视图和实现视图所用到的模型图。

（5）分布视图。当一个软件产品被安装以后，它将运行在计算机硬件系统上。如果软件系统是面向网络的应用系统，则有可能同时运行在多个计算机上。分布视图用来描述软件产品在计算机硬件系统和网络上的安装、分发和分布情况。在分布视图中，系统的静态特性用分布图描述，动态特性用交互图、状态图和活动图描述。

2）UML 概述

从软件体系结构出发，UML 把软件模型分成了五个视图，每个视图由不同的模型图构成。模型图实际上就是 UML 的基本成员之一。作为 UML 完整的概念模型，UML 可被理解为

UML = UML 成员 + UML 建模规则

UML 成员是 UML 的基本组成部分，它和 UML 建模规则一起组成了 UML。UML 成员可以进一步划分为 UML 基本模型元素、关系和模型图，即

UML = UML 基本模型元素 + 关系 + 模型图

UML 基本模型元素还可分为四类，即

UML 基本模型元素 = 结构模型元素 + 行为模型元素 + 成组模型元素 + 注解元素

（1）结构模型元素。它是 UML 模型里的名词，是模型的静态组成部分，代表软件系统里的概念的或物理的存在。例如，类就是常用的一个结构模型元素，它代表一系列共享同样的属性、操作、关系和语义的对象。类在图上用一个矩形表示，其上包含有类的名字及对其属性和操作的描述（图 9.4）。

结构模型元素共有七种：类、接口、协同、用例（use case）、主动类、组件、节点（node）。最常用的是类、用例、接口、组件等（图 9.4）。

（2）行为模型元素。它是 UML 模型的动态组成部分，模型的动词，代表软件在空间和时间上的行为。行为模型元素包括交互和状态机两类，即

行为模型 = 交互 + 状态机

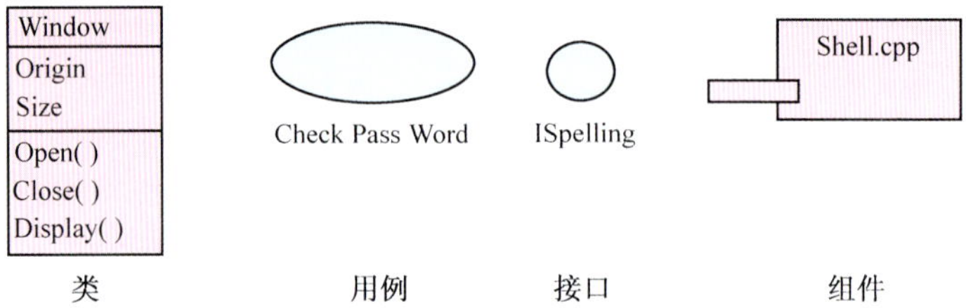

图 9.4　一些常用的结构模型元素图符

交互代表了系统内一系列的对象之间相互交换消息的行为。它描述了一系列的对象为完成某一项任务而联合采取的一系列的行为，其中包括这些行动在时间上的顺序，以及为执行这些动作序列，对象之间所发生的语义上的联系。消息代表软件系统内两个对象中一个对象向另一个对象发出的执行某种操作的请求，在模型图上用箭头表示（图 9.5）。

状态机用来描述一个对象的动态特性。它描述的是对象在其生命周期内，在响应外界事件的过程中，自身状态的变化过程。状态机包括了一系列的对象状态（图 9.5）、事件、由事件引起的状态之间的变迁以及变迁发生的同时对象所执行的动作。

（3）成组模型元素。它提供了支持分治原则的语言成分。成组模型元素只有一类，即模型包。模型包是用来组织多种语言成分的通用手段。结构模型元素、行为模型元素甚至成组模型元素自身都可以置于模型包中。模型包是纯概念性的，它只存在于软件系统的开发阶段。模型包（图 9.6）是 UML 的基本成组元素，它还有一些变体，如框架、模型、子系统。

图 9.5　行为模型元素

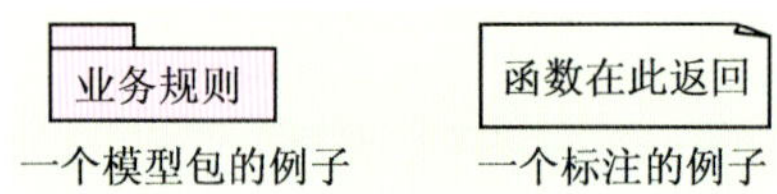

图 9.6　模型包和注解元素

（4）关系（图 9.7）。UML 中的结构模型元素是 UML 模型的静态组成部分。这些静态组成部分不是孤立存在，它们被组合在一起相互协作共同完成某项任务。因此，结构模型元素之间必然存在着某种语义上的联系。在 UML 中，这种联系是用关系表示。UML 中共有四种关系，它们是关联关系、依赖关系、泛化关系和实现关系。

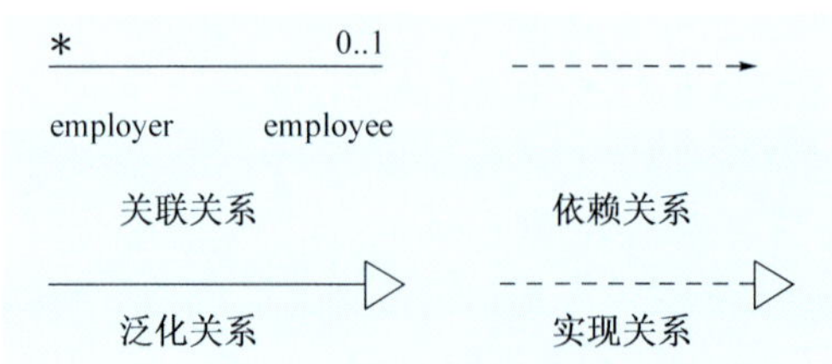

图 9.7　关系图符

① 关联关系。它代表两个结构元素之间的某种语义上的联结，它是所有关系中语义最薄弱的一种。从定义上看，关联关系是双向的，意味着被关联关系联结的两个模型元素的地位是相同的。如果两个结构模型元素之间存在着关联关系，则它们之间可以相互访问。关联关系的图形化表示的基本形式是连接两个类的直线。由于关联关系的语义弱，所以可以对关联关系及其图形表示进行修饰，以表达更为特指的情形。关联关系存在四种修饰：名字、角色、角色的重复度和聚合。名字可以是任何有意义的文字串。如果名字带有指向性，用以特指所涉及的那个类，则可以在靠近这个类的一侧放置一个指向箭头指

向这个类，如图 9.8 中的 Attends→。在 UML 里，关联关系两端的类的对象在对方的类里的标识，称为角色，角色由角色名表示，如图 9.7 中关联关系图符中的 employee。角色的重复度是指角色出现的次数，它被图示为一个常数值或值的范围，放置在关联关系中靠近相应角色的一侧。例如：重复度 0..1 表示对象作为角色可以出现 0 次或 1 次。重复度 1 代表作为对象出现的角色只出现 1 次。* 表示可以出现任意多次。例如：重复度 0..* 表示对象作为角色可以出现 0 次到任意多次。关联关系可以描述数据库之间的对应关系（图 9.8），可以描述结构模型元素之间的部分和整体关系。结构模型元素之间的部分和整体关系是关联关系的一种，又称为聚合关系。聚合关系的图形表示通过在关联关系的聚合类一侧放置一个菱形得到（图 9.8）。

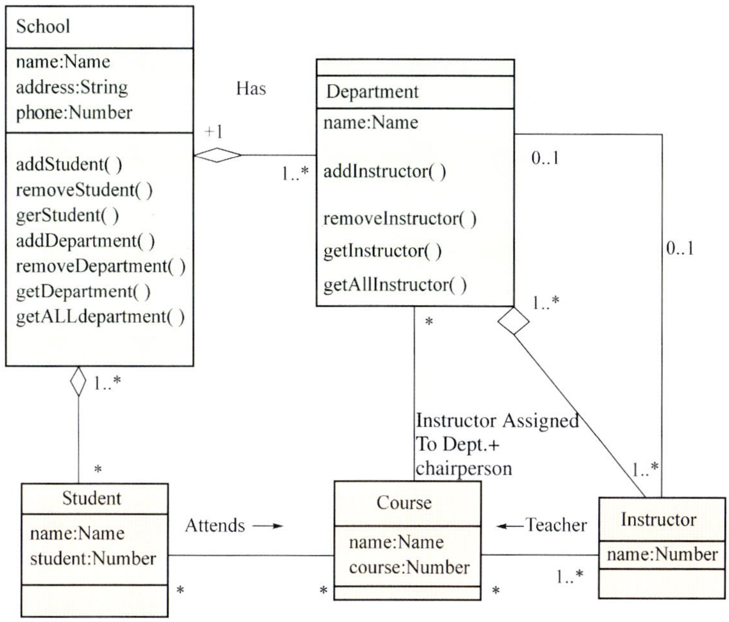

图 9.8　使用类图为数据库模式建模

② 依赖关系。表示一个结构模型元素的语义依赖于另一个结构模型元素的语义。它可以用来描述包括类之间的函数调用和变量引用。

③ 泛化关系。描述基类和导出类之间的继承关系。

④ 实现关系。描述类之间的接口定义和实现的关系。

（5）模型图。上述 UML 基本模型元素及其关系必须通过某种载体才能表示出来，这种载体就是 UML 模型图。模型图是一组 UML 基本模型元素的图形表示，通常由一组节点（UML 基本模型元素）及它们之间的连线（关系）组成。用 UML 模型图，可以表达软件体系结构的五个视图。所以说，UML 模型图是对软件系统的某个侧面的投影。一般地说，一个 UML 基本模型元素既可以出现在所有的模型图中，又可以出现在某些模型图中，甚至可以不在任何一个模型图上出现。通常对不同的视图，其中的模型图只包括特定的 UML 基本模型元素及其关系的组合。UML 模型图有九种：类图、对象图、用例图、序列图、协同图、状态图、活动图、组件图、分布图。

在九种模型图中，类图、对象图、组件图和分布图是用来描述软件系统的静态结构的；用例图、序列图、协同图、状态图和活动图是用来描述软件系统的动态特性的。类图包含类、接口、协同及其关系，它用来描述逻辑视图的静态属性；对象图包含对象及其关系，它用来表示某一类图的一组类的对象在系统运行过程中某一时刻的状态，对象图也是软件系统的逻辑视图的一个组成部分;组件图用来描述系统的物理实现,包括构成软件系统的各部件(运行文件)的组织和关系,类图里的类在实现时,最终会映射到组件图的某个组件,一个组件可以实现多个类,组件图是软件系统实现视图的组成部分;分布图用来描述系统的组件在运行节点上的分布情况,一个节点可包含一个或多个组件,分布图是软件系统分布视图的组成部分;用例图用来描述系统的边界及其上的动态行为,它由用例和系统作用者及其之间的管理关系组成,用例图是用例视图的重要部分;序列图和协调图用来描述一组对象之间的动态交互,它们可以用来描述系统外部和内部的动态特性,其中所包含对象和消息,是用例视图和逻辑视图的重要组成部分;状态图和活动图主要用于描述对象的动态特性,其中状态图强调对象对外部事件的响应及相应的状态变迁,而活动图描述对象之间控制流的转换和同步机制。下面列举一个用类图的例子。

图 9.8 是一个表达数据库模式的类图。其中类是数据对象的抽象。对于数据库而言,数据对象就是数据库的一个记录。它用关联关系及其重复度描述数据记录的实体关系模型中的"一对一"、"一对多"以及"多对多"关系。图中的关联关系上的聚合指定的是数据记录之间的整体和部分的关系,关系的名字则概括了关系的语义。

(6) UML 建模规则。UML 的模型图不是由 UML 语言成分(UML 成员)简单地堆砌而成。它必须按特定的规则有机地组成合法的 UML 图。一个完备的 UML 模型图必须在语义上是一致的,并且和一切与它相关的模型和谐地组合在一起。

UML 建模规则包括了对如下内容的描述。

① 名字。任何一个 UML 成员都必须包含一个名字。

② 作用域。对 UML 成员所定义的内容起作用的上下文环境。

③ 可见性。UML 成员能被其他成员引用的方式。

④ 完整性。UML 成员之间互相连接的合法性和一致性。

⑤ 运行属性。UML 成员在运行时的特性。

一个完备的 UML 模型必须对以上的内容给出完整的解释。完备的 UML 模型在用于建造系统时是必需的。但是当它在不同的视图中出现时,出于不同的交流侧重点,其表达可以是不完备的。在系统的开发过程中,模型可以:

① 被省略,即模型本身是完备的,但是在图上某些属性被隐蔽起来,以减少表达;

② 不完全,即在设计过程中某些元素可以暂时不存在;

③ 不一致的,即在设计过程中暂不保证设计的完整性。

给出上述三条建模规则的目的是,使开发者在设计模型时把注意力放在某一特定时间内对分析活动最重要的问题上,而暂不留意某一细节的完美,使模型逐步趋向完备。

(7) UML 成员。在 UML 模型图上使用 UML 成员进行建模时,需要对 UML 成员进行描绘。在描绘时,UML 对不同的 UML 成员使用共同的描绘方式,这些方式称为 UML 共用机制。使用共用机制,使得建模过程更宜于掌握,易于理解。共用机制包括四个部分:规格说明、修饰、公共划分、扩充机制。

从前述已知,一个软件模型必须是完备的,也就是说,此模型必须具备足够的详细信息以供软件建造之用。这些构成一个完备模型的详细信息就是模型的规格说明。在模型图中被省略的内容并不代表它也不存在于模型之中,模型的完整的或完备的信息是被保存在模型的规格说明中,而通常一个完备模型的全部内容是通过多个模型图表达出来的。

UML 模型图中的图符通常都有一个基本的结构,它显示了模型的主要特征。当需要在基本图符上表达更详细的信息时,UML 提供了一种有选择地显示相关细节的方式,这就是修饰机制。

在面向对象的设计中，有许多事物被划分为抽象的描绘（类）和具体的实例两种形式。UML 提供了事物的这两种划分方法的表达，称为公共划分。几乎每种 UML 成员都有类和对象两种划分方法。一般地，对象和类使用同样的图符，而在对象的名字下面画线以示区别。有如接口与实现，接口定义了一种协议，而实现是此协议的实施。

扩充机制是为 UML 提供扩充其表达内容的范围的能力。UML 的扩充机制包括变体、标记以及约束。变体是对类的进一步分类；标记用来扩充 UML 成员的规格说明；约束用来扩充 UML 成员的语义。

总之，一个功能结构的建立和维护就是把 Zachman 框架的前两行所提到的业务流程和目标与框架的最后一行所提到的程序和业务规则合并的过程。这个功能框架的建立和维护，实际上是把一组具有相对独立的功能组合成整体的可复用模型。但是，企业往往认为开发各个级别的结构模型与企业发展关系不大，这就是企业的信息系统建设不能令人满意或不成功的重要原因之一。

9.2.5 技术体系结构

技术体系所描述的是与企业、组织信息资源相关的技术理论、技术结构、技术手段、技术过程、技术措施以及相关的信息资源管理机构、职能机构等开发和管理。IT 技术通常要在技术体系结构上花费大量时间。技术体系结构非常不稳定，在技术体系结构的设计和应用过程中，体系结构不断进行着很多改变。

技术体系结构起初非常简单。企业有一台主机，能够运行企业所有的应用程序，并保存所有的数据。每个人都通过基于字符的终端与主机相连。中型系统的体系结构模式与此相似。当网络出现后，引入了客户机/服务器结构的概念，这就进入体系结构发展的下一个阶段。其中客户机是由用户接口控制的部分，而服务器则运行硬件或者网络中其余的程序。

客户机/服务器结构是一种两层结构，其中前端是使用 GUI，后端服务器中同时包含了业务逻辑和数据。客户机/服务器也可以是三层结构，这时客户与逻辑服务器相连，而逻辑服务器又与包含数据的第三层服务器相连。

服务器可以是网络计算机、中型系统，甚至可以是一台主机。客户端可能有很少的应用逻辑（瘦客户端），也可能有大量的应用逻辑（胖客户端），这些体系结构仍然在企业中使用着，但是其内容正向着网络驱动型的前端客户不断扩展。

网络驱动型的结构是多层或者 n 层的结构。其表示层、业务层和数据访问层被分成各种不同的应用程序在计算机上运行。基于网络的结构是分布式的，因为人们可以在世界各地任何一个地方使用网络。接口是以超文本标记语言（HTML）为基础设计的，并已经成为基于网络应用程序的标准接口设备。基于网络的结构向技术结构设计人员提出了挑战，因为这种结构必须满足以下要求。

（1）无限的可扩展性。因而用户数量很难确定。

（2）连续操作。应用程序必须能够一周 7 天、一天 24h 连续工作。

（3）未知的用户库。因为不可能确定谁将会使用系统，所以系统必须能够自觉工作。

（4）后端集成。基于网络的系统必须与后端相连，从而与传统的数据和功能相连。

（5）可移植性。网络用户希望应用程序能够按照用户的喜好和背景做到人性化。

基于网络的应用程序有一些独特的要求。但是有许多已被行业所接受的实施方法可以促进基于网络的结构开发。在规划和开发现代技术体系结构时，一定要包含以下内容：

(1) 面向对象的分析、设计和开发;
(2) 基于组件的开发;
(3) 现代计算语言;
(4) 开放系统;
(5) 集成的开发环境;
(6) 敏捷方法论;
(7) 协作开发;
(8) 网络服务和标准;
(9) 信息门户和用户驱动型集成;
(10) 分布式交易结构平台(主要有 CORBA、COM、.NET、J2EE 四种);
(11) 集成技术与过渡结构。

由于 IT 技术的发展和进步相当惊人,现代技术结构所处的位置存在大量潜在的冲突和竞争,所以它变得越来越复杂。这就要求企业、组织的主管人员对其给予比过去更多的关注,因为若软件计算环境太复杂,会把企业、组织限制在一个僵化而且无法对外界变化做出反应的环境里,所以开发现代技术体系结构存在一定的风险。

9.3 集成体系结构

集成体系结构提供了一种执行的基本结构,这种基本结构是用户、应用程序和正在被集成的数据看不到的。集成体系结构还建立了一种基本结构,分析人员可以用这种基本结构来建立各种集成产品、整体技术环境、内外部用户、数据和 IT 环境中其他因素之间的关系。

信息体系结构指出了企业数据、应用程序和企业功能之间的关系,为了支持并使企业特定的信息体系结构正常工作,必须有一个把用户新提出的需求功能合并到现有系统中的集成体系结构框架,也就是使新系统和旧系统能有机地融合在一起。集成体系结构是定义技术的“原材料”,这些原材料可以支持并使企业特定的信息体系结构正常工作。

图 9.9 给出一个集成体系结构模型的例子,该模型总结了企业用户如何直接或者通过中间软件访问应用程序的过程。

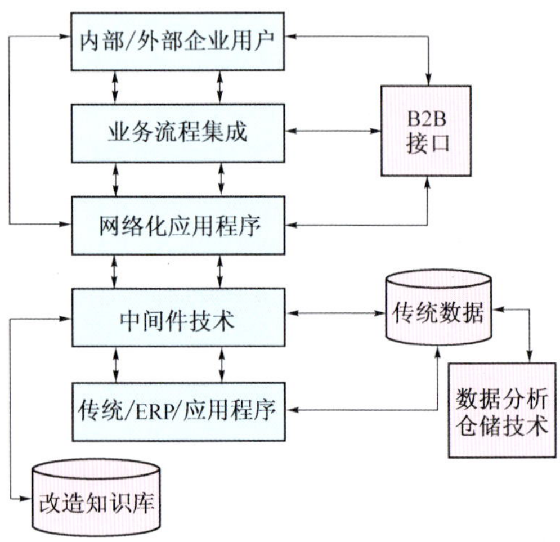

图 9.9 非侵入型集成体系结构

我们必须注意到,非侵入型集成技术是在不断变化的,而且在越来越多的产品被集成到开发环境和相关的方案中时,这种技术还将继续变化。因此,在使用非侵入型集成方案时,必须要独立于工具的模型。同时,建立一个集成框架可以避免出现集成变成工具驱动型而不是业务驱动型的情况。

根据图 9.9 的集成体系结构,管理人员、分析人员和开发人员可以提出无数的集成方案。我们必须在广泛讨论的基础上,集思广益,根据信息体系结构、集成体现结构和用户的具体需求以及旧系统的现状,总结各个方案的长处,制定集成的规划框架。图 9.10 给出了非侵入型集成的规划框架。它列出了各种项目可以进行的应用程序、数据、B2B(企业到企

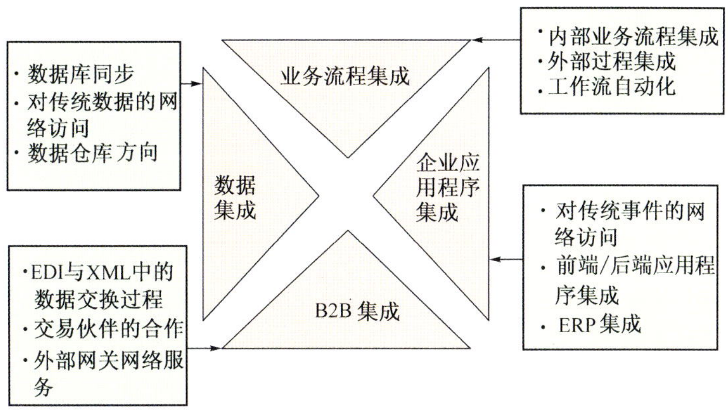

图 9.10 非侵入型集成规划框架

业)和过程集成的方案。有了这个规划框架,企业、组织就可以把集成软件方案并入现有的环境中,以满足企业、组织变化中的要求。下面将就 EAI 的相关问题进行讨论。

9.4 企业应用集成

我们在前面已经就应用系统集成的相关的知识进行了介绍,即系统转型的因素、信息系统体系结构框架和集成体系结构。这是 EAI 的基础。也就是说,我们要对企业的现有系统与新增的系统进行有机地、无缝地集成,首先必须有一个清晰的、能准确反映企业需求的信息系统的结构框架和集成规划的框架,然后才有可能根据 EAI 的思想和方法,采用相应的 IT 技术和组织管理来实施。因此,上述所介绍的内容是 EAI 所要遵循的原则和指南。下面将就 EAI 的模型、实现和组织等问题进行讨论。

9.4.1 集成模型

集成模型是指一种用来集成软件的特定方法和结构。模型定义了集成的特性和机制,并由此决定如何将软件集成在一起。它为各种方法和结构以及各种要求和限制提供了不同的选项,并将重点集中在以下的一个或两个特性上:

(1) 实现集成的简单性。

(2) 对于不同配置集成的可重用性。

(3) 可用集成方法的广泛度。

(4) 在执行集成的过程中要求的专门技术。

随着集成的复杂度逐渐转变为由软件主宰,人们提出了一些不同的集成模型。最初的集成利用定制软件来产生预期的结果,用定制软件集成可以解决所有的问题。但是,对每一个集成来说,这种定制集成很难重用,要求对每一个被集成对象的体系结构和内部的组织结构有较深入的理解,并存在大量的重复性开发工作。

我们考察应用软件系统的体系结构可以发现,应用软件中存在三个可能集成点,即显示功能、数据库的软件功能和文件,于是形成了三种集成模型:表示集成模型、数据集成模型和功能集成模型。这将在 9.4.3 节中详述。

9.4.2 集成与耦合

在任何集成项目中,最重要的目标之一是降低其中软件组件的耦合度。

1）耦合度

耦合度用以衡量两种组件之间的独立性以及其中一个的改变对另一个的影响程度。总的目标是使用松弛型耦合组件使它们之间的相互依赖性变得很少或不存在。因此，耦合定义了集成的程度。松耦合中，集成只依赖于几个离散的接口；紧耦合中，软件执行时通常存在相互依赖性。

2）白盒集成与黑盒集成

与耦合相关的概念是白盒集成与黑盒集成。

（1）白盒集成。为了获得预期的集成效果，在白盒集成的方法中，应用程序或数据库的内部对集成是可见的，因而需要集成者了解软件内部构造。这种方法通常导致紧密度较高的耦合。通常，表示集成和数据集成使用白盒集成的方法。

（2）黑盒集成。该方法对集成者隐藏了软件和数据库的内部特性，可以使用 API、连接器或其他形式的接口来实现。由于隐藏了软件的内部细节，因此通常形成松耦合系统。一般功能集成使用黑盒的方法。

从上述分析可知，白盒集成比黑盒集成有更强的耦合性。采用黑盒集成模型的系统一般有更高的重用性和即插即用性能。

9.4.3　三种集成模型

9.4.3.1　表示集成模型

表示集成模型的基本思想是：使用现有的表示逻辑模块来访问遗留的应用软件，根据用户的需求重新创建一个新的用户显示界面。这就是说，为了实现集成，用户的每个交互动作最终都会被映射到旧的显示机制上。这里的显示是指提供软件访问的用户界面。因此，这种方法也可用来集成其他软件，但只能提供局限于旧的用户界面上的操作。图 9.11 显示了通过应用软件的用户集成模型的结构。在其中已有的两个不同的显示界面上，建立了公共的显示界面。屏幕截取技术是在模型中常用的集成技术，编程者可用此技术来访问遗留的显示界面，并创建新的用户界面。

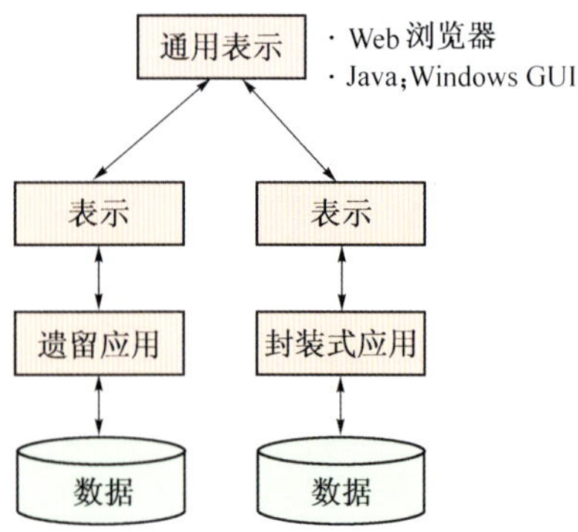

图 9.11　通过应用软件的用户界面集成

表示集成模型只有在使用用户界面或是遗留软件的显示界面层就可完成集成的情况下才有用。如果要实现以下目的，就应该考虑使用表示集成模型。

（1）在现有的基于终端的应用软件上配置基于 PC 的用户界面，以便为终端用户提供更易使用的软件。例如，为大型机应用程序提供一个 Microsoft Windows 界面。

（2）提供给用户一个看上去单一的、但实际上由多个软件组件组成的应用软件。例如，为多个大型机应用程序提供统一的 HTML 界面。

（3）如果一个软件只有在显示界面集成才有意义、才可行，那么集成时就应该使用表示集成模型。例如，为 SAP R/3 与大型机应用程序提供统一的基于 Java 的界面。

表示集成模型的优缺点如下。

（1）表示集成易于实现，并可以相对较快的速度完成。由于显示逻辑模块的内部结构可见，以及常有很好的记录与自述，因此显示逻辑通常比数据和功能逻辑模块更为简单。同时，良好的集成工具可以辅助完成创建集成所需的大部分工作，而开发者只需致力于新的显示界面就可以了。

(2) 显示界面的集成只发生在用户界面上,因此只有旧显示界面定义的数据和操作才有效。由于在现有应用软件上额外增加了一层软件,所以表示集成有可能成为系统性能的瓶颈,以及有可能使现有软件中内在的数据与逻辑变得不可访问。这是利用表示集成模型集成应用软件所必须注意的。

表示集成模型是三种模型中最有局限性的一种方法,因为集成只发生在显示界面层而不是应用软件或数据的互连中。

9.4.3.2 数据集成模型

数据集成是利用共享或者合并来自于两个或更多应用的数据,创建一个具有更多功能的企业、组织应用的过程。在很多情况下,来自于一个应用的数据可能要重新构造才能和另一个应用的数据结构匹配,然后被直接写进另一个数据库。数据集成模型跳过显示界面与业务逻辑模块,直接进入应用软件的数据结构或数据库来创建新的集成,该模型如图 9.12 所示。

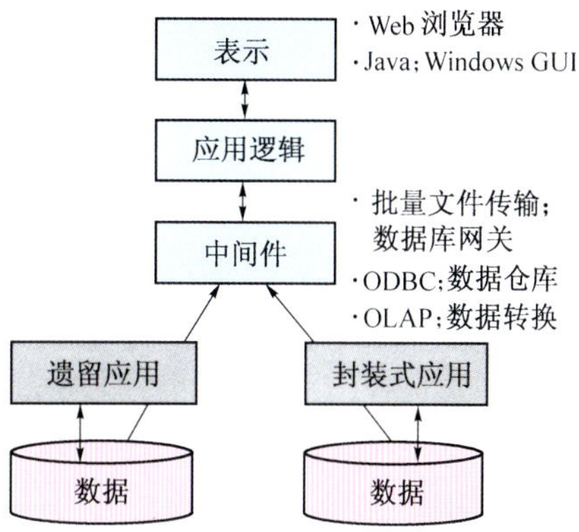

图 9.12 直接对应用软件所创建和使用的数据进行集成

1) 数据集成的形式和工具

数据集成有许多不同的形式。

(1) 共享形式。如在电信业,一个新的客户服务应用会经常从计费账务系统数据库中直接提取数据,以提供账务余额信息或付费历史信息。

(2) 数据移植。如一个企业建立一个新的 ERP 系统。此时要从遗留的应用软件中提取相应的数据移植到 ERP 系统中。

(3) 数据转换形式。例如,把一个电子数据交换(EDI)订单转化为传统的扁平文件或 XML 的数据形式。

(4) 数据复制。如当订单处理发生在几个不同位置时,在每个位置保存副本,然后通过 DBMS 的复制服务定期地使它们同步,这就是复制。

有许多不同的工具和数据访问中间件软件可以被用做访问数据库信息并进行集成的工具。这些中间件工具有如下几种。

(1) 批量文件传输。这种工具以特有的或是预定的方式在系统与应用软件间传输文件。此类工具最初是用来将大型机上创建的批量文件传输给应用程序,是最早的数据集成工具。因此,有人提出异议说,这些工具并不能提供实际的数据集成,只是简单地移动数据而已。

(2) 开放式数据库连接(ODBC)。这是一种标准的应用编程接口,专门用来访问不同类型但相互关联的数据库。标准所定义的接口可与支持接口的数据库进行集成。另外,此接口也可用于其他形式的数据存储,只要数据支持预定操作即可。

(3) 数据库访问中间件。这是一种向分布式数据库提供连接的中间件。数据库访问中间件主要负责交换询问信息、处理结果信息、连接数据库、共享连接以及其他与数据处理有关的任务。

(4) 数据转换。这是一种对中间件的补充工具。由于数据定义、结果和图表在不同软件中是互异的,因此软件的数据交换通常需要进行各种格式转换。数据转换正是提供将数据由原始数据格式转变为目标数据格式的功能。例如,将使用 EBCID 码的数据转换为 ASCII 码数据,转换工具可用来处理此类问题。

以上这些技术中的每一种都可以用来解决某些方面的问题,也可以联合起来用于解决更为复杂的数据集成问题。例如,批量文件和数据库访问中间件可用来联系不同的数据资源,而其中一些可能还支持 ODBC。数据可以在送达应用软件前用传输工具加以处理。数据库访问中间件是一种使用和创建连接器来简化访问数据库过程的方法。另外,它还提供实时处理环境,处理发往数据库的查询信息,并返回结果。随着数据集成需求的发展,这些技术也不断地演变和进步。

2）使用时机

如果想要实现以下目标,就应该使用数据集成模型。

（1）从多信息源综合数据来进行分析和决策。例如,从多个包含用户信息的数据源获取信息,并把它们送到统计软件包。

（2）向多个应用软件提供某公共信息源的只读访问权限。例如,创建一个有完整用户的数据库,并运行多个数据挖掘或统计软件以访问数据库的情况。

（3）从一个数据源提取信息并转换为合适的格式,以此来更新另一数据源的信息。例如,想要更新所有数据源的客户地址信息,使它们保持同步和一致。

下面列举两个使用数据集成模型的实例。

例 1:一个企业要求把 Sybase、IBM DB2 和 SA PR/3 数据库中的客户数据综合到呼叫中心应用程序中。

在本例,由于数据来自三个不同的数据库,需要使用数据库访问中间件来获取数据,并将它们综合到呼叫中心的应用程序中。然后,应用程序就会向该中间件发送查询,而后者又以准确的格式向各个数据库发出查询信息,并将获得的数据传回呼叫中心应用程序。

例 2:创建使用大型机和 Oracle 数据库的可执行信息系统(EIS)。

以下有两种解决方案。其一是每天定时地将数据库文件批量传输到 EIS 中。此时,EIS 本身并不参与数据传输。

另一种是使用数据库访问中间件查询分析所需的特定数据。在这种情况下,EIS 系统就会将其所需数据发送请求并等待回应。

在批量方式下,数据只保留上次传输更新后的状态;而数据库访问中间件方式,数据会是最新的。

3）数据集成模型的优缺点

数据集成模型比表示集成模型更加灵活,而且能提供更广泛的数据访问。数据集成模型也简化了访问数据库的过程,它还允许在其他软件间复用数据。一旦集成完成,该集成软件即可复用。例如,在呼叫中心的例子中,集成可以在新的自助网站复用数据。但是,为了进行数据级集成,应用软件还必须为处理数据编写相应的功能。此外,数据集成有助于解决数据复制和语义不一致问题。

但是数据集成都与一种数据模型相联系。如果数据模型发生改变,那么集成就会被破坏。由于系统通常是不断演变的,因此这样的改变将会导致为了维护集成而做大量工作。

9.4.3.3 功能集成模型

一个企业、组织的 IT 预算很大一部分是花费在业务逻辑模块的创建与维护上。业务逻辑是为了实现软件所需的功能而编写的代码。其中不仅包括数据操作与解释规则,也包括流程与工作流。当企业、组织出现问题时,作为解决方案的表示集成和数据集成就难以应用下去。业务逻辑包含了正确和构建数据所需的规则,而这些规则对显示界面来说并不总是可用的。

业务逻辑模块是使用编程语言来实现业务处理机制的方法。功能集成模型是在业务逻辑层上完成集成,而不是在显示界面或数据层上,如图 9.13 所示。功能集成要求集成点存在于应用程序代码之内。集成处可能只需简单地使用公开的 API 就可以访问,也可能复杂得要用附加代码段来创建新的访问点。

在早期,RPC 曾一度被认为是解决功能集成最有效的方法;而现在,分布式处理中间件已经成为首选的方法。RPC 仅能提供访问的定义与基本通信能力,在实际开发软件时,需要的工作量很大。分布式处理中间件是一个软件,它使用预定义的消息和接口来实现软件组件之间的通信。另外,它还为软件组件之间的信息管理提供实时支持。

常用的分布式处理中间件有三种类型:分布式对象技术(DOT)、面向消息中间件(MOM)和事务处理监控器(TPM)。

1) 功能集成的三种方法

功能集成比表示集成和数据集成更灵活,它可以应用三种不同的方法,每一种都有不同特性,并且可以用来解决不同类型的集成问题。

(1) 数据一致性集成。将从一个或者多个信息源来的信息在整个集成的应用软件中一起更新。它是在程序代码上进行集成,其目的是访问与更新数据。这样集成有利于实现数据与操作之间的通信。

很多企业、组织都有许多早期的应用软件,它们长期以来一直被开发、升级并使用至今。这些应用软件从不同角度显示用户与企业、组织的关系,管理各种职员信息和福利,或是保护某种产品的信息与商业工序。在这些系统中,客户、职员和产品的数据通常是重复的。更新其中一个子系统信息时,需要整个系统都更新。图 9.14 显示了当客户改变地址信息时,把包含客户改变地址信息的所有系统都更新。

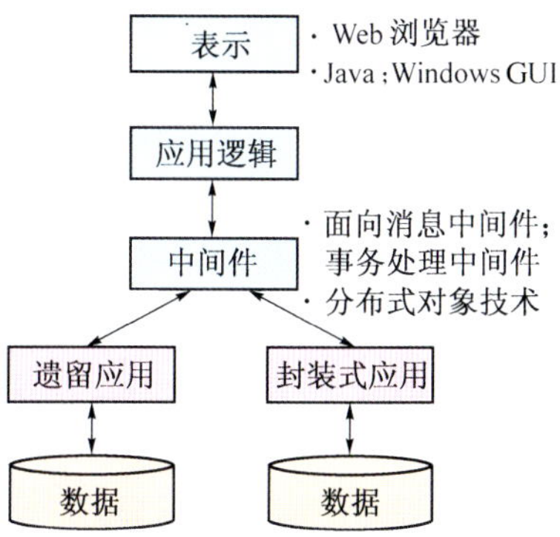

图 9.13 直接对应用软件代码进行集成

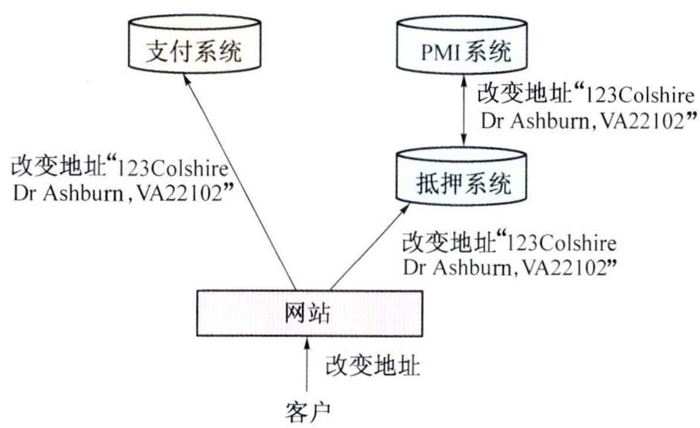

图 9.14 保证应用程序间的数据一致性示例

虽然数据一致性看起来像是数据集成的问题,但实际上是功能集成问题。例如,客户向账户中存款。此时直接修改数据库可能达不到理想的效果。因为在本例中,有效的账户余额是现有可用余额与待处理的存款之和。银行通常对存款支票有 3 天 ~ 5 天的等待期,而存款可以通过出纳台或 ATM 系统到户。在此情况下,一项存款不但要更新几项记录,还需要在软件中有业务逻辑的一份复件,以便进行支付。这样的复件需要很大的开销来维护和升级,并且增加了出错率。如果使用数据集成模式,在支付、出纳和 ATM 系统中都必须有这样的逻辑模块;而使用功能集成模式,就只需要在核算系统中有复件就可以了。因此,发送存款信息的应用软件不必修改数据库,而直接使用软件功能。

典型情况下,数据一致性通过如下方式来实现:向每一个系统发送请求信息,在其中描述要对数据进行的操作。如果有必要,也可以将这些请求信息传递给其他软件。在上述银行的例子中,存款请求将被发送给核算系统。

(2) 多步处理集成。也称为直通处理。这种集成不仅处理软件之间的通信请求,而且负责软件之间的管理与协调。这种方式方便了通信请求,并有助于管理流程与工序。在整个集成软件中执行一系列协调的操作。

多步处理集成方法已在企业中流行。它是指一种操作可以在不需要重新输入信息或人工参与的条件下,按照正确的优先顺序,在相应的软件中妥善处理。图 9.15 是多步处理集成的例子。多步处理集成常与工作流相关。实际上,工作流软件正是可用来实现多步处理集成的软件之一。

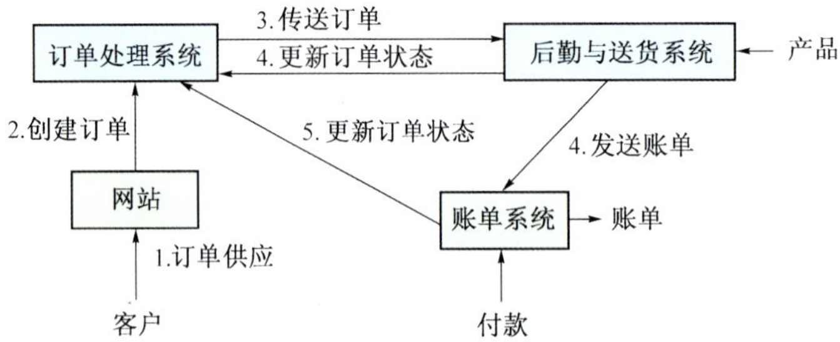

图 9.15　多步处理集成:一种商业自动化过程

多步处理集成与数据一致性集成一样,它也是使用请求机制。但与数据一致性集成不同的是:在数据一致性集成中,请求信息有简单的通信模型,并且是无状态的(即表示一旦请求被接受,请求方就放手不管);而多步处理集成中,请求消息在软件之间可能会沿着复杂的路径传递,这就需求维护状态,以确保正确地处理请求。当然,这些特性也要求有更精密的处理机制。

在实现多步处理集成时,必须规定一系列处理步骤来表示应用软件之间集成的过程。最基本的原则是,每一次这些步骤都按照相同的顺序执行。实现功能并不需要用工作流机制,除非这些步骤比较复杂,并且包含决策、扇入和扇出,或是复杂时序问题。

多步处理集成对设计者或开发者来说可能难以理解,因为解决问题的总的业务逻辑并不包含在某个应用软件内,而是有执行集成功能的软件控制。基于如 MOM 或 DOT 这样的分布式处理方法的中间件解决方法是常用的一种。

(3) 即插即用组件集成。此方法早在 20 世纪 80 年代初就提出了,通常称为组件集成。随着近来技术的不断成熟,这种构想已经可以实现。组件集成实际上是在整个应用中创建可复用的接口,简化新应用软件的构造过程。这种功能集成是几种方法中最复杂的,但也是对企业最有价值的。将一个组件拔出,并用另一个替换,或是不编写代码就可以增加新组件的功能,这在相当程度上缩减了开发新软件的时间。常用的相关概念有补丁工具,它是指将组件集成可视化的一种方法。

即插即用组件的含义如下。

① 所有接口都使用统一的规则(也称为语法)加以建立。这样做是为了使其他所有组件都能理解接口。

② 对可执行操作定义的应用是一致的。这样做是为了在有新组件插入应用软件时,其他已有组件可以向它发送请求信息。比如说,所有软件都使用 creat_customer,而不是 new_customer 或其他什么命令格式来创建用户。这种定义也称为语义。

从上述讨论可知,即插即用组件集成需要对接口特别定义,以便其他组件可以访问该接口。这表示接口必须提供所有与其他组件集成时所采用的操作,同时还意味着其他组件可以通过发送请求使用该组件。请求信息可以同时向多个组件发送并要求保持该状态,每个组件的接口都必须标明该组件所提供的功能。为了替换现有组件,新组件必须对现有系统中的相同请求信息进行响应。

在企业、组织中实现即插即用组件是三种方法中最难的，因为企业、组织中的设计者与开发者需要协调合作。从技术上说，仅使用 API 是不够的，还必须开发更加复杂的连接器。连接器必须能负责将请求信息映射到相应的应用软件中，维护集成的现有状态信息，并提供操作支持，比如，应用软件管理、安全保证以及错误处理等。

从企业、组织方面讲，连接器必须保证在整个企业、组织中使用一致的工具和分布式处理中间件。另外，在应用这些工具与中间件时，企业必须为它们的配置和应用程序建立标准，但现在很少企业、组织能做到这一点。

2）功能集成三种方法的比较

需要集成的问题，其类型涉及十分广泛的领域。集成方法包括从简单的表示和数据集成到复杂的功能集成。我们应该注意不要错误地认为只需使用三种方法之一就可以解决集成问题，在不少的场合下，可能需要同时使用三种方法。下面把三种方法做一个比较(表 9.1)。

表 9.1 功能集成的三种方法的比较

数据一致性集成	多步处理集成	即插即用组件集成
松耦合集成	紧耦合集成	紧耦合集成
主要是异步	异步和同步均可	主要是同步
单向方式	单向和请求/应答方式	请求应答方式
对商业规则进行简单抽象	对商业规则进行复杂抽象	对商业规则进行复杂抽象

三种集成方法在开发方案的技术与过程上有些不同，因此适用的范围也会有区别。

数据一致性集成是一种紧耦合集成。因为应用软件彼此之间不存在依赖关系，甚至不知道对方的存在。请求信息是单向的，发送者发送信息给接收者，然后等待响应后继续工作。因为这种集成类型比较简单，因而不需要复杂的商务规则。数据一致性集成很容易理解和实施，但是仅能解决有限的几种问题，该方法特别利于解决软件间数据同步的问题。

多步处理集成的耦合度较强，如果处理序列中哪一个应用程序被撤除，集成通常就不用了。这种复杂性可以采用单向传输，也可以采用请求/应答机制，这取决于要进行的操作。在请求/应答模式下，发送者希望能在合适的时间收到应答信息。集成在运行时表现出明显的业务逻辑。因此，多步处理集成可以解决多种商务问题。尤其适用于将许多应用程序集成为一个完整的商务处理过程，并使它们按规定的顺序执行。相比之下，数据集成用来处理商务事项某个方面的问题，但是它依赖于所使用的工作流程工具的质量，它可能对条件变化敏感。

即插即用组件集成的耦合度可强可弱，它与数据接口的复杂程度有关。接口定义越普通，耦合度越低。即插即用的特性更像过程调用或调用。组件集成中包含最多的业务逻辑。由于在集成中包含大量业务逻辑，并可以在需要时替换组件，企业可以很快地创建和改造其信息系统。

3）使用功能集成的时机

功能集成不仅能解决表示集成和数据集成方法可解决的问题，还能解决更多难题。其实现方法与表示集成、数据集成不同，它通过访问旧的显示机制的代码或以前用来获取数据的代码来集成。现举例如下。

(1) 在现有的基于终端的软件上加上一个基于 PC 用户的接口，使终端用户更易使用。这需要用新接口代替旧接口，并直接通过它访问代码段。

(2) 访问多个应用程序的功能并使用新的用户接口集成，提供用户看上去单一但实际上由多个软件组件组成的应用软件。

(3) 从多个信息源综合数据来进行分析和决策。比如说，从多个包含用户信息的数据源获取信息,并把它们传送给统计软件包中。此时,可以访问创建于操作数据源的功能模块来实现这一功能,而不必直接访问数据库。

(4) 向多个应用软件提供某个公共信息源的只读访问权限。比如说,创建一个有完整用户信息的数据库,并运行多个数据挖掘或统计软件访问该数据库的情况。此时,要实现这种功能,必须访问每个程序中调用并处理数据的相关代码段,并把它们集成到数据仓库中。

(5) 从一个数据源提取信息并改为合适的格式,以此来更新另一个数据源的信息。比如说,想要更新所有数据源的地址信息,使它们保持同步和一致。要实现该功能,只需创建接口,在一个应用程序更新数据时通知其他程序即可。

以上的例子说明功能集成方法优于表示集成、数据集成和功能集成的独特之处。那么,何时使用功能而不使用表示或数据集成呢? 这取决于三个因素。

第一个因素是访问应用功能的可能性。有些情况下,功能可能很难访问,因而不得不采用另外两种集成方法。

第二个因素和性能有关。所选的方法必须符合系统的性能要求。性能的评定必须就每一个问题进行,因为在很大的程度上性能依赖于特定环境。

第三个因素,集成必须重视将来可复用性的大小。功能集成的可复用性比其他两种集成方法高,但是实施的难度可能更大,难度大小取决于编写执行访问功能的代码段的难度。下面的情况,只对功能集成适用。

(1) 要求新软件执行由其他一个或一组程序管理的某种功能。例如,存款和订购物品等。这要求在现有软件执行该功能的代码处进行集成。

(2) 在集成中暗含工作流的情况。比如,从销售到结账的整个过程中的定单处理。与上例类似,也需要在一系列软件间创建集成,并且在集成的软件中还需包括排序和协调机制。

(3) 确保应用间的事务完整性。比如,在向客户发送数据之前,需先确保存款处理过程已结束。实际上,这是较困难的集成方式,而且并非总能实现。

(4) 预估商务功能的实质复用。比如,希望在出纳台、呼叫中心、ATM 机或是网络银行都可以核算余额,这种集成将现有应用程序改为可复用的组件。

4) 使用功能集成的集成实例

运用功能集成模型时,可以在中间件层编写独立于任何应用程序的附加业务逻辑。这可以通过几种方式来实现。例如,使用代码、使用支持功能集成的一些工具所提供的脚本语言,再或者使用构建分布式处理中间件的图形工具。另外,也可以为用户创建新的显示逻辑模块。新的模块可以在中间件层独立产生,只依赖于请求信息。新的电子商务系统正是这样的例子。

下面列举几个功能集成的集成实例供读者参考。

(1) 从呼叫中心获取用户地址信息,并对 Java 程序、大型机程序和 Oracle 数据库进行更新。在此情况下,需要定义消息或接口,并由客户端程序送给每个应用程序或数据库进行响应。

(2) 在网站上处理从递送到付款的全过程中的订单。这可由分布式中间件负责在系统中以正确顺序传送订单。

(3) 在整个企业的软件和数据库之间创建单一用户可视界面。在本例中,使用显示界面集成来创建面向每个软件的接口,由接口向用户显示所有可用的数据和操作。为此要建立新的软件来提供对包含用户信息的应用软件的访问权以及集成界面。

(4) 不同的业务部门可能使用不同的系统,在多个人力资源系统之间进行集成可以确保多份信息之间的一致性,还可以方便地在个部门之间调动职员。此时,实现这种功能需要使用连接器与分布式处理中间件。

（5）将供应商的系统集成到采购系统中，创建集成的供应链来提高总体采购效率。使用分布式处理中间件来传递信息可以实现此功能。

从上述的讨论可知，功能集成模型提供了强有力的集成能力，解决问题的方法也最灵活。它可以用来解决表示集成或数据集成的问题。更重要的是，如果使用得当，这种方法创建的组件比另外两种方法有更高的可重用性。但是，由于需要在业务逻辑层进行集成，这就增加了复杂度。因此掌握实现功能集成工具的难度高于其他两种集成工具。另外，在某些软件中业务逻辑是难以访问的，因为可能根本没有源代码或 API 可供使用。一个好的集成结构至少包含数据集成和功能集成，表示集成不是必需的，但也应予以考虑。

9.5 EAI的基本组成模块

EAI 体系结构是以结构化方式集成的技术，它基于四个基本的技术模块：通信模式、集成方法、中间件和服务。这四个模块必须在一个体系结构中相互连接。但其中的关键是中间件技术。它们与其他模块相结合共同确立 EAI 结构。

9.5.1 通信模式

通信模式有两种基本形式：同步通信和异步通信。下面分别介绍。

1）同步通信

同步通信中，通信由发送器和接收器协同完成，发送器和接收器的操作依赖于请求过程。也就是，在通信连接中，同步通信需要一个发送器和一个接收器来协同内部过程，这种协调表明同步通信要求高度耦合，具体规则由使用的同步通信类型决定。

同步通信有三种类型：请求/应答；单向方式；同步轮询方式。

（1）请求/应答。这是同步通信中最基本类型。一方应用软件（发送方即发送器）发送请求给另一方（接收方即接收器），然后处于等待，直到另一方发回响应。这里的响应既可以是确认接收，也可以是用回应来完成处理。接收到应答以后，发送器才能继续执行。而发送器如何继续操作通常取决于接收器的应答，开发者在应用软件中编程实现。

同步通信多用于响应中包含用帮助发送器继续操作的信息的情况。它不足之处是：发送器必须完全依赖于接收器的响应。如果接收器需要很长时间来处理请求，那么此方法的效果将是非常糟糕而且不可行。如果接收器故障而不能响应请求，那么发送器将完全不能继续操作。因此，对于同步通信而言，要求系统的网络相当可靠。

（2）单向方式。它是请求/应答方式的最简单的形式。发送器发送请求给接收器，然后等待，收到请求接收的应答后发送器才能继续工作。这种方式多用于发送器必须与接收器完全同步的情况。其不足是：接收器只能向发送器回送应答信息。另外，若接收器故障，发送器就瘫痪。

（3）同步轮询方式。同步轮询通信是同步通信的一种形式，如图 9.16 所示。发送器发送请求给接收器后，并不阻塞，而是继续操作，每隔开发者设定的一定时间间隔，发送器就检验是否收到应答。检测到应答后，进行处理，并且不再轮询应答。这种方式改进了前两种通信方式的缺陷。但是，由于需要设定轮询，也增加了设计难度。

同步通信要求有可靠的网络设施。如果网络不可靠，那么，当发给接收器的请求丢失时，发送器将一直处于等待状态。发送器直到接收到应答时才会继续下一次请求。但如果不可靠，将极大地破坏这种操作，甚至使之完全不可行。

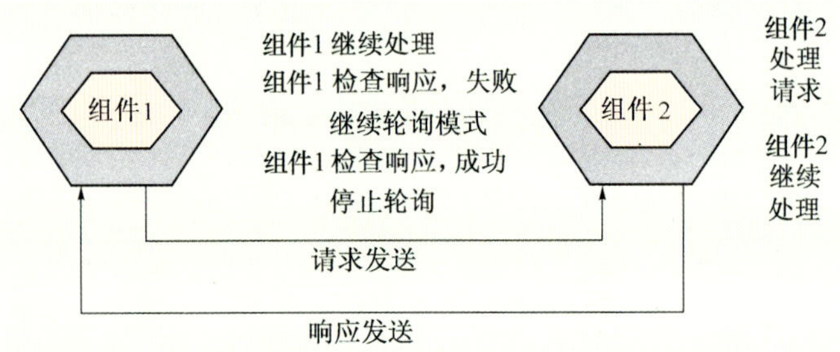

图 9.16　同步轮询方式

2）异步通信

异步通信不需要发送器和接收器协同操作来完成通信，双方以独立操作的方式实现。发送器发出请求后继续自己的操作，不管接收器何时收到消息、如何处理消息，也不将来自接收器的反馈结果看做是通信的一部分。异步通信常见的有三种：消息传送通信、发布/订购通信和广播通信。

（1）消息传送通信。是发送器发送请求至接收器，请求发出后，发送器就不再关心请求，而是继续操作；请求发送至接收器，进而被处理。

这种方式多用于传送信息而不需要回应的情况。主要问题是，如果没有确保可靠传输的服务，就有可能由于请求丢失而无法送到接收器。

（2）发布/订购通信。发布/订购是按照接收器的要求为请求寻址，接收器通过广播它想接收的请求的特征来征求预订请求，如图 9.17 所示。

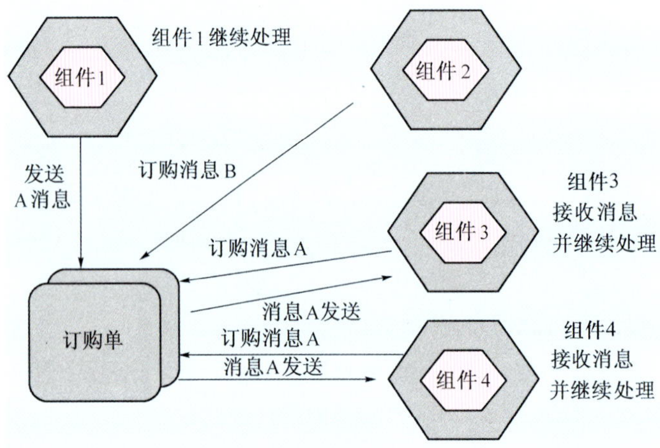

图 9.17　异步发布/订购方式在可控信息发布中的应用

在发布/订购通信中，系统的每个应用软件能够决定各自希望被通知的事件类型。可通过规定信息、数据结构或其愿意接收的请求类型来实现，即发送器发出请求，由请求中指明的接收器来确定接收器。这种方式多用于接收器由请求的内容指明而不需要响应的情况。例如在使用多步集成的系统中，请求是对发生时间的通知，因此使用此方法很有用的。前面介绍的其他方式则是用网络中的地址或位置决定接收器。它的不足在于设计的复杂性：要确定发送器发出的请求被哪些接收器接收。

（3）广播通信。发送器把请求发送至网络中的所有接收器，而每个接收器通过检查消息内容来决定是否接收，如图 9.18 所示。由于使用广播方式，每一个可能的接收器都会关注每一次广播的消息，这就有可能造成传输瓶颈。

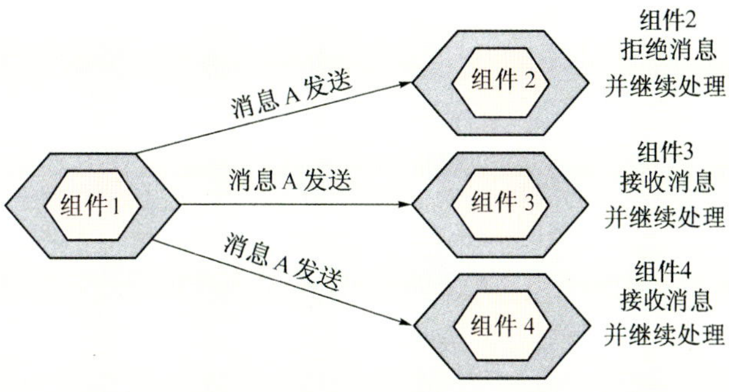

图9.18 异步广播方式实现信息分布的简单方案

当通信的目的只是为了转移信息或者某一应用软件向其他所有拥有相同数据拷贝的软件发送更新后的数据时，适合选用异步通信。此外，它在网络和服务不太可靠的环境下能正常进行。另外，当某一事件需要由另一个应用软件的通知来触发时，可选用异步通信的方式。

9.5.2 集成方法

集成方法用于产生从发送器发至接收器的请求，主要有三种：消息传递、接口定义和连接器。

1）消息传递

在消息传递集成的方法中，发送器产生消息，消息中包括预期的操作信息和完成操作所需要的数据。消息包含控制消息和数据，这种操作和数据的结合给接收器提供了数据环境。例如，消息中仅包括542.80元的金额和账户号03214，这些纯数据几乎没有意义。如果加上余额查询这个操作，则应用程序就能使用该信息了。数据与控制信息的结合降低了不同应用软件间的耦合程度。消息中包含了所有需要的消息，因此发送器和接收器对消息的编码与解码方式必须完全相同，任何格式上的差异都会使应用程序误解信息和操作从而导致混乱。

利用消息传递集成的方法，要求应用软件的设计者必须预先设定消息格式。任何要发送消息的应用软件必须能执行以下操作：

（1）发送方应用软件应基于消息格式的规定来构造消息。一个消息可以包含如发送器、接收器、时戳、账号以及金额。

（2）将消息送入通信系统。例如，异步通信服务将消息传向正确的接收方应用软件，而发送器继续工作。

一旦消息送入通信系统，接收器必须继续执行下列操作：

（1）从通信系统中接收消息。一旦，消息进入通信系统，通信系统会通知接收器，进而将消息导入应用软件。

（2）分析消息中的控制信息和数据。例如，将账号、交易操作以及金额从消息中分离出来，然后赋值给对应的变量。

（3）决定如何处理消息。接收方应用软件按照设计者的意图进行最恰当的处理，设计者也可以根据定义的消息格式进行设计。

消息独立于应用软件，并且很容易改变和扩展控制信息，所以消息应用相当灵活。但是，设计者并不总能知道何种应用软件会对何种消息做出回应，除非有清楚的文档和服务来确定，否则消息的控制处理是不可见的。另外，如果消息管理得不好，那么由于集成方式有限的可见性，消息不可能重新使用。

2）接口定义

在这种方式中，发送器通过接口进行通信，由接口规定应用软件能调用的操作，任何用于处理的数据也都通过接口进行传输。

使用接口的过程如下。

（1）产生面向组件的调用或呼叫。例如，发送账号和金额参数信息要求进行账户存款。

（2）发出调用。例如，异步通信系统发出调用，发送器能够继续操作。

接收器必须执行下列操作。

（1）接收远程调用和呼叫。通信系统通过接口通知接收端，并传入参数信息。

（2）基于特定接口执行操作。接收方应用软件进行相应的操作。

上述正是编程中进行过程调用或方法调用的模型。如果进行顺利，应用软件不会认为调用来自其他应用软件，而将它看成是自身内部的请求。区别在于接口外部是可视且能够被网络中的任何应用软件调用。

基于接口的集成不同于基于消息的集成，接口与应用软件有关。下面列出两者的区别（表9.2）。

表9.2　基于消息的集成与基于接口的集成的比较

基于消息的集成	基于接口的集成
• 独立与应用软件 • 消息是隐藏于应用软件中，需要较多的解码处理 • 应用灵活，容易改变和扩展控制信息 • 耦合度低，易错，不能重复使用方案	• 与应用软件关联 • 接口本身能对操作进行自描述，对开发者是可视的，需要解码处理少 • 接口依赖于实现，较难改变和扩展 • 耦合度高于消息方式，开发过程中易发现错误

我们必须注意，接口必须按规则定义才能实现即插即用。

3）连接器

连接器（也称适配器）是编入应用程序中的逻辑程序，其目的是以结构化的方式访问表示、数据或者应用软件的功能层。它隐藏了应用软件的翻译、传递消息或者调用接口的复杂过程。

事实上，很少有应用软件预设了消息处理或接口，在此情况下，应用软件需要一个接入点将消息或接口请求传送给应用软件。连接器就是这种接入点。但是连接器并不仅仅是一个接口，它提供了许多其他功能。

（1）将数据转换成为接收方应用程序的许可格式。这包括将 EBCDIC 码转换为 Unicode 码数据格式的转换。

（2）管理状态信息以保证可靠传输和有效恢复。其中包括管理集成路径以及成功传输后能存储信息。

（3）将来自消息或对象的数据进行序列化或逆序列化。在某些情况下，编码和解码会转换不同机器中使用的数据类型。在此，序列化是将参数及复杂的数据结构转换为能在通信链路中传输的“纯”字节串。逆字节串指在接收端准确恢复出原始数据结构。

由于许多应用软件没有连接器，或者是原以为不会被外部应用软件使用，所以进入该应用程序的便利通道可能并不存在。人们或许要将数据文件、数据库、用户接口或者内存作为请求入口，因此就要选择精确的集成模型（表示、数据或是功能）来配备合适的连接器。重要的是，在请求进入应用软件之前，必须保证它有效且格式正确。这由应用软件的开发者根据应用软件的内部结构来确定消息或接口的格式。因此，连接器对企业、组织的应用软件集成是相当重要的方法。

9.5.3 中间件

中间件是一种软件，它通过使用预定的接口或消息来实现各软件部件之间的请求通信。另外，它还通过运行环境来管理软件组件间的请求。

通信模式及集成方法都与使用中间件紧密相关。特定的中间件产品包含一种或几种通信模式及集成方法。但不是所有的中间件都可用于EAI，必须根据不同问题的需要，选择并应用恰当的EAI工具。常用的中间件有五种中间件类型。

1）远程过程调用（RPC）

RPC是基于开发过程集成的分布式应用软件的中间件，它能通过网络调用过程。

RPC基本功能可作如下理解。

（1）从语义的角度讲，RPC适用过程调用实现远程通信，它在传统的过程化程序设计语言环境中，有类似于本地过程调用的语义，因此向应用层和用户提供良好的接口。

（2）从应用角度讲，RPC基于过程的远程通信特点，为网络和分布式系统的应用提供了灵活方便的通信功能。

（3）RPC机制的实质是实现网络七层协议中会话层的功能——在两个试图进行通信的进程之间建立一条逻辑通道，并利用该通道交换信息，当不再使用时负责释放所建立的通道。

RPC在许多方面对中间件的发展有着重要影响。例如，在接口定义语言中，大多数分布式对象技术中间件多使用这种语言，例如，CORBA、COM/DCOM。但是由于它过于强调过程，再加上模型对象技术的快速发展，所以很难将RPC用于已有软件集成或者软件开发模式中。因此，RPC使用得越来越少，它只有在使用面向过程的语言（例如C语言）以及不需要集成现有软件的开发中才会用到。

2）面向消息中间件（MOM）

MOM将消息作为集成方式，能够产生、控制、存储和传送消息。消息必须包含数据和控制信息。由于简单，MOM获得了广泛的应用。

在应用软件之间传递消息来实现集成。这和邮局的概念有相似之处，消息被放置到MOM中，MOM负责将信息投递到目标系统。MOM可借助一系列的配置方法来实现，比如，消息队列和消息传递。消息中间件有三种工作模式：点对点模式、队列模式和发布/订阅模式。在MOM的产品中，消息队列模式占主导地位。在消息队列模式中，消息发送到一个队列里，目的地可以在任何时候查看该队列。消息队列模式类似电子邮件系统，传输质量得到保证，但不知道收件人是否阅读到报文。由于发布/订阅模式更加智能有效，事实上已成为消息中间件的非正式标准。目前较有影响的中间件有IBM的MQSeries。目前较为流行的，例如，IBM的MQI、Sega的SegaVista、Talarian的Smart Socket、BEA eLink和JMS都是基于MOM。

下面以MQSeries类型的消息队列中间件（MQI）为例与RPC作一个比较（表9.3）。

表9.3 RPC与MQI的主要特性比较

特性	RPC	MQI	特性	RPC	MQI
类型	调用/返回	队列	耦合度	高	低
应用程序编程接口	阻塞	非阻塞	数据流模式	客户机/服务器	所有模式
时序	同步	异步	逻辑路由	否	是
通信时对方是否总在运行	是	否	永久性数据	否	是
应用程序类型	面向连接	无连接	同步点控制	交易型RPC	是

3）数据库访问中间件

数据库访问中间件是中间件的一种类型，它能访问文件或数据库中的分布式数据。它在数据级上集成，并且能通过网络查询或转移数据。常用的数据库访问中间件有 ODBC 及类似的基于 Java 的 JDBC（Java 数据库连接）。

ODBC 是访问数据库的一个开放式 API，使用 ODBC 可访问许多数据库，如 Access、DB2、Oracle、Excel、Text 等。ODBC 基于开放组的标准 SQL 呼叫层接口，它允许程序使用 SQL 请求访问数据库，而不需熟悉数据库专用接口。ODBC 会处理 SQL 请求，并把它转化成单个数据库系统可以理解的请求。

JDBC 也是一个 API 规范，用于把 Java 编写的程序和通用数据库中的数据连接起来。应用程序允许用 SQL 语言对访问请求语句编码，然后将编码传递到管理数据库的程序，应用程序就会通过一个相似的接口返回结果。JDBC 与 ODBC 非常相似，而且，使用一个小的“链路”程序，就可以通过 ODBC 接口来使用 JDBC 接口访问数据库。

数据库访问中间件为 9.4.3 节提到的数据集成问题提供了基础。它绕开应用软件的显示和功能层，允许人们通过中间件直接访问数据文件和数据库，能有效地访问不同的数据源。但是，由于 EAI 的核心超出了数据库访问的范围，所以数据库访问中间件并不适合作为 EAI 结构的核心。不过，如果 EAI 结构的核心不支持数据库访问，那么数据库访问中间件就可以作为附属软件。

4）分布式对象技术（DOT）

DOT 是基于面向对象的思路。它能给新的、原有的应用软件提供面向对象的接口，从而实现互相访问。

DOT 允许对象分布在多台客户端与服务器上。通过 DOT，应用软件能够不用关心对象的具体位置而发出调用，这样就能够转移、替换、复制软件组件而不影响其他任何组件。类似于 RPC，接口定义语言及同步通信是 DOT 方案的关键因素。前者考虑到增加分布式对象，后者则将传输调用给接口。近来，DOT 还开发了异步通信方式，这为 DOT 解决不同的集成问题带来了更大的灵活性。典型的有 DCOM/COM +、CORBA 和 EJB。

DOT 与 MOM 技术相比，DOT 的不足之处在于它的复杂性，因为它需要应用软件之间有更高的耦合度。

5）事务处理监控器（TPM）

事务是指对特定共享资源的一组不可分割的操作，它具有 ACID 特性，即原子性（atomicity）、一致性（consistency）、孤立性（isolation）和持久性（durability）。在分布的、异构的环境中，数据是分布的，一个事务的执行涉及对分布在多个不同节点的数据的更改，这就是分布事务处理。任何一个节点或节点间通信的失败都可能导致分布事务的失败。因此为了保证事务的完整性，TPM 必须使用诸如两阶段提交的概念来控制传输，从而为分布式结构提供关键业务的支持。因此，TPM 必须具有回滚、失效后接替、自动重启、错误日志、消除单点失败的复制技术等功能。

TPM 由发生器产生事务，然后确保事务能在正确的时间里以正确的顺序到达正确的目的地，这听起来似乎很简单，但事实上 TPM 在所有类型的中间件中最为复杂。常用的对象事务监控器有 BEA 公司的 TUXEDO、IBM 公司的 Encina、ORBA OTS、EJB 和微软公司的 MTS 等。这些产品不仅能够满足事务管理的需要，还提供了负载平衡，系统管理和接近线性加速比的高性能。

9.5.4 服务模块

通信模式、集成方法和中间件是 EAI 方案的核心，服务不属于核心内容，它是基本通信或中间件功能的外延，但是它能极大地协助系统或开发者更好地实施方案，减轻核心技术的负担，还能促使核心技术满足一些特定要求，例如安全性能和可靠性能，所涉及范围相当广泛。

企业、组织中有效地实现EAI所需要的重要服务如下。

（1）目录。记录系统的所有组件和关键信息，自动定位任何组成部分。另外，还用于记录、管理接口、消息和元数据。

（2）生存周期。帮助开发者自动产生对象或消息，并能准确地管理和完整地处理对象、消息。

（3）安全服务。它能提供安全集成的所有性能，尤其在鉴别、授权和安全通信方面。

（4）变换和转换。数据表示在信息系统中是一个难题，在不同的规定下，数据格式多种多样，因此有必要将数据变换或转换成适当的格式，以便完成系统的集成。

（5）连续性。连续性服务能存储状态信息或数据，以防安全存储状态信息或数据的丢失。

（6）事件。能够识别、跟踪事件，在EAI方案中相当有用。这项服务能识别特定故障或特定事件何时发生。

（7）通知。一旦检测到事件，此项服务就能通知目标软件组件。

（8）过程管理。以预定顺序管理一组跨越一系列组件的请求或消息，就像是一个单一动作。

在分布式系统中，有些服务是必需的，例如目录和生存周期可用来协助定位和处理请求。安全服务就取决于EAI结构，如果请求通过公共网络传送，那么就要考虑数据可能被窃听和截取。总之，选择EAI工具考虑服务是相当重要的。虽然有些不需要全部的服务，但是还应该扩展EAI方案来支持所有这些服务，以便适应不同的集成模型。

9.6 SAIM方法

通过上述的学习，大家一定了解到需要集成的问题类型涉及十分广泛的领域。集成方法包括从最简单的表示和数据集成到复杂的功能集成。在功能集成中，有三种集成模式：数据一致性、多步处理和即插即用组件集成。这三者在开发解决方案的技术与过程上有些不同。EAI体系结构有四个基本模块：通信模块、集成方法、中间件和服务。其中的关键技术是中间件技术。MOM、DOT与TPM是EAI体系结构中间件的三种类型，它们与其他模块相结合共同确立EAI结构。

EAI并非一种潮流。也不是什么产品，而是一种开发系统的方法。仅有技术是不够的，EAI结构还需要一种构造应用软件的方法，以此来保证体系结构的正确应用，这种方法也必须与方法论相结合，来形成企业、组织的完整EAI解决方案。下面将介绍一种高效的EAI开发方案——安全应用集成方法论（SAIM）。

SAIM是一种由体系结构驱动的方法，为了高效地应用SAIM和EAI，IT管理者必须建立一套统一的方法来管理企业的体系结构。

新技术的不断涌现，以及新技术融入新应用软件中，都将导致在应用集成中存在着风险。这种风险管理集中在无先例的技术上，因此我们必须考虑，例如，新的应用软件类型、新的基础设施服务等所带来的风险。必须特别注意与用心管理极度依赖于无先例的技术的关键业务应用软件，并关心完全依靠无先例的组件的应用软件的运行。总之，使用EAI和SAIM方法对应用系统集成仅仅是系统运行的开始，它是一个不断改进、不断完善的迭代过程。

9.6.1 EAI对高效方法论的需求

系统设计是针对系统而言,与之相应,方法论是针对开发过程的。方法论是说明如何使各部分相互配合来实现总体目标的方法。对EAI来说,方法论应该满足以下要求。

(1) 保证企业IT的结构和开发的软件满足企业的需求。这就要求EAI方法论能定义一系列协调的活动来解决某个领域的问题。一方面,能满足企业新的应用软件的快速开发;另一方面,能有一个设计良好的企业结构以适应不断更新的需求。我们都知道,如果对于中间件和遗留软件的接口,每个软件都只是"自顾自地运行",那么该EAI注定是一个败笔。虽然如此,但要在短时间内开发出一个既能保护现有投资的系统资源,又使新建的或扩充的系统与原有的系统有机结合,并保留有今后可能扩充、更新的集成系统结构是非常困难的。

(2) 描述管理EAI进程的方法。这就是与传统开发方法论的区别。传统的方法论基本上是假定所有的事情都是从头开始的"绿洲"式的开发方式;而EAI是补充、支持遗留软件和封装式组件软件,因此其方法必须说明如何设计接口,如何和何时对遗留应用软件进行包装,以及如何使遗留软件与合适的集成技术相匹配。

(3) 指导技术选择与标准制定。这要求对评估技术提供标准,提供参考模型或相关技术与选择的轮廓。同时应该将问题映射到相应技术中,为一种技术是否适合特定类型的问题提供指导。还要指导标准的选择和企业相关的标准化工作。

(4) 保证方法论支持复用。方法论应该建立一个基于组件的结构。保证进行组件的选取与设计时将可重用性的问题考虑在内。同时应对重用提供必要的支持工具,例如一个正确配置的重用库。

9.6.2 SAIM原则

SAIM是由Concept Five Technology公司开发的一项技术。它建立在一系列原则之上,这些原则对成功实施EAI来说是很关键的。其原则包括如下几方面。

(1) 按企业(或组织)商务(或业务)策略调整IT。CEO常常对技术本身感兴趣,而不从商务(业务)原因的角度考虑问题。SAIM认定总的商务(业务)计划才是开发的最终动力,并提供明确的方法来保证IT计划符合商业(或业务)目标。

(2) 要建立在坚固的企业结构之上。SAIM方法在企业结构上的重点是可重用的业务组件和基础结构。可重用的业务组件包括企业商务(业务)过程的关键功能。企业结构中的核心基础构造是负责不同的软件之间进行通信。一旦在软件间实现了服务的标准化,企业就可以促进协同工作能力,节省开支并缩减投放市场的时间。

(3) 利用遗留软件和商业(业务)软件。这样开发者可以轻松地把主要精力集中到独特功能的开发上。

(4) 关注安全。在SAIM中,安全性永远是要关注的,并且安全地渗透在开发过程中。必须在可能的损失与安全对策的花费之间进行权衡,以便在可接受的风险限度内实现商业目标。

9.6.3 SAIM活动领域

SAIM是一种由体系结构驱动的方法。它由五个活动领域组成:企业IT策略、企业体系结构、应用软件体系结构、组件开发和应用软件集成和部署。这五个领域在逻辑上是逐个为基础的,但不是瀑布式的连接步骤,或是迭代过程中的一个步骤。相反,把五个领域视为同心圆环。从内向外,每个环建立在前一个环的基础上。

1）企业 IT 策略

管理者必须认识到商业（业务）活动和 IT 活动之间的关系。策略活动有两个方面。

（1）确定战略上的 IT 出发点并开发相关商业业务。有很多方法能够用来确定企业 IT 策略。通常可以采用“自下而上”和“自上而下”的分析。然后，把分析的结果用策略开发与竞争需求的关系矩阵来描述。表 9.4 显示了竞争需要对企业发展的支持程度，可以此优先考虑那些较为重要的需求。用相似的方法，还可以进行 IT 出发点与竞争需求的对比分析，并得到如表 9.5 所列的 IT 出发点与需求的关系矩阵。

表 9.4　策略与竞争需求的关系矩阵

需求 策略	需求 1	需求 2	需求 3	需求 4	需求 5
策略 1	★★	★			★
策略 2			★		★★
策略 3		★	★★	★	
策略 4	★				★★
策略 5	★		★★	★	
注：★★——需求支持策略；★——需求部分支持策略					

表 9.5　IT 出发点与需求的关系矩阵

出发点 需求	出发点 1	出发点 2	出发点 3	出发点 4	出发点 5
策略 1	★		★		★
策略 2		★★	★		
策略 3	★			★	★★
策略 4		★★	★	★	
策略 5	★	★			★★
注：★★——支持需求；★——部分支持需求					

在 IT 策略的优先级确定之后，就应该对支持 IT 策略的集中技术按它们的预期效益、投资、风险以及对商业环境变化的适应能力进行权衡与排序。

（2）评估 EAI 准备情况。目的是确保整个企业，尤其是 IT 组织为实施 EAI 做好充分准备。因为 EAI 需要与开发传统 IT 应用不同的开发原则，在进行大规模的 EAI 之前，先正式地估计一下企业的情况是十分必要的。这种评估应该考虑到商业上、组织上和技术上的问题。要评估就需要评估的准则，以下给出一系列可能用到的准则的部分内容举例（表 9.6）。

表 9.6　EAI 评估准则示例

EAI 评 估 准 则	
管理	组织上
• 有连贯的 IS 策略或是主要计划吗？	• 与 EAI 相关的角色、责任和关系是否清晰地定义了？
• 有从烟囱式应用向 EAI 框架转变的计划吗？	• 企业范围中的计划、协作、管理和执行 IS 活动的责任是否分配到了项目管理办公室？
• 企业部门和 IS 员工在计划中合作吗？	• EAI 体系结构的责任是否定义清楚了？
• 项目是否同步利用通用的功能和数据？	• 平稳的 QA 功能是否已经有了？
	• 平稳的 CM 功能是否已经有了？
• 企业文化十分合作？	• 项目的组织、人员的配置是否落实？
• 是否鼓励可重用组件的开发并重用这些组件？	• 开发队伍的技术水平和管理能力是否能胜任此项目的建设？
	• 是否需要外协？

（续）

基础结构和技术能力	方法论
• 目前是否在运用 EAI 技术？ ☐ DCOM ☐ EJB ☐ 其他事务监控器 • 培训计划和内容是否落实？ ☐ CORBA ☐ 数据集成(扩展/翻译/加载工具) ☐ 现有可重用的资源等 ☐ MQSeries ☐ 其他消息传递机制 ☐ 翻译/转换服务	• 是否有重复的生命周期的方法论？ • 方法论是否能针对应用集成？ • 方法论是否提供了对企业 IS 体系结构的定义和控制？ • 方法论是否提供了将从未用过的新技术集成到企业主体中的方案？ • 风险是否明确地控制了？

【注意】 上例中的内容不是一成不变的。企业、组织的情况不同，以及应用软件集成系统不同，评估的内容也不相同。

2）企业体系结构

企业体系结构确定企业系统的组成部分，说明它们之间的联系，并提出对它们进行深入设计的标准，包括设计原则与约束条件等。企业体系结构的任务就是限制各组件的设计，以便达成整体体系结构目标，例如，标准化、简化接口以及能够适应商业（业务）环境与支撑技术的变化能力。

为了使企业体系结构成为应用软件开发的坚实基础，必须充分考虑下列问题。

(1) 是否定义了企业的安全策略。安全策略确定了企业的指导性安全原则，宗旨是减少企业信息资源的风险。企业制定安全策略的目的是确定实现企业商务与 IT 策略所需要的高层的保护目标。企业及安全策略目标必须实现商业目的，达到法定的与规定的要求，并且适合企业管理所能接受的风险。

基于企业风险，必须确立相应的保护目标，并要求这些目标必须在信息资源的生命周期内实施。应能够防止所有可能的威胁（例如窃听、欺骗、假冒、拒绝服务攻击、数据修改、销毁，以及盗取信息和服务等）。为此，制定安全策略需要以下步骤。

① 确定适用于企业的法规、规定与商业保护要求。

② 确定角色与责任，包括 IT 技术人员、管理人员与商务人员的责任。

③ 确定重要的的信息资源，并按其敏感度进行分类。

④ 确定关键信息资源的保护目标，应保证保护等级与信息敏感度和受攻击的风险相称。

⑤ 确定策略的可实施性，即判断其是否对所有的信息用户都适用，以及是否对从何处获取信息有特殊的考虑。

⑥ 确定相关要求，说明可接受与不可接受的使用信息的方法，并确定不可接受的使用方法所造成的结果。

【注意】 安全策略是高度依赖于商业与 IT 策略原则。所有的法定与规定的要求，还有正确的道德与行为准则，都必须在安全策略中有所反映。必须确定关键信息资源，但它们并不一定总是数据，因为应用软件中嵌入的业务逻辑与数据有着同等的重要性。

（2）是否充分理解企业对商务（业务）功能和服务的高层要求。企业体系结构层次的需求分析有两个目标：①确定在软件之间共享的高层商业功能；②在现有的策略基础上，确定应用软件可用的基础结构服务。

这就要求人们必须评估商务策略与 IT 出发点对商业过程的影响。应当建立高级商业（业务）过程模型，此模型的目标是便于部门员工进行交流、分析、找出商业（业务）过程对企业体系结构的影响，而不是确定具体要求。在过程模型的基础上还可以定义高级商业组件。确定商业组件的基础，应该建立在企业的基本商业实体之上。这些可以从基本商业功能上获得（例如制造业，它有研发、生产、促销、销售、送递、信息、服务、财务与人事等）。另外，紧密相关的实体也可以联系起来确定为一个组件。例如人事与组织在功能上是相互联系的，因此可以合起来成为一个组件，而不是与某一特定功能相联系。

【注意】 在此有商业功能提出的商业组件的建议方案。在企业级并不能确定各个商业部分的具体操作，也不能确定商业实体之间的关系与具体属性，只要确定可以在应用软件之间可重用的基本功能就足够了。

（3）是否从集成的角度对遗留软件与可能的封装式软件进行了评估。在确定企业体系结构时，评估遗留软件与可能的封装式软件对总体设计的适合度是很关键的。对两种软件的评估方法大体相同。这个问题集中在两个方面：评估遗留系统与企业需要的功能的适配情况以及评估系统集成的难易度。

对应用软件进行分析，首先应在遗留系统与商业组件框架之间建立映射关系，并进行差距分析，这可能存在下列情况。

① 遗留系统中完全包含商务组件。在这种情况下，遗留系统可以提供所有商务组件需要的功能。也就是说，应该仍能用原有的功能（现有的接口，例如，界面、由消息引发的功能或 CICS 事务）来完成与商业组件有关的操作。另外，还能对遗留系统加以修改，通过相对很小的改变就可以提供其他功能。遗留系统还可以用包装为所开发的应用软件提供合适的基于组件的接口。

② 遗留系统部分支持商务组件。在这种情况下，遗留系统只提供部分商业组件要求的功能，或是很多遗留应用软件支持一个组件。对此情况可以考虑使用容器来管理多个遗留系统间的链接，或者考虑应用全新的组件方案对遗留系统进行修改，使它们与新组件连接，而不是与现有的数据存储连接。

如果要开发包装软件，它们必须符合总体要求。例如，某系统可能支持特定应用软件的功能，也支持商业领域的功能，还可能在业务领域中支持多个分离的组件。在这种情况下，应该开发多个包装来保持框架体系结构。

除了分析遗留系统提供的功能外，还需要考虑这些功能是否容易实现。例如：遗留应用软件是否提供 API；应用软件是否支持消息传递机制？是支持基于文件的 I/O 还是支持数据库等。

最后，还要考察遗留系统是单层的、双层的，还是三层模型；如果设计是多层的，再考察其内部接口是否定义良好。同时，还要考察遗留系统的安全性能，即应用软件是否实现了其安全计划。如果是，就要判断要使用新标准鉴别、授权以及审计服务来代替已有的安全代码的难度有多大。

在评估后，通常采取有序迁移或替换遗留系统的策略。先将遗留系统进行包装，在此基础上开发新的应用软件，然后遗留系统的一些部分以添加方式“在包装内部”进行替换，同时保持对新应用软件的接口。在变更完成之后，遗留系统将会完全被新的基于组件的功能所代替。

（4）是否定义并书面记载了企业体系结构。这包括分析基础结构的需求和确立企业IT体系结构两个方面。

① 分析基础结构的需求。在企业体系结构层次上，对底层的要求进行分析的目的是确定企业体系结构应有的特性，以便提供可接受的服务等级。需求不仅要考虑到企业当前需求，还要考虑IT系统支持企业不断发展所必须具备的特性。在分析需求时，可从下列几方面入手：安全需求、可维护性与适应性、可靠性与可用性、性能、可扩展性、完整性、可管理性、实用性和可恢复性等。但必须注意，每种特性都是有代价的，它既需要开发时间，又需要附加的基础结构产品。因此，我们必须在过于“浪费的预算”与缺乏可变性无法适应变化的体系结构之间寻找一个平衡点，基础结构的需求应该以反映应用软件的实际要求为主要依据。

② 确立企业IT体系结构。通过基础结构和前面几个步骤的分析，获得了IT体系结构的必要信息。利用这些信息，必须对企业体系结构进行详细地定义与记录，制定必要的规范和规定，以利于软件开发的顺利进行。这种规范和规定应该具体，以便多个应用软件既可以同时独立开发，又能有效地相互作用。

企业IT体系结构是一个复杂的实体，不要试图将整个体系结构简化为简单的一页文档或是一个方框图。确定一个企业IT体系结构，必须包含下列10个视图。

组件视图：将体系结构分解成组件，然后将组件进一步分解为若干个子组件，以次类推。它是管理体系结构开发与维护的基础。

实体/对象视图：它用来说明可用的商业实体，这些实体是由商业领域体系结构层中可重用的组件来应用的。

用户视图：说明可用的用户接口服务。

数据视图：说明在体系结构中维护的数据库。

遗留视图：说明如何将遗留应用软件集成到体系结构中。

安全视图：说明可用的安全服务，并对如何在应用软件中使用进行指导。

物理视图：说明如何将数据库与功能映射到设备上去。

故障恢复视图：说明在遇到可能的故障时，体系结构如何恢复和保护主要商业功能。

系统管理视图：说明不同的体系结构要素的管理。

开发视图：说明应用软件与组件是如何开发的。

3）应用软件体系结构

应用软件体系结构分析的目标是为开发单个应用软件体系结构奠定基础。应用软件体系结构要确保应用软件符合商业需求，能够提供合适的服务质量和安全性，满足市场化周期的需要，可以随着商务、技术环境的变化而发展，还有其业务领域的组件在以后的应用软件中可以使用。

我们将应用软件视为软件实体，它向终端用户提供一系列功能。创建应用软件体系结构时将应用软件作为整体进行分析，高层设计将把需求分配给多个组件来实现，而这些组件可以相互独立地同时进行开发。下面将分四个方面加以讨论。

（1）应用软件要求。有两种方式开发应用级要求：使用商业处理模型和使用案例。

① 使用商业处理模型是适用于新应用软件的开发。由于未来的工作环境可能不同于现在，开发商务过程模型时获取这样的信息很重要。因此，必须对终端用户在未来环境中使用规划中的应用软件的效果进行评估，以便新应用软件能满足用户的需求。

② 使用案例方式是用来说明应用软件及其使用环境，是确定商业功能需要的起点。它适用于获取对 IT 组件的技术要求。分析使用案例的目的有两个：一个是获得应用软件功能的需求；其二是提供有效机制，保证达到非功能性的要求。通过描述与体系结构相关的案例，可给予非功能性的要求以优先权，而不是将它们淹没在功能性要求中。由于这些案例可能会影响到许多组件，因此，必须考虑安全策略，既保证原有各个组件和系统的安全性，又不影响案例运行的正确性。例如，在系统中涉及到用户交互行为，则应该创建一个"登录"的使用案例。在使用案例中，必须对用例进行分析。用例是对应用软件将被使用的描述。用例分析是在非技术型用户与技术开发者之间搭起桥梁，它是将商务需求转化成实际系统必不可少的中间台阶。

（2）分析应用软件安全需求。应用软件安全需求分析是评价与应用软件有关的系统威胁和安全风险。通过分析找出应用软件中潜在的安全弱点（它应该覆盖定义在企业安全策略中相关的安全目标），尤其是大系统中组合组件中的弱点。往往是每个单独的组件看起来可能实现了安全，但是集成的应用却是脆弱的。另外，通过分析，可以从总体上减少与安全相关的组件，以便减少需要开发、测试与维护的重要安全代码。

为了实现有效的安全，需要在安装与运行软件时管理与安全相关的组件。这意味着必须随着时间变化一直维持安全机制，同时确保它易于使用，以便管理者能方便地对应用软件的安全性进行修改。

（3）开发应用软件体系结构。应用软件体系结构的核心是将应用软件高层要求分配到各个组件上；而各个组件以黑盒的方式运行，可能包含大量的元素。在应用软件体系结构中，必须声明某个应用软件中要用到的一系列体系结构组件，这包括应用软件中的专业组件与其下层的可重用组件。而应用软件体系结构必须详细说明这些组件，以便它们能在以后的步骤中得以顺利设计和开发。

在开发应用软件体系结构时必须注意以下问题。

① 应用软件体系结构应该确立由企业体系结构的基础结构层提供给应用软件的服务。企业体系结构应该对特定的基础服务确立相应的标准方法。应用软件的体系结构必须遵循这些标准方法，例如，确定用 CORBA，那么它必须遵守该方法。

② 对于能被多个应用软件共享的组件，必须按适合的设计原则设计成可重用的组件。

③ 必须为组件的初始开发确定要求，必须保证在开始时就让它遵从合适的组件需求。为了满足新应用软件的要求，可以修改现有的组件，但必须不影响依赖于该组件运行的现有其他应用软件的正确运行。

（4）选择商业产品。商业产品可能包含在应用软件体系结构的任何层次。对产品的选择与评估可能在应用软件的开发过程中要反复进行多次，因此，我们应该把产品选择视为应用软件体系结构的一部分，因为所选择的产品有可能被引入新应用的开发中。产品选择的通常步骤如下。

首先，考察市场上所有可采用的软件产品，尽可能找到一个全面的产品列表，避免忽视任何可选的产品。这个阶段不需要有什么明显的要求，只需要确定寻求的产品类型即可。

接下来，在系统要求的基础上确定初始的高层需求的评估准则，并按准则的要求对所收集的产品进行审查、筛选，淘汰那些明显不符合要求的选择。对剩下的选择，应该更彻底地加以分析。在这一点上，正确地理解应用软件的要求是十分重要的。因此，必须把应用软件要求转化为特定准则，用以评估每个选项。一般采用权衡/评分的方案进行评估。

最后，配合技术手册和用户手册的阅读，并与软件销售人员讨论等方式，更深入地了解产品的技术特性与性能，以便最终做出选择的决策。如果没有明显的优胜方，即有几种合适的产品，最好进行实际调查，进一步调查产品之间的不同之处，这会有利于进行对比分析。

4）组件开发

组件是一种软件实体，它通过特定的接口提供一组相关的功能。在应用软件集成中，组件的类型可分为以下几类。

（1）定制组件。是指应用软件中新开发的组件，或者在现有组件上加以修改，或者干脆不修改直接重用的组件。

（2）包装遗留应用软件。这种组件建立在各自的遗留应用软件基础之上，遗留应用软件组件可能修改，也可能不必修改。

（3）包装封装式应用软件组件。这种组件与包装过的遗留应用软件在许多方面相似，但通常要修改其底层遗留应用软件是不可能的。

（4）包装数据库。它是一种特定的一类数据库。它使用分布式对象、消息传递或事务接口来对外提供数据库信息。包装层的作用减轻了编程人员的负担，使他们不需要知道数据库体系结构的细节或者直接访问的方法。

（5）基础结构组件。指直接投入使用的组件，例如，ORB 或数据库。

一般都希望组件能够重用，而且对粗粒度的组件感兴趣，例如，企业整个财务信息系统可以视为一个组件。应用软件可能有多个组件组成，作为业务领域或是体系结构基础层的一部分，组件可能支持多种应用软件，组件是体系结构层中对某种应用软件进行支持的一种应用程序。因此对组件定型时，应该考虑长期需要，而不是应用软件的短期需要。

5）应用软件集成和部署

应用软件集成和部署的最大特点是强调迭代式部署与试运行。

（1）试运行评估。试运行评估的目的是确定软件是否达到了总体目标。在进行评估前，需要撰写评估计划、内容和方法。在评估过程中，需要与使用者群体多交流，并从他们那里获得支持。例如，进行面谈或收集、监控系统数据等。注意，滥用试运行评估会失去重点和资源浪费。对某一应用软件进行重复而不重要的评价是没有什么价值的。

（2）进行安全渗透性测试。安全渗透性测试活动的目的是，证明设计方案的安全服务与机制的完整性、正确性与一致性，同时还需要证实应用软件符合安全策略与要求。通过安全渗透性测试也可以暴露安全缺陷，以便弥补和改进。

【注意】 安全性探测与渗透性测试是不同的概念。安全性探测是测试特定系统组件以发现安全缺陷；而安全渗透性测试对整个体系结构进行测试，试图攻破其安全防护。渗透性测试中所使用的工具与技术和黑客所用的相同，目的是找到整个系统的弱点。

渗透性测试至少包括以下方面：

① 检验所有边界访问点来确保系统的鉴别与访问控制功能良好。

② 测试所有的网络通信路径，寻找断路、损坏或偷听的缺陷。

③ 测试所有数据记录，例如表格与字段，检查它们是否能经受恶意进入或修改数据格式的攻击。

④ 测试所有安全机制，以确保它们能支持在安全策略中所说明的各种安全服务。

⑤ 检查一般错误，如不能去掉默认账户或是试用账户。

⑥ 检测软件产品中已知漏洞，确保已安装了补丁程序。

⑦ 试图利用会话工具拦截所有进程管理技术，例如 cookies 或用 URL 编码的对话 ID 等。

9.7 面向服务体系结构简介

从上述的讨论已经知道,传统的 EAI 是基于消息总线/代理或者中间件软件。它们一般采用了 DCOM、CORBA、EJB、MOM 等分布式技术，通过建立系统的底层架构来联系横贯整个企业的异构应用及资源,实现数据共享与交互。其缺点是与原有体系结构耦合过于紧密,不具灵活性,成本高,实现复杂。因此,近年来出现的面向服务体系结构(SOA)集成方法可以较好地解决这些问题。

9.7.1 SOA 的概念与服务模型

1) SOA 概念

SOA 不是单指某项技术,是一种在计算环境中设计、开发、部署和管理离散逻辑单元(服务)的模型。它将应用程序的不同功能单元(称为服务),通过这些服务之间定义良好的接口和契约(contract)联系起来。接口是采用中立的方式进行定义的,独立于实现服务的硬件平台、操作系统和编程语言,从而使得构建在系统中的服务可以使用统一、标准的方式进行通信。

SOA 设计目标是以服务为基础,通过服务的交互来实现系统动态、松耦合的集成,并且可以不用考虑各自运行平台和开发环境的差异,将旧系统中可复用的模块方便地纳入新的应用系统中,从而极大地降低了结构的复杂性与开发成本,并提高了开发的质量,加快了开发的进度。

2) SOA 服务模型

面向服务的体系结构如图 9.19 所示。主要有三种角色:服务提供者、服务调用者和服务注册中心。

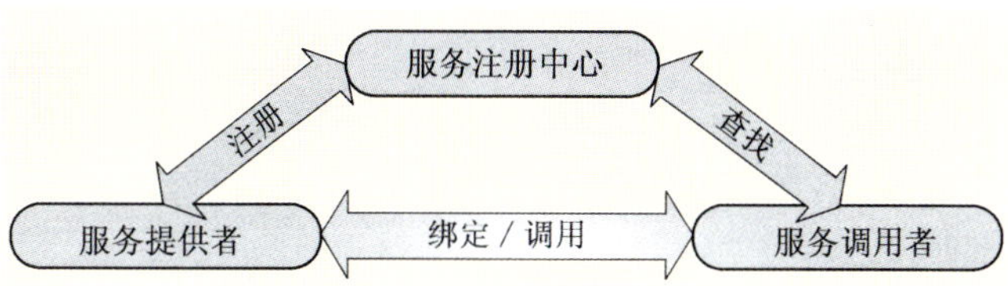

图 9.19 SOA 服务模型

(1) 服务提供者。它是创建服务的实体,负责服务功能的具体实现，并通过注册服务操作将其所提供的服务接口和访问信息发布到服务注册中心以供服务调用者发现和访问服务，当接收到服务调用者的服务请求时，执行所请求的服务。

(2) 服务调用者。它是服务执行的发起者，首先需要到服务注册中心中查找符合条件的服务,然后根据服务接口说明信息,并使用某种传输协议进行服务绑定/调用，以获得需要的功能。

(3) 服务注册中心。服务注册中心处于中心位置,它提供服务提供者注册服务、提供对服务的分类和查找功能，以便服务调用者发现服务。

9.7.2 面向服务的集成技术与规范

9.7.2.1 SOA 与 Web 服务

SOA 表示的是一个概念上的模型,在这个模型中,松耦合的服务在网络上被描述、发布和调用。面向服务的集成可以理解为:在 SOA 中,通过服务的交互来集成企业的 IT 资源,使之成为可重用的服务与业务流程。目前,实现面向服务集成的主要技术有 Web 服务、业务流程管理和企业服务总线等。企业服务总线提供了实现松耦合、粗粒度服务的基础结构要素;业务流程管理确保将细粒度服务编排、组合成实际企业运行时的业务流程。Web 服务则是由一组协议构成的协议栈所定义的框架结构,它定义了在不同的系统之间通信松耦合的编程框架。Web 服务的最大的优点是,允许在不同平台上以不同语言编写的各种程序以基于标准的方式相互通信。可以说,Web 服务体系结构实际上是 SOA 的一个特定的实现。SOA 作为一个概念上的模型,它将网络、传输协议以及安全等具体的细节都遗留给特定的实现。Web 服务中的 SOAP(Web 服务的通信协议)、WSDL(Web 服务说明语言)正是定义这些具体实现细节的标准。因此可以认为,Web 服务是一种能够实现 SOA 特点的方式,而 Web 服务协议的成熟性更使得其成为目前较理想的 SOA 实现方式。Web 服务能够快速、低代价地开发和动态绑定应用。

9.7.2.2 JBI 简介

近年来出现了众多的面向服务集成的解决方案,但大部分都采用非标准技术实现,导致技术专有且灵活性低。2005 年 6 月,SUN 公司提交的 JBI 1.0 版参考实施规范(JSR-208)获得 JCP 社团的批准。JBI 通过基于标准的架构解决了业务集成问题。目前,基于 JBI 的相关 ESB 项目有 SUN 公司的 Open-ESB、IONA 和 ObjectWeb 公司的 Celtix 等。

1) JBI 概述

JBI 是面向服务集成的标准元容器(meta-container),它允许多种第三方插件式构件来嵌入和使用公共消息总线通信;同时基于 WSDL 抽象服务模型进行消息交互,提供了通用的服务计算架构,使得业务集成无须考虑底层的实现技术与通信细节,实现了构件间的松耦合。

2) JBI 环境的组成

JBI 环境是驻留在单个 JVM 中构件的集合,也称为 JBI 容器。外部服务的消费者和提供者通过绑定构件(BC)与 JBI 环境内部通信。下面分五个部分介绍它的基本组成,如图 9.20 所示。

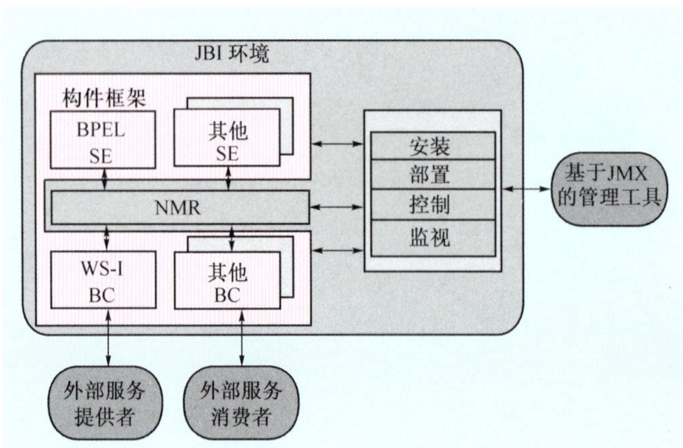

图 9.20 JBI 环境

(1) 插件式体系架构。JBI 定义了由容器和插件组成的可插拔体系架构、容器宿主插件式构件;构件之间不能彼此交互,必须通过规范化消息路由器(NMR)进行中间消息交换与路由,实现了服务消费者与提供者之间的松耦合。JBI 运行核心主要包括如下部分。

① 构件框架。提供 JBI 环境与构件之间交互的接口;

② NMR。提供在服务之间基于标准的消息交换;

③ 管理框架。基于 JMX 的管理接口。

(2) 两类 JBI 构件。

① 服务引擎(SE)。负责业务逻辑处理。WS－BPEL 2.0 引擎、XSLT 引擎和 EJB 容器等,都是可插拔 SE 的例子;

② BC。负责与外界通信,支持 HTTP/SOAP、AS1/AS2 EDI、JMS 等多种传输协议。提供链接性到 JBI 环境外部的服务,可作为外部服务消费者或提供者的代理。

(3) 基于 WSDL 的消息模型。构件之间基于 WSDL 2.0 服务模型进行消息交换,独立于任何特定的协议和消息编码格式,构件可以是服务提供者、服务消费者或两者兼之。消息的传递基于接口名或服务名。

(4) NMR。NMR 提供了一种轻量级消息框架,用于构件之间进行消息交换,创建了基于标准消息通信的定义良好的互操作语义。在 JBI 环境内,消息以规范化形式由 NMR 在构件之间路由,规范化消息由三部分组成:消息负载、消息元数据和附件。BC 负责将外界特定协议的消息转化为规范化消息。服务激活时会自动向 NMR 注册,构件能向 NMR 查询 WSDL 描述的服务。

(5) 基于 JMX 接口的管理。包括:

① SE 和 BC 的安装与部署;

② 构件的生命周期管理(启动、停止等);

③ 在 JBI 构件上部署服务单元(SU),服务单元的集合和相关元数据一起被称为服务组装(SA);

④ 监视和控制。

9.7.3 SOA 的优点

相比于传统的 EAI 架构,SOA 具有如下优越性:

(1) 粗粒度、松耦合的服务构架;

(2) 具有良好定义的标准化接口;

(3) 实现技术和位置的透明性;

(4) 灵活地适应服务的多变性;

(5) 服务组合与重用。

SOA 是一种表现形式,是通过服务对企业的应用需求进行展现。SOA 注重将已经存在的应用系统进行集成,同时又可以根据标准规范新的应用系统的开发过程,使得企业内部甚至企业之间能够基于相同的服务框架实现信息和数据的共享与交互。它与 EAI 与 SAIM 一样,重视可复用组件的开发,尤其是粗粒度组件。SOA 的集成解决方案与标准、规范正处于发展中,但是,无缝地进行粗粒度、松耦合的异构应用系统集成是企业亟待解决的重要问题。

9.8 小结

现把本章的内容作一个图示形式的归纳,以方便读者参考。

(1) 系统转型因素。

(2) 信息系统结构框架。

$$\text{Zachman 框架}\begin{cases}\text{数据体系结构}\\\text{功能体系结构}\\\text{技术体系结构}\end{cases}$$

(3) 应用软件集成(EAI)。

{集成模型——表示集成、数据集成、功能集成
功能集成——数据一致集成、多步处理集成、即插即用组件集成}

(4) EAI 基本组成模块。

{通信模式——同步通信、异步通信
集成方法——消息传递、接口、连接器
中间件——RPC、MOM、DOT
服务模块}

(5) SAIM 方法。

(6) SOA 简介。

第10章 软件安全

计算机安全是防范与保护计算机系统及其信息资源在生存过程中免受蓄意攻击、人为失误与自然灾害等引起的损失、扰乱和破坏。计算机安全已衍生成为一门研究计算机安全防护理论和方法的技术学科。鉴于计算机系统本身的不安全性和计算机犯罪现象的普遍存在,自20世纪60年代以来,有关计算机安全防范问题的研究,一直是社会各界所关注的热点。

本章主要讨论软件安全及其与软件安全性相关的概念、防范方法和技术。有关操作系统、数据库和软件体系结构相关的安全性问题分别在各自的章节中加以介绍,请读者参看有关章节。

10.1 计算机安全的含义

计算机系统是指硬件、软件、数据、存储介质以及执行计算任务的人所组成的集合。计算机系统的任何部分都可能是入侵者的攻击的目标,而且入侵者总是寻找系统的薄弱点进行入侵。这就是人们常说的最易渗透的原则:一个入侵者总是企图利用任何可能的入侵手段。这种入侵没有必要通过显而易见的手段,也没有必要针对安排有最可靠的防御系统。计算机安全的目标是设计出能防止弱点被利用的方法。在讨论计算机软件安全性之前,有必要对计算机安全的一般概念进行介绍。实际上,计算机系统的各个组成部分是相互关联、互相制约和不可分割的有机体。

10.1.1 安全的目标

计算机的安全致力于三个目标:保密性、完整性和可用性。

(1) 保密性。保密性是确保计算机的相关资源仅被合法用户访问。也就是说,只有授权的用户和系统才能访问被保护了的数据,从而使信息能按照信息的安全策略或信息拥有者的要求保持高度敏感数据的机密性、保持数据的私密性和个人专有性。

(2) 完整性。指系统中的资源只能由授权的方式进行修改,以保证信息的正确性、有效性、一致性不受意外事件的破坏。这里的修改包括写、替换、复制、状态转换、删除和创建等操作。

(3) 可用性。是指系统中的资源对授权方是有效可用的。换句话说,有些人或系统有访问某个资源的合法权限,那么访问就不能被拒绝。可用性的对立面是拒绝服务。

计算机安全的三个目标可以是独立的,也可以是重叠的,甚至于可以彼此不相容。构建安全系统的挑战是在这些目标中找到一个合适的平衡点,如保密性的强保护措施会严重地限制可用性。

为了保证计算机安全三个目标的实现,要求系统必须提供审计手段,用以分析安全事故的原因和追查安全事故的责任人,这就是可核查性。它要求系统能识别、鉴别每个用户及其进程,能中介它们对系统资源的访问,能记录和追踪它们的有关活动。

10.1.2 脆弱性

许多安全问题是一些恶意的用户希望获得某些利益或损害他人而利用计算机系统的某些脆弱性进行攻击。计算机系统固有的脆弱性,使它在运行过程中的安全受到严重威胁,容易受到自然或人为的破坏,计算机所存储或处理的信息可能被人们有意地窃取、扰乱、篡改、破坏或无意地泄露,给社会或个人带来严重灾害,故有必要对系统的脆弱性加以分析。

1) 硬件脆弱性

硬件是有形之物。故意攻击的手段通常有盗窃或破坏,其目的是限制可用性。大多数计算机中心的管理人员已经认识到这些脆弱点,并安装了物理保安系统来保护机器。硬件最简单的攻击就是增加设备、改变设备、删除设备、截取通信或采用大量信息阻塞它们,使其丧失处理能力。总之,硬件的防范措施还是比较容易实现和检验的。

2) 软件脆弱性

软件是计算机信息处理系统的核心,一个计算机系统如果没有可靠的软件与之配合使用,它是没有生命力的。软件具有二重性,它既是安全保护的对象,又是安全控制的措施,同时又是危害计算机系统安全的途径和手段。由于软件脆弱性的复杂性和考虑的角度不同,目前还没有形成一个一致可接受的软件脆弱性定义。但通常可把它归纳为两类。

(1) 精确定义。它试图对系统及其行为给出精确的描述,并基于此给出系统脆弱性的精确定义。典型的有以下两种。

① 访问控制定义。将系统状态通过一个主体、对象和访问控制矩阵构成的三元组来描述。其中访问控制矩阵指定了系统的安全策略,安全策略将所有的状态分成授权状态和非授权状态。实际上,在 Unix、Macintosh OS、Windows NT 等操作系统中,都不存在如此清晰和详细的访问控制矩阵。此定义的关键是用三元组描述。而脆弱性是指一切能够引起操作系统执行违反安全策略的操作。

② 状态空间定义。认为操作系统是由描述实体当前配置的状态组成的,系统运行实际上是状态迁移。即从一个给定的初始状态出发,经过使用一组状态迁移,可以达到所有的状态。依据安全策略的定义,状态迁移分成授权迁移和非授权迁移两类。如果从某个状态,经过一系列授权的状态转换可以达到某个非授权状态,则这种状态称为脆弱状态。这种定义也很难应用于 Unix 或者 Windows NT 这样的系统,即使人们可以列出系统中所有可能的安全和非安全状态,但是仍然不够,因为系统的状态划分不是一个静态、封闭的过程,还必须考虑系统的运行环境,包括用户执行的动作。

(2) 模糊定义。通过描述性语言,对脆弱性的本质进行描述。这类定义通常出现在字典或各种脆弱性数据库中。典型的例如:

① 在 GJB 2256—94,《军用计算机安全术语》中,定义脆弱性是导致破坏系统安全策略的系统安全规程、系统设计、实现、内部控制等方面的弱点。

② Krsul 提出的基于安全策略的脆弱性定义,认为软件脆弱性是软件规范、开发或配置中错误的实例,其结果将违反安全策略。

从上述可知,由于软件脆弱性的复杂性和考虑的角度不同,对脆弱性的分类也各不相同。

3) 软件脆弱性分类

软件脆弱性分类方法很多,在此列举几类。

(1) 基于引入原因的分类。普渡大学的 Aslam 和 Krsul 等人研究了操作系统中的一系列脆弱性,1995 年提出了基于引入原因的分类方法,将脆弱性引入原因分为五种。

① 设计错误。包括需求分析和软件设计等过程中的错误。

② 环境错误。由于与软件设计时假定的环境不匹配所造成的错误。

③ 代码错误。程序编码中的错误。

④ 配置错误。软件本身没有错误,运行系统时出现的配置错误。

⑤ 其他错误。

由于软件开发是一个很复杂的过程,问题的复杂性、设计的复杂性和纯程序的复杂性,都会增加程序设计和编写软件系统的难度,增加出现错误的机会。因此,在软件生命周期的各个阶段都可能产生脆弱性(图 10.1)。在图 10.1 的虚线的右面是指开发过程中的脆弱性,左面是执行过程中的脆弱性。

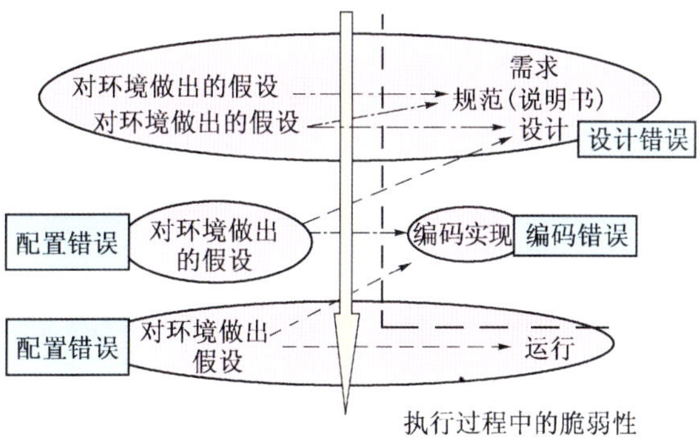

图 10.1 脆弱性软件生命周期的分布

这种分类不够严密,存在着二义性,如 xterm 日志脆弱性可以被归结到许多类中。

(2) 基于影响的分类。基于影响的分类是要确定脆弱性的影响,包括确立直接或者间接的影响。直接影响是指当脆弱性被利用时立即就能觉察到的影响;间接影响是指利用某脆弱性后最终所造成的影响。基于影响可将脆弱性分成以下几类。

① 非法访问数据。包括非法访问系统或用户级数据或者导致数据丢失。

② 非法执行代码。包括在系统或用户权限下非法执行机器语言代码或脚本。

③ 拒绝服务。包括系统资源被用完或被删除。

④ 非法执行命令。如用户软件通过执行用户级命令而破坏管理设定的访问控制集。

这种分类方法有多义性,例如,Unix 中攻击者重写文件/vmunix 的脆弱性,直接影响系统无法工作,同时信息被修改。最终的影响是拒绝服务和丢失系统数据。

(3) 基于攻击的分类。Cohen 对系统的 100 个可能的攻击集进行了收集和分析,并据此对脆弱性进行分类如下。

① 错误和疏忽。如忘记删除默认密码,不正确地设置保护等。

② 调用时的无效值。用无效的值调用系统导致操作系统出错。

③ 隐含的信任攻击。如一个程序不适当地信任另一个程序。

④ 数据欺骗。非法地修改数据而跟踪操作系统,并产生错误的结果。

⑤ 过程旁路。旁路某些控制不完全的控制过程。

⑥ 输入溢出。攻击没有对输入长度进行检查的程序。

⑦ 分布式协同攻击。通过中间系统进行攻击。

等等。

以上分类方法仅仅是一部分。有一定影响的分类方法至少有20多种,如基于语法、基于属性、基于利用难度、基于生命周期等。每一种分类法可从不同的角度对软件脆弱性的本质和特性进行描述,但都有其特点和不足。没有一个是被普遍接受的。从这些分类方法可以明显地看到:从软件的需求分析、设计、实现、测试直到运行的各个环节都可能隐藏着许多软件的脆弱点,这也是攻击者主要攻击目标的原因所在。

软件安全涉及的范围很广,从软件安全的攻击形式和结果来讲,可分为以软件作为手段的攻击和以软件作为对象的攻击。

(1) 软件作为手段,获取未经授权或授权以外的信息。它攻击的是计算机信息的机密性和完整性。例如,特洛伊木马和陷阱门。

(2) 软件为手段,阻碍系统的正常运行或其他用户的正常使用。它攻击的是计算机系统的可用性,例如计算机病毒。

(3) 软件作为对象,破坏软件可靠地完成指定功能。除了计算机病毒以外,还有其他一些人为的或非人为的因素,如故障、干扰和误操作。它攻击的是软件的可靠性。

(4) 软件被恶意地替换、改变或破坏,也可以被意外地篡改、删除或错改。软件删除是指删除正确版本中的某个软件或存储了错误的软件版本,从而破坏了前一个正确的版本。通常采用版本配置管理程序来精确地控制访问软件,防止软件被意外地删除、破坏和替换,保证了版本的完整性。应用了配置管理后,仅当新版本完全通过了严格的测试,它才能替代旧版本。

软件很容易被篡改,一旦软件被篡改,就造成工作失败或执行并不希望的工作,甚至感染病毒造成系统瘫痪。软件篡改方式很多,例如,逻辑炸弹,它是对程序进行恶意修改,当其遇到特定的条件或特定的时间和数据时,才会发生错误。另有一种改变形式是扩展程序功能,使程序具有企图难以察觉的功能。例如,一个程序的正常功能是构造用户的文件清单,但设计者恶意地将其扩展为同时具有修改文件的功能,从而允许其他用户可以访问文件。其他软件篡改包括特洛伊木马、病毒、陷阱门和程序中的信息泄露及软件盗版。

综上可知,软件安全是一个很严重的问题,它涉及到所有从事软件需求、设计、修改、维护人员和分析人员,所以软件安全性是系统安全的重要研究内容。

4) 数据脆弱性

数据有敏感数据和一般数据。对于敏感性数据就应该采用保密措施,严加保护。例如,机密数据泄露给竞争对手会加强对手的竞争优势。错误地修改数据会造成巨大的灾难,因此,在数据安全的设计上,提出了适度保护的原则:计算机资源项在其失去了价值前必须被保护。它们被保护的程度与它们的价值是一致的。这就是说,对于那些生命短的事物,只在其生命期间对其安全保护。

安全的三个目标在数据安全性上体现:机密性是防止数据项的非授权泄露,数据的完整性是防止非授权改动 ,数据的可用性是防止授权访问被拒绝。计算机系统易被攻击的三个主要部分是硬件、软件和数据。这三个部分及它们之间的通信,构成了计算机安全脆弱性的基础。除了这三个方面外,还有其他易受攻击的资源,例如,网络。网络是硬件、软件和数据的一个专有集合。每个网络节点自身就是一个计算机系统,因而它也会遇到所有的常规安全问题。网络还必须面对通信问题,它涉及到系统部件和外部资源间的交互。引起通信问题的因素有几乎无防护的存储介质、远程访问以及潜在的不可信计算机系统。就以访问而言,可能存在三种类型的脆弱点。

(1) 入侵者可能窃取计算机的机器时间去完成一般计算,这类似于窃电的行为,该计算本身并不攻击系统的完整性,但是未授权访问还可通过修改数据或程序来威胁合法计算;

(2) 涉及对计算机的恶意访问,达到破坏软件或数据的目的;

(3) 未授权访问可能引起对合法用户的服务被拒绝。

这三种类型的脆弱性要求系统阻止未授权访问。此外,人也能成为安全的脆弱点。在只有一个人知道怎样使用或维护某个特殊系统的情况下,如果这个人离职或遭受意外,或心怀不满,麻烦就会随之而来。图10.2表示了计算机系统的三类资源的脆弱点。这一切说明,计算机系统安全的脆弱点是来自系统的各个方面,计算机系统的任何部分都可能成为犯罪目标。这可以归纳为安全的基本原则之一——最易渗透原则:一个入侵者总是企图利用任何可能的入侵手段。这种入侵没有必要通过显而易见的手段,也没有必要针对安装有最可靠的防御系统。

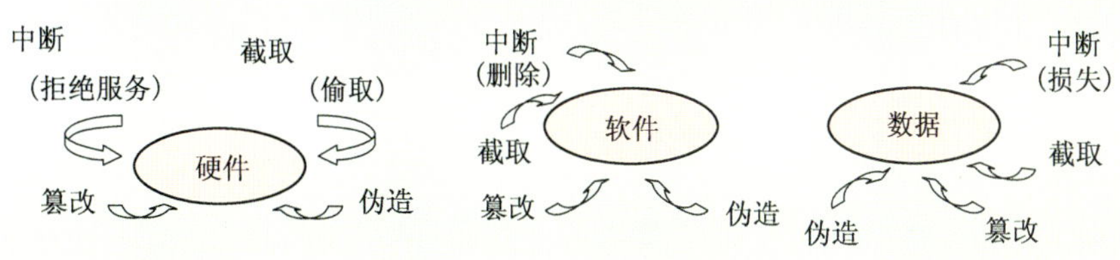

图10.2 计算机系统的脆弱点

10.1.3 防御和控制

计算机系统易被攻击的部分是硬件、软件和数据以及它们之间的通信,这构成了计算机安全的脆弱点。攻击者的主要攻击是截取、中断、篡改和伪造。人们通常采用防御和控制的方法来阻止、预防、检测和迷惑攻击者的攻击,确保系统和信息的安全。

1) 防御

为了防御攻击者的攻击而造成对系统的损害,我们必须采取必要的防御措施。通常可采取两种方法,即消除威胁、关闭脆弱点,或者二者皆有。具体的方法如下。

(1) 预防。采用某些措施去阻止攻击或关闭脆弱点。

(2) 阻止。寻找某种方法,使攻击者的攻击变得更困难。

(3) 转移。使其对其他的目标更具有吸引力,或减少攻击者对本目标的吸引力。

(4) 恢复。攻击中或攻击后的恢复。

(5) 检测。当发生攻击时或发生攻击后的一段时间内进行检测,排除其可能造成的危害。

以上处理损害的方法可以同时选择几种方法使用,也可以同时联合使用。但不管使用哪些方法,系统必须安装检测装置来预报一个即将发生的攻击。一旦系统不能阻止攻击者的攻击,系统应该要有适当的事件响应程序来帮助恢复、排除危害,使损失减到最小。例如,防病毒软件、入侵检测等均是一种防御手段。

2) 控制

对计算机系统的安全而言防御和控制是密不可分的两种手段。常用的控制方法有加密、硬件控制、软件控制和物理控制。

(1) 加密。指把处于未编码状态的信息(称为明文)变换成为一种外部观察者难以理解的信息形式的过程。被转换后的信息称为密文。应用加密技术解决了数据保密性需求,并且还用于完整性保护,从根本上使信息的截取、篡改或伪造失效。但是,如果使用不当,可能对安全毫无作用或甚至降低整个系统的性能。加密技术不能解决计算机安全的所有问题,还需要其他工具进行补充。

(2) 硬件控制。利用具有一定安全功能的设备,以加强安全的措施,例如:防火墙(例如:包过滤防火墙、双宿主机防火墙、主机过滤防火墙和子网过滤防火墙等)、进行加密的硬件或智能卡、入侵检测系统和存储介质的访问控制电路板等。

(3) 软件控制。软件保护除了加密方法之外,主要是指程序控制,也就是程序应有足够安全以防止外部的攻击。程序控制包括以下方面。

① 内部程序控制。程序中执行安全限制的部分,如数据库管理程序中的访问控制。

② 独立控制程序。针对某类脆弱点的一些工具性程序,如密码检测、入侵检测工具或病毒扫描器等。

③ 操作系统和网络软件系统控制。由操作系统或网络软件所提供,以保护用户的限制。

④ 开发控制。指用于程序设计、编码、测试和维护的质量标准,防止软件缺陷成为可利用的脆弱点。

(4) 物理控制。物理安全是用于描述计算机系统以外所需的安全保护术语。典型的物理控制包括阻止直接攻击的警卫、锁门、防止辐射(Tempest)、备份重要软件和数据,以及选择自然灾害风险较小的地理位置等。物理控制在许多地方往往是最便宜、最有效的方法。

我们必须充分地认识到没有一种控制是永远有效的。当找到一种能够保护资源不再遭受某种攻击的方案时,攻击方会加倍努力地去攻破这个方案。这就是最弱环节原则:安全不会强于其最弱的环节。不管它是防火墙,或是支持安全应用的操作系统,或是规划、实现和管理控制的人,只要所有控制中的任何一个失败,整个就失败。因此,人们往往使用重叠控制,也称为分层控制的方法,当一种控制失效后,另一种控制可以补救。当然,不一定说,多种控制一定优于一种控制。在使用控制时候必须遵循有效性原则:控制必须使用(而且被正确使用)才有效 。它们必须是高效的、容易使用的和适当的。判断控制的有效性是一项持续的工作,不能认为有了控制手段就平安无事了。

10.2 软件安全的目标

在 10.1 节中已经介绍了计算机安全目标以及软件的脆弱性。那么,安全的软件系统究竟意味着什么?一个程序怎样才是安全的?

安全性不是一个静态特性,它是一个相对的,不是可简单定义的概念。不仅没有百分之百安全的东西,就是指出的安全程度也与其环境有关。对于任何给定的系统,不管如何“安全”,都有可能被攻破。所以,对安全性的理解,最好方法是了解其目标。什么是我们想要保护的?我们要防护的对象是什么?如何达到目标?

10.2.1 软件安全性目标

以下七个安全性目标作为一个良好安全性解决方案的基础已被普遍接受。

(1) 认证。对实体所宣称的身份确定其有效性的过程。这是安全性三大目标之一(另外两个是保密性和完整性)。认证方案有很多种,例如,用户 ID 和密码(也称单要素认证方案)、基于令牌的认证(也称双要素认证)、生物认证方案(也称三要素认证)和认证架构(诸如Kerberos、DCE或PKI之类的安全性架构提供的认证服务)。

(2) 授权。根据属性、断言或相关环境来确定某个已被证实身份的实体是否被允许访问某个受保护资源的过程。属性是名称—值(name - value)对,我们采用属性来描述实体细节。断言是基于受保护资源的环境条件,这些条件必须有效才能访问资源。相关环境则将请求的事务处理放置到一个和系统相关的参照系中,参照系可以基于时间、操作历史,或者基于规则库中的规则。

授权有时也称为访问控制。传统的访问控制模型一般分为两大类:强制访问控制(MAC)和自主访问控制(DAC)。"强制"和"自主"是指用户修改访问权限的能力,而这个能力在目前已经不再被看做是某种访问模型的最关键定义属性。当前的模型表述方式将访问控制表述为用于实现一些客观目标,具有多级的层次或多面的烟囱式结构。例如,用于包含信息的机密性的Bell - LaPadula模型,多级别的Biba模型,用于保护数据完整性,以及Brewer和Nash的"中国墙"模型,用于保护病人的隐私等。在学术研究领域和商业产品中占主导地位的访问控制模型是基于角色的访问控制模型(RBAC)。RBAC由于其目标具有体系结构意义的,因此被广泛接受。有关访问控制将会在后面进行讨论,在此不再细述。

(3) 完整性。防止有某个未授权用户或实体对某个资产进行修改或破坏。它与认证相比(认证针对的是谁、何时、怎样),完整性关注的是创建后是否被恶意地篡改过。

(4) 可用性。保护资产免受可能影响系统有效性的拒绝服务的攻击威胁。可用性也是一个关键的系统属性。在恶意攻击条件下进行的可用性建模,不同于一般的组件故障条件下进行可用性建模。

(5) 机密性。信息对于未授权用户、实体或过程不可以泄露。

(6) 审核。将所有系统活动以足够再现事件的程度来进行记录。它通常结合警报同时使用,后者是将触发器与事件进行链接的过程。和触发器相关联的操作定义了系统对该异常的响应,这就是我们通常所说的"系统产生了一个警报"。

(7) 不可否认性。在某个通信或事务处理结束之后,防止其中的任何参与者否认他(她)在该过程所充当的角色。

10.2.2 与体系结构安全性相关的属性

软件安全性风险主要来自两个方面:体系结构的问题和实现的错误(例如,缓冲区溢出和编程的错误)。其中,更重要的是体系结构的安全性问题。在缺乏明确的安全体系结构指导的情况下,将安全性作为一项功能来实现,将会导致设计的不稳定因素。低劣的体系结构将会导致以下有失偏颇的"荒诞说法"出现:

(1) 安全性会导致严重的性能问题;

(2) 安全性会提高系统的管理复杂性;

(3) 遗留系统实现安全性开销太大。

安全性功能会使其他常见的企业体系结构功能(例如高可用性、灾难恢复功能)变得复杂。

10.2.1节所介绍的七个软件安全目标是最常用的,但是要有一个良好的体系结构选择还应当包括以下其他属性。

(1) 安全单点登录。允许某个经过认证的用户能够在不用重新认证的情况下,访问所有允许访问的资产和资源。单点登录主要是一个可用性方面的特性。用户会话的有效性可以通过诸如已连接时间、日期、凭证信息的到期或其他属性等因素来进行限制。一旦系统终止了用户的会话,则系统中的所有组件应该被用户的访问,直到他(她)重新被认证。我们必须防护在单点登录环境下的密码攻击变种,例如窃取凭证信息、重演攻击、伪装或通过密码锁定来实现的拒绝服务攻击等。

(2) 合并的审核日志和日志分析。该属性要求对所有组件记录事件进行分析。审核应当支持日志集成、分析、警报和系统级的事故响应。这种情况通常对于架构师是一个棘手的情况,因为审核会导致性能和集成问题。架构师可以选择离线而不是实时进行日志分析。这一做法可能不能防范入侵,而只能在入侵发生后检测到这一事实。在企业级别上,如果我们能够标准化日志记录格式并集中审核信息,则可以实现更高级的功能,例如可能使用高级的分析工具来进行知识提取,或基于案例的推理来了解警报和网络数据流。合并的审核日志对于其他目标,例如性能测试和操作配置文档的构建也能提供帮助。

(3) 安全性管理。对系统中的安全性控制,以及相关数据的管理必须是安全的。此外,安全性管理不能给系统体系结构或设计带来不合理的限制。这一属性通常和其他体系结构目标,例如可移植性(因为管理接口可能不能扩展到新的平台)或可扩展性(因为虽然系统本身能够容纳增长,但安全性解决方案的管理组件可能不能处理更多的用户、主机、警报等)冲突。

(4) 会话保护。确保未授权用户不能对已认证或授权的用户的会话或事务处理过程进行接管。

(5) 统一的安全性粒度。该属性确保体系结构中的不同组件和子系统具有类似的资产定义和粒度,并以类似的方式定义访问控制规则。如果在某个体系结构中,其中一个子系统在其数据库中定义了多个级别的安全性,而另外一个子系统则只能识别两种级别的用户(如具有 root 权限的管理员和没有 root 权限的客户),则显然在这一体系结构中定义安全性策略是很困难的。

目前,大多数软件产品都很难达到 10.2.1 节所提到的七个安全性目标。但是在比较这些产品的差异时,我们可以参照本节所介绍的属性来进行。

10.3 程序安全性

程序是计算任务的处理对象和处理规则的描述。任何以计算机为处理工具的任务都是计算任务,它是软件的本体。程序的"安全"的含义是指,对程序能实现期望的机密性、完整性和可用性的信任程度。这就要求解决三个问题:①如何消除程序中的缺陷;②在程序有缺陷的情况下,如何保护计算资源;③如何控制对程序的威胁。

10.3.1 程序缺陷

程序安全性缺陷范围很广,可以来源于任何种类的软件错误,例如,从对程序需求的误解到编码时甚至打印时的字符输入错误。程序安全缺陷的引起的因素是多种的:单个代码组件的错误,或几个程序的错误,或通过共享接口相互关联的程序段的错误等。程序的安全缺陷可以表现为一段特意设计的代码或恶意代码,也可以表现为一种由于草率或被误导而开发的代码。归结起来,程序的缺陷可划分为两种逻辑类别:由开发者的疏忽所引起的错误和恶意设计的缺陷。为了帮助人们理解缺陷问题及其预防或修补,可以将它们分类。Landwehr 等人提出把程序缺陷分为无意的缺陷和有意的缺陷。无意缺陷又分为六类:确认时的过失(不完全或不一致)、域过失、序列化和混淆、不充分的识别和鉴别、边界条件违规和其他可利用的逻辑过失等。这些都是造成编程不能满足安全的主要因素。在软件开发的全过程中,严格地遵循软件工程的每个环节,仔细检查和检测是可以避免无意缺陷的,在此不再介绍。有意缺陷又分为恶意和非恶意两类。

10.3.1.1 非恶意的错误

虽然大多数非恶意的错误对程序会造成故障,但不会造成特别严重的安全隐患。然而,极少数错误是危害较大的。典型的错误有以下几种。

1) 缓冲区溢出

缓冲区(或数组、字符串)是一个用来存储数据的空间。缓冲区位于内存中。由于内存是有限的,所以缓冲区的容量也是有限的。缓冲区溢出是向一个缓冲区填充超过它处理能力的数据所造成的结果。缓冲区溢出脆弱性是最为常见的一种脆弱性,被发现和利用的缓冲区溢出脆弱性呈现上升趋势。据 Symantac 的《互联网安全威胁报告》,2003 年,各软件公司和安全研究机构向公众发布的 2636 个软件安全漏洞,缓冲区溢出的漏洞占 56.76%。

由于缓冲区位于内存,它的容量是有限的。因此,在许多程序设计语言中,程序员必须声明缓冲区的最大容量,这使编译器能留出所需要的空间。

例 1 在 C 语言程序中包含如下声明:

```
char sample[10];
```

编译器就分配 10B 大小的缓冲区空间,sample[0] ~ sample[9],每一个都分别占用 1B 的空间。

假定现在执行语句为

```
sample[10] = 'A';
```

如果数组元素的下标超过了边界(也就是,不在 0 ~ 9),这样就出现了缓冲区溢出。最好的办法是,编译器在编译过程中就检查出问题并将错误标记出来。然而,如果语句是:

```
sample[i] = 'A';
```

那么,直到 i 在执行过程中被设置成一个大到越界的下标之前,人们都无法检查出这个错误。如果在执行过程中,系统产生一个"下标越界"错误的报警,那将是十分有用的。遗憾的是,在一些语言中缓冲区大小并不需要事先声明,所以也无法检察出越界错误。在程序语言中,程序员必须声明缓冲区的最大容量,以使编译器能留出所需空间。但是,不少的编译器并不检查缓冲区的大小,所以无法检查出越界错误。这是由于检查每个下标是否超出可能最大值需要花费时间和空间,再加上没有合理的办法来定义缓冲区的大小,即使编译器分析和检查缓冲区的声明和使用,也可能引发同样的问题,故一般编译器并不对越界进行检查。因此,攻击者可以借此精心构造填充数据,让程序转而执行特殊的代码,最终获得系统的绝对控制权或取得其他非法权益。在上述例子中,我们假定有如下程序段:

```
for(i=0;i<=9;i++);
    sample[i]='A';
    sample[10]=B
```

这段程序代码意指:sample 数组的 10 个元素每个都用字母 A 填充,而错误的引用却使用字母 B。在执行过程中,B 的存储位置有四种情况:①B 影响用户数据 A;②B 占用了用户程序代码空间的位置,从而影响了用户的代码;③B 占居了系统数据区,影响到系统数据的正确性;④B 占居了系统代码区的位置,影响了系统代码。在情况②下,B 如果覆盖了一条已执行的指令(该指令以后不会执行),用户将不会觉察到影响。如果覆盖的是一条还未执行的指令(假定操作码为 0x12),如果 0x12 的指令并不存在,系统将发生异常停机。如果该指令存在,机器将会把后续字节当做该指令的剩余部分来使用,运行结果成功与否取决于上下文的含义。情况③或④的结果与溢出到用户空间的结果类似。缓冲区溢出可能造成的危害有:①溢出可能覆盖用户程序中的指令或用户程序的数据段,从而造成用户程序的执行错误;②溢出如果覆盖了系统程序的数据区或系统程序的指令代码区,则攻击者将替换系统空间中的代码,伪装成系统程序以获得控制权,制造可控制的故障或使系统崩溃。

例2 代码为

```
void CopyData(char * m_Data){
    char m_Dest[64];
    strcpy(m_Dest,m_Data);
    //使用 m_Dest
    …
}
```

虽然此代码没有语法和编译错误,但CopyData()的调用方式决定了程序的运行结果。如果CopyData和m_Data的唯一参数来自不可靠的数据源(比如一个文件),则m_Dest将在参数超过64时会造成m_Dest缓冲区溢出,缓冲区溢出以外的任何数据将遭受破坏,首先是CopyData的返回地址。当原返回地址被修改为黑客入口地址时,这意味着,当CopyData完成执行后,它将直接执行黑客程序。

例3 UNIX类操作系统中常用的一个实用程序finger,通过它可以获得远程用户发出请求,远程用户通过finger返回最多512B长的远程用户名,由于finger没有检查返回长度,返回区直接从堆栈分配,堆栈的下一个单元是finger的返回地址。黑客返回一个大于512B的字符串,其中512B后紧接一个黑客程序的入口地址,则finger将按照黑客的返回串修改堆栈,将原返回地址修改为黑客程序的入口地址。当finger返回时,将直接执行黑客程序。这种脆弱性通常由于参数和返回值的合法性检查不充分造成的。

攻击者攻击缓冲区的方式,如果按照填充数据(代码)溢出的缓冲位置看,可分为有栈溢出(stack overflow)、堆溢出(heap overflow)和静态数据区溢出(BSS overflow)。

缓冲区攻击目标有四种:①返回地址,位于栈中;②旧基地址,位于栈中;③函数指针,位于堆、静态数据区(BSS)段,数据段或作为局部变量或参数位于栈中;④长跳转缓冲区,位于堆、BSS段,数据段作为局部变量或参数位于栈中。

根据黑客利用缓冲区溢出的外部条件不同,又可分为远程溢出和本地溢出。其中远程溢出威胁最大,黑客在没有任何系统账号的情况下获取系统最高控制权。

缓冲区溢出防范检测技术有静态分析和动态分析两种。

(1) 静态分析。它通过源码的分析和审计,判断缓冲区溢出漏洞。

(2) 动态分析。通过改变运行环境或系统功能,使程序避免发生缓冲区溢出攻击,在程序执行过程中,采用压力测试等方法,查找缓冲区溢出漏洞。

根据两种防范技术产生了静态测试方法和动态测试方法。

(1) 静态测试方法。能发现一些常见的缓冲区溢出漏洞,而且可以检测大规模程序。缺陷是:不灵活,适应性差,它必须不断更新程序样本漏洞数据库;误差率高,难以准确判断缓冲区溢出漏洞。

(2) 动态测试方法。它能自动生成测试数据,通过仿真攻击下应用程序执行来判断缓冲区漏洞位置。缺点是:它仅能防范已知的攻击方法,而不是实际的攻击漏洞,且开销大。

综上,缓冲区溢出是客观存在的,除了溢出可能造成计算结果错误和系统破坏之外,攻击者可以利用它首先使系统崩溃,然后制造出可控制的故障,于是导致了严重的安全性问题。所以,我们必须小心编程,避免缓冲区溢出问题。

2）不完全验证

不完全验证是另一个长期存在的安全问题。它常常被攻击者利用。例如：

http://www.somesite.com/subpage/userinput

&parm1 = (808)555 - 1224&parm2 = 2005Jan02

其中两个参数是由用户输入的参数，它们分别为电话号码和日期。如果服务器接受参数parm2的值是1800Min32或是1800Feb30，那将会造成什么后果呢？显而易见，错误将随之产生。一种可能是，系统由于处理不正确的数据类型，如错误的月份——Min和超出正常范围的年份名称——1800，而发生灾难性的故障；另一种可能，接受到这些错误参数的程序将继续运行而得出错误结果（例如想获得截止今天为止的账单总数，如果开始日期是1800年1月1日，结果肯定是错误的）。当然，可能发生的错误远远不止上述两种情况，而是有无数种可能性。

解决上述问题的方法是事先就预测可能发生的问题。例如，系统预先设定为仅处理有效数据。即可以提供一个下拉列表或选择框，使用户的提交仅限于正常的12个月份。同样，年份的输入也可以限制在1995年—2005年，日期的输入要和月份符合（如2月不存在30号）。通过应用这些提交验证技术，程序员就有可能避免用户无意或恶意制造的错误。然而，改进后的程序仍然是脆弱的。因为提交的结果最终是包含在统一资源定位器（URL）中进行传递的，而用户是可以操作或更改URL。尤其要指出的是，用户还可以编辑URL，改变URL中待提交的参数值，并重新发送它们。服务器是没有办法辨别出回应是来自客户端，还是用户直接编辑修改的URL。通过此例可以看出，提交数据值并没有经过完善的验证，那些敏感数据（参数值）处于公开和不受控制的状态。

3）检查时刻的使用时刻的缺陷

为了提高系统的效率，现代的处理机采用了流水线、高速缓存、并行处理等先进技术。操作系统采用了多线程、多任务和进程并发处理等技术，从而引起系统在执行过程中，会经常改变指令和程序的执行顺序。尤其是，相邻指令在执行时未必是相邻，可能因为处理器或操作系统刻意更改了执行顺序，也可能因为在并发执行中受到其他进程的影响。因此，任何时候，在多线程和进程同时发生，并且相互干扰的时候（或者是异步进程的形式，例如UNIX信号），都会发生一类常见的软件错误，这类软件错误主要是由资源的竞争引起的竞争状态。基于文件的竞争状态就是一个很好的事例。大多数基于文件的竞争状态都有一个共同的规律：在使用文件之前都会对文件属性进行检查。这个检查可能是有效的，但也可能不是。这个缺陷称为检查时刻的使用时间缺陷（TOCTOU）。我们举一个访问控制的安全性例子来说明。

假定用户Hinke想访问文件名为myfile的文件。这时，为了确定授权顺序，访问控制仲裁器必须在系统表中查找文件名（及用户ID和其他相关参数）。仲裁器将myfile的数据结构（图10.3）中的文件名复制到自己的存储区内，并把表中的文件名与结构中的文件名进行比较，以确定此访问是否适宜。而该文件访问的数据结构依然在用户的存储区域并在用户的控制之下。正当访问控制仲裁器在检查文件myfile的访问权限时，用户可以将文件名改为yourfile（图10.4）。由于访问控制仲裁器已经读过一次myfile的数据结构，所以仲裁器在确定该文件的访问权限之前不可能再去读它。这样，当仲裁器批准此次访问时，将被用户“修改”后的描述符送给文件处理器，从而导致了原先的检查结果的错误。其原因是：用户利用访问被检查和检查结果被使用之间时段的延迟，使检查一个动作和执行一个动作都是无效的操作。因此，在出现时段延迟的地方，必须保持警惕，以确保时段延迟的检查结果不是无效的。我们把由于“检查时刻到使用时刻”的错误称为同步漏洞或序列化漏洞。

myfile	将第 2 位改为B

图 10.3 文件访问的数据结构

yourfile	删除文件

图 10.4 被修改的数据

这类漏洞可以利用数字签名和鉴别的方法加以防范。数字签名是利用私钥加密了的比特序列。这样，有公钥的人就能验证该序列的真实性，并能确定该序列是拥有响应私钥的人创建的。在这里，拥有私钥的人签名的时刻即是检查时刻，其他人检验该签名的时刻即是使用时刻。有关公钥和数字签名的内容可以参看 10.4 节，在此不细述。

涉及安全的竞争状态不仅仅在访问文件的时候发生，还经常出现在其他复杂系统中。例如，在电子商务的支付系统中，往往因为要考虑效率而使用多个后端数据库。每个数据库都含有用户的账号信息，这时需要同步。所以，凡是存在竞争状态的地方，都需要注意这类错误的发生。在设计时想着防御，对操作期间做的假设要仔细斟酌。

4）文件访问中竞争条件的脆弱性

在 UNIX 中，进程只有通过系统调用才能访问文件。为此，UNIX 提供两种寻址方式：文件路径名（间接寻址方式）和文件描述符（直接寻址方式）。由于 UNIX 文件系统是一个树型结构，当两个进程同时对一个文件进行访问时，如果有一个采用路径名的间接寻址方式来引用文件，就有可能无法保证操作的原子性。

5）TCP/IP 中的脆弱性

在 TCP/IP 协议的执行程序中也存在不少漏洞。例如，TCP 的标准连接建立序列是采用握手机制。握手的双方是通过序列号来判断是否是等待的数据包，而该序列号可以被黑客监听并计算出来，从而黑客可以伪造回答包。又如，IP 碎片脆弱性。在装 TCP 包时，由于碎片太微小，往往要用第二个（或两个以上）碎片才能装下全部的 TCP 包头。而一般的过滤规则不对碎片包进行处理，那么，过滤器规则对第二个碎片中的 TCP 头的字段就不起作用了。对于重叠碎片的脆弱性，由于允许新的碎片与先前收到的碎片中有重叠的地方，当碎片重发后，如果重复的部分有不一致的地方，而在目的地，碎片到达的顺序不同，从而导致重组后数据包的内容不同。如在 Linux 的 IP 碎片重组程序中，重组某些有重叠部分的碎片时，可能会导致系统崩溃。

以上所举的非恶意程序漏洞仅仅是一部分。这些漏洞在被攻击者利用时都会造成极坏的后果。但是更糟糕的是，几种漏洞的结合起来使用。例如，前三种漏洞结合使用。攻击者，首先利用缓冲区溢出来破坏计算机上运行的任意代码；同时，利用同步漏洞，即检查时刻和使用时刻的时段延迟来添加一个新用户；接着，攻击者以新用户身份登录系统并利用不完整的参数检验漏洞获得一定权限或做其他事情。因此，对于任何一个小漏洞我们都必须了解它并设法防止受到攻击。

10.3.1.2 病毒和恶意代码

恶意代码是以破坏为目的的一类程序。它是潜伏在系统之中，可能是正在运行的程序的全部或一部分，也可能是一个独立程序的一部分，该部分会依附于其他正常程序来运行。它被设计成潜伏状态，不被人所察觉，直到产生一些触发事件来驱动它运行。触发事件可以是时间或日期、一个时间间隔、一个事件、一个条件、一个计数等，也可以是若干触发条件的组合。一旦恶意代码在非法获取的用户授权下运行，它就能以用户同样的方式进行访问和取得信息，并可以破坏系统的正常运行，直至造成系统的瘫痪。

1）恶意代码的种类

恶意代码可分为以下几种。

（1）病毒。它的主要特征是自由地注入在程序中并传播自己的复制件到其他程序。病毒分为瞬时病毒和长期性的寄居病毒。瞬时病毒的生命周期依赖于它的宿主的生命周期，病毒所依附的程序终止时病毒也终止运行。病毒在运行过程中，瞬时性病毒会传播并感染其他程序。长期性的寄居病毒常驻在内存里，保持激活状态或作为独立的程序被激活而不管它寄居的程序是否终止运行。

(2) 特洛伊木马。它除了程序所具有的基本功能之外，还包含一些不易被人发现的意料之外的附加功能，具有很强的破坏作用。

(3) 逻辑炸弹。当满足一定条件时才被“引爆”。定时炸弹是逻辑炸弹的一种，它的触发条件是时间或日期。

(4) 陷阱门。是通往一个模块内部的入口，在文档中没有该入口的记录。它是在代码开发时期加入，其目的可能是为了测试软件模块，或为将来模块的修改和功能增强提供“钩子”(hook)，或在以后系统失效时提供一个特别通道。因此，当程序成为产品时，它就被攻击者利用进行犯罪活动。

(5) 蠕虫。是一种通过网络大量传播自身复制的恶意代码。蠕虫与病毒的基本区别在于蠕虫的操作都是通过网络来进行，而病毒可以通过任何介质进行传播(但通常利用已复制的程序或数据文件)。另外，蠕虫的自身复制件都是以独立程序的形式来传播的，而病毒的自身复制件则必须嵌入到其他程序中来传播。

(6) 兔子(rabbit)。也有人把它定义为一种病毒或一种蠕虫。它的主要特征是会无限制地复制自己以耗尽系统资源。例如，一个兔子程序可能回大量复制自己并保存到磁盘，直到磁盘空间被耗尽。

以上的分类是一个较粗的分类方法。当前，人们把所有的恶意代码和病毒统称为“病毒”。由于病毒是对所有类型恶意代码的统称，并且个类恶意代码之间的界限很模糊，故在下面讨论中，我们将不会非常严格地区分这些概念。

2) 病毒如何获得控制权

我们用 V 来表示病毒，T 表示目标程序。则当 V 取代 T，并被用户或系统所调用时，病毒就获得了控制权。下面列举几种情况。

(1) 病毒可以通过在文件结构中替换 T 的代码(或加入到 T 的代码中去)来使用 T 的名字。此技术对普通程序也适用。如病毒可以在存储区域完全覆盖 T(即在存储区域替换 T 的复制件)。

(2) 病毒可以改变文件表中的指针。这样，当文件系统中访问 T 时病毒将取代 T 而被访问。病毒通过改变调用顺序(本该调用 T 的变为调用 V)来替换 T。这种方式也可以用来替换部分常驻内存的操作系统程序(例各种中断的处理表)，方法是修改指向这些程序的指针。

3) 病毒的寄居地

病毒编写者希望病毒有以下特征：

(1) 不易被检察；

(2) 不易被清除，也不易失效；

(3) 传播感染范围广；

(4) 可以重复感染宿主机程序和其他程序；

(5) 容易创建；

(6) 与平台和操作系统无关。

病毒通常寄居在以下地方。

(1) 驻留在电子邮件的附件中的病毒。这是病毒传播的一个普遍的方式。这种病毒是一次性运行，只要打开邮件的附件，内藏的病毒就能运行。

(2) 引导扇区病毒。病毒在计算机启动的初期,激活检测工具以前就获得控制权,这样就可以躲开检测,或至少躲开部分检测。由于启动区域所存储的文件对操作系统来说是非常重要的,所以引导扇区的内容是不被显示在目录清单中,普通的操作者是"不可见"的。这样,隐藏在引导区的病毒就很难被用户所觉察到。

(3) 驻留在内存中的病毒。为了提高处理的效率。我们往往把经常使用的操作系统程序和一些特殊的用户程序常驻在内存中,称之为常驻内存的代码。常驻内存的代码是运行终止后依然留守在内存中的程序。例如,键盘解释程序、程序运行过程中处理错误的代码等。

如果病毒被植入到常驻内存的代码中,由于在机器运行时,这些常驻内存的代码可能会多次运行,而每次运行这些代码时,病毒也随之运行。病毒只要运行一次,就能寻找并感染新的载体。例如,引导区中的病毒在激活之后,就将自己植入到常驻内存的代码中。这样,每次病毒被激活,它就会检查是否有未被感染的新移动磁盘。如果有,就感染它。用此方法,病毒可以在一次计算会话期间感染所有的移动磁盘。

(4) 寄居在应用程序中。许多应用程序,如文字处理软件、电子数据表格等都有"宏"功能,它允许用户自定义一系列的命令并通过一个调用来重复使用它们。且这些程序也提供了一个启动宏,每次应用程序启动时都先启动运行该宏。病毒编写者利用它可以创建一个宏病毒,该宏可以把自己添加到应用程序的启动指令中,而且它还可以把自身的复制件嵌入到数据文件中,以感染所有接收到这些文件的用户。

此外,库程序、编译器、加载器、链接器、在线监视器、在线调试器甚至病毒控制程序都是病毒寄居的地方,因为这些程序都被大范围地共享使用。

4) 防止病毒感染

上述讨论了恶意代码和病毒的攻击的危害和隐居的地方。下面对其做一个归纳,具体如表 10.1 所列。

表 10.1　病毒的预期效果和造成的原因

病毒的预期效果	造 成 的 原 因
附着于可执行程序中	• 改变文件目录 • 写入到可执行程序文件中
附着于数据或控制文件	• 改变目录 • 重写数据 • 添加到数据中 • 添加数据到自身
停驻在存储器中	• 通过修改中断处理地址表来截获中断 • 将自身装载入非短期存储区域
感染磁盘	• 截获中断 • 截获系统调用(例如格式化磁盘) • 修改普通与执行程序
隐藏自身	• 截获可能暴露自身的系统调用并伪造结果 • 将自身隐藏为"隐藏"文件 • 感染引导扇区
传播感染	• 感染系统程序 • 感染普通程序 • 感染用于控制它运行的程序所要获取的数据
防止失效	• 在失效程序运行前激活并阻塞失效功能 • 在失效前存储自身复制以供失效后重新激活

防止病毒感染的唯一的方法是不要有与感染源共享可执行代码。例如,在PC机上,后缀名为.exe的文件无疑是可执行的。但是,我们注意到如今的文件格式更加复杂,一个看起来不可执行的文件可能隐藏着一些可执行的代码。例如,文字处理软件可以将命令行置入文档文件中,如前面提到的宏。宏就是嵌入到文档上下文中的可执行代码。况且微软公司开发的专用格式文件有一些不为人知的特性,都可能被病毒编写者所利用。人们还发现可执行代码可以隐藏在包含大量数据集合的文件中,如图片和只读文档文件。这些隐藏的病毒代码很难被病毒扫描器检测到。因此,防止病毒感染是一件较困难的事。如何来防止病毒的感染,这也是人们研究和关注的问题。

Kephart等人的研究工作指出:遏制病毒传播并不是通过限制每一台计算机与外界的接触,而是通过限制群体中的每台计算机与群体外机器的接触。例如,在军事、外交和政府机关经常使用与外界隔离的独立网络进行通信。然而,随着Internet和万维网应用的快速增长,这种独立的网络已经不可能完全孤立地存在下去了。但是,仍然可以采用一些技术来构造一个合理的计算机安全的通信环境。

(1) 只使用从可信赖的厂家获取的商业软件。

(2) 如果不得不使用一个来源不明的软件,在一台孤立的计算机上测试所有的新软件。

(3) 为可执行的系统文件制作备份并保存。备份应保存在安全且没有网络连接的地方。一旦系统被感染了病毒时,可以移除被感染的文件,并从备份中重新安装系统文件。

(4) 制作一个可恢复的系统镜像文件,并保存在安全处。当系统被感染时就用无被感染过的备份去覆盖现有的、已被感染的系统文件。注意,在系统重启动的过程中,必须保证镜像文件处于写保护状态。出于安全原因,也可为镜像文件再准备一份备份。

(5) 有规律地使用病毒扫描器并经常更新。在使用扫描器时,联合使用数种扫描器的效果优于只使用某一种的效果。

10.3.2 隐蔽通道:泄露信息的程序

下面将讨论一种程序,它们可以将一些信息传送给不该接收这些信息的人。传送信息的方式是隐蔽的,与其他方式同时进行的,并且是非常合理的。我们把这些特殊的通信路径称为隐蔽通道(covert channel),如图10.5所示。

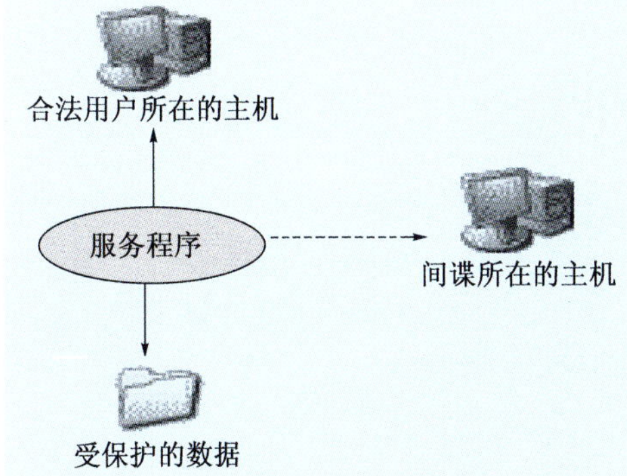

图10.5 泄露信息的隐蔽通道

我们举一个日常生活的实例来说明隐蔽通道的概念。假设有一群学生,分成四个队进行智力竞赛,竞赛的形式是选择题(答案用1,2,3,4表示)。其中有一个队的支持者约定用手势方式来传递答案:手指向上表示1,手指向下表示2,手指向左表示3,手指向右表示4;并由小王、小李、小张轮流执行。外界的人根本不会留意到这个通信方式,它是隐蔽在公开的通道里的(上、下、左、右)。

图 10.5 展示了一个包含特洛伊木马的“服务程序”(编写者是间谍),它试图将信息从合法用户处复制给间谍(不允许访问这些信息的用户)。合法用户根本不知道特洛伊木马的运行,也不是故意与间谍勾结以泄露信息。

1) 隐蔽通道的创建

(1) 存储通道。一些隐蔽通道被称为存储通道,因为它们是利用存储器中是否有某个特定目标来传递信息的。

(2) 文件上锁通道是一个简单的隐蔽通道的例子。在多用户系统中,文件可以被上锁以防止两个用户同时向同一个文件写入信息。

操作系统和数据库系统在同一时间只允许一个程序写文件,而阻塞、推迟或拒绝其他程序对该文件的写入请求。隐蔽通道可以通过一个文件是否被上锁而传递一个 1 位的信息。服务程序读取机密数据(间谍程序无权访问的数据),并且采取对某个文件上锁或不上锁的方式传递 1 位信息。服务程序和间谍程序需要利用一些普通的时钟资源,占用一些时间间隔。在一个时间间隔里,我们可用信息 1 表示,服务程序将一个文件上锁;信息 0 表示该文件未上锁。在下一个时间间隔里,间谍程序自己尝试为该文件上锁。如果不成功,说明该文件已被上锁,间谍程序就会得出结论:服务程序传送的 1 位信息是 1;如果间谍可以给文件上锁,则该信息是 0。图 10.6 表示传递不止 1 位的信息过程。即服务程序通过对一个文件的上锁操作来传递字符串 100。服务程序和间谍程序是每个时间间隔传递 1 位信息。

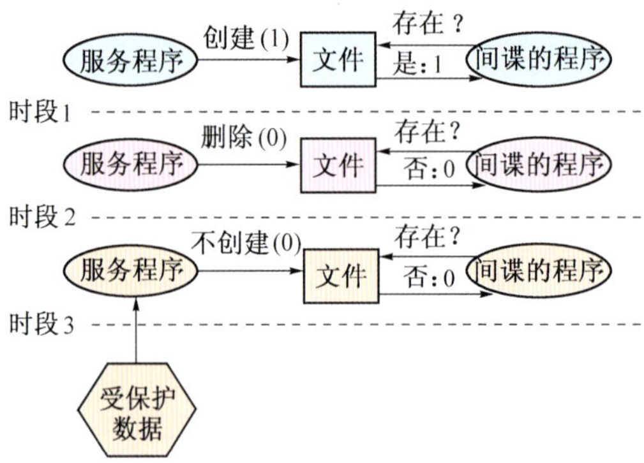

图 10.6 利用文件在通道传递信号 100

同样的方法可用于磁盘或其他资源。对磁盘存储而言,服务程序为了表示信息 1,在磁盘上创建一个非常大的文件,它占用了磁盘上的大部分空间。之后,间谍会尝试在磁盘上创建一个大型文件。如果成功,间谍程序就推断服务程序没有在磁盘上创建大型文件,所以服务程序提供的信息是 0;否则,该信息是 1。同样,其他有特殊名字的资源也可以用来传送信息。我们注意到,间谍程序并不需要亲自访问文件,只需要判断文件是否存在,就能接收到信息。类似地,间谍程序也可以尝试创建一个同名字的文件,来判断一个文件是否存在。

从上例看,每次传递 1 位信息看起来效率很低的。但是,计算机的处理速度是非常快的,服务程序和间谍程序若以每毫秒传递 1 位,既可行又不易被人发觉。即每秒就可传递 1000 位信息。实际上,现在计算机的处理速度大大地超过了此速度。因此,我们决不能轻视它的危害性。

2) 时间通道

它是通过事件的发生速度来传递信息。事实上,时间通道仍然是共享资源的通道,而其共享的资源是时间。

服务程序采用时间通道进行通信,有的分配计算时间量,而有的则不分配。我们以有两个进程的多任务操作系统为例。操作系统将计算时间划分为段，并交替地为两个进程分配时间段。当其中一个进程占用时间段期间，如果它所期望的事件迟迟没有发生，这是该进程必须放弃它所占有的时间段。对于服务程序也可以同样方式占用时间段（传递信息 1），或放弃时间段（传递信息 0）。图 10.7 说明了服务程序传递信息 101 的过程。该图的前半部分是普通运行方式，即服务程序和间谍程序交替占用时间段，然后，服务程序传递字符串 101 给间谍的程序。图的后半部分表明，服务程序想要在第三个时间段传递信息 0，由于传递信息 0 仅需占用很少的时间，然后就停止动作。于是系统会安排间谍程序使用剩余的时间，从而间谍程序就可以推出服务程序发送的信息是 0。

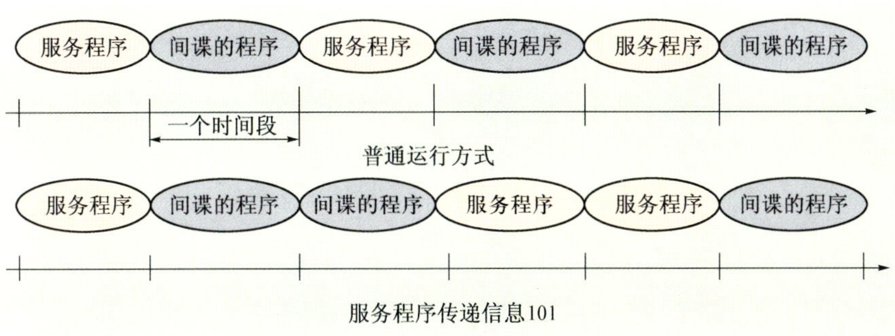

图 10.7 隐蔽的时间通道

上述所举的是两个进程的示例。实际上，在多任务的系统中肯定有更多的进程。进程增多使得两个合作的进程必须合理调整它们的运行时间并处理好与其他进程的冲突问题。

例如，就标识符通道来说，其他的进程同样会申请标识符。如果存在 n 个进程，平均每个申请 m 个标识符，那么服务程序就需要申请超过 $n \times m$ 个标识符来传递信息 1，不申请任何标识符来传递信息 0。服务程序和间谍程序也可以使用一些复杂的技术来压缩它们之间的通信内容，并检测和修正受其他不相关进程的影响而造成的错误。

3）识别潜在的隐蔽通道

上述所描述的隐蔽通道是指一些普通的事物，如文件的存在与否，计算时间的占用与否等，它们都是传递秘密信息的介质。由于系统中这些介质数量庞大并且使用频繁，所以要检测出隐蔽通道不是那么容易的事。下面用文件上锁通道的隐蔽通道的识别方法——共享资源矩阵法为例，作简单的介绍。

此方法是由 Kemmerer 提出的。其主要思想是以系统资源分析为基础，寻找所有的共享资源，并判断哪些进程拥有对这些资源的读写权限。具体步骤如下。

首先创建一个共享矩阵，该矩阵由资源名（行）和可以访问这些资源的进程名（列）所组成。矩阵中的元素有 R 和 M 两种，R 表示“可以读取（或观察）该资源”，M 表示“可以设置（或创建、修改、删除）该资源。例如，对文件上锁通道可以创建如表 10.2 所列的矩阵。

表 10.2 文件上锁通道创建的矩阵

	服务进程	阅读进程
上锁的文件	R,M	R,M
机密数据	R	

通过观察矩阵，你会发现有如图 10.8 和图 10.9 所示的形式。

从图 10.8 中可看到：在两个资源和两个关系中，第二个进程不能从第二个资源中读取数

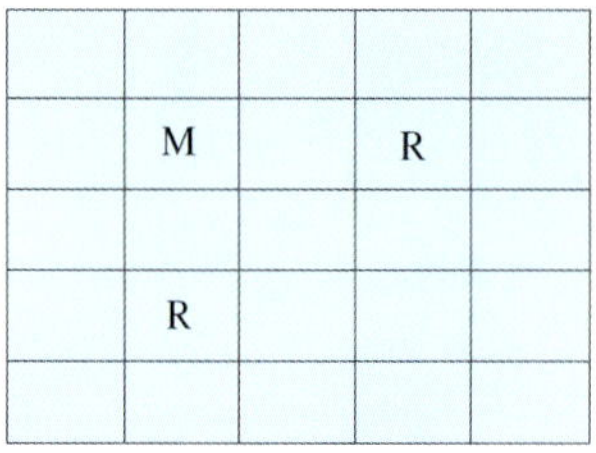

图 10.8　矩阵形式一

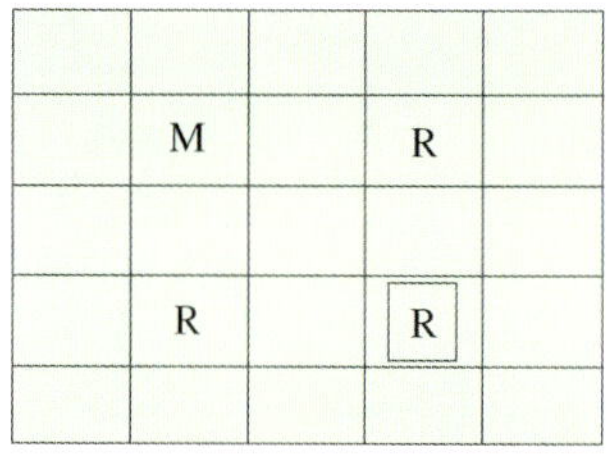

图 10.9　矩阵形式二

据;但是,第一个进程可以从第二个进程中读取数据,并通过第一个资源将数据秘密传递给第二个进程(以带框的 R 表示)。

然后,将隐藏的信息加入到矩阵中,完成共享资源矩阵(表 10.3),并分析不合理的信息流(带框的 R)。这样就知道了,间谍程序(在此是第二个进程)可以使用基于文件上锁的隐蔽通道来读取机密数据。

表 10.3　完整的信息流动矩阵

	服务进程	阅读进程
上锁的文件	R,M	R,M
	R	R

总之,隐蔽通道对信息系统的安全是一个严重的威胁。隐蔽通道的攻击手段是非常灵活的,但是它并没有超出一个普通程序员的知识范围。暗中进行信息传递的程序可以是任何服务程序,如打印程序等。对现代计算机技术来说,一些隐蔽在硬件中的隐蔽通道,其传输速率可以高达数百万位每秒,并且隐蔽通道不需要什么额外开销,所以它对获取系统的敏感数据是很有效的。遗憾的是,安全专家们努力地研究隐蔽通道技术,但结果并不令人满意。在开放的环境中,还没有实用的方法来控制服务程序,也没有特别有效的方法来寻找其中的隐蔽通道。因此,在软件的全生命过程中都要关注隐蔽通道问题,尽量消除它的存在。

10.4　加密与认证

10.4.1　加密

加密是一种帮助保护数据的机制。加密通过将数据打乱,达到只有经过授权的人员才能访问和读取数据的目的,从而帮助提供数据的保密性。当称为明文原始数据与称为密钥的值一起经过一个或多个数学公式处理后,数据就完成了加密。此过程使原始数据转为不可读形式。获得的加密数据称为密文。为使此数据重新可读,数据接收方需要使用相反的数学过程,将加密过的密文变为其原始形式(明文)。图 10.10 表示从明文转换为密文的过程。

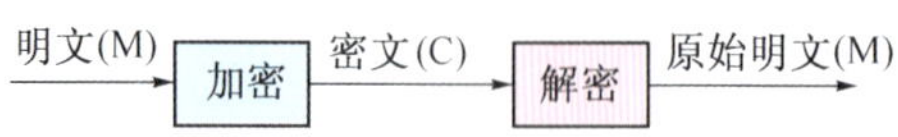

图 10.10　加密

1）对称加密

对称加密使用相同的密钥加密和解密数据。对称加密使用的算法比用于非对称加密的算法简单。由于这些算法更简单以及数据的加密和解密都使用同一个密钥,所以对称加密比非对称加密的速度要快得多。对称加密适合大量数据的加密和解密。图 10.11 显示了对称

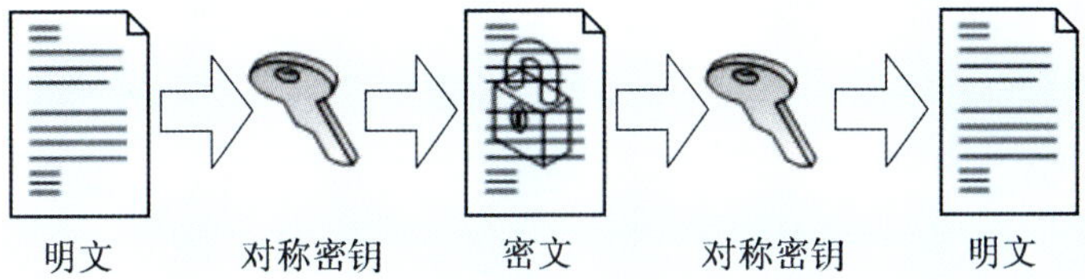

图 10.11 对称加密流程

加密流程。

对称加密的主要缺点之一是使用相同的密钥加密和解密数据。因此,所有的数据发送方和接收方都必须知道或可以访问加密密钥。这使得组织必须在其环境中考虑安全管理问题和密钥管理问题。存在安全管理问题的原因是,组织必须将此加密密钥发送给所有要求访问加密数据的一方。组织必须考虑的密钥管理问题包括密钥生成、分发、备份、重新生成和生命周期。

对称加密提供对加密数据的授权。例如,通过使用对称加密,一个组织可以合理地认为只有能访问共享加密密钥的被授权方才能将密文解密。然而,对称加密不提供认可功能。例如,在有多方可以访问共享加密密钥的情况下,对称加密不能确定数据的具体发送方。对称加密使用的加密算法包括 RC2(128bit)、三重数据加密标准(3DES)高级加密标准(AES)。

2) 非对称加密

非对称加密使用两个具有数学关系的不同密钥加密和解密数据。这两个密钥分别称为私钥和公钥。它们合称为密钥对。非对称加密被认为比对称加密更安全,因为数据的加密密钥与解密密钥不同。但是,由于非对称加密使用的算法比对称加密更复杂,并且还使用了密钥对,因此当组织使用非对称加密时,其加密过程比使用对称加密慢很多。图 10.12 显示了非对称加密流程。

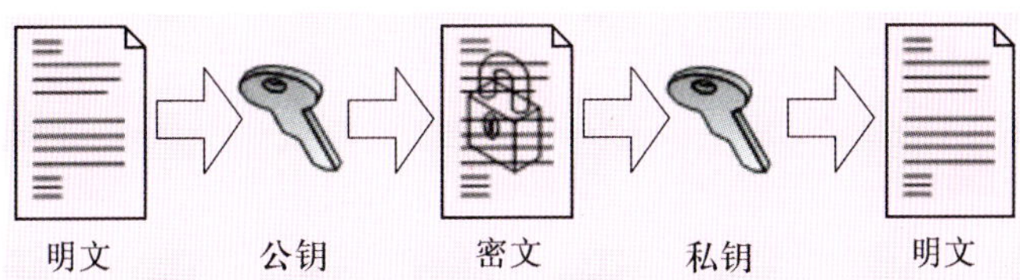

图 10.12 非对称加密流程

在非对称加密中,只有一方持有私钥(此方称为主体),所有其他各方都可以访问公钥。通过公钥加密的数据只能通过私钥解密。反之,通过私钥加密的数据只能通过公钥解密。因此,此种加密提供了保密和认可两种功能。组织可以利用此种加密方法,通过使用公钥加密数据来提供授权。此密钥是公开的,因此,任何人都可以将数据加密。但是,由于只有主体持有私钥,因此该组织可以合理地认为,只有预期的接收方才能解密和查看加密的数据。组织也可以通过使用私钥将数据加密来提供验证。只有主体持有此密钥,不过任何人都可以将该数据解密,因为将此数据解密的公钥是公开的。因此,如果接收方可以使用公钥将此数据解密,就可以合理地认为只有主体才是将数据加密的一方。非对称加密使用的加密算法有密钥协议(Diffie - Hellman)、RSA(Rivest - Shamir - Adleman)和数字签名算法。

3) 混合加密

混合加密是一种加密方案,在该方案中,数据加密通过对称加密和非对称加密的组合实现。混合加密方法利用了上述两种加密方法的优点,从而帮助确保只有预期的接收方才能读数据。

在混合加密方案中,组织将对称加密与一个随机生成的密钥结合使用来加密数据。此步骤利用了对称加密速度快的优点。然后，该组织通过使用非对称密钥对的公钥，将此对称加密密钥加密。此步骤利用了非对称加密安全性更高的优点。经过加密的数据与经过加密的对称密钥一起发送给数据接收方。图 10.13 显示了混合加密流程。

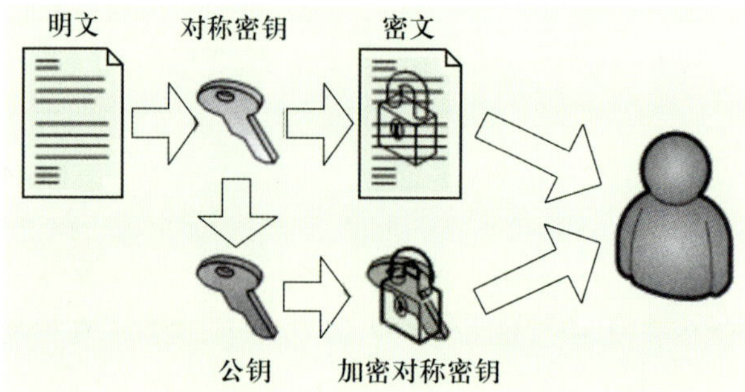

图 10.13　混合加密流程

要将数据解密，接收方首先需要使用非对称密钥对的私钥，将对称加密密钥解密；然后，接收方使用经过解密的对称密钥将数据解密。图 10.14 说明了混合解密流程。

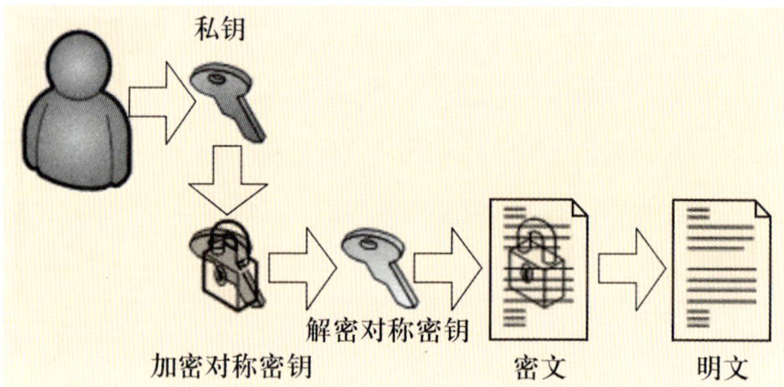

图 10.14　混合解密流程

上述简单地介绍了三类加密/解密的流程。我们在决定是否要将数据加密时，必须考虑执行加密和解密可能增加的处理器负荷。此外，还必须考虑加密后的数据所占用的存储空间。数据占用的存储空间的大小取决于所使用的算法、密钥的大小以及所要加密的明文大小。此外，一个组织在实施加密时，除了必须考虑性能问题和存储问题，最重要的还是密钥管理问题。组织用于将数据加密和解密的加密密钥是其数据安全框架中至关重要的部分。为确保只有经过授权的用户才能查看加密的数据，组织必须采取有力措施，对加密密钥进行管理、存储、保护和备份。

4）数字签名

数字签名类似于传统的手写签名。其思想是，以某种方式“签署”一份数字文档，该签名具有和物理签名一样，容易验证谁是签名者。数字签名至少必须和手写签名一样，满足下列目的：

（1）签名应该成为鉴别的证据，它应该使人信服，某人的签名是他有意签署的。

（2）签名应该不可伪造，因此，在文档上签了名以后，应该不能否认签名。

（3）在签署文档以后，不检测而更改文档是不可能的，否则签名是无效的。

（4）签名应该不能转移到另一份文档上。

大多数数字签名系统将公钥密码术和散列算法结合使用。公钥密码系统经常使用接收方公钥加密消息，然后接收方使用相应的私钥解密。还有一种工作方式，即私钥也可用来加密消息，只有相应公钥才能解密。某人将他的私钥完全保密，如果能用相应公钥解密消息，就意味着对原始消息进行加密的人只能是拥有私钥的人。判断签名是否值得信任通常是通过 PKI 完成。

数字签名不只是用在签署文档上，它可用于任何认证需求。例如，它经常与加密联合使用，同时实现了数据机密性和数据认证。

用于文档的数字签名经常由对文档的加密散列，然后再用私钥加密散列所构成。得到的密文称为签名。任何人都可以验证签名，方法是先散列文档，然后解密签名（使用公开密钥或共享密钥）并比较两个散列。如果散列相等，则认为签名有效（假设公开密钥的身份已经确认）。

【注意】 签名不必同文档一起存储。同样，签名适用于文档的任何相同的数字副本。签名也可以复制，但是无法使它适用于其他文档，因为最后得到的散列与解密散列不匹配。

大多数公钥算法，包括 RSA 和 El Gamal，可以轻易地扩展以支持数字签名。事实上，支持这些算法之一的好的软件包也应该支持数字签名。使用内置算法，而不是抛开加密算法和散列函数来构建自己的构造。

5）一些建议

软件开发人员并不是密码学专家，在使用密码时，一定不要使用自己的密码体制。这个忠告有两方面的含义。

首先，不要使用自己发明的密码算法。最好是把赌注押在一些久经考验的密码算法上。这些算法必须是公开的、使用情况很好的，并且经过了密码专家若干年的细致分析。

其次，不要使用自己设计的密码协议。密码协议比算法更难保证正确性，更容易受到攻击。根据需要，尽可能选择经过仔细审查的协议，例如 SSL 和 Kerberos。同样选择这些协议的成熟的实现方式。因为实现上的错误也是常见的。

10.4.2 认证

在应用中，用户认证是许多端到端用例中的第一步。认证是对实体所宣称的身份确定其有效性的过程。认证有许多种，下面介绍其中的一部分。

1）用户 ID 和密码

用户 ID 和密码方案也称为单要素认证方案。它们根据用户已知的一些内容来对用户进行认证，应用为用户或其他实体分配一个唯一的标识符。这一标识符本身并不足以认证，而必须与身份标识的一些证据相结合。例如，UNIX 登录使用了一个基于 DES 算法安全性的密码方案。用户提供一个密码，然后该密码与一个 2B 的 salt 子字段（位于在该用户的/etc/passwd 条目中）一起使用，通过 UNIX 的 crypt 函数对八个空（null）字节的数据块进行加密，如果得到的结果和/etc/passwd 条目的密码字段中所保存的剩余密码散列相符合，则用户通过认证，并根据他（她）的用户 ID 来授权对系统的访问。

2）令牌

基于令牌的认证方案也称谓双要素方案，它根据用户所知道的信息（密码）和用户所拥有的内容（令牌）对用户进行认证。其中最流行的两种基于令牌的认证方案，即 SecurID 和智能卡。

智能卡是基于 ISO 78xx 标准系列和其他标准，与信用卡大小差不多的一个计算机。智能卡包含三个内存部分：公共区（可被任何人访问）、私有区（只能被通过认证的用户访问）、秘密区（只能被处理器或管理人员访问）。智能卡支持单向对称加密认证、双向对称加密认证以及静态或动态非对称加密认证。非对称加密认证方案是基于 RSA 或其他非对称加密协议的质询—响应协议。但是，智能卡的缺陷是易受电源差异分析（PDA）的攻击，PDA 利用智能卡的电能使用情况来提取出卡上所存储的密钥。

SecurID 令牌是由 RSA 数据安全公司发明的，它采用一种专用的算法，该算法运行于用户的令牌和企业令牌认证服务器（两者使用相同的输入，一个与卡特定相关的秘密种源（seed）

时间或日期以及其他输入信息)之上,用以在用户的令牌上生成一个可被服务器验证的通行码。令牌上的显示每分钟都会有变化,而且,在某些版本需要用户输入个人识别号。

3) 生物特征认证方案

生物特征认证方案也称三要素认证方案,它根据用户所知道的信息(密码)、所具有的信息(令牌)及其生物特征来进行认证(视网膜扫描、指纹或热量扫描)。这些方案的安全性非常强,但是很昂贵,因此在许多地方并不实用。生物特征认证方案的标准尚处于制定中,这种认证方法尚不成熟。

10.5 访问控制模型

访问控制的主要目的:限制非授权用户和执行程序访问信息、利用资源,通过存取控制可以防止安全漏洞隐患。访问控制模型一般分为两大类:自主访问控制(DAC)和强制访问控制(MAC)。在下面的小节中,将简单地介绍这两种模型,并突出它们的特点和管理方面的差异;并主要介绍目前最流行的访问控制模型——基于角色访问控制模型(RBAC)。

10.5.1 自主访问控制模型

DAC一个重要的属性是能支持委托授权规则,也就是把存取权留给了产生信息的信息主,是基于存取者身份或所属工作组来进行存取控制的一种手段,具有某种存取特权的存取者可以向其他存取者传递该种存取许可(也许是非直接的)。DAC是采用Lampson的访问控制矩阵(access control matrix)来实现的。该访问矩阵将系统的安全性组织为一个二维的授权矩阵。矩阵中的访问模式可以通过命令来修改。被允许的访问模式必须满足一致性规则。

DAC模型通过基于所有权或由主体所提供的委托身份标识来控制主体对对象的访问。这些模型是动态的,因为它们允许用户授权或撤销给其他用户或实体的权限。一旦访问被准许,它可以传递到其他实体,无论访问权限的所有者或始发者是否知晓。DAC模型使得主体能够将它们所拥有或继承的对象访问权限,或者是所接受的“授予者”权限进行传递。图10.15表示所有权和访问权限授予的三种情况。

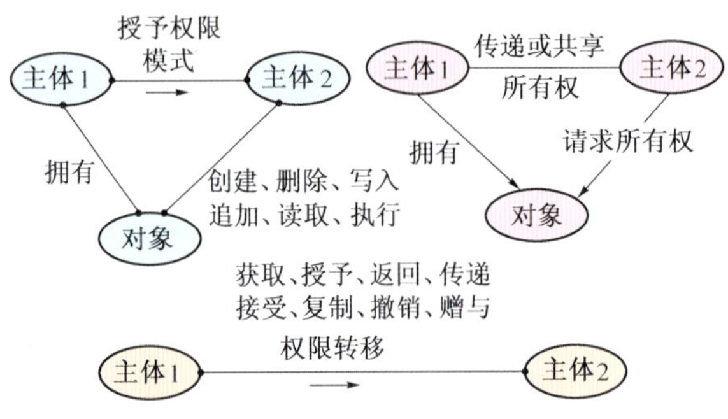

图10.15 所有权和访问权限的授予

从图10.15中可以看到,DAC模型是灵活,但是系统中权限的传播难以追踪,而且可能导致自相矛盾。DAC存在以下缺陷。

(1) 易受到特洛伊木马攻击。由于允许使用者在没有系统管理员干涉的情况下对他们所控制的对象进行权限修改,这使得DAC容易受到特洛伊木马的攻击。

(2) 层叠授权的问题。如果两个或者多个主体同时把某个存区模式授权给其他用户(或者从其他用户授权),有可能导致层叠取消授权链。

(3) 更新导致的完整性问题。例如,在数据库系统中,由于不是所有的数据通过视图可以更新,如果透过包含在数据内的数据进行更新,有可能导致数据的完整性矛盾。

10.5.2 强制访问控制模型

MAC 模型通过使用标记的分类层次结构来控制对象的访问。每个主体和对象都被分配一个标记。所有的访问都基于对这些标记的比较,而且一般是静态执行。这种访问控制称为强制的。因为系统只根据标记来集中执行所有的决策以确定是否允许主体的活动。实体在其中是没有发言权的。对于那些在运行期支持动态标记的模型,或是为主体或对象分配多个标记并使用了仲裁程序进行"允许/拒绝"决策的系统中,会发生静态执行的例外情况。这种情况会使管理显著复杂化,并使得对诸如安全性之类属性的分析变得困难。

MAC 最早出现在 Multics 系统中,在 1983 年美国国防部的 TCSEC 中被作为 B 级安全系统的主要评价准则之一。MAC 的基本思想是:每个主体都有既定的安全属性,每个客体也有既定的安全属性,主体对客体是否能执行特定的操作取决于二者安全属性之间的关系。它要求所有用户遵守由数据库管理员建立的规则,是基于被存取对象的信息敏感程度(如用标签来表述)以及这些敏感信息可以赋予该存取主体的存取权限来进行权限控制的。对于不同类型的信息采取不同层次的安全策略。主体和客体被赋予不同安全级,安全级包含两个元素:密级和范围。主体的安全级反映主体的可信度,客体的安全级反映客体所含信息的敏感程度。

访问控制模型是依据主体对客体存取权的控制来建模的。模型可用格(Lattice)的数学形式来表达,格阵是定义在集合 SC 上的偏序关系,并且满足 SC 中任意两个元素都有最大下界和最小上界的条件。SC 表示有限的安全类集合,其中每个安全类可用元素对(A,C)来表示,A 表示权力级别,C 表示类别集合。

对于给定的安全类(A,C)与(A′,C′),当且仅当 $A \leqslant A'$,并且 $C \subseteq C'$时,

$(A,C) \leqslant (A',C')$,此时称(A,C)受(A′,C′)支配。

一般的 MAC 都要求主体对客体的访问满足 BLP 安全模型的两个基本特性。

(1) 简单安全性。仅当 $C(o) \leqslant C(s)$ 时,主体 s 才可有对对象 o 有读访问权。这个特性说明:当主体的安全级不低于客体安全级,主体的类别集包含客体的类别,才允许该主体读该客体。也就是,不能"向上读"。

(2) 特性。仅当 $C(o) \leqslant C(p)$ 时,对对象 o 有读访问权的主体才可以对对象 p 有写访问权。这个特性意味着,将一个敏感对象的内容写入另一个敏感对象,要求后者的敏感等级至少不低于前者。也就是说,仅当主体的安全级不高于客体安全级,客体的类别集合包含主体的类别时,才允许该主体写该客体。第(2)个特性是用来防止"下写"。

从上述特性得出 MAC 必须遵循两条原则:

(1) 不准上读——任何一个主体不能读取安全级比它高的客体上的信息。

(2) 不准下写——任何一个主体不能把信息写到安全级比它低的客体上。

MAC 的两个基本特性保证了信息的单向流动,即信息只能向高安全属性的方向流动,信息流通常是水平的(同级之间的流动)和向上的(从低级流向高级)。仅当对较高安全级的信息有访问权的主体不传送任何敏感数据给低级别敏感对象时,向下的流才是可接受的。MAC 就是通过信息的单向流动来防止信息的扩散,抵御特洛伊木马和隐蔽通道的攻击。但是并没有安全解决特洛伊木马问题。

MAC 存在如下几个问题。

(1) 安全客体的粒度问题。至今对于标记数据的粒度没有统一的标准,准确的标记是十分必要的,否则会导致标记指定的不一致性和不完整性。

(2) 不支持 N 个人访问规则。

(3) 缺少自动安全标志技术。数据库中包含大量的数据集合、服务用户,并且标记数据在许多场合是不能够获取的,因此,自动安全标记是很有必要的;否则会导致大数据库中无止境进程的发生。因此,支持自动安全标志技术是必要的。

(4) MAC 重点强调信息向高安全级的方向流动,对高安全级信息的完整性保护强调不够。对于强制访问控制中数据完整性的实现和分析相当复杂。

由于 MAC 有着严格的约束性,非常适合于军用计算机系统的多级安全策略。为了增强传统 MAC 的完整性控制,也开展了对 MAC 的改进模型。例如,美国 Secure Computer 公司提出的类型强制(实施)(TE)控制技术,它把主体和客体分别进行归类,它们之间是否有访问授权由 TE 授权表决定,TE 授权表由安全管理员负责管理和维护。该公司应用此技术开发了一个安全操作系统 LOCK6。后来,通过定义一些隐含规则来简化 TE 授权表,使 TE 发展为域和类型的强制(实施)(DTE)访问控制技术,大大地减少了维护工作量。Brewer 和 Nash 开发了用于商业领域的强制访问控制技术,即知名的"中国墙"模型,该模型主要用于保护客户信息不被随意显露和篡改。这些工作在一定程度上使传统的 MAC 技术更加完善。这里不再赘述,有兴趣的读者可参阅有关文献。

10.5.3 RBAC 模型

RBAC 的概念早在 20 世纪 70 年代就已经提出,但在相当长的一段时间内没有得到关注。进入 90 年代,由于安全需求的发展加上 R. S. Sandhu 等人的倡导和推动,RBAC 又引起人们的关注。NIST 的研究人员认为 RBAC 将是 DAC 和 MAC 的替代者。

RBAC 的思想核心是安全授权和角色相联系,用户首先要成为相应角色的成员,才能获得该角色对应的权限。角色可以根据用户的责任和资格分配角色。用户可以轻松地进行角色转换。图 10.16 和图 10.17 分别给出了 RBAC0、RBAC96 模型的结构示意图。

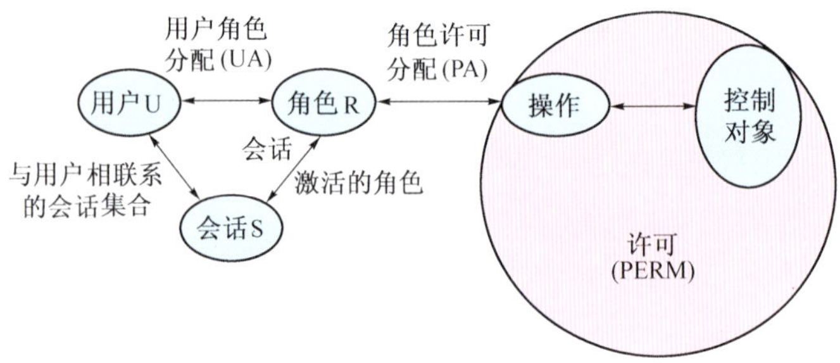

图 10.16 RBAC0 模型示意图

在 RBAC 中,在用户和访问许可权之间引入角色的概念,用户与特定的一个或多个角色相联系,角色与一个或多个访问许可相联系,角色可以根据需要生成或取消,而且登录到系统中的用户可以根据自己需要动态激活自己拥有的角色(图中的会话 S),避免了用户无意中危害系统安全。除此之外,角色(R)之间、许可(P)之间、角色与许可之间定义了一些关系,比如角色间的层次性关系,而且按需要定义各种约束,如定义会计和出纳这两个角色互为互斥角色(这两个角色不能分配一个用户)。

RBAC 技术具有显著的优点:

(1) RBAC 是一种策略无关的访问控制技术,是一个中性策略,几乎可以描述任何的安全策略,甚至连 DAC 和 MAC 也可以用 RBAC 来描述。

(2) RBAC 和以前的访问控制相比,它通过增加角色和许可,方便了许可管理,同时具有

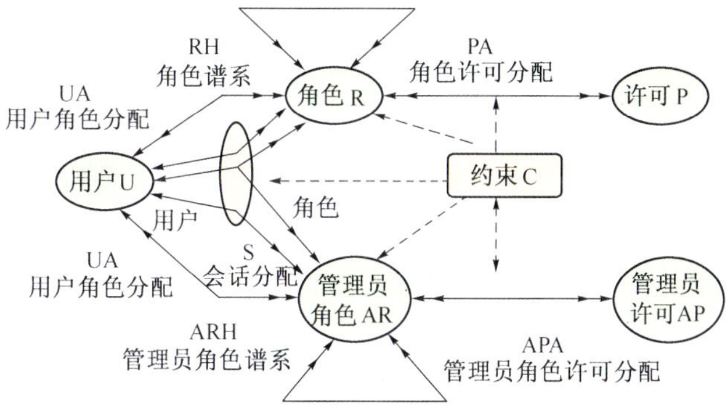

图 10.17 RBAC96 模型示意图

自管理能力。但是如何实现 RBAC 对自身的管理,至今还处于不断研究完善中。Sandhu 等人论文中定义的管理 RBAC(Administrative RBAC97)模型很好地实现了对 RBAC 的管理,但是 ARBA97 是一个低级模型。

(3) RBAC 为几个重要的安全规则提供了支持,例如支持最小权力(least privilege)、权力提取(privilege abstraction)以及职责分离等。

与 DAC 和 MAC 相比,RBAC 技术也存在一定的不足。RBAC 技术还不十分成熟,在角色配置的工程化,角色动态转换等方面还需要进一步研究。此外,RBAC 方法还缺少信息模型的概念和表达,RBAC 的策略无关性需要用户自己定义适合本领域的安全策略,定义众多的角色和访问权及它们之间的关系也是一件复杂的工作。但是,RBAC 已经成为被人们广为采用的一种存取控制模型,它可以有效表达和巩固特定的安全策略,有效缓解传统安全管理处理的瓶颈问题。目前对 RBAC 的支持主要在应用层,而对它的研究已扩展到面向对象数据库、动态数据库和 XML 知识库领域。

10.6 构建安全软件指导原则

到目前为止,我们对软件安全性的重要性,以及克服威胁软件安全的漏洞、缺陷的困难已经有了深刻的认识。如果我们仅仅依赖于问题暴露后,再去构建安全措施来弥补相应的漏洞或缺陷,这也不是最理想的策略。例如密码术,它相对来说比较容易构造一个新算法,以对付那些在众所周知算法上进行的攻击,然而,这些新算法也会被攻破。那些新算法对已知的问题是管用的,但对付一个未知攻击的难度远远大于对付一个陈腐的攻击,因而最终新算法也会被扔进垃圾箱。这就告诉人们,企图用一种策略、方法来防范所有可能的攻击是不切实际的。因此,我们不得不将软件安全性引入到风险管理的范围内。一个可行的办法是在设计和构建软件时使用一套指导原则。好的原则即使面对未来不可知的攻击也能提高安全性的视野。在此,介绍 John Viega 和 Gary McGraw 提出的软件安全性的 10 条指导原则。当然,这些原则本身是不能解决软件安全性问题,但是,我们深信,如果在构建安全软件时,人们能遵循这 10 条指导原则,就可以避免 90% 的潜在问题。

原则 1 加固最脆弱的链接

确定系统的最脆弱点是一个风险分析的过程。有了好的风险分析数据,就可以先对付最严重的风险,而不是最容易解除的风险,这是比较谨慎的方法。安全资源的调用应根据风险的程度,先解决一两个主要问题,然后根据严重程度依次解决余下的问题。

系统最薄弱的部分范围是很广的,它涉及到管理员、用户、技术支持以及周围的基础环境等。它是风险分析的综合结果，对于安全的风险分析是一个经常性工作，因为100%的安全是永远达不到的。但我们也要有一个清楚的停止界限，当每一部分都在可接受的风险阈值范围内时，就可以停止应用这种策略。这种可接受性的量度取决于所设计的系统业务的性质。

原则 2　实行深度防护

深度防护的基本思想是用分散的防护策略来管理风险。这样，如果一层防护被攻破，还有另外一层可以阻挡。例如，程序语言设计的著名原则(MacLennan，1987 年)：部署一系列的保护，如果一个错误在该处没有被逮住，它可能会在别处被逮住。

该原则看起来和原则 1 有点冲突，因为整体的防护比"加强最脆弱链接"更健壮。不过，两者并不矛盾。如果防护元素的安全功能并不重叠，可以采用原则 1；但如果有冗余的安全措施，整体提供的安全强度会优于单个元素所提供的安全强度。在实际的应用中，例如企业系统的不同服务器间的数据传输，深度防护是很有用的。深度防护会有冗余，因为增加冗余可以明显提高系统的安全性。但当冗余满足要求的安全需求时，额外的冗余就是不必要的。因此，在实行深度防护时，要找到一个平衡点，使每一层之间彼此和谐，深度防护的原则是很有用的。

原则 3　失败安全

任何比较复杂的系统都存在失败模式。失败是不可避免的。为了防止攻击者利用失败而产生的不安全的行为进行破坏，必须尽早规划，以修补与失败相关的安全问题，或使用新版的系统来替代旧系统，确保系统的安全性。

原则 4　坚持最小优先权原则

对于一个操作，只赋予所必须的最小的访问权限，而且只分配所必须的最少时间。

原则 5　分割

分割的基本思想是将系统尽可能分割成小单元，隔离那些有安全特权的代码，将对系统可能的损害减少到最小。在现实世界中同样原则的事例很多，例如，在潜艇中，艇被分割成许多小舱，每个小舱都单独密封，如果船体破损导致一个小舱注水后，不会影响其他船舱，从而确保了潜艇的整体安全性。

当然，分割的单元不是功能分得越小越好。在计算机世界中，分割不良的例子也不少。典型的是标准 UNIX 的特权模型，它的各种操作是建立在非满即空的策略基础上。如果用户有 root 权限，就可在系统中为所欲为；如果没有 root 权限，那么限制就很多，甚至不能绑定 1024 以下的端口，同样，也不能直接访问许多操作系统资源(例如只能通过设备驱动程序去写磁盘，而不能直接处理)。故分割原则必须中庸使用，隔离那些有安全特权的代码，便于管理，以使系统的可能损害减少到最小。

原则 6　简单化

软件的设计和实现要尽可能直接，复杂的设计既不容易理解，也会包含一些在分析期间会遗漏的细微问题，并且复杂软件不仅维护困难，还会带来许多 bug。

要保持软件设计和实现的简单化，可从三个方面入手：

(1) 要尽可能采用成熟的可重用软件组件，以减少安全的风险。

(2) 将所有的关键的安全操作都部署在系统不多的关键点上。关键点的基本思想是，创建一个小的、容易控制的接口，所有控制都必须经过它。从而避免了系统到处都是安全的代码的问题。要求所有的用户都必须经过一个小的控制通道(不能存在任何其他秘密通道)，这样就能更容易控制用户的行为和输入。

该原则与原则 2 中深度防护时要有冗余看起来是有矛盾的，因为增加各种附属的东西有可能会破坏简单性。这就要求人们在两个合理目标之间找到一个平衡点。在满足安全需求的前提下,构筑尽量简单的系统并不容易。例如,一个没有加密的网上交易系统自然比其他包含了加密的系统要容易,但是不见得它比加密的系统安全。

原则7　提高保密性

保密性是为了保护用户的个人信息和防止攻击者对系统的攻击和破坏。在设计和实现时,要经常将保密性和可用性进行平衡。我们知道透露系统的真实信息会帮助潜在攻击者;反之,误导信息在一定程度也会挫败攻击者。例如,如果你使用 AES 作为加密算法,那不妨把它说成是 Twofish。这两种算法提供相同程度的加密安全性,从而达到以假乱真的目的。因此,努力提高用户、系统和代码的保密性是很重要的。

原则8　记住隐蔽秘密是很难的

安全性经常就是保守秘密。保守秘密的关键是防止窃听和篡改。最高秘密算法要防止竞争对手的窃取。这些需求往往是优先的,但相对也是更难满足的。

许多人认为软件运行在专用网络的服务器上就能保证安全也是不正确的。事实上,在专用网上也会因为一些没有预料的错误导致入侵者偷走软件。即使很安全的网络也对付不了内部攻击的调查表明,大多数的攻击发生在内部。例如,臭名昭著的 FBI 间谍 Richard P. Hanssen 对美国的机密网络进行内部攻击达 15 年之久。

软件是一个很强大的工具,可为善者用,也可为恶者用。因为大多数人认为软件很神奇,从不看它内部的工作机理,因此,才有那么多潜在的误用和滥用的风险。保守秘密很难,也是安全风险的源头。

原则9　不要轻信

软件安全性最大的问题之一是,人们容易对信任谁和信任什么做出错误的假设。每个开发者都有这种倾向,不应该轻易扩展信任。在软件开发到软件交付运行的全过程中,信任关系是涉及多个实体(如公司、人或软件组件)的关系。信任关系中的实体彼此信任拥有或没有某种性质(称为信任假设)。如果被信任的实体具有这些性质,那么他们就值得信任。不幸的是,这些性质很少明确地定义出来,软件应用中遭受误导的信任关系很常见。即使系统有了防火墙和坚固的操作系统,谁又说得准没有人会来破坏呢?况且开发者在开发时,往往仅在他们开发的小系统内考虑安全问题,而不是在全系统范围内考虑。例如,在认为关键部分采用了密码技术,这个部分是安全的,却忽略了一个事实:虽然给出的部分是单个安全的,但是这个部分可能会和其他有破坏能力的部分暗含有信任关系。因此,正确的安全实践要求默认任何事物都是不可信的,只有在必要的时候才扩展信任。也就是说,我们要经常进行安全性风险评估及时地弥补可能存在的安全漏洞,增强系统的安全性。

原则10　利用社会资源

许多人反复使用没有失败的软件产品,这在某种意义上证明了产品的可信性。当然,它们可能会包含一些未曾发现的 bug,但至少这样利用了别人的经验。在利用社会资源上,最为人们关注的是开放源代码。开放源代码的主要优点称为“多眼”现象——让更多人细察代码可以及时地发现和修复错误,特别是与安全相关的错误。然而,无法保证这些人一定会发现安全问题,更不必说所有的问题了,也无法保证发现安全性问题的任何人都会被告知。实际上,由于每个人利用开放源代码的动机各不相同,以及大部分开发人员对安全性问题知道得很少(例如,缓冲区溢出问题仍然占去安全报告 50% 以上),开放源代码的运动并没有让缓冲区溢出成为一个过时的问题。就缓冲区溢出而言,还有比开放源代码更好的解决方案。如果选择用 Java 而不是 C 语言编程,就可以避免这个问题。因此,就安全而言,开放源代码的好处有些言过其实,主要是没有多少高质量的审查机制,还因为安全性问题要比人们想象的要难找得多。Fred Schneider 指出:"以前,开放源代码的开发者通过研究系统的源代码找出安全漏洞,现在的情况已经大不一样了。" 但是,开放源代码仍然是一个重要的社会资源。因此,合理地、谨慎地利用社会资源确实能提高用户使用安全工具的安全性,是一个极好的选择。

10.7 软件稽核

前面已经介绍了软件的漏洞和缺陷存在的地方,危害性和解决软件漏洞、缺陷的某些措施和方法,但是这还不是保证安全性的足够方式。在 10.6 节中已经指出,安全分析还有许多事情要做。本节讨论软件系统的稽核就是使 10.6 节中的 10 个原则能有效地实施。

10.7.1 安全性作为一个体系结构的目标

软件架构师通常需要负责做出能够经受未来检验的体系结构设计决策。一个这样的系统具有适应任何变化的灵活性:技术、功能蠕变、数据增长或者是新接口的引入等。这一个目标为系统加入了一定的复杂性管理,这种复杂性的一种解决方案是在多个抽象层定义软件体系结构。然而,由于子系统中的变化对系统整体所产生的影响,可以在子系统之间创建接口定义使其最小化(或至少可以管理)。这种对体系结构层次的划分类似于对关注问题的划分,使得我们能将某个组件中的设计决策对系统的其他部分隐藏。每个组件都集中于某一方面的功能,该功能定义了该组件的目标,并且以整体解决方案假设的某个子集作为基础。

事实上,在缺乏明确的安全性体系结构指导的情况下,将安全作为一项功能来实现,并将软件安全性加入体系结构,这都会导致设计中的不稳定因素,同时带来一些负面影响:使体系结构中的抽象层瓦解、崩溃,将低层的设计决策提升到一个更高而且经常是错误的层次来进行重新评估,并可能作出修改。如果要将那些未注意到这一现象的供应商的产品进行集成更是困难重重。低劣的体系结构会导致以下缺陷:

(1) 安全性会导致严重的性能问题。

(2) 安全性会提高系统的管理复杂性。

(3) 安全性功能会使得其他常见的企业、组织的体系结构的功能(例如高可用性或灾难恢复功能)变得复杂。

(4) 安全性产品不成熟。

(5) 遗留系统实现安全性开销太大。

我们必须遵循企业、组织的安全策略,但是该策略的需求通常与系统的功能目标互不相关。要满足企业、组织的安全性需求,尤其是将它作为一个事后的想法来施加于现有的运行系统上,不是一个很容易解决的行为。这就要求我们把安全性作为一个软件系统的体系结构目标,因而要了解软件系统体系结构的内容和安全性体系结构组成的成分。

软件系统的体系结构的定义很多。Gacek 等人提出的定义是:软件系统体系结构包括一个由软件、系统组件、连接以及约束条件组成的集合;一个由系统受益方的需求陈述组成的集合;以及一个基本原理,该原理表明那些定义某个系统的组件、连接和约束条件(如果被实现,将能够满足系统受益放的需求陈述)。

根据这个定义,软件系统的安全性体系结构由以下部分组成:

(1) 一个由安全性软件、安全性组件和它们的位置,以及它们与系统的组件、连接约束条件之间的关系所组成的集合。

（2）一个来自系统受益方的安全性需求集合。

（3）一个基本原理，它表明了安全性组件和系统自身的组件、连接及约束条件的集成将可以满足企业、组织安全性策略的需求。

Bass 等人也对软件系统的体系结构作了如下定义：计算机系统的软件体系结构是系统的结构或结构的集，它包括软件组件、这些组件对外可见的属性以及它们之间的关系。此定义与 Gacek 类似，但额外强调了可见性。Bass 将组件的对外可见的属性定义为其他组件对某个组件所进行的假设，例如它所提供的服务、性能特征、共享的资源使用等。

在安全相关环境中，对外可见的属性包括身份标识证据、组件的某个用户所实施的访问控制、私密性、针对拒绝服务攻击的防御措施等。系统的安全性体系结构必须实施组件的对外可见属性以及组件之间的关系。

10.7.2 体系结构的安全性分析

在体系结构分析阶段，通常采用软件工程方法来对产品设计进行风险分析。它通常包括三个阶段：信息收集、分析和报告。

（1）信息收集阶段。从安全性的角度来学习系统的各种东西。这个阶段有三个任务。

① 分析员要尽量理解系统的需求。这意味着系统应该写出一个完整的、文档规范的软件安全 需求的定义。

② 要从高的层次理解其体系结构，对潜在的危险进行软件需求危险分析，确定系统的哪些部分在安全性方面是最重要的，并对这些部分进行全面研究。此阶段，文档主要用来获得对系统概括的了解。

③ 分析师依据任务①、②，写出（或修订）初步的、较详细的安全需求文档。这时，分析师对系统有一个比较好的整体了解，下一步就进入分析阶段，但将下一步要做的事情列出一个清单。

（2）分析阶段。此阶段的主要目标是，根据收集的信息，非常有章法地分析和评估风险，对风险按严重程度进行排序，并确定对策。在评估风险时，我们不仅要确定风险是什么，而且要知道如何发掘这些风险，防范这些风险的代价如何等。

达到此目标最常用的方法是构建所谓的攻击树（attack tree）。攻击树是从软件安全的“错误树”（fault tree）中派生出来的。其基本思想是：用一个图示来说明攻击者的攻击目标、对象和方式。树根代表攻击者的潜在攻击目标，叶子代表到达目标的方法。根节点下面的节点是能到达目标的较高级的方式和方法。越往下，攻击的方式越具体。在使用攻击树时，有第二类节点，叫“修剪节点”（pruning node）。它规定其子节点相关联时所需要满足的条件。这些节点用来在特定环境下对树进行修剪。当某些和协议或软件相关的给定假设或前提发生变化的时候，这种节点对于构建攻击树是很有用的。例如，一些人决定不考虑内部攻击，那么，就可以构建一个修剪节点，当予以考虑内部攻击时，其下的子节点就可以使用。

（3）报告分析结果。虽然攻击树通常会包含所有关键的安全性风险信息，但还不是分析的最终产品。攻击树仅仅是显示风险（通常不是很详细），因此对于开发者和管理者来说，还需要一份整理得很好的报告。

报告通常包括三部分。

第一是攻击的回顾，描述攻击的细节，但应让没有安全背景的人也要读得懂，包括攻击者发起成功攻击所需的资源、攻击失败的条件等。

第二是对成功攻击后果的讨论，这是需要花费功夫的地方。包括：对底线的潜在影响是什么；会有更大的伤害吗；最终用户是否存在有不必要的风险；要保密的数据是否会泄露，其后果是什么;等等。

第三是讨论缓解和减少风险的技术,尽可能详细和可操作,提出对系统结构进行修改的建议。不要只提到某个有用的库,要描述它如何使用,以及在何处和现有的设计结合起来。

10.7.3 实现的安全分析

前面所讨论的体系结构的安全性分析是在实现的分析之前进行的,其结果主要用于指导对实现的安全性分析。

实现的安全性分析主要有两点。

首先是评估实现是否真正满足了设计,唯一可靠的方法就是手工检查代码,分析代码中是否有脆弱点,确保设计的真正实现。此项工作即费时,又是相当困难的事情。但是,代码复查是有效性评估的重要组成部分。

其次是查找和实现相关的特定的脆弱点,特别是那些在设计中表现不出来的缺陷。例如,缓冲区溢出在设计中是不会出现的。

在许多方面,实现分析比设计分析更困难,因为代码更复杂,代码中的安全性问题也更细微。在设计阶段所需要的专业知识和实现分析相比就是“小巫见大巫”了。分析师不仅仅要懂得这些突发的问题,也需要跟踪代码中的数据流。

在代码稽核中,目前也有一些工具可用来对源代码的结构和功能进行扫描,以找出那些所谓“坏”的来。这些工具搜索一些语言元素,这些元素和安全缺陷相关,例如,sarcpy 函数往往与缓冲区溢出相关。例如,可用的工具有基本安全性稽核工具(RATS),它是一个开放源代码的工具,能定位 C、C + + 、Perl 以及 PHP 程序中的潜在脆弱点。RATS 数据库有 200 条数据。有兴趣的读者可访问 http//www. securesw. com/rats/。又如 ITS4 是一个扫描 C 和 C + + 程序的工具,是远程安全性稽核工具。

安全性稽核是软件安全性解决方案的一个必需部分,没有对安全性风险的认真思考就不能构建安全的软件。

10.8 小结

本章主要讨论了软件安全漏洞的种类和影响、无意漏洞和恶意代码以及能控制威胁的技术。有关数据库系统、操作系统、软件体系结构方面的有关安全性问题,可见相应的章节。

软件安全性是指:在软件生命周期中,运用安全工程的技术原则保证软件采取正确的措施以增强系统安全,确保那些使系统软件安全性降低的错误已被控制在一个可接受的危险级别内。

软件安全工程的任务是:运用系统安全工程的原则优化安全,并通过分析、设计和管理进程来识别和控制与软件相关的危险,清除设计中达到不可接受等级的并已识别的危险。如果不能清除,则应将危险的关键性等级降低到一个可接受的水平。

软件安全工程的活动,主要有软件安全性需求分析与制定、软件安全性设计、软件安全编码、软件安全性测试、软件/用户接口危险分析和软件修改危险分析等。

因此,我们应该充分地认识到,软件安全性是体现在软件生命周期的全过程,并且软件安全性的评估也是在软件生命周期中的一个经常性、动态性的工作。只有如此,才能使信息系统的安全性得到保障。

软件安全性是十分重要的问题。由于篇幅有限,本章只能作简单的介绍,有兴趣的读者可以参看有关的参考书和参考文献。

Abbreviations 缩略语

ABWfMS	agent-based workflow management system	基于 Agent 的工作流管理系统
ACL	agent communication language	Agent 通信语言
AES	advanced encryption standard	高级加密标准
AI	artificial intelligence	人工智能
AIDS	application-based intrusion detection system	基于应用的入侵检测系统
ALGOL	algebraic oriented language	面向代数的语言
ANSI	American national standard institute	美国国家标准学会
AOA	Agent-oriented approach	面向 Agent 方法
AOP	Agent-oriented programming	面向 Agent 程序设计
AP	application	应用
APE	application platform entity	应用平台实体
API	application programming interface	应用程序界面(接口)
APP	application portability profiles	应用可移植轮廓
ARPA	advanced research project agency	高级研究计划局
ASE	application software entity	应用软件实体
ATA	army technical architecture	(美)陆军技术体系结构
ATCI	agent transfer and communication interface	Agent 传输和通信接口
ATM	asynchronous transfer mode	异步传输模式
ATP	Agent transfer protcol	Agent 传输协议
BC	binding component	绑定构件
BDI	beliefs-desire-intention	信念—愿望—意向
BIOS	basic input/output system	基本输入/输出系统
BOA	basic object adaptor	基本的对象适配器
BOS	batch processing operating system	批处理操作系统
BPA	business process automation	业务流程自动化
BPI	business process integration	业务流程集成
BPM	business process management	业务流程管理
BPR	business process reengineering	业务流程重组
CAD/CAM	computer aided design/computer aided manufacture	计算机辅助设计/制造
CAE	common application environment	公共应用环境
CASE	computer aided software engineering	计算机辅助软件工程

CDE	commmon desk environment	公共台式环境
CDR	commmon data representation	公共数据表示
CDS	cell directory server	单元目录服务
CE	computer environment	计算环境
CEF	computer with encrypted function	加密函数计算
CGI	common gateway interface	公共网关接口
CGI	computer graphics interface	计算机图形接口
CICS	customer information control system	用户信息控制系统(IBM)
CIMS	computer integrated manufacturing system	计算机集成制造系统
CISC	complex instruction set computing	复杂指令集计算
C^4I	command, control, communication, computer and intelligence	指挥、控制、通信、计算机、情报
CLOS	common lisp object system	公共表处理对象系统(语言)
CLSID	class identifier	类标识符
CMIP	common management information protocal	公共管理信息协议
CMM	capability maturity model	能力成熟度模型
COBOL	common business-oriented language	通用商业语言
CODASYL	conference on data system languages	数据系统语言会议
COE	common operating environment	公共操作环境
CORBA	common object request broker architecture	公共对象请求中介者体系结构
COTS	commercial off-the shelf	商用的现品
CPU	central processing unit	中央处理器
CS	communication subsystem	通信子系统
C/S	client/server	客户机/服务器
C/SI	client/server interface	客户机/服务器接口
CSCW	computer supported cooperative work	计算机支持协同工作
DAC	discretionary access control	自主访问控制
DARPA	defense advanced research project agency	国防高级研究计划局
DB	data base	数据库
DBA	data base administrator	数据库管理员
DBMS	data base management system	数据库管理系统
DBS	data base system	数据库系统
DBTG	data base task group	数据库任务组
DCE	distributed computing environment	分布式计算环境
DDM	distributed data management	分布式数据管理
DDN	digital data network	数字数据网
DES	data encryption standard	数据加密标准
DFS	distributed file service	分布式文件服务
DIDS	distributed intrusion detection system	分布式入侵检测系统
DII	defense information infrastructure	国防信息基础设施(美国)
DIS	distributed interacted simulation	分布式交互仿真
DISA	defence information system agency	国防部国防信息系统局(美国)
DLC	data link control	数据链路控制
DM	dynamic model	动态模式
DME	distributed management environment	分布式管理环境

DML	data manipulating language	数据操纵语言
DNS	domain name server	域名服务器
DOD	department of defence	国防部(美国)
DOS	distributed operating system	分布式操作系统
DOT	distributed object technology	分布式对象技术
DS	directory server	目录服务
DSI	dynamic skeleton interface	动态框架接口
DSS	decision support system	决策支持系统
DTE	domain and type enforcement	域和类型的强制(实施)
DTS	distributed time server	分布式时钟服务
DW	data warehouse	数据仓库
EAI	enterprise application integration	企业应用集成
E-Business	electronic business	电子商务
EDI	electronic data interchange	电子数据交换
EDP	electronic data process	电子数据处理
EE	external environment	外部环境
EEI	external environment interface	外部环境界面(接口)
EIS	executable information system	可执行信息系统
E-R	entity-relationship	实体—关系
ERP	enterprise resource planning	企业资源计划
ES	expert system	专家系统
FCFS	first come first serve	先来先服务
FDDI	fiber distributed data interface	光纤分布数据接口
FIFO	first in first out	先进先出
FIPA	foundation for intelligent physical agent	智能物理 Agent 基金会
FMIS	financial management information system	金融管理信息系统
FMS	flexible manufacture system	柔性制造系统
FORTRAN	formula translator	公式翻译语言
FTP	file transfer protocol	文件传输协议
3GL	third generation language	第三代语言
4GL	fourth generation language	第四代语言
GDA	global directory agent	全局目录代理
GDS	global directory server	全局目录服务
GOTS	governmental off-the shelf	政府的现品
GIOP	general inter-ORB protocol	通用 ORB 间协议
GIS	geography information system	地理信息系统
GRAM	globus resource allocation manager	资源分配管理
GUI	graphical user interface	图形用户界面
HCI	human-computer interface	人机界面
HIDS	host-based intrusion detection system	基于主机的入侵检测系统
IAP	inteface of application protability	应用可移植性界面
IC	integration circuit	集成电路
IDL	interface definition language	界面(接口)定义语言
IDMS	integrated data base management system	综合数据库管理系统
IEEE	institute of electrical and electronic engineers	电气和电子工程师学会(美国)

IID	interface identifier	接口标识符
IIOP	internet inter-ORB protocal	Internet ORB 间协议
IMS	information management system	信息管理系统
I/O	input/output	输入/输出
IOR	interoperatable object refence	可互操作的对象引用
IPC	interprocess communication	进程间通信
IR	information retrieval	信息检索
IRMA	intelligent resource-bounded machine architecure	受约束资源的智能机器体系结构
ISDN	integrated services digital network	综合业务数字网络
ISEE	integrated software engineering environment	集成软件工程环境
ISO	international standards organization	国际标准化组织
IT	information technology	信息技术
JBI	java business integration	Java 的业务集成(方法)
JMS	java message service	Java 消息服务
JSAN	joint staff automation for nineties	90 年代联合参谋部自动化
JSIMS	joint simulation system	联合仿真系统
JTA	joint technical architecture	联合技术体系结构
JTAWG	joint technical architecture work group	联合技术体系结构工作组
JTCTS	joint tactical combat training system	联合战术作战训练系统
JVM	java virtual machine	Java 虚拟机
KIF	knowledge-interchanger format	知识交换格式
KQML	knowledge-query and manipulation language	知识查询操纵语言
LAN	local area network	局域网
LFS	local file system	局部文件系统
LISP	list processing	表处理语言，LISP 语言，表(编目)处理
LRU	least recently used	最近最少使用
LSI	large scale integration	大规模集成电路
MAC	mandatory access control	强制控制访问
MAS	multi-agent system	多 Agent 系统
MDBMS	multimedia database management system	多媒体数据库管理系统
MIB	management information base	管理信息库
MIC	message integrity code	消息完整性代码
MIMD	multiple instruction(stream)multiple data(stream)	多指令(流)多数据(流)
MIS	management information system	管理信息系统
MIT	massachusetts institute of technology	麻省理工学院(美国)
MOLAP	multidimensional on-line analysis processing	多维联机分析处理
MOM	message-oriented middleware	面向消息中间件
MQI	message queue interware	消息队列中间件
MTS	multi-thread sevice	多线程服务器配置
NCSC	national computer security center	(美)国家计算机安全
NDF	network dynamic function	网络动态服务(功能)
NFS	network file system	网络文件系统
NHPCE	national high peformance computing environment	国家高性能计算环境
NIDS	network-based intrusion detection system	基于网络的入侵检测系统

NII	national information infrastructure	国家信息基础设施
NMR	normal message routor	规范化消息路由器
NOS	network operating system	网络操作系统
OA	office automation	办公自动化
ODBC	open database connectivity	开放式数据库连接
ODBMS	object database management system	对象数据库管理系统
OLAP	on-line analysis processing	联机分析处理
OLS	oracle label security	Oracle 标签安全性
OLTP	on-line transaction processing	联机事务处理
OMA	object management architecture	对象管理体系结构
OMG	object management group	对象管理团体
OMT	object-oriented modeling technique	面向对象建模技术
O-O	object-oriented	面向对象
OOA	object-oriented analysis	面向对象分析
OOD	object-oriented design	面向对象设计
OODB	object-oriented database	面向对象数据库
OODCE	object-oriented distributed computing environment	面向对象的分布式计算环境
OOP	object-oriented programming	面向对象程序设计
OOPL	object-oriented programming language	面向对象程序设计语言
OOSE	object-oriented software engineering	面向对象软件工程
OPT	open protocol technology	开放协议技术
ORB	object request broker	对象请求代理
OS	operating system	操作系统
OSE	open system environment	开放系统环境
OSF	open software fund	开放软件基金会
OSI	open system interconnection	开放系统互联
PDA	personal digital assistant	个人数字助理
PEI	peripheral environment interface	外围环境界面
PFS	physical file system	物理文件系统
PHIGS	programmer's hierarchical interactive graphics	程序员层次交互图形系统
PK	public key	公共密钥
POA	portable object adaptor	可移植的对象适配器
POSIX	portable operating system interface	可移植操作系统接口(界面)
PROLOG	programming in logic	逻辑程序设计语言
PRS	procedure reasoning system	过程推理系统
QMS	quality management system	质量管理系统
QoS	quality of service	服务质量
RADIUS	remote authentication dail user system	远程认证拨入用户服务
RAID	redundant array of inexpensive disks	廉价磁盘冗余阵列
RAS	remote access server	远程访问服务器
RBAC	role-based access control	基于角色访问控制
RDB	relational database	关系数据库
RDBMS	relational database management system	关系数据库管理系统
RISC	reduced instruction set computer	精简指令集计算机
RM	reference model	参考模型

RM	resource management	资源管理
RMI	remote method invocation	远程方法调用
ROLAP	relational on-line analysis processing	关系联机分析处理
ROM	read only memory	只读存储器
ROS	real-time operating system	实时操作系统
RPC	remote procedure call	远程过程调用
RR	round-robin	轮转(算法)、循环(法)
RSC	reusable software construction	可复用软件结构
SA	service assembly	服务组装
SAIM	secure application integration methodology	安全应用集成方法论
SCM	service control management	服务控制管理
SDLC	system development life cycle	系统开发生命周期
SE	sevice engine	服务引擎
SEI	software engineering institute	软件工程研究所(美国)
SF Express	synthetic forces express	综合军力表示
SGA	system global area	系统全局区
SII	system internal interfaces	系统内部接口(界面)
SNMP	simple network management protocol	简单网络管理协议
SOA	service oriented architecture	面向服务体系结构
SOAP	simple object access protocal	简单对象访问协议
SQL	structured query language	结构化查询语言
SS	secure server	安全服务
SU	service unit	服务单元
SVID	system V interface define	系统 V 接口定义
TAFIM	technical architectural framework for information management	信息管理技术体系结构框架
TCB	trust conputer base	可信计算基
TCP/IP	transmission control protocol/internet protocol	传输层控制协议/网络层协议
TCSEC	trusted computer system evaluation criteria	可信计算机系统评价准则
TE	type enforcement	类型强制(实施)
TM	transaction management	交易管理
TOCTOU	time-of-check, time-of-use flaws	检查时刻的使用时间缺陷
TOS	time-sharing operating system	分时操作系统
TP	transaction processing	事务处理
TPM	transcation processing monitor	事务处理监控器
TRM	technical reference model	技术参考模型
UML	unifide modeling language	统一建模语言
UPI	user programming interface	用户程序接口
URL	uniform resource locator	统一资源定位器
VM	virtual machine	虚拟机
VPD	virtual private database	虚拟专用数据库
VV&A	verification, validation and authentication	检验、证实和认可
WAN	wide area network	广域网
WfMC	workflow management coalition	工作流管理联盟
WWW	world wide web	万维网